普通高等教育“十二五”卓越工程能力培养规划教材

计算机辅助设计与制造

乔立红　郑联语　主编
郭连水　宋放之　杜福洲　参编
王先逵　主审

机械工业出版社

本书是根据高等院校机械工程及自动化专业要求编写的。本书系统地介绍了计算机辅助设计与制造技术的概念、原理、方法和案例及其在产品实现和生产中各环节的全面应用，内容包括绪论、计算机辅助设计与制造基础、产品建模技术、计算机辅助产品设计技术、计算机辅助工艺过程设计、数控系统与数控编程、计算机辅助数控测量技术、自动化制造系统及产品全生命周期管理。本书在编写过程中，注重内容的系统性、先进性和实用性，使用理论与实践相结合的撰写手法，同时兼顾知识的广度和深度，适应多层次、多方式教学和自学参考的需要。

本书可作为高等院校机械工程专业本科生和研究生的教材和参考书，也可供从事机械制造和工业工程等工作的工程技术人员参考。

图书在版编目（CIP）数据

计算机辅助设计与制造/乔立红，郑联语主编. —北京：机械工业出版社，2014.8（2022.1 重印）

普通高等教育“十二五”卓越工程能力培养规划教材

ISBN 978-7-111-47590-3

Ⅰ.①计… Ⅱ.①乔…②郑… Ⅲ.①计算机辅助设计－高等学校－教材②计算机辅助制造－高等学校－教材 Ⅳ.①TP391.7

中国版本图书馆 CIP 数据核字（2014）第 180780 号

机械工业出版社（北京市百万庄大街 22 号 邮政编码 100037）
策划编辑：舒 恬 责任编辑：舒 恬 杨 璇 卢若薇
版式设计：霍永明 责任校对：张 薇
封面设计：张 静 责任印制：张 博
涿州市般润文化传播有限公司印刷
2022 年 1 月第 1 版第 4 次印刷
184mm×260mm · 19.75 印张 · 473 千字
标准书号：ISBN 978-7-111-47590-3
定价：55.00 元

电话服务 网络服务
客服电话：010-88361066 机 工 官 网：www.cmpbook.com
010-88379833 机 工 官 博：weibo.com/cmp1952
010-68326294 金 书 网：www.golden-book.com
 机工教育服务网：www.cmpedu.com

前言 PREFACE

制造技术是一门最古老的技术，从人类开始使用工具的时候，就有了制造技术。从广义的角度来看，凡是涉及对实体产品的设计和生产的技术都可以称之为制造技术，包括机械制造技术、食品制造技术、石油开采技术、电子制造技术等。在这之中，机械制造技术可以被认为是一门最古老也最基础的制造技术。制造技术是当代科学发展技术中最为活跃的领域，是国际间产品革新、生产发展和经济竞争的重要举措。

随着各种科学方法的出现和各种技术手段的应用，制造技术得到了迅猛发展。特别是自20世纪50年代以来，计算机技术、信息技术与产品设计与制造技术相结合，诞生了计算机辅助设计与制造（CAD/CAM）技术。它是制造技术“数字化”的一个重要组成部分，是数字化制造或制造业信息化乃至国民经济发展的重要支撑技术，也是先进制造技术的核心发展方向之一。半个多世纪以来，计算机辅助设计与制造技术不断丰富和发展，应用日益广泛和深入。在整个工程产品的全生命周期中，其应用系统或工具起着越来越重要的作用，应用CAD/CAM技术已经成为企业实现快速产品开发与赢得市场的必要条件。

本书在全面论述计算机辅助设计与制造基本概念和原理的基础上，结合国内外的最新成果，系统地介绍了CAD/CAM技术的基本理论和方法。本书在编写过程中，注重内容的系统性、先进性和实用性，使用理论与实践相结合的撰写手法，同时兼顾知识的广度和深度，适应多层次、多方式教学和自学参考的需要。具体表现为以下几个方面：

（1）体系力求系统和严谨　本书以产品开发和生产过程的“数字链”为主线来组织CAD/CAM技术的内容。每章论述一个产品实现过程中所需的技术主题，包括产品建模技术、产品设计、工艺过程设计、数控系统与数控编程、数控测量和制造系统等。最后一章用产品全生命周期管理技术作为CAD/CAM技术的整体集成而结束。这使得本书的体系结构较完整，使读者容易按产品的实现过程来全面理解计算机辅助技术在制造工程中各环节的应用。

（2）内容力图先进、突出主题　本书在选材上主要参考了国内外主要精品教材和专著，精选了必需的技术主题，强化了重要知识点。同时，在编著过程中也吸纳了当前研究论文的一些最新观点，反映了近年来CAD/CAM技术的最新成果。本书包括产品制造信息表示、基于模型（MBD）的工艺设计、多轴数控加工工艺与编程技术、大尺寸测量与在机测量以及制造系统建模与仿真等章节内容，符合未来技术发展趋势，使CAD/CAM技术主题和知识点与国际精品教材内容和前沿技术接轨。

（3）强化理论与实践的结合　本书在一些重要主题中，如装配建模、质量特性计算、有限元分析、数控编程、制造系统建模与仿真等，除强调理论基础和方法外，还安排了较完整的应用实例内容，有利于实施实践教学和培养与提高学生的能力。

（4）满足多层次、多方式教学需要　本书中的重要章节既安排了基础性内容又有实例，同时还包括一定的扩展内容，供授课教师根据不同教学需要选择或取舍，以满足实施包括面向项目、面向主题等多种形式的CAD/CAM课程教学方法的需要。学生依次按照每章所学方法和技术，可以某一具体零件（或产品）为项目，实践零件产品设计、工艺规划、数控编程、数控加工和测量的设计制造全过程。学生也可以某章节的主题为切入点进行深入学习和实践，重点掌握某一技术主题的理论和方法。

本书共分9章。第1章概述产品的实现过程、计算机辅助设计与制造系统的功能特点及计算机辅助设计与制造系统（技术）的发展历程及未来趋势。第2章作为CAD/CAM技术的基础内容，介绍了计算机辅助设计与制造的软硬件环境、图形处理、工程数据处理及制造信息系统的组成和计算模式。第3章系统地阐述线框建模、表面建模、实体建模、特征建模等产品建模技术，介绍产品制造信息表示方法、产品模型数据交换标准以及产品建模技术在工程中的主要应用。第4章在对产品设计过程进行分析的基础上，重点介绍产品装配建模、质量特性计算及有限元分析技术。第5章介绍计算机辅助工艺过程设计原理、成组技术、计算机辅助工艺过程设计系统及基于MBD技术的工艺过程技术。第6章详细阐述机床数控系统、零件加工的数控编程以及计算机辅助编程知识，并结合实例展示计算机辅助自动编程过程及方法。第7章介绍数控测量编程，坐标测量机、大尺寸测量及在线测量等测量系统的原理、组成及应用。第8章重点介绍柔性制造系统、自动化制造系统的管理与控制技术、建模与仿真技术。第9章介绍产品全生命周期管理的发展过程及信息构成、产品全生命周期管理系统及其在企业中的应用。

本书可作为高等院校机械工程专业本科生和研究生的教材或参考书，同时可供机械制造企业的工程技术人员自学和参考。

参加本书编写的人员有：第1、5和9章由乔立红编写，第4、7、8章由郑联语编写，第2章由杜福洲编写，第3章由郭连水编写，第6章由宋放之编写，全书由乔立红和郑联语担任主编。

在本书的编写过程中，我们参阅了国内外多部同类教材和专著，也得到了北京航空航天大学机械工程及自动化学院多位老师的帮助。本书由清华大学王先逵教授主审，他提出了许多宝贵意见和建议。在此谨向他们一并表示衷心的感谢。由于编者水平和时间有限，书中难免会有错误和不足之处，敬请广大读者不吝赐教。

编　者

目录

CONTENTS

第1章 绪论

计算机辅助设计与制造（Computer Aided Design and Manufacturing，CAD/CAM）技术是一门多学科综合性技术，是当今先进的生产力，被国际公认为是20世纪工程技术领域重要科技成就之一。它的出现改变了传统的产品制造方式，并对制造业的生产模式和人才知识结构等产生了重大影响。

1.1 产品的实现过程

制造的目的是获得有用的产品。如何获得产品？从制造的角度来说，必须经历从产品概念的产生，直到产品实体的完成等一系列活动，即产品的实现过程。因此，产品的实现过程也被称为制造过程。这是一个广义的制造过程的概念，也被称为“大制造”。在过去，产品的更新换代比较缓慢，在很多时候并不需要对产品的设计进行变化，往往只需要在原来产品设计的基础上不断重复，因此，获得产品的过程可直接通过改变毛坯（或原材料）的形状、位置和关系完成。也称这部分过程为“制造过程”，即“小制造”。本书围绕产品的实现过程，讨论产品设计和制造中的计算机辅助技术。

一个典型的产品实现过程包括：

1）通过市场需求调查以及用户对产品性能的要求，进行设计定义描述以及需求分析，收集相关的设计信息，进行产品的可行性分析。

2）进行产品性能分析、参数分解，完成产品方案设计。

3）进行产品的工程分析，主要包括结构分析、设计检查效验、性能仿真优化等，完成产品结构及工程设计。

4）制订制造计划，包括确定组成产品的零部件和毛坯的获得途径、资源的使用要求、生产能力的平衡等。

5）对于加工零件，准备相应的加工工艺规程。

6）根据制造计划和市场供应要求，编制并实施生产作业计划，包括制造资源添置、物料采购等；根据生成的作业计划组织相应的产品加工任务，在实际生产过程阶段对生产过程进行控制，并对产品质量进行实时监控，完成产品的生产、运输及销售。

在用户市场驱动的制造过程中，各种活动都不是孤立和隔绝的。在不同的时期，不同的地域，针对不同的产品对象，其组成、关系和划分都有差别。就像在工业革命之前，产品的整个制造过程是在一个小作坊里进行，生产活动基本上都是由师傅带徒弟完成的。而到了工业化的后期，制造过程的详细分工，使一件产品由更多人员协作完成。随着后工业化时代的到来，产品实现过程越来越强调系统化和协调发展，“集成”“一体化”“协同”成为组织产品实现过程的典型特征。

在产品实现过程中，除了要解决所需要的硬件设备环境和人外，还要解决的关键问题是信息在过程中的传递，即：产品信息表达方式；分工及组织管理方式；信息传递和保障机制。

一个一般的产品实现过程中，设计与制造各环节之间的关系如图 1-1 所示。生产是由用户市场驱动的，根据市场需求产生设计构思。工程设计完成每一个细节的设计，并以工程图表达。接着进行产品零件和部件的制造和装配工艺过程设计、工艺装备设计与制造，并制订生产调度计划。一切生产准备就绪后，就开始加工制造，并由质量控制部门负责质量保证。

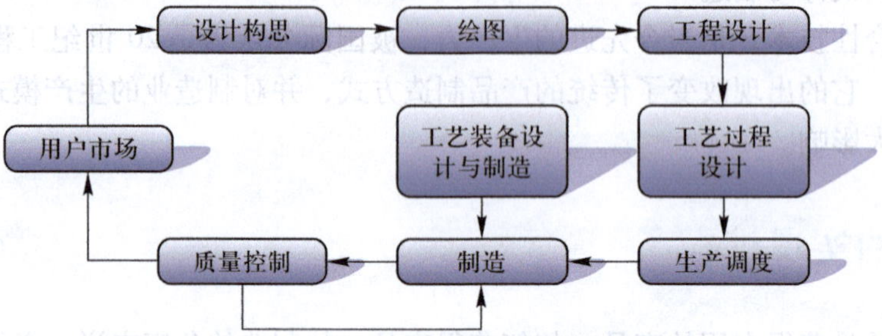

图 1-1　一个一般的产品实现过程流程图

采用计算机后的生产过程流程图如图 1-2 所示。计算机辅助技术应用到生产的各个环节，可以使生产过程进行得更快、更好，从而获得更高的效益。

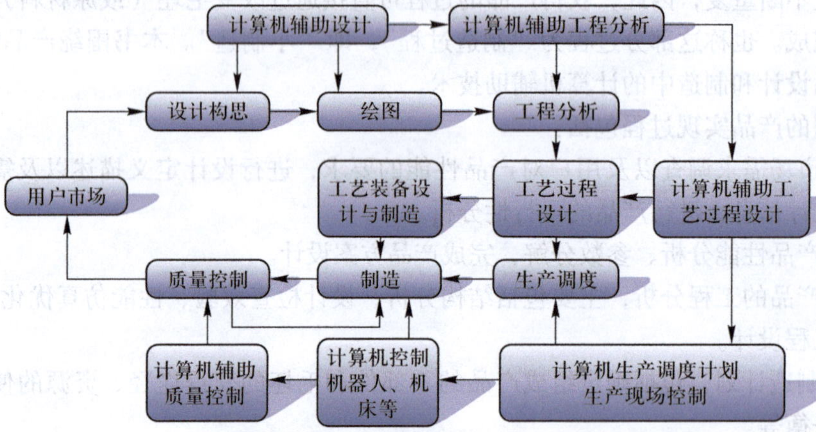

图 1-2　采用计算机后的生产过程流程图

1.2　制造系统

1.2.1　制造系统的概念

制造系统的功能结构如图 1-3 所示。从图 1-3 中可以看出制造系统的组成部分以及信息流和物质流在制造系统中的传递。

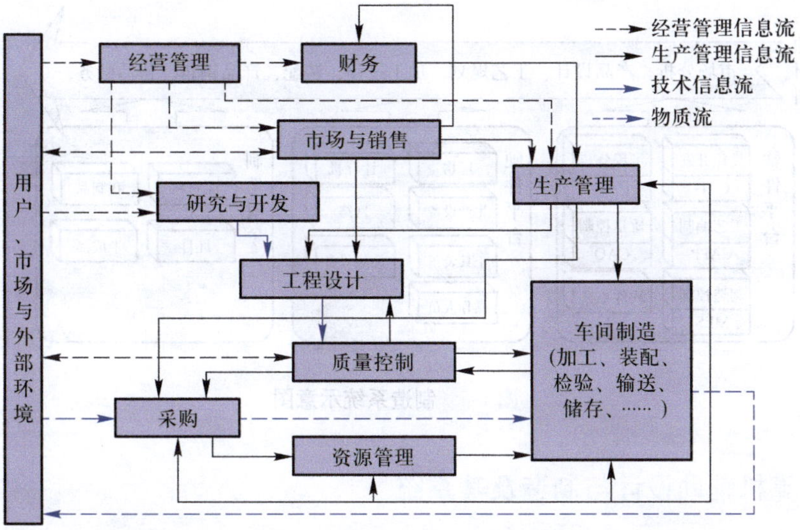

图 1-3　制造系统的功能结构

从系统论的角度来看，制造系统是在制造过程中，由制造对象、制造资源和工作者所组成的有机联系体。可以看出，工作者在制造资源（各种软硬件工具和技术）的支持下，对制造对象进行一系列的作用，使其最终变为产品。制造系统的目标是获得产品，其中涉及硬件、软件和人员。制造系统可视为若干硬件的集合体。为了使硬件充分发挥效能，必须有软件的支持。

从过程的角度来看，制造系统是一个由物质流、信息流和能量流组成的系统，也就是人们常说的“三流”系统。其表现为：在制造系统中的信息的控制下，通过能量的作用，把物质形态的输入原料变成成品（产品或半成品）的过程。在市场经济社会，也有人认为制造系统是一个“四流”系统，即物质流、信息流、能量流和资金流。一个系统要想运行，必须有一系列确定的资金在规定的时间投入，这就是资金流。图 1-4 所示为制造系统的物质流示意图。

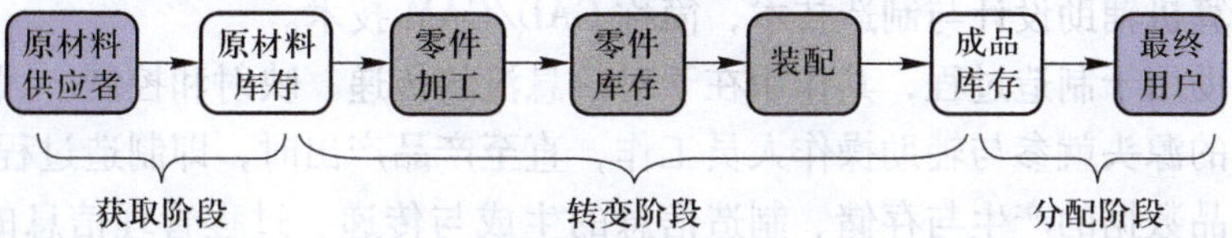

图 1-4　制造系统的物质流示意图

简单地说，制造系统就是产品实现过程的、包括制造对象在内的软硬件平台。图 1-5 所示为制造系统涉及产品生命周期（包括市场分析、产品设计、工艺规划、加工过程、装配、运输、产品销售、售后服务等）的全过程或部分环节。其中，硬件包括厂房、生产设备、工具装备、计算机及网络以及操作人员等；软件包括设计开发、工艺编制、工程分析、质量控制及其有关的软件系统等；制造对象主要指制造目的所针对的物质，包括原材料、坯件、在制品等。

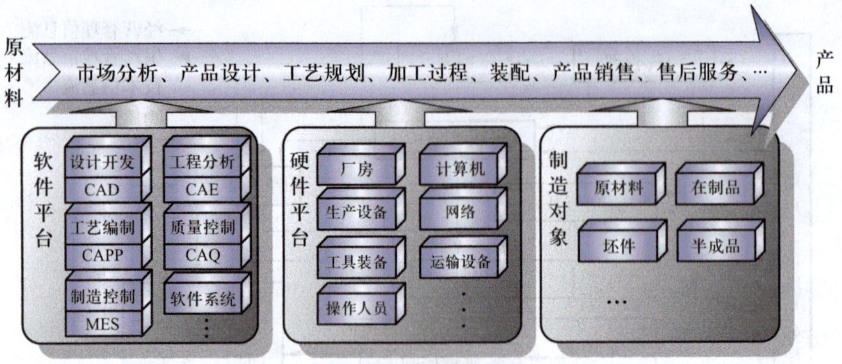

图 1-5　制造系统示意图

1.2.2　计算机辅助设计与制造及其系统

计算机辅助系统是泛指在不同的工作过程中，利用计算机来协助操作人员完成部分工作的系统。针对不同的活动，不同的系统内容，可以得到不同的计算机辅助系统。例如：针对医生的看病过程，有计算机辅助医生对病情诊断的计算机辅助诊断系统；针对商店的销售账面管理，有计算机辅助收银员、会计等工作的管理信息系统（MIS）；针对产品设计过程，有计算机辅助完成设计工作的计算机辅助设计系统（CAD）；针对产品制造过程，有计算机辅助完成各类工作的计算机辅助制造（CAM），具体的 CAM 技术可包括诸如在工艺规程编制过程中，辅助工艺人员完成工艺设计的计算机辅助工艺设计（CAPP）及数控编程等。除了过程中的计算机辅助外，计算机还可以作为操作人员的工具协助完成部分工作，这样的工具也可以称为计算机辅助系统。例如，在设计中用于性能的分析工具，包括各种计算机仿真系统、工程分析系统（CAE）、工程数据库系统等。

在本书中，计算机辅助设计与制造系统所指的是在产品设计与制造的大制造过程中，辅助操作人员完成各种工作、为不同工作提供帮助的各种计算机系统和工具的统称，简称 CAD/CAM 系统。而计算机辅助设计与制造所指的是建立这些系统和工具的理论、技术和方法，也称为计算机辅助设计与制造技术，简称 CAD/CAM 技术。

计算机辅助用于制造过程，其作用在于对信息流的传递、映射和控制。因此，计算机可以从制造过程的源头就参与辅助操作人员工作，直至产品产出时，即制造过程的结束。在这中间，围绕产品数据的产生与存储、制造信息的生成与传递、过程管理信息的计划与组织，可利用计算机及相关软硬件技术提供“辅助”，起“助手”或“参谋”的作用。

1）计算机辅助设计——利用计算机进行产品几何信息模型的建立、工程图绘制、工程分析等。

2）计算机辅助工艺过程设计——利用计算机进行产品零件制造工艺过程或产品装配工艺过程的设计、工艺（装配）过程的仿真分析。

3）计算机数控编程——利用计算机并根据产品数据模型和工艺模型进行数控程序编制。

4）计算机辅助生产管理——利用计算机编排生产计划，进行生产调度。

在实际应用中，计算机也可以实时参与加工过程的数据监测与控制，实现部分或全部生产过程的自动化，称为制造过程的计算机监控。计算机监控分为监测与控制两类。计算机监测就是在计算机与制造过程间有直接接口，对制造过程及设备工况进行监测并采集数据，但计算机不直接参与控制，控制过程仍由操作者根据计算机处理后的信息来完成。

计算机控制比计算机监测向前迈进了一步，它不仅对制造过程进行监测，而且基于监测数据对制造过程进行控制。

计算机监测与计算机控制的区别如图1-6所示。在计算机监测中，制造过程与计算机之间的信息为单向流动，流动方向为从制造过程送往计算机。而在计算机控制中，制造过程与计算机之间的信息为双向流动。信息从制造过程送往计算机，计算机进行综合分析，并根据预定的控制算法，向制造过程发出控制信息。因此，计算机监控不仅需要硬件的支持，作为替代人，根据监测到的数据发出适当的控制指令的信息决策才是最关键，也是最难的。

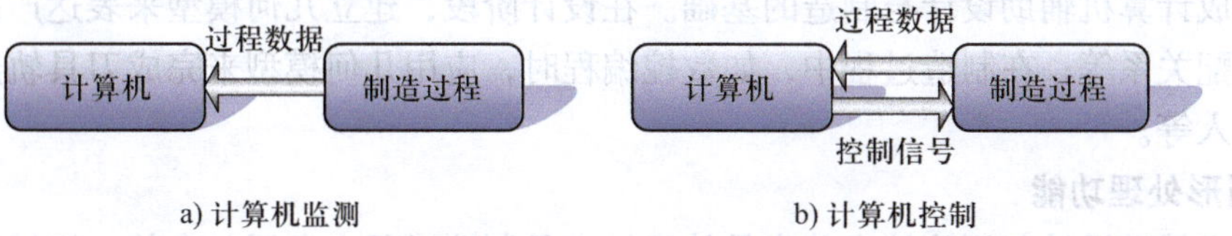

图1-6 计算机监测与计算机控制的区别

综上所述，计算机辅助设计与制造系统是围绕制造过程的、使用计算机进行辅助的、制造信息的处理系统。它是制造系统的一部分，但并不直接作用于加工对象。计算机辅助设计与制造所涉及的技术主要是信息处理技术。

1.3 计算机辅助设计与制造系统

1.3.1 系统的功能

计算机辅助设计与制造是随着计算机技术的发展而发展的，并随着现代制造和管理技术的发展而不断壮大和完善。计算机辅助设计与制造系统主要是辅助制造过程中的信息处理工作，包括辅助人们完成产品结构描述、实现工程信息的表达与传输、产品结构的分析与优化、产品信息的存储与管理、人与计算机的交流互动和产品制造过程的模拟与仿真等。因此，计算机辅助设计与制造系统一般具备以下功能。

1. 人机交互功能

人机交互是保证用户与计算机交流的通道，实际上是一个输入和输出的过程，这也是计算机辅助设计与制造系统体现“辅助”的最基本功能。操作人员通过人机界面向计算机输入指令，计算机经过处理后把输出结果呈现给用户。目前，计算机辅助设计与制造系统一般采用图形用户界面来实现数据交互和图形交互。在计算机辅助设计与制造系统中，友好的用户界面是保证用户直接有效地完成复杂设计任务的必要条件。此外，除了软件界面设计外，现代计算机辅助系统发展了更加多元化和灵活的交互设备，如头盔显示、数字手套等。操作人员可以通过更加直观的形式完成与系统间的信息传递。随着虚拟现实技术的不断发展，人机交互的功能将变得越来越完善、方便。

2. 产品建模功能

产品建模是计算机辅助设计与制造系统的主要功能形式之一，也是最早应用于制造领域的计算机辅助过程。作为制造的源头，产品信息一开始就贯穿在制造过程之中，也是整个制造过程的依据。因此，利用计算机辅助进行产品建模是制造过程最迫切的需要。随着计算机辅助技术的发展，计算机辅助建模已从最基本的计算机辅助工程图绘制，发展为以表达几何和非几何信息在内的产品建模，包括几何造型和特征建模。除此之外，针对整个生产过程的产品信息演变，还提出了全生命周期建模等。产生的信息模型和数据模型包括几何模型、特征模型、集成产品模型以及最新的智能模型等。产品建模过程实质就是一个描述、处理、存储、表达现实世界中的产品，并将工程信息数字化的过程。几何造型用于产品信息及其相关过程信息的描述，可以说是产品设计与制造信息的源头。几何模型应用于产品制造的整个过程，是完成计算机辅助设计与制造的基础。在设计阶段，建立几何模型来表达产品的形状结构以及装配关系等；在制造过程中，如数控编程时，应用几何模型来完成刀具轨迹定义和加工参数输入等。

3. 图形处理功能

计算机辅助设计与制造技术首先是从机械产品制造过程中发展起来的。机械产品的产品信息以几何信息为主，利用计算机进行辅助设计与制造最基本的就是要解决几何图形的输入输出和交互修改处理问题。同时，用几何图形表达也是一种能提供最多信息、也最容易被人所感知的方式。图形处理主要是对图形进行各种变换以改善视觉效果，如对图形进行坐标变换、裁剪、渲染、消隐处理、光照处理等，是将图形转换成所需要的图形效果的过程。在产品设计中要运用到大量的图形处理，这项功能是计算机辅助设计与制造系统所必备的。

4. 数控编程功能

在现代加工中，数控机床的使用越来越普遍，针对被加工零件的数控加工控制代码（简称数控程序）的需求也越来越多。因此，利用计算机辅助进行数控代码的编制，不仅可以提高编程效率（如曲线轮廓、三维曲面等复杂型面的零件加工程序的编程），而且可以减少编程错误及调试工作。现代计算机辅助数控编程还能进行数控代码优化，提高加工质量和加工效率。数控编程主要包括分析零件图样、工艺处理、数学处理、编写程序、输入数控程序和程序检验。

5. 模拟与仿真功能

现代产品和生产系统越来越复杂，因此影响因素也越来越多。通过计算机辅助的方法，建立一个模拟实际产品和生产线的数字模型，进行包括机构运动学模拟、机器人仿真、加工轨迹仿真、干涉检查、模拟真实生产过程的运行等工作，来预测产品的性能、产品的制造过程和产品的可制造性，有助于提高产品和系统设计质量。在软件中实现仿真，可有效地避免现场调试造成的人力、物力的投入以及减少加工设备损坏的风险，能大量节省时间和费用，从而提高产品生产的效率和效益。

6. 工程分析与优化功能

在产品设计制造过程中，需完成大量的分析计算任务。这些任务包括根据产品几何形状计算产品的体积、表面积、质量、重心位置、转动惯量等参数；在结构分析中进行应力、温度、位移等的计算；得到复杂结构形状零件的静态、动态特性，如强度、振动、热变形、磁场、应力分布状态等。这些计算不仅工作量十分巨大，而且所需要的基础数据繁杂。而这正是计算机相比人类具有巨大优势的地方。因此，使用计算机辅助进行这些工程数据计算与分析必然成为计算机辅助的一个重要方面，也是计算机辅助设计与制造系统的一个重要功能。在工程参数计算的基础上，还可以利用各种优化算法的计算机软件进行包括总体方案的优化、产品零件结构的优化、工艺参数的优化、制造系统布局优化、制造流程优化、制造参数优化等多方面的优化工作。

7. 工程信息存储与管理功能

随着计算机辅助设计与制造技术的发展，现代的制造业企业中已经广泛使用了各种计算机辅助系统（CAX）、产品数据管理（PDM）及制造执行系统（MES）等。然而，由于这些信息系统所涉及的是制造信息的不同子集，相互之间存在数据表达各异、内容冗余混乱等诸多问题，导致制造信息在各信息系统间进行自动传递和交换成为了必须要解决的问题。因此，计算机辅助设计与制造系统必须使制造信息在不同的信息系统之间顺利地传递与共享，减少数据冗余，保证制造过程中信息的一致性、完整性与准确性，提高信息使用的效率，从而使产品制造过程的运行更加有效。同时，产品开发与生产过程的各个阶段都会产生大量的数字化产品定义数据，如：描述产品形状与结构关系的二维/三维模型文件、装配明细（产品配置）表；描述产品工程分析计算的有限元模型、计算结果文件；描述产品制造工艺过程的工艺规程文件、NC 程序、加工仿真数据；描述产品质量的质量检验数据；描述产品开发管理的任务计划、工作总结、项目合同等。这些数据不仅数量庞大、种类繁多，而且结构关系复杂，数据之间存在如装配结构关系、参考引用关系、继承关系等复杂联系，用手工的方式进行存储和管理有很大的难度，应用产品数据管理系统是进行产品数据存储管理的必行途径。PDM 系统的基本功能包括文档管理、产品结构管理、版本管理、权限管理、流程管理、用户管理等。

1.3.2 系统的分类

制造过程由多个阶段构成，每个阶段又包含若干个步骤，并且它们都具有相对的独立性。正因为这个规律的存在，为计算机辅助技术的引入，实现计算机辅助设计与制造提供了可能。同时，由于整个过程的复杂性，需要计算机的快速计算性能；产品设计制造的各个环节是一个需要互相交叉、交互的过程，需要一种多方面信息处理和反馈的工具；产品设计制造过程会有大量信息产生和传递，需要对这些信息进行存储、映射和转换。以上的几点都促进了计算机辅助设计与制造技术的出现和发展。根据系统的自动化程度不同、系统功能的不同、系统作用于制造过程阶段的不同、系统所属技术领域的不同以及系统作用对象的不同，计算机辅助设计与制造系统可进行以下分类：

1. 按系统的自动化程度分类

1）交互式计算机辅助系统。

2）自动设计/控制系统。

3）智能设计/控制系统。

2. 按不同的制造过程阶段分类

1）计算机辅助设计系统。

2）计算机辅助工艺设计系统。

3）计算机辅助数控编程与加工控制系统。

3. 按系统功能分类

1）计算机辅助产品建模。

2）计算机辅助设计支持。

3）计算机辅助数据及设计流程管理。

4）计算机仿真。

4. 按系统所属技术领域分类

1）计算机辅助几何造型。

2）计算机辅助质量分配保证。

3）计算机辅助过程及数据管理。

4）计算机辅助工程计算分析。

5. 按系统作用对象分类

1）计算机辅助产品设计。

2）计算机辅助毛坯设计。

3）计算机辅助工装设计。

4）计算机辅助工艺设计。

5）计算机辅助数控程序设计。

6）计算机辅助作业计划设计与调度。

7）计算机辅助加工过程监控。

8）计算机辅助流程管理。

随着计算机技术在制造领域的深入应用，现代计算机辅助设计与制造系统已从单个的、对局部过程或工作起支持作用的独立系统，发展成为综合的、贯穿于整个制造过程的计算机辅助集成制造系统，也称为计算机辅助设计/制造系统、3C 集成系统或 CAD/CAPP/CAM 系统等。3C 集成系统的系统组成如图 1-7 所示。它基本包括了从产品设计到加工制造的全过程。在集成系统中，产品设计和产品实体加工之间有作为桥梁的工艺设计过程。工艺设计过程不仅为加工提供必需的过程安排和组织数据，同时也是组织生产、安排计划和保证质量的基础。

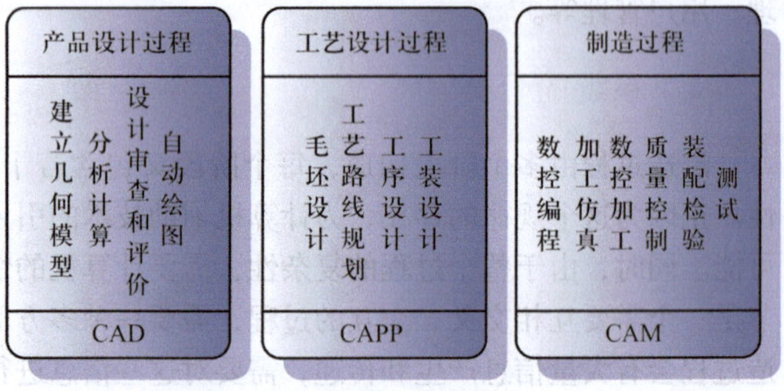

图 1-7　3C 集成系统的系统组成

3C 集成解决了制造过程中产品设计制造信息的一体化设计问题，为并行工程的实施提供了良好基础。

从大制造的角度来看，制造信息流在整个制造过程总是在不断地扩张、变化和传递的。它不仅包含了产品信息本身，还包括在整个产品生命周期内的多方面信息，如用户信息、与设计相关的过程信息（如制造过程、使用过程、更改过程等）、资源信息（如设备、人员等）和环境信息等，为此提出了产品全生命周期管理（Product Lifecycle Management，PLM）的概念。计算机辅助设计与制造系统按照 PLM 的概念进行功能组织和关联成了新的发展方向。

1.3.3 系统的特点

利用计算机辅助设计与制造系统进行产品的生产制造，比起传统的生产制造来说，具备以下的特点。

1. 缩短生产周期

利用计算机辅助软件帮助人员进行产品设计和后续过程设计与控制，可以减少重复劳动，同时方便设计与制造数据的管理，加工时间也比传统加工方式大大缩短，可以有效地提高产品的生产效率。

2. 提高产品的市场竞争力

计算机辅助设计与制造技术能够帮助开发人员快速参考之前的设计方案，因而能大大缩短设计时间，同时采用仿真技术也能减少产品研制时间以及减少产品试制造成的人力、物力的浪费，使得产品的成本降低，上市周期缩短，能够有效提高产品的市场竞争力。

3. 有利于产品的标准化

使用计算机辅助设计与制造系统进行产品的设计制造，促使企业制定标准并对产品数据进行整理和规范，这有利于实现产品的标准化、通用化和系列化。

4. 提高产品的质量

以3C技术为代表的计算机辅助软件能够使企业提高产品设计的一致性，避免人为因素带来的偏差。通过工程分析与仿真，能够在多个产品设计方案中选择出最佳方案进行实施，有利于实现设计方案的优化。同时，数控加工的应用，能够有效地减少产品的次品率，提高加工质量。

5. 有利于提高技术人员的创新能力

大量的计算机辅助设计与制造系统的应用，能有效地将工程技术人员从繁琐的重复劳动中解放出来，同时便于查看之前的设计，有利于发挥设计人员的创造性。

6. 成为全生命周期管理的重要基础

计算机辅助设计与制造系统中储存的数据是整个制造过程的核心数据，在此基础上，使产品的设计、制造过程成为一个有机的整体。通过与其他应用系统的集成，使得整个企业的全生命周期成为一个整体，给企业在经济上、技术上带来巨大的综合效益。

1.4 计算机辅助设计与制造技术及系统的发展

1.4.1 计算机辅助设计与制造技术的发展历程

自从计算机出现以后，利用计算机辅助设计与制造过程的问题就已经被提出。此后，随着计算机技术的每一次进步，计算机辅助设计与制造技术也相应得到了很大的发展。在计算机辅助设计与制造发展的初期，计算机辅助主要表现在两个方面，一方面是辅助产品设计，用计算机替代手工进行产品图样的生成和显示，另一方面是加工设备的计算机化，出现了数控加工机床以及由计算机完全控制的加工中心和为数控机床进行信息准备的数控编程技术。一般来说，可以把计算机辅助设计与制造技术的发展分为四个阶段。

1. 第一阶段——技术准备期

（1）产品设计方面 1950 年美国麻省理工学院采用阴极射线管（CRT）研制成功图形显示终端，实现了图形的动态显示，从此结束了计算机只能处理字符数据的历史。同时，也标志了一门新兴学科即计算机图形学的诞生。20 世纪 50 年代后期出现了光笔，从而开始了交互式绘图。20 世纪 60 年代初，开发了屏幕菜单点击、功能键操作、光笔定位、图形动态修改等交互绘图技术。

（2）加工设备方面 1952 年首次研制成功数控（Numerical Control，NC）机床，该机床只需要改变数控程序即可完成不同零件的加工。1955 年由麻省理工学院开发的自动编程工具（Automatically Programmed Tools，APT）程序系统，利用 APT 语言通过对刀具轨迹的描述来实现计算机自动数控加工。

（3）工艺设计方面 前苏联学者 C. П. 米特洛凡诺夫于 20 世纪 50 年代对成组技术进行了系统的研究，形成专门的学科。联邦德国的零件分类编码系统和英国的成组生产单元进一步推动了成组技术的发展，使其成为计算机辅助设计与制造技术的基础理论之一。

该阶段还没有形成完整的计算机辅助设计与制造过程的功能，只在相关软硬件方面提供了实现计算机辅助设计与制造的基础。

2. 第二阶段——基础形成期

（1）产品设计方面 1963 年麻省理工学院的 I. E. Sutherland 在美国举办的计算机联合大会上宣读题为“人机对话图形通信系统”的博士论文，首次提出了计算机图形学等术语。由他推出的二维 SKETCHPAD 系统允许设计者坐在图形显示器前操作光笔和键盘进行图形操作。这一研究成果具有划时代的意义，促进了计算机辅助技术的发展。此后，相继出现了一大批计算机辅助设计商品软件，但是由于显示器价格昂贵，计算机辅助设计系统一直难以推广应用。直到 20 世纪 60 年代末期，显示技术产生了突破，显示器成本大幅下降，这促进了计算机辅助设计产业的形成。20 世纪 70 年代的计算机辅助设计技术还是以二维绘图和三维线框图形系统为主。此时的计算机辅助设计严格来讲还只是计算机辅助绘图，还没有涉及产品信息建模、计算机辅助工程分析等产品设计时设计人员最需要的帮助。

（2）产品加工方面 数控机床与计算机辅助数控程序编制的出现，成为计算机辅助加工的开端。1967 年，英国莫林公司首先建立了一条由计算机集中控制的自动化制造系统，称为“莫林-24”（意即 24 小时连续加工）。它包括 6 台加工中心和 1 条由计算机控制的自动输送线，并用计算机编制 NC 程序、作业计划和统计报表。

（3）工艺设计方面 1969 年挪威发表了第一个计算机辅助工艺规程生成系统 AUTOPROS。它是根据成组技术原理，利用零件的相似性去检索和修改标准工艺过程的形式而形成相应零件的工艺规程。AUTOPROS 系统的出现，引起世界各国的普遍重视。1976 年，美国的 CAM-Ⅰ公司也研制出自己的计算机辅助工艺规程生成系统。这是一种可在微机上运行的结构简单的小型程序系统，其工作原理也是基于成组技术。

计算机辅助设计与制造技术在该阶段得到了迅猛发展，利用计算机辅助人们从事产品整个制造过程中的各个具体工作的设想已基本形成，各种理论和方法得到了初步研究。但所做工作基本上是探索性的，所开发系统除计算机辅助工程图绘制外，基本还是原型系统，没有投入实际使用。

3. 第三阶段——全面发展期

（1）产品设计方面 1973年诞生了第一个实体造型（Solid Modeling）试验系统，并于1978年推出了第一代实体造型软件。此后的二十年中，实体造型技术成为计算机辅助设计与制造技术发展的主流，并走向成熟，出现了一批以三维实体造型为核心的计算机辅助设计软件系统。在20世纪90年代初发展起来的特征建模技术，以STEP标准的提出为标志，解决了产品信息在计算机中的表达与存储的异构问题，使计算机辅助产品设计技术在制造领域得到了全面的应用。同时，以STEP为基础的特征表达也解决了计算机辅助设计与其他计算机辅助技术间的产品信息开放式传递问题，为整个计算机辅助技术的集成奠定了基础。

（2）产品加工方面 20世纪70年代后期，一方面是数控硬件设备走向成熟，数控机床的数控设备标准化接口的形成，数控语言通用格式的定义，这些都简化了软件开发难度。另一方面，由于产品几何造型技术、产品信息建模和信息存储技术以及数控编程后置处理技术的发展和应用，计算机数控编程与产品设计造型紧密结合，使计算机数控编程实用化得到了很大的提高，解决了信息孤岛问题和再输入问题。交互式图形编程系统的出现标志着计算机辅助数控编程技术发展到了成熟阶段。

（3）工艺设计方面 从20世纪80年代开始，在以成组技术为基础的派生式计算机辅助工艺规程编制系统继续完善并推广应用的同时，专家、学者们积极探索以智能技术为基础的计算机辅助工艺设计系统。同时，作为工艺设计的分支，毛坯设计、工艺装备设计、工艺过程仿真的计算机辅助技术也得到了发展，为制造过程信息处理的全面计算机化提供了基础，也为计算机辅助设计与制造过程的集成提出了紧迫的要求。

4. 第四阶段——集成应用期

从20世纪90年代后期到现在，随着各种计算机辅助设计与制造系统在制造业的应用日益广泛，对于各子系统间的集成需求变得十分迫切，因此出现了集成制造的概念和实施技术。在集成制造中，把集成分成三个层面：数据集成、系统集成和过程集成。

与此同时，在制造系统理论、计算方法上也有了巨大的发展。如制造系统理论中，并行工程概念的提出，各种面向设计的方法的建立，全生命周期理论的形成，这些都为计算机辅助设计与制造技术的进一步发展奠定了新的理论基础。在计算方法上，虚拟制造技术的发展为计算机辅助设计与制造提供了良好的仿真平台。知识工程的发展，本体理论的引入，使得各种智能化的方法层出不穷，推动了计算机辅助设计与制造技术向更高的境界发展。

另外，随着制造过程中计算机辅助的深入，制造过程的管理与控制更加重要。整个制造过程作为一个复杂的大系统，其自身过程信息的管控也成了制造过程的一部分，与自身信息流是相互作用的。尤其是进入21世纪以来，制造模式发生了显著变化，如网络化/全球化制造、协同制造等新制造模式的诞生，对计算机辅助技术提出了新的要求。

集成应用期的加工过程仿真和加工程序检验系统，为CAD/CAM集成奠定了基础。计算机辅助设计与制造正向智能化、最佳化和集成化等方面发展和延伸。表1-1给出了计算机辅助设计与制造技术发展的各个时期的标志性成果和技术特点。

表 1-1 计算机辅助设计与制造技术发展的各个时期的标志性成果和技术特点

时 期		标志性成果	技术特点
CAD	技术准备期： 1950 年～20 世纪 60 年代初期	计算机图形学的诞生 数控机床的应用 成组技术理论的建立	出现交互式绘图、屏幕菜单点击、功能键操作、光笔定位、图形动态修改等在计算机上表示产品几何信息的技术 利用计算机或相关电子控制器件控制机床进行自动加工
	基础形成期： 1963 年～20 世纪 70 年代初	二维绘图 CAD 软件	CAD 软件系统开始出现，以二维绘图和三维线框图形系统为主
	全面发展期： 1973 年～20 世纪 90 年代	实体造型软件	实体造型系统的出现使得 CAD 技术有了质的飞跃。实体造型软件得到了大规模应用
	集成应用期： 20 世纪 90 年代至今	CAD/CAM 集成系统	CAD/CAM 技术向着一体化和集成化的方向发展
CAM	技术准备期： 20 世纪 50 年代	计算机辅助自动数控编程系统	APT 语言通过对刀具轨迹的描述来实现计算机辅助自动数控编程
	基础形成期： 20 世纪 60 年代	计算机集中控制的自动化制造系统	出现柔性制造系统，能够用计算机编制 NC 程序、作业计划和统计报表
	全面发展期： 20 世纪 70 年代后期	交互式图形编程系统	出现了交互式图形编程系统，以及加工过程仿真和加工程序检验系统
	集成应用期： 20 世纪 90 年代至今	CAD/CAM 集成系统	CAD/CAM 技术向着一体化和集成化的方向发展

1.4.2 产品数字化定义技术的发展历程

产品数字化定义技术是基于 CAD 技术实现的，是 CAD 的基础和核心。因此，CAD 技术的发展和进步也推进了产品数字化定义技术的发展。现在的产品数字化定义已不再仅仅只涉及 CAD 系统，而是面向从设计、分析、制造、装配到维护、销售、服务等产品全生命周期的各个环节。产品数字化定义用于描述和定义产品全生命周期的数字化过程中所应包含的信息以及这些信息之间的相互关联关系，并使其成为计算机中可实现、可管理和可使用的信息。随着产品数字化定义技术的深入研究，围绕数字化产品定义数据及过程的管理与应用技术也随之出现，引起了整个制造业生产管理技术的彻底变革。CAD 技术起源于美国，它经历了一个由二维设计技术向三维设计技术发展的过程。相应的，产品数字化定义技术也经历了从二维到三维模型发展的四个阶段，如图 1-8 所示。

1. 二维工程图阶段

二维工程图阶段先后经历了人工绘制工程图阶段和基于 CAD 的二维产品数字化定义阶段。最初的产品定义来自于工程制图技术。一个世纪以前，人类就开始借助于纸与笔进行产品结构与形状的定义与描述，即进行产品定义。1975 年法国科学家蒙日系统地提出了以投影几何为主线的画法几何，从而使得画法几何成为工程图的语法，工程图成为工程界图形化产品定义的基本绘图语言。图样完全规定了所需制造产品的全部信息，也为工程技术人员表达产品设计思想和相互交流沟通提供了平台。工程制图技术通过图样解决了产品结构与制造

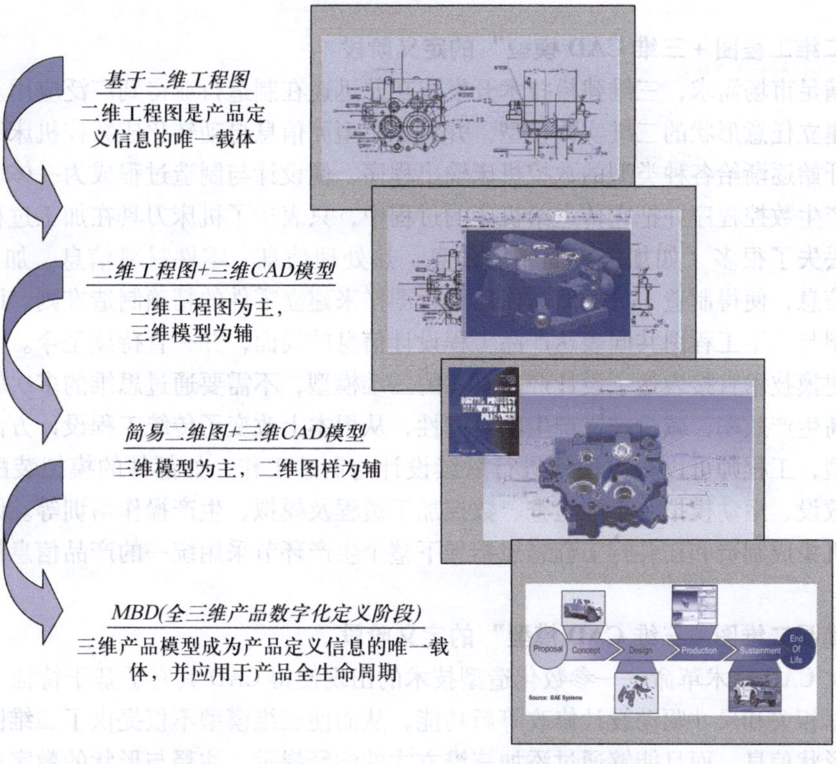

图 1-8 产品数字化定义技术的发展历程

信息的描述问题，在当时的生产条件下是一个伟大的创举，推动了世界范围内的工业进步。但人工直接绘制图样的方式，对更改设计及设计知识的重复利用带来很多不便，劳动强度要求高；同时，图样的有效管理方面也存在很多问题，限制了生产效率的进一步提高。

在从事制造业生产的过程中，对制造对象的定义与描述从来都是与制造手段和制造能力密切相关的。随着计算机技术的发展，在20世纪70年代，研究人员开发出计算机辅助设计（Computer Aided Design，CAD）软件系统，产品定义技术由此跨入了数字化时代。产品数字化定义技术改变了依赖图板的传统方式，而是通过CAD系统用数字化的方式在计算机中精确表达产品信息，使得设计更改与图样管理工作变得比较方便简单，解决了产品结构信息的重用问题，并能大大提高设计工作效率，改善了工作环境。

早期的产品数字化定义技术，即CAD技术，其目标是创建工程图，用计算机代替图板进行产品设计。CAD技术在节省人力及提高工作效率方面表现出很强的优势，特别是电子设计能在更改过程中带来高效率。由于早期CAD技术只是提供现实产品结构在不同视图中的平面投影，不能直观反映产品的立体实体结构，因此生产人员有时不能完全正确理解设计意图而生产出废品造成损失。早期CAD技术对显示产品中不可缺少的曲面造型方面无能为力，对生产工程中引进的新型制造技术与加工方法缺少有效的技术支持。随着数控技术的发展，制造部门开始采用带有计算机控制器以及具有记忆程序且无需人工干预便可重复工作并保持准确性能的数控加工设备。为了提高生产效率，产品制造要求产品设计提供能被数字化制造系统理解并运用的二维轮廓图或控制程序，而不是依据工程图手工编写数控程序代码输入数控系统中，从而能节省工艺准备时间，并最大限度地减少数控程序编制过程出错的可能性。

2. “二维工程图+三维 CAD 模型”的定义阶段

为了满足市场需求，三维建模技术开发成功并迅速在制造行业得到广泛应用。三维设计系统通过建立任意形状的三维实体模型，并将加工型面信息自动转化成数控机床刀具路径控制代码，开始逐渐给各种类型的数控机床输出程序，使设计与制造过程成为一体。然而，在设计系统产生数控程序并把它传送给机床的过程中，只表达了机床刀具在加工过程中的轨迹信息，而丢失了很多（如加工表面精度信息、热处理信息、零件材料信息、加工规范等）其他工艺信息，使得制造人员仍然需借助工程图样来建立零件的精确制造准则。因此，出现了三维模型与二维工程图共同表达产品工程设计信息的局面，并一直持续至今。

三维建模技术直接表达了设计产品真实的三维模型，不需要通过思维的多次转换，因此可大大提高生产效率，减少歧义产生的可能性，从根本上改变了传统工程设计方法。通过三维产品模型，工程师可以很方便地进行后续设计与制造工作，如部件的模拟装配、总体布置、管路敷设、运动模拟、干涉检查、数控加工编程及模拟、生产操作培训等。因此，它为实现计算机集成制造和在并行工程思想指导下整个生产环节采用统一的产品信息模型奠定了基础。

3. “简易二维图+三维 CAD 模型”的定义阶段

第三次 CAD 技术革命——参数化造型技术的出现使得 CAD 具有了基于特征、全尺寸约束、全数据相关和尺寸驱动设计修改等新功能，从而使三维模型不仅提供了二维图样所不具备的详细形状信息，而且能够通过添加三维方式的注释提示、注释与形状的数字连接的功能提供尺寸、公差、表面粗糙度等部分几何工艺信息。不过，三维模型数据尚无法表达表面粗糙度、表面处理方法、热处理方法、材质、结合方式、间隙设置、连接范围、润滑油涂刷范围和颜色、要求符合的规格与标准等非几何信息。另外，基于注释的形状提示、关键部位的放大图和剖视图等能够更为灵活而合理地传达设计意图。因此，三维模型数据中不能表达出图样中的所有工艺信息，要将生产技术、模具设计与生产、部件加工、部件与产品检验等工序所必需的设计意图包含进来，仅靠三维模型数据是不够的，仍然需要简易二维图样提供部分工艺信息。在数字化定义的内容上仍处于三维模型与工程图共存的状态，存在对产品更改描述等环节效率低的问题。

4. 全三维产品数字化定义阶段

要想将三维数据模型当作传递设计信息的唯一载体，必须明确数字化定义应用的形态，解决非几何信息的组织及其表达与显示问题。随着 CAD 技术在 20 世纪 90 年代末加入三维标注的功能以及 AMSE 开展了系列数字化定义标准的研究，波音公司在 2004 年启动的 787 项目中全面推广新的基于模型的数字化定义（Model Based Definition，MBD）技术体系。MBD 是一个用集成的三维实体模型来完整表达产品定义信息的方法体系，详细规定了三维实体模型中的产品尺寸、公差的标注规则和工艺信息的表达方法。MBD 改变了传统的由三维实体模型来描述几何形状信息以及用二维工程图样来定义尺寸、公差和工艺信息的分步产品数字化定义方法。同时，MBD 使三维实体模型作为生产制造过程中的唯一依据，改变了传统以工程图样为主，而以三维实体模型为辅的制造方法。MBD 在 2003 年被 ASME 批准为机械产品工程模型的定义标准，是以三维实体模型作为唯一制造依据的标准体。MBD 技术体系也是 MBD 的应用体系。它明确了产品数字化定义的内容框架，确定了产品数字化定义内容的种类和管理组织形式。此外，它还确定了研制环境的应用功能体系及应用程序体系，使产品的数字化定义能够在脱离图样的情况下进行。这一体系最显著的标志是三维数据集中定义所有的产品信息，替代了二维工程图样的作用。MBD 技术使得三维产品、工装数据成为所有工作中的唯一制造依据，真正实现三维数字化、无图样设计制造技术，大大简化产品设计和管理过程，缩短产品研制周期。

1.4.3 计算机辅助设计与制造技术的应用

在现代机械制造业中，计算机辅助设计与制造系统已经成为不可或缺的一部分，特别是在汽车、轻工、电子和航天等行业中尤为重要。它推动了制造领域的革命。计算机辅助设计与制造系统水平的强弱和应用的广泛程度，已经成为衡量一个国家机械制造技术水平的重要标志之一，直接影响着国民经济中许多部门的发展。

目前，发达工业国家中的企业已广泛使用了计算机辅助设计与制造系统，国内 70% 以上的大中型企业也已经使用了计算机辅助设计与制造系统。计算机辅助设计与制造系统的使用给全世界的制造业带来了巨大的变化。其中，航空航天、船舶、机床制造、汽车等部门都是国内外应用计算机辅助设计与制造技术较早的工业部门。

美国福特汽车公司早在 20 世纪 80 年代初，就着手计算机辅助设计与制造系统的规划，建成了以工作站为主体的环形网络系统；1985 年已经有一半以上的产品设计工作使用图形终端实现；1986 年新开发的 TAURUS 和 SABLE 轿车，大约 70% 的外板件采用计算机辅助技术进行设计与制造；20 世纪 90 年代初全面实行产品开发的计算机辅助设计与制造，应用率可达 100%，计算机辅助设计与制造技术的应用使得新型汽车的设计周期缩短了近一半，同时新产品的可信度也提高了约 3 倍。美国陆军针对 M-1 坦克生产和装配的一些企业布局进行重新安排，使所有与物料流及资源设置有关的决策和活动计算机化，并将这些活动与设计及过程开发集成起来，取得了显著的效益，使生产设备数减少了 50%，返工率和废品率降低了 85%，产量提高了 3 倍，工厂效率提高了 50%。

我国的计算机辅助设计与制造技术研发工作始于 20 世纪 70 年代，经过四十多年的研究，发展迅速，已取得了良好的经济效益。许多大型企业，如一汽、二汽等，已建立起比较完整的计算机辅助设计与制造系统，其应用水平也接近于国际先进水平。许多中小企业应用计算机辅助设计与制造技术在保证产品质量、提高劳动率等方面也取得了显著的经济效益。但是总的说来，国内在计算机辅助设计与制造技术应用的深度和广度方面与国外先进水平相比还有很大差距。随着社会主义市场经济的发展，国有企业需要对传统的产品结构、生产设备和管理模式进行改造，以提高企业的活力和适应市场的应变能力，而采用计算机辅助设计与制造技术被认为是唯一的出路。

繁荣的商业化计算机辅助设计与制造软件市场在一定程度上说明了现在计算机辅助设计与制造软件的应用之广泛，其软件代表了当前计算机辅助设计与制造技术的发展水平。目前，市场上流行的计算机辅助设计与制造系统中包括的国内外软件有以下几种。

（1）Unigraphics（UG） UG 是西门子公司的一个集 CAD/CAM/CAE 于一体的机械工程辅助系统，适用于航空、航天、汽车、通用机械以及模具等的设计、分析及制造工程。UG 将参数化和变量化技术与传统的实体、线框和表面功能结合在一起，还提供二次开发工具 GRIP、UFUNG、ITK 等，允许用户扩展 UG 的功能。

（2）Pro/Engineer　Pro/Engineer 是美国 PTC 公司的产品，简称 Pro/E，于 1988 年问世。Pro/E 具有先进的参数化设计、基于特征设计的实体造型和便于移植设计思想的特点，符合工程技术人员的机械设计思想。Pro/E 整个系统建立在统一完备的数据库以及完整而多样的模型上。它有多个模块供用户选择，能将整个设计和生产过程集成在一起。

（3）CATIA　CATIA 是法国达索公司的 CAD/CAM/CAE 一体化集成软件，是一个集智能设计、制造仿真及工程分析为一体的软件，在机械制造、工程设计以及电子等行业，尤其是航空制造业中得到广泛应用。该系统提供支持各类产品/零件几何建模、数控加工编程及工程分析等的必要功能，还可以与产品全生命周期数据管理系统集成，提供无纸化三维数字化工作环境。

（4）AutoCAD　AutoCAD 是美国 Autodesk 公司开发的一个交互式绘图软件，有二维绘图、编辑、剖面线和图案绘制、尺寸标注以及二次开发等功能，同时也有部分三维功能。AutoCAD 软件是目前世界上应用最广的 CAD 软件之一，占整个 CAD/CAE/CAM 软件市场的 37% 左右。

（5）SolidWorks　SolidWorks 是由美国 SolidWorks 公司于 1995 年 11 月研制开发的基于 Windows 平台的全参数化特征造型软件。SolidWorks 可以实现复杂的三维零件实体造型、复杂装配和生成工程图。SolidWorks 软件从 1996 年 8 月正式引入中国以来，在机械行业获得普遍应用。

（6）CAXA　CAXA 电子图板是一套高效、方便、智能化的通用中文设计绘图软件，可帮助设计人员进行零件图、装配图、工艺图表、平面包装的设计，适合所有需要二维绘图的场合，使设计人员可以把精力集中在设计构思上，甩掉图板，满足相关行业的设计要求。CAXA-ME 是一套数控编程和三维加工软件，可快速建立各种复杂的三维模型。它为数控加工行业提供了从造型、设计到加工代码生成、加工仿真、代码校验等一体化的解决方案。

美国科学研究院的工程技术委员会曾对应用计算机辅助设计与制造集成技术所能得到的效益进行了测算，见表 1-2。

表 1-2　应用计算机辅助设计与制造集成技术所能得到的效益

项　目	增效（与传统制造相比）	项　目	增效（与传统制造相比）
缩短产品上市周期	30% ~60%	提高设备利用率	2 ~3 倍
提高产品质量	2 ~5 倍	降低工程设计造价	10% ~40%
提高劳动生产率	40% ~70%	降低劳动力成本	2% ~20%
提高工程能力	3 ~3.5 倍	提高分析问题和解决问题的能力	3 ~35 倍

1.4.4　计算机辅助设计与制造技术及系统的发展趋势

随着计算机辅助设计与制造等先进技术应用于制造业，世界制造业进入了一个新的发展时期，呈现出许多新的发展趋势。例如：产品开发周期进一步缩短，更新换代越来越快；企业的组织形式将向全世界范围内的虚拟公司或者联盟发展；制造系统更加柔性化；绿色制造、智能化水平要求更高等。与此同时，计算机辅助设计与制造技术的发展也向智能化、集成化、虚拟化、网络化、绿色化和三维化等方面发展。

1. 智能化

设计是一个含有高度智能的人类的创造性活动，拥有人工智能的计算机辅助设计与制造系统是计算机辅助设计与制造技术发展的必然方向。从人类认识和思维的模式来看，现有的人工智能技术对模拟人类的思维活动（包括形象思维、抽象思维和创造性思维等多种形式）往往是束手无策的。智能计算机辅助设计与制造系统不仅仅是简单地将现有的智能技术与计算机辅助设计与制造技术相结合，更重要的是深入研究人类设计的思维模型，并用信息技术来表达和模仿它，这样才会产生高效的智能计算机辅助设计与制造系统。

现有的计算机辅助设计系统智能化程度越来越高，原来繁琐的操作将逐渐由计算机进行智能化处理。人工智能在计算机辅助设计与制造系统中的引入，使其具有专家的经验和知识，具有学习、推理、联想和判断的能力，用户只需要进行少量的交互操作就能完成原本繁琐的设计。

未来的计算机辅助设计与制造系统不仅可继承并智能化判断工艺特征，并且具有模型对比、残余模型分析与判断功能，使刀具路径更优化、效率更高；同时也具有对工件（包括夹具）的防过切、防碰撞等功能，这样可提高操作的安全性，更符合高速加工的工艺要求；开发与工艺相关联的工艺库、知识库、材料库和刀具库，使工艺知识积累、学习和运用成为可能。

2. 集成化

集成化是计算机辅助设计与制造技术发展到现在最为显著的一个趋势。它的目标是实现在产品全生命周期下整个计算机辅助设计与制造系统与其他各系统之间的集成，从而实现全生命周期一体化。集成的出发点是：企业中各个环节是不可分割的，必须统一考虑；企业的整个生产过程实质上是信息的采集、传递和加工处理的过程。

现在的产品数据管理（Product Data Management，PDM）技术和系统提供了很好的集成平台，而要实现计算机集成制造还需要从企业的经营战略目标出发，综合考虑企业中人、技术、资源和管理的作用，综合应用多种先进技术，实现企业生产经营全过程中的信息流和物质流的集成，在控制系统的协调管理下，使整个企业实现多渠道集成，即信息集成、智能集成、串并行工作机制集成及人员集成，为企业带来更大的经济效益。

在产品开发集成化的同时，将并行工程思想与方法贯穿其中，其关键就是用并行设计方法代替串行设计方法，即并行的、集成的设计及开发产品，以缩短产品研制周期。它要求产品开发人员在设计阶段就考虑产品整个生命周期的所有要求，包括质量、成本、进度、用户要求等，以最大限度的提高产品开发效率及成功率。

3. 虚拟化

虚拟现实（Virtual Reality，VR）技术可以使人们置身于计算机创造的虚拟环境中，并以接近真实的交互方式与虚拟环境交换信息。它具有四个重要的特征，即多感知性、沉浸感、交互性和自主性。虚拟现实技术为计算机辅助设计与制造提供了真实感更强的虚拟工作环境。在建立三维实体模型后，根据需要可以由该模型方便地生成虚拟现实环境模型。在虚拟现实环境中，利用三维的交互设备，如数据头盔（Head Mounted Display）、数据手套（Data Glove）、数据衣（Data Suit）、三维鼠标（3D Mouse）等，对虚拟的模型进行操作，实现从不同视点的观察。

虚拟制造技术是计算机辅助设计与制造技术与 VR 技术的结合产物。它提供了一个可视化的、交互式的、从生产线到企业级的进行生产过程、生产规划、作业计划、装配计划、后勤保证以及加工过程和装配过程的计算机模型和仿真工具。它不生产物理意义上的产品，却能提供有关产品设计制造过程、过程控制与管理、产品性能数据等所有信息。运用虚拟现实技术能够快速显示设计内容、设计对象的性能特性以及设计对象与周围环境的关系，设计者可与虚拟设计系统进行自然的交互，灵活方便，可大大提高设计效果和质量。

4. 网络化

计算机网络技术的出现改变了人类传统的生产、生活模式。网络技术能够使分散在不同地点的多台计算机联系起来，实现资源共享。通过网络技术，能使分布在不同地域和不同单位的设计资源、人力资源和制造资源实现协同工作，这样能够提高产品设计水平，提高企业快速响应速度，降低资源投入。

随着计算机网络技术和计算机辅助设计与制造系统的进一步发展，今后的企业将建立动态联盟制造体系，协调在不同地区的企业生产，以适应全球化制造的发展趋势。

5. 绿色化

环境、资源、人口是当今人类社会面临的主要问题，而如何在制造业中最有效地利用资源和最低限度地产生废弃物，是关系到人类社会长远生存和发展所必须解决的重大问题。绿色化是一种综合考虑了环境影响和资源利用率的现代制造模式，是从根本上解决制造业与人类及自然和谐发展的途径。

绿色制造可定义为：在满足产品功能、质量和成本等要求的前提下，系统地考虑产品开发制造及其活动对环境的影响，使产品在整个生命周期中对环境的负面影响最小、资源利用率最高，这种先进制造模式称为绿色制造。

6. 三维化

CAD 技术的发展也促进了产品的数字化发展，在最大程度上达到三维模型数据的集成，取代以二维图样为主要加工及数据信息交流的传统模式。目前，产品研制仍然主要采用以二维图样为中心，三维模型为辅助的设计生产管理模式，但是伴随着 ASMEY14.41 等系列标准的制定，MBD 技术的发展也达到一个全新阶段，波音 787 结构设计及产品数据管理全面独立执行了三维模型的应用模式，其核心思想是一种全三维基于特征的表述方法。它用一个集成的三维实体模型完整地表达产品定义信息，即将制造信息和设计信息（三维尺寸标注及各种制造信息和产品结构信息）共同定义到产品的三维数字化模型中，从而取消二维工程图，保证设计数据的唯一性。MBD 并非简单的三维标注加三维模型。它不仅描述设计几何信息，而且定义了三维产品制造信息和非几何的管理信息，包括产品结构、产品制造信息（Product Manufacturing Information，PMI）、物料清单（Bill of Material，BOM）等。使用人员仅需一个模型即可获取全部技术信息，减少了对其他信息系统的依赖，使设计、制造之间的信息交换可不完全依赖信息系统的集成而保持有效连接。

MBD 是产品定义方式的一次革命。它以更为强大的表现力和易于理解的定义方式，极大地提高了产品的设计质量和资源利用率，使设计、制造融为一体，是未来设计技术的发展方向，必将对机械制造业，特别是航空航天产品制造产生深远的影响。

习 题

1. 简述广义制造的概念。
2. CAD/CAM 的主要内容有哪些?
3. 制造系统的概念是什么?
4. 制造系统的“三流”分别指什么?
5. 试述计算机辅助制造系统的功能与特点。

第2章 计算机辅助设计与制造基础

2.1 计算机辅助设计与制造软、硬件支撑环境

CAD/CAM系统是以计算机硬件为基础，以系统软件和支撑软件为主体，以应用软件为核心组成的一个特定的面向工程设计与制造问题的信息处理系统。它的基本思想是指产品工程设计与制造技术人员在计算机软、硬件系统的支持下，根据产品设计和制造流程进行设计和制造。用途不同，CAD/CAM系统中的硬件和软件的配置与组织方式也不同。CAD/CAM技术本身是一项综合性的、技术复杂的系统工程，涉及许多学科领域，如计算机科学与工程、计算数学、计算机图形学、计算机仿真、数控、机器人、人工智能、产品设计与制造、生产管理、过程控制、质量控制与保证等。由于CAD/CAM技术还在不断发展，不同领域对CAD/CAM技术的应用程度不同，CAD/CAM系统的软硬件配置也有差异。随着计算机技术的发展，CAD/CAM技术在产品全生命周期中的应用将不断深入，其软硬件也会有新的发展。

2.1.1 CAD/CAM系统的结构

CAD/CAM系统作为一个复杂的信息处理系统，其层次结构如图2-1所示。它总体上由硬件和软件两部分组成，其中硬件是CAD/CAM系统运行的物质基础，提供了CAD/CAM系统最基本的计算、存储和输入/输出等能力。CAD/CAM系统底层的计算机硬件平台主要有网络服务器、工作站和PC。软件是CAD/CAM系统的核心，是指用于求解某一个问题并充分发挥计算机硬件性能的程序和技术文档的总称。它利用计算机本身的运算和逻辑功能，合理地组织整个求解流程，简化或者代替各个环节中人所承担的工作，从而达到充分发挥计算机的效能，便于用户进行产品设计的目的。因此软件是整个CAD/CAM系统的“灵魂”。CAD/CAM系统中的软件可分为系统软件、支撑软件和应用软件。

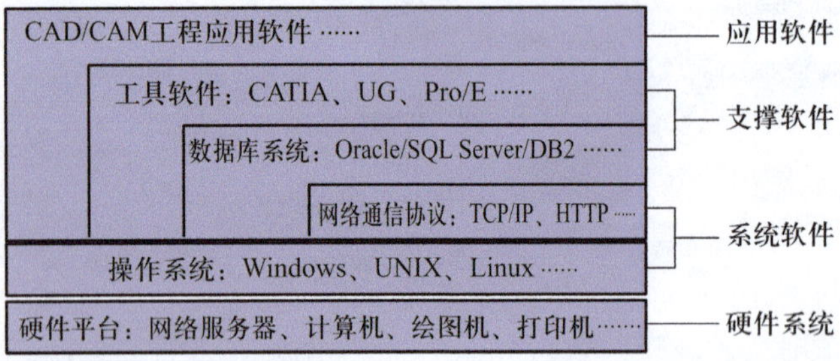

图2-1 CAD/CAM系统的层次结构

2.1.2 CAD/CAM 系统的硬件

计算机硬件是指组成 CAD/CAM 系统的物理设备。它主要由主机、输入/输出设备、执行装置、现场数据采集装置及网络通信设备等组成。CAD/CAM 系统的结构形式、应用范围、软件规模和系统功能各不相同，因此其典型的硬件配置也不相同。其中，主机、输入/输出设备是基本组成部分。

1. 主机

主机是控制与指挥整个计算机系统并执行实际计算和逻辑运算的装置。它是计算机硬件的核心，是整个 CAD/CAM 系统的指挥和控制中心，其类型和性能（如运算速度和内存容量等）在很大程度上决定了 CAD/CAM 系统的性能。从 1946 年世界上第一台电子管计算机 ENIAC 诞生以后，计算机的发展先后经历了晶体管计算机、集成电路计算机、大规模和超大规模集成电路计算机几个阶段。计算机微处理器的发展从早期的 Intel8086、Intel80386 到后来的 Pentium、Pentium MMX、Pentium Pro、Pentium Ⅱ、Pentium Ⅲ 直到 Pentium Ⅳ 和 Intel Celeron、AMD Duron 等高性能的 CPU。计算机的内部存储器从第一台计算机的电子管电路，到后来的磁鼓存储器、磁心存储器和集成电路存储芯片。外部存储经历了从穿孔纸带、穿孔卡片、磁带、软盘、光盘、硬盘多个阶段的发展。

ENIAC 的运算速度只有每秒 5000 次，内存只有几十个字节，到现在发展为一个 CPU 的处理速度就达到每秒近百亿次，CPU 内部的直接存储容量就达到几百万字节，而与之配合的内部存储高达上百亿字节，而用于 CAD/CAM 系统的高性能服务器可以由多个 CPU 组成。随着计算机的运行速度越来越快，存储容量越来越大，使得 CAD/CAM 系统的功能也越来越强大。

在 CAD/CAM 系统中常用的主机类型有微型机、工作站和服务器等。微型机 CAD/CAM 系统性价比高，有丰富的应用软件；工作站 CAD/CAM 系统通常采用 RISC 芯片，处理速度快，具有很强的图形处理能力；服务器 CAD/CAM 系统在运算能力、存储能力和网络通信能力方面具有很强的优势，是协同工作的基础。

2. 输入设备

输入设备是指通过人机交互作用将各种外部数据转换成计算机能够识别的电子信号的装置，主要用于向 CAD/CAM 系统输入数据、程序以及各种字符信息。CAD/CAM 系统中常用的输入设备除键盘、鼠标外，还有光笔、数字化仪、图形扫描仪、数码相机和数码摄像头等。除了上述介绍的各种输入设备外，还有一些很有发展前景的输入设备，比如声音交互输入设备、触摸屏幕、数据手套（传感手套）等。

3. 输出设备

输出设备是指把 CAD/CAM 系统工作的中间结果或最终结果表示出来的装置。CAD/CAM 系统中常用的输出设备包括打印机、图形显示器、绘图仪和微缩胶片等，其中绘图仪是 CAD/CAM 系统中用于生成高精度工程图样及复制图形信息的主要设备。

上述输入/输出设备作为 CAD/CAM 系统中重要的人机交互装置，是交互式 CAD/CAM 系统中必不可少的部分，用于实现图形生成、编辑、修改、坐标标定、尺寸更改、图形变换和打印输出。

2.1.3 CAD/CAM 系统的软件

CAD/CAM 系统的软件是指控制 CAD/CAM 系统运行，并使系统发挥最大功效的计算机程序、数据及相关文档资料的总和。CAD/CAM 系统的软件水平高低是决定系统功能、运行效率和使用方便程度的关键因素。

CAD/CAM 系统的软件应为产品设计和制造提供从产品的概念设计、结构设计、详细设计、分析优化、制造加工到工程管理的全生命周期的解决方案和辅助手段。因此，从实际应用的角度来看，CAD/CAM 软件系统应当具有以下的基本功能。

（1）轮廓的参数化设计　轮廓的参数化设计又称为草图绘制，所生成的零件轮廓可进一步用于实体造型。轮廓尺寸都是在草图绘制过程中产生的，但这些参数化的尺寸在产品设计的后续阶段还能进行修改，而且尺寸修改后零件的形状也随之改变。因此轮廓的参数化设计可以将设计人员从繁杂的零件尺寸定义和修改中解放出来，使他们在草图绘制时更专注于自己的设计思想。

（2）基于特征的零件几何造型　零件几何造型是指在计算机中进行数字化的零件建模，例如线框模型、曲面模型、三维实体模型等。作为 CAD/CAM 系统的核心功能，几何造型能力的强弱在很大程度上反映了 CAD/CAM 系统功能的强弱。在造型过程中，设计人员可以从各个角度观察具有真实感的零件模型，并且可以进行实时的修改。零件的三维实体模型不仅能直观、形象和准确地表达零件的形状、结构和尺寸，而且通过“渲染”操作还可以进一步增强零件的真实感和立体感。

（3）曲面造型　在飞机、汽车和轮船等产品的外形设计中，必须提供具有良好流体动力学特性的曲面以改善产品的运动性能。CAD/CAM 系统的曲面造型功能提供了在计算机中定义、生成和编辑自由曲线的方法，比传统的采用石膏、油泥或木模型的造型方法快捷和精确得多。

（4）装配造型　装配造型功能是通过模拟实际的装配过程来生成产品的装配体。装配造型所具有的运动机构分析和仿真功能，使得设计者可以通过装配造型发现由于设计不当而可能出现的问题。装配造型还能够提供产品的外观效果图，或者根据需要生成反映装配关系的、零件散开分布的“爆炸图”。装配造型还提供了一种系列化产品的设计方法，例如可以通过更换部分零件来得到一种新的产品类型。CAD/CAM 系统还具有在装配环境下进行零件设计的能力。

（5）绘制工程图　绘制工程图是指 CAD/CAM 系统生成符合标准的工程图样的功能。CAD/CAM 系统的工程出图与计算机辅助绘图有很大的差异，主要表现在 CAD/CAM 系统能根据零件的三维实体模型或装配体自动生成所需要的各种工程图样，如各种投影图、辅助图、剖视图和局部视图等，并且可在图样上自动进行尺寸标注，更重要的是所生成的工程图样与零件模型密切相关。如果在工程图中改变了零件的某个尺寸，相应地零件模型中的相关尺寸参数也会随之改变；反过来，如果在造型系统中改变了零件的特征参数，当打开相应的工程图文件时，系统会自动提示是否修改工程图中的有关尺寸。这种尺寸参数间的双向关联性可以确保对设计进行快速和一致的修改与更新。

（6）机构的运动分析与仿真　CAD/CAM 系统应具有分析机构运动的能力，即具有对运动机构的运动参数、运动轨迹和干涉检查进行分析的能力。CAD/CAM 系统还能够实现运动机构的仿真过程，从而为设计人员在设计运动机构时，提供直观的、具有仿真能力的交互式设计技术。

(7) 物体质量特性分析 CAD/CAM系统应具有根据产品几何模型计算相应物体的体积、表面积、质量、密度、重心、周长以及转动惯量和回转半径等几何特性的能力，为其对产品进行工程分析和数值计算提供必要的参数和数据。

(8) 有限元分析与处理 CAD/CAM系统应具有用有限元法对产品结构的静态及动态特性、强度、振动、热变形、磁场强度和流场等进行分析的能力，以及能够自动生成有限元网格的能力，特别是复杂的三维模型有限元网格的自动划分。在有限元的分析处理过程中，相关的载荷、边界条件和网格都可以进行交互式修改。根据有限元模型可以调用有限元分析程序，对产品零部件的强度、热传导、热变形和流体动力学等性能进行计算分析。有限元分析的结果可以进一步通过有限元后置处理模块进行直观地显示和输出。

(9) 设计优化 产品设计过程实际上是一个寻优过程，也就是在某些条件的限制下，通过改变各种设计参数使产品的某些性能指标达到最佳的过程，因此CAD/CAM系统应当具有所需的数值计算和优化的功能。

(10) 数据交换功能 为了能够利用各种CAD/CAM系统的优势共同完成产品的设计任务，CAD/CAM系统的数据交换功能提供了与其他CAD/CAM系统间基于各种数据交换标准的数据交换能力。交换的数据包括二维图形、三维实体模型、三维线框模型、三维曲面模型或其他产品特征、表面和公差信息等，所涉及的数据交换标准包括CGM、CGI、IGES、STEP和DXF等。

(11) 二次开发功能 由于实际产品多种多样，其所需的产品功能也不尽相同，因此任何一个CAD/CAM系统都不可能为所有具体产品提供完善的解决方案。CAD/CAM系统的二次开发功能是由CAD/CAM系统的开发和集成工具所提供的。利用二次开发工具，用户可以将自己或第三方编写的应用程序集成到CAD/CAM系统中，从而实现系统的功能扩展。例如，有些系统以某种编程语言子程序库或函数库的方式提供二次开发手段，利用这些子程序或函数提供的方法可以调用CAD/CAM系统的内部命令，也可以直接存取CAD/CAM系统的内部数据。

(12) 工程数据管理和标准件库 CAD系统在设计过程中要处理的数据量大、类型多，其中既有数值型数据和非数值型数据，也有随着设计过程不断变换的动态数据，还有很多媒体文件等非结构化的数据。为了对这些数据进行统一管理，CAD/CAM系统应当具有工程数据的管理功能，这可以通过专门的工程数据库或采用产品数据管理的PDM技术来实现。

大多数CAD/CAM系统都提供了通用的标准件库和特征库，设计人员在产品设计过程中可以很方便地从中选取所需的标准特征或标准件，并将它们组合到实际产品的设计中。

(13) 数控加工和加工过程仿真 数控加工功能用于根据零件轮廓和加工工艺要求，产生数控加工工序规划和刀具轨迹，并根据加工工序做出时间及成本估算。用户可采用参数化的方法定义数控刀具路径、设置各种工艺参数，并通过进一步的后置处理自动生成刀具轨迹，还能直接产生驱动数控设备所需的G代码。加工过程仿真用于按用户规定的刀具轨迹，在计算机屏幕上以图形界面的方式进行仿真和动画显示。用户可以在计算机屏幕上直观地观察加工过程中的工件、刀具和夹具的实际状态。通过加工过程仿真，设计人员不仅可以快速验证数控程序代码和刀具轨迹的正确性，对多种加工方案进行对比和评估，而且还可以省去首件试切等所需的费用，避免因各种设计错误可能对昂贵的数控设备造成的破坏。

根据任务和服务对象的不同，CAD/CAM 系统中的软件分为系统软件、支撑软件和应用软件。其中，系统软件直接与计算机硬件相关，主要作用是合理分配和使用计算机的各种软、硬件资源，主要包括计算机操作系统和网络通信协议。

支撑软件主要提供 CAD/CAM 系统所需的各种通用性和基础性功能。CAD/CAM 系统中的支撑软件通常包括各种高级语言编译系统、面向应用的二次开发环境、数据库系统、人机界面与人机交互系统、零件造型系统、真实感图形显示系统、图形标准和软件包等。常用的支撑软件有以下几方面：

（1）高级语言编译系统　CAD/CAM 系统开发中应用得最多的是微软公司的 Visual Basic、Visual C/C++和 Visual J++和 AutoDesk 公司的 Auto LISP 等。它们一般用于应用软件的二次开发。

（2）有限元结构分析软件　流行的商品化有限元结构分析软件主要有美国 ADINA R&D 公司的 ADINA、美国 MSC 公司的 NASTRAN、美国 ANSYS 公司的 ANSYS、美国 MDI 公司提供的机械系统动力学仿真软件 ADAMS 和 COSMOS 等。它们都具有很强的有限元前置处理、线性和非线性有限元模型解算、零件优化、热场分析和有限元后置处理等功能。有限元结构分析软件 ADAMS 同时具有系统动力学分析功能，可用于机械系统的动力学特性分析。

（3）图形设备驱动程序　普遍采用的图形设备驱动程序标准是国际化组织（ISO）与美国国家标准学会组织开发的计算机图形接口（Compute Graphic Interface，CGI）标准。它提供了一种用于控制图形硬件且与具体设备无关的方法。

（4）面向应用的图形程序包　相关的国际标准包括二维的 GKS-2D 图形程序包、三维的 GKS-3D 图形程序包以及具有层次结构管理功能的 PHIGS 程序包。其中，GKS 系统定义了一个独立于语言的图形系统核心，提供了应用程序和图形输入、输出设备之间的功能接口。

（5）二维、三维交互式图形处理系统　以各种图形程序包为基础构造出来的用于交互式设计的图形处理系统，具有基本图形元素（点、线、圆）的绘制功能，缩放、平移、旋转和错切等图形变换功能，对图形元素的编辑和修改等编辑功能，图形存储、显示和输入、输出等控制功能。

（6）三维几何造型和建模系统　这类软件用于为用户提供完整、准确地描述和显示三维几何形状的方法和工具，可产生各种形体的三维模型。要实现产品的数字化设计，必须首先建立产品的几何模型。因此，产品的三维几何造型和建模系统是 CAD/CAM 系统中十分重要的支撑软件。

（7）图形支撑软件系统　可分为图形处理语言及交互式绘图软件。前者是一种语言，如 Open GL，它提供的绘图子程序可供高级程序设计语言调用。后者可用于人机交互的方式生成图形，编辑（增删、缩放、平移）、标注及拼装等图形处理工作。

（8）真实图形生成系统　通过纹理渲染等操作使设计出的物体更具有真实感，比如利用 Open GL 在 VC 中建立一个三维场景原型系统，在系统中实现三维场景的绘制渲染和场景的雾化效果，可设计出使物体更具真实感的图形效果。

（9）工程数据库管理系统　数据库在 CAD/CAM 系统中具有十分重要的地位和作用，是有效地存储、管理和使用数据的一种软件。CAD/CAM 系统上几乎所有应用都离不开数据库。提高 CAD/CAM 系统的集成化程度在很大程度上取决于数据库的应用水平。现在比较流行的数据库管理系统有 Oracle、SQL Server 和 DB2 等。

（10）不同 CAD/CAM 系统间的数据转换接口标准　国际上普遍采用 IGES 和 STEP 作为不同 CAD/CAM 系统之间的数据转换接口标准和实现 CAD/CAM 系统集成的基础。其中，IGES 定义了一套几何和非几何数据的格式及相应的文件结构，较好地解决了不同 CAD/CAM 系统间交换图形数据的问题。STEP 标准旨在实现覆盖产品全生命周期的产品模型。它具有统一的产品数据模型，将成为新的产品模型数据交换的标准。

应用软件是指在系统软件和支撑软件的基础上、面向特性应用领域的、用于解决各种实际问题的软件。目前，在模具设计、机械零件设计、机械传动设计、建筑设计以及服装、飞机和汽车等领域都有相应的 CAD/CAM 应用软件。CAD/CAM 应用软件主要包括计算机辅助绘图软件、三维实体造型软件和模具设计软件。

2.1.4　CAD/CAM 系统的软、硬件选择原则

选择 CAD/CAM 系统软、硬件的原则是首先要适应 CAD/CAM 技术发展的水平，其次还要满足其服务对象的要求。应以使用目的和用户所具有的条件（包括经费、人员技术水平等）为前提，以制造商提供的性能指标为依据，以性价比及其适用程度为基本出发点，综合考虑各方面的因素加以决策。具体应考虑以下几个方面的问题。

1）性价比。根据 CAD/CAM 系统应用的功能需要，选择能满足要求、运行稳定可靠、容错性好、人机界面友好、价格相对合理的软件。同时要注意欲购软件的版本号、版本推出日期以及与前一版本相比较的功能改进等方面的情况。

2）系统升级扩展能力。由于硬件的发展、更新很快，为了保护用户的投资不受损失或少受损失，应注意欲购产品的内在结构，确定其是否具有随着应用规模的扩大而升级扩展的能力，能否向下兼容，在扩展系统中能否继续使用等问题。

3）系统的开放性与可移植性。系统应独立于系统提供商并遵循国际标准的应用环境，为各种应用软件、数据、信息提供交互操作和移植界面。新安装的系统应能与原安装的计算机环境进行交互操作。应用程序应能方便地从一个平台移植到另一个平台。

4）系统的可靠性、可维护性和服务质量。系统的可靠性是指系统在给定时间内运行不出错的概率。应注意了解欲购产品的平均年维修率、系统故障率等指标。系统的可维护性是指排除系统故障以及满足新要求的难易程度。除此之外，还应考虑供应商的发展变化趋势和资产可信程度，确定其是否具有良好稳定的经营状况，是否具有维护服务机构、手段和能力，维护服务的响应效率如何，能否提供有效的技术支持、培训、故障检修和技术文档等。

5）二次开发的能力。为了充分发挥 CAD/CAM 软件的作用，通常都需要对 CAD/CAM 软件进行二次开发，因此要了解所选软件是否具有二次开发的可能性。

2.2　计算机图形处理技术

计算机图形处理技术是 CAD/CAM 技术的重要组成部分，是利用计算机高速运算能力和实时显示功能处理各类图形信息的技术。主要体现在图形的变换、裁剪、消隐以及光照处理（渲染）功能等。

2.2.1 图形变换

图形变换是指对图形的几何信息经过几何变换后产生新的图形。它是基本的图形处理技术，提供了构造和修改图形的方法。对于CAD/CAM系统来说，不仅要能用图元的集合构成复杂的静态图形，而且要能通过三维的几何体来定义零件的空间模型，并能使这些模型进行旋转、缩小和放大等图形变换，以利于从某一最有利的角度去观察它，对它进行设计修改。

1. 坐标系统

计算机在处理图形信息时，几何图形的定义和图形的输入、输出都在一定的坐标系下进行。图形在输入、输出的不同阶段需要采用不同的坐标系来描述，以方便设计人员的理解和操作，提高图形处理的效率。常用的坐标系有以下几种。

（1）世界坐标系（World Coordinate System，WCS） 实物物体所处空间中（二维或三维空间）用以协助用户定义图形所表达物体几何尺寸的坐标系，也称为用户坐标系，多使用右手直角坐标系。理论上，世界坐标系是无限大且连续的，即它的定义域为实数域（$-\infty$，$+\infty$）。

（2）设备坐标系（Device Coordinate System，DCS） 与图形输出设备相关联，用以定义图形几何尺寸及位置的坐标系，也称物理坐标系。设备坐标系是一个二维平面坐标系，通常使用的度量单位为设备的物理特性，如像素（显示器）或步长（绘图仪）。显示器通常为640×400像素、1024×768像素，绘图仪的步长为1μm、10μm等。设备坐标系的定义域是整数域而且是有界的。

（3）规格化设备坐标系（Normalized Device Coordinate System，NDCS） 人为规定的假想设备坐标系，与设备无关。规格化设备坐标系的坐标轴方向及原点与设备坐标系相同，但其最大工作范围的坐标值规范化为1。以屏幕坐标为例，其原点仍是左上角（或左下角），坐标为（0.0，0.0），距原点最远的屏幕右下角（或右上角），其坐标是（1.0，1.0）。

对于既定的图形输出设备来说，其规格化设备坐标系与设备坐标系相差一个固定倍数，即相差该设备的分辨率。

当开发一个应用于不同分辨率设备的图形软件时，首先将输出图形转换为规格化设备坐标系，以控制图形在设备显示范围内的相对位置。当转换到具体的不同输出设备时，只需将图形的规格化设备坐标再乘以相应的设备分辨率即可。这样可使图形软件与图形设备隔离开，增加了图形软件的可移植性。

2. 窗口-视区变换

工程设计中，需要突出图形的某一部分时，可用一个局部视图将其单独画出来。在计算机图形学里，如何把指定的局部图形从整体中分离出来，并对这部分图形进行清晰、正确的表达呢？这就引入了一个叫“窗口”的概念，即通过在整图中开“窗口”的方法解决上述问题。窗口是用户坐标系（世界坐标系）中定义的一个矩形区域，设计对象在该区域内的信息被保留，其外面的部分则全部被裁剪掉。这就相当于“管中窥豹”，窗口中的设计对象就只是那“一斑”了。在工程设计中，用户可以通过设置窗口，改变窗口的大小、位置和比例，方便地观察局部图形，控制图形的大小。除矩形窗口之外，还可以定义圆形窗口，多边形窗口等异形窗口。由于矩形窗口定义方便，处理也较为简单，因此是各种图形软件常用的窗口形式。

现在的CAD/CAM系统中，输出设备（主要是指显示器）一般不只显示图形，还会显示一些其他信息，有时为了对比，还需要显示多个图形。因此，需要把输出设备的一个局部区域用来显示指定图形，这个局部区域叫视区。视区是设备坐标系（通常是图形显示器）中定义的一个用于输出所要显示的图形和文字的矩形区域。若将窗口中的图形显示在屏幕视区范围内，则视区决定了窗口内的图形在屏幕上显示的位置和大小。视区是一个有限的整数域，应小于或等于屏幕区域。定义小于屏幕的视区是非常有用的，因为这样可以在同一屏幕上定义多个视区，用来同时显示不同的图形信息。

窗口和视区是在不同的坐标系中定义的，窗口中的图形信息送到视区输出前需进行坐标变换，即把用户坐标系的坐标值转化为设备（屏幕）坐标系的坐标值，此变换即窗口-视区变换。

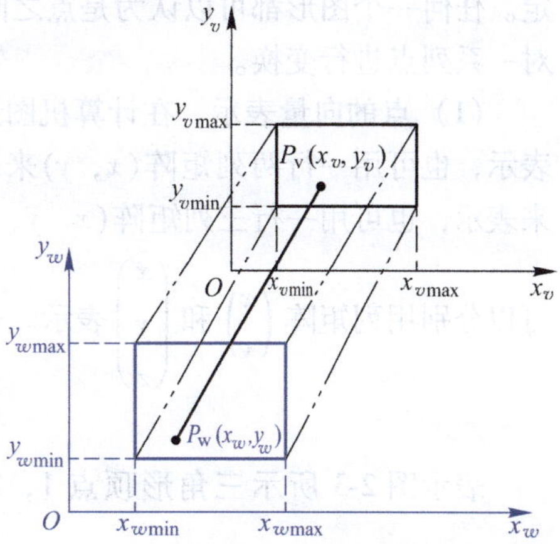

图2-2　窗口与视区的变换

由图2-2所示可知，窗口中的一点变换到视区中的对应点时，其间的关系为

$$\begin{cases}\dfrac{x_w - x_{w\min}}{x_{w\max} - x_{w\min}} = \dfrac{x_v - x_{v\min}}{x_{v\max} - x_{v\min}} \\[2ex] \dfrac{y_w - y_{w\min}}{y_{w\max} - y_{w\min}} = \dfrac{y_v - y_{v\min}}{y_{v\max} - y_{v\min}}\end{cases} \tag{2-1}$$

可写为

$$\begin{cases}x_v = x_{v\min} + (x_w - x_{w\min})\dfrac{x_{v\max} - x_{v\min}}{x_{w\max} - x_{w\min}} \\[2ex] y_v = y_{v\min} + (y_w - y_{w\min})\dfrac{y_{v\max} - y_{v\min}}{y_{w\max} - y_{w\min}}\end{cases} \tag{2-2}$$

即

$$\begin{cases}x_v = ax_w + b \\ y_v = cy_w + d\end{cases} \tag{2-3}$$

其中

$$a = \frac{x_{v\max} - x_{v\min}}{x_{w\max} - x_{w\min}},\quad b = x_{v\min} - x_{w\min}\frac{x_{v\max} - x_{v\min}}{x_{w\max} - x_{w\min}}$$

$$c = \frac{y_{v\max} - y_{v\min}}{y_{w\max} - y_{w\min}},\quad d = y_{v\min} - y_{w\min}\frac{y_{v\max} - y_{v\min}}{y_{w\max} - y_{w\min}} \tag{2-4}$$

写成矩阵形式为

$$(x_v, y_v, 1) = (x_w, y_w, 1)\begin{pmatrix} a & 0 & 0 \\ 0 & c & 0 \\ b & d & 1 \end{pmatrix} \tag{2-5}$$

由上述式子可知：若视区大小不变，窗口缩小或放大，会使图形放大或缩小；若窗口大小不变，视区缩小或放大，则图形会跟随缩小或放大；若视区与窗口纵横比不同时，则图形会产生伸缩变形。

3. 图形变换的数学原理

图形由图形的顶点坐标、顶点之间的拓扑关系以及组成图形的面和线的表达模型所决定。任何一个图形都可以认为是点之间的连线构成的。对一个图形作几何变换，实际上就是对一系列点进行变换。

（1）点的向量表示　在计算机图形学中，二维空间里的一个点可以用两个坐标 x 和 y 来表示，也可用一行两列矩阵 (x, y) 来表示。三维空间里的一个点可以用 3 个坐标 x，y 和 z 来表示，也可用一行三列矩阵 (x, y, z) 来表示。当然，二维空间和三维空间里的一个点也可以分别用列矩阵 $\begin{pmatrix} x \\ y \end{pmatrix}$ 和 $\begin{pmatrix} x \\ y \\ z \end{pmatrix}$ 表示。表示一个点的矩阵称为位置向量。

表示图 2-3 所示三角形顶点 1，2，3 的矩阵为 $\begin{pmatrix} x_1 & y_1 \\ x_2 & y_2 \\ x_3 & y_3 \end{pmatrix}$，可用数组形式存储在计算机中。

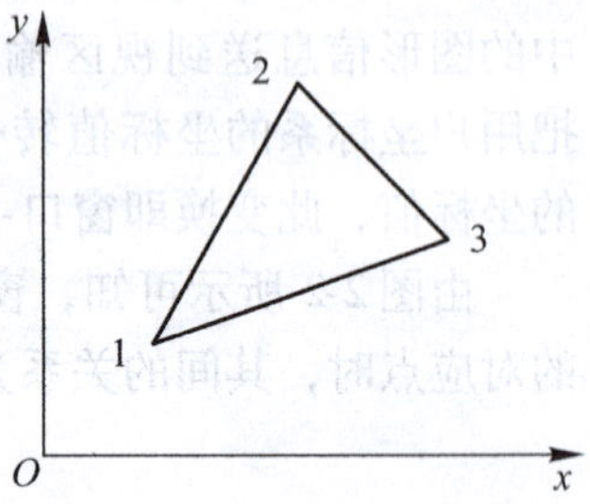

图 2-3　三角形的向量表示

（2）变换矩阵　用变换矩阵进行图形变换处理比较方便。设 P 代表一个点或一组点的位置向量，另有一个矩阵 A，将矩阵 P 和矩阵 A 相乘就可以得到一个新矩阵 B，从而使矩阵 P 得到变换，矩阵 A 称为变换矩阵。按矩阵代数方法可写为

$$\boldsymbol{PA} = \boldsymbol{B} \tag{2-6}$$

$$\boldsymbol{P} = (x, y) \tag{2-7}$$

若变换矩阵为

$$\boldsymbol{A} = \begin{pmatrix} a & b \\ c & d \end{pmatrix} \tag{2-8}$$

$$\boldsymbol{PA} = (x,\ y)\begin{pmatrix} a & b \\ c & d \end{pmatrix} = (ax + cy,\ bx + dy) = (x',\ y') \tag{2-9}$$

则点的初始坐标 (x, y) 被变换为 (x', y')，即

$$\begin{cases} x' = ax + cy \\ y' = bx + dy \end{cases} \tag{2-10}$$

用齐次坐标时，其矩阵明显将扩展，由于点是 3 个列元素组成的向量，因此 2×2 变换矩阵将扩展成 3×3 矩阵，即

$$\boldsymbol{T} = \begin{pmatrix} a & b & o \\ c & d & p \\ l & m & s \end{pmatrix} \tag{2-11}$$

$$(x',\ y',\ z') = (x,\ y,\ z)\boldsymbol{T} = (x,\ y,\ z)\begin{pmatrix} a & b & o \\ c & d & p \\ l & m & s \end{pmatrix} \tag{2-12}$$

该变换矩阵可分成 4 个子矩阵：

1）左上角的子矩阵 $\begin{pmatrix} a & b \\ c & d \end{pmatrix}$ 可完成图形的比例、对称、旋转、错切等变换。

2）左下角的子矩阵 $(l \quad m)$ 可完成图形的平移变换。

3）右上角的子矩阵 $\begin{pmatrix} o \\ p \end{pmatrix}$ 可完成图形的透视变换。

4）右下角的子矩阵（s）可完成图形的全比例变换。当 $s>1$ 时，图形等比例缩小；当 $s<1$ 时，图形等比例放大。

可见，3×3 变换矩阵包含了 2×2 变换矩阵的全部结果。

（3）点的齐次坐标表示　齐次坐标表示法就是由 $n+1$ 维向量表示一个 n 维向量。在齐次坐标系统中点（x，y）用（x，y，h）来表达，其中 h 是一个非零任意数。点的标准齐次坐标为 $\left(x/h,\ y/h,\ 1\right)$，为了简便起见，通常 h 取 1，这样可以避免除法。可见齐次坐标系统中点（x，y，1）就包括笛卡尔坐标上的点（x，y）。以齐次坐标表示点的位置向量的主要优点是：

1）提供了用矩阵运算把二维、三维甚至高维空间的一个点集从一个坐标系变换到另一个坐标系的有效方法。

2）可以表示无穷远点。

3）变换具有统一表示形式，便于变换合成，便于硬件实现。

4. 二维图形的几何变换

二维图形的几何变换是使二维图形在空间的位置和形状产生变化，其实质是对构成二维图形的点集进行变换，连接新的顶点系列即产生新的图形。变换主要是通过调整变换矩阵 $\boldsymbol{T}$ 的元素值来实现的。

（1）基本几何变换

1）平移变换。图形的每一个点在给定的方向上移动相同距离所得到的变换称为平移变换。如图 2-4 所示，若图形在 x 坐标方向的平移量为 l，在 y 坐标方向的平移量为 m，则坐标的平移变换为

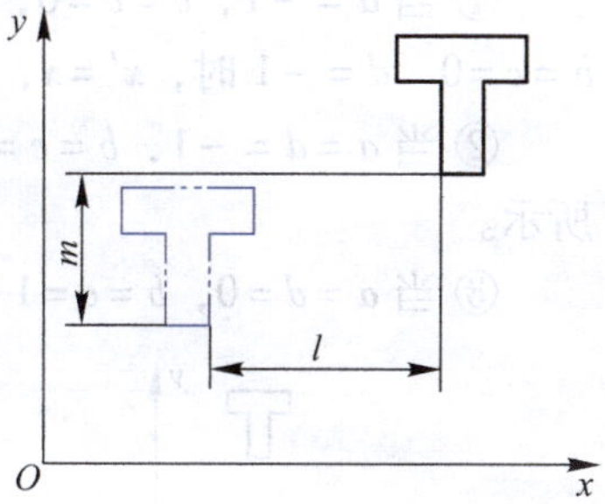

图 2-4　平移变换

$$(x',\ y',\ 1)=(x,\ y,\ 1)\begin{pmatrix}1 & 0 & 0\\ 0 & 1 & 0\\ l & m & 1\end{pmatrix}=(x+l,\ y+m,\ 1) \tag{2-13}$$

2）比例变换。图形中的每一个点以坐标原点为中心，按相同的比例进行放大或缩小所得到的变换称为比例变换。设 xOy 平面上的点在 x，y 两个坐标方向放大或缩小的比例分别为 a 和 d，如图 2-5 所示（图中细双点画线所示图形为原始 T 形物，实线所示图形为变换后的 T 形物），则坐标点的比例变换为

$$(x',\ y',\ 1)=(x,\ y,\ 1)\begin{pmatrix}a & 0 & 0\\ 0 & d & 0\\ 0 & 0 & 1\end{pmatrix}=(ax,\ dy,\ 1) \tag{2-14}$$

① 若 $a=d=1$，则为恒等变换，图形变换后点的坐标不变。

② 若 $a=d\neq1$，则为等比例变换。$a=d>1$ 时为放大；$a=d<1$ 时为缩小。

③ 若 $a\neq d$，则为不等比例变换。图形在 x，y 两坐标方向的缩放比例不等，如图 2-6

所示。

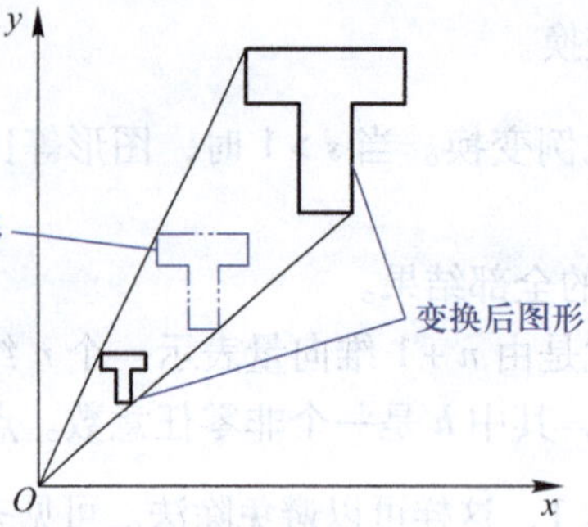

图 2-5　二维图形的等比例变换

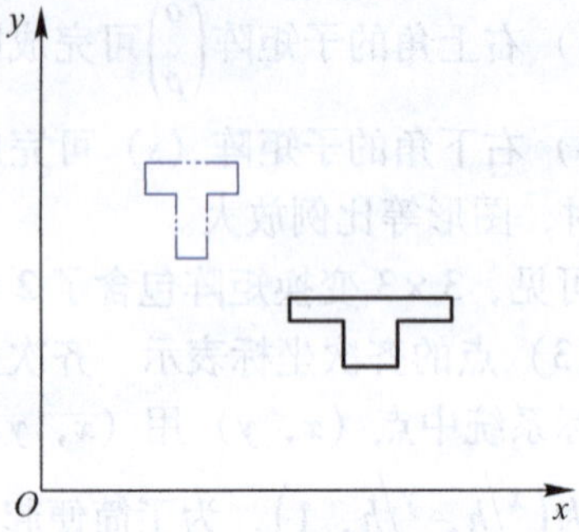

图 2-6　二维图形的不等比例变换

3）对称变换。对称变换也称反射变换，指变换前后的点对称于 x 轴、y 轴、某一直线或某个点，即

$$(x',\ y',\ 1)=(x,\ y,\ 1)\begin{pmatrix} a & b & 0 \\ c & d & 0 \\ 0 & 0 & 1 \end{pmatrix}=(ax+cy,\ bx+dy,\ 1) \tag{2-15}$$

① 当 $a=-1$，$b=c=0$，$d=1$ 时，$x'=-x$，$y'=y$，产生与 y 轴对称的图形；当 $a=1$，$b=c=0$，$d=-1$ 时，$x'=x$，$y'=-y$，产生与 x 轴对称的图形，如图 2-7a 所示。

② 当 $a=d=-1$，$b=c=0$ 时，$x'=-x$，$y'=-y$，产生与原点对称的图形，如图 2-7b 所示。

③ 当 $a=d=0$，$b=c=1$ 时，$x'=y$，$y'=x$，产生与 45°线对称的图形，如图 2-7c 所示。

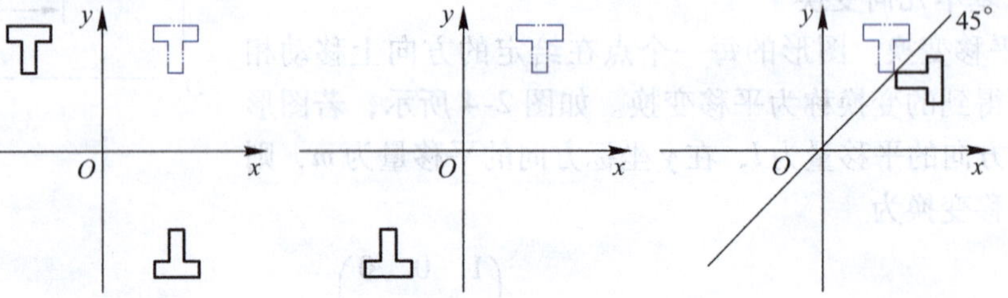

a) 坐标轴对称　　b) 坐标原点对称　　c) 45°线对称

图 2-7　对称变换

4）旋转变换。旋转变换是将图形绕固定点顺时针或逆时针方向进行旋转。若使图形绕坐标原点旋转 θ 角，逆时针方向为正，顺时针方向为负，如图 2-8 所示，则其对坐标原点的旋转变换为

$$(x',\ y',\ 1)=(x,\ y,\ 1)\begin{pmatrix} \cos\theta & \sin\theta & 0 \\ -\sin\theta & \cos\theta & 0 \\ 0 & 0 & 1 \end{pmatrix}=(x\cos\theta-y\sin\theta,\ x\sin\theta+y\cos\theta,\ 1) \tag{2-16}$$

5）错切变换。错切变换是图形的每一个点在某一方向上坐标保持不变，而另一坐标方向上坐标进行线性变换，或都进行线性变换。若图形在 x，y 两个坐标方向有错切，如图 2-9 所示，则坐标的错切变换为

$$(x', y', 1)=(x, y, 1)\begin{pmatrix}1 & b & 0\\ c & 1 & 0\\ 0 & 0 & 1\end{pmatrix}=(x+cy, bx+y, 1) \tag{2-17}$$

其中，c，b 分别为 x，y 坐标的错切系数。

① 当 $b=0$ 时，$x'=x+cy$，$y'=y$，图形 y 坐标不变。若 $c>0$，则图形沿 x 轴正方向错切，如图 2-9a 所示；若 $c<0$，则图形沿 x 轴负方向错切。

② 当 $c=0$ 时，$x'=x$，$y'=bx+y$，图形 x 坐标不变。若 $b>0$，则图形沿 y 轴正方向错切，如图 2-9b 所示；若 $b<0$，则图形沿 y 轴负方向错切。

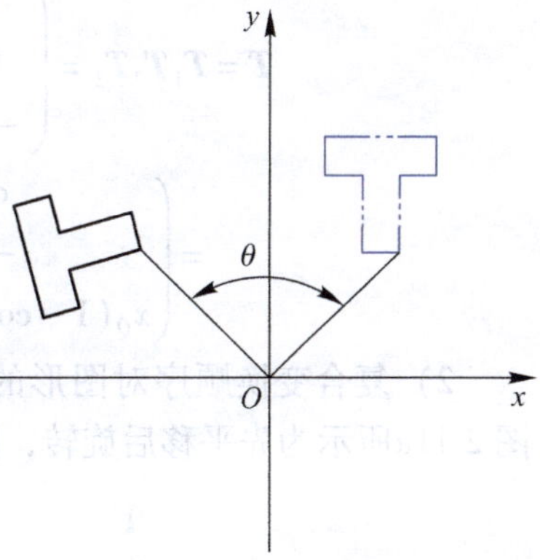

图 2-8　旋转变换

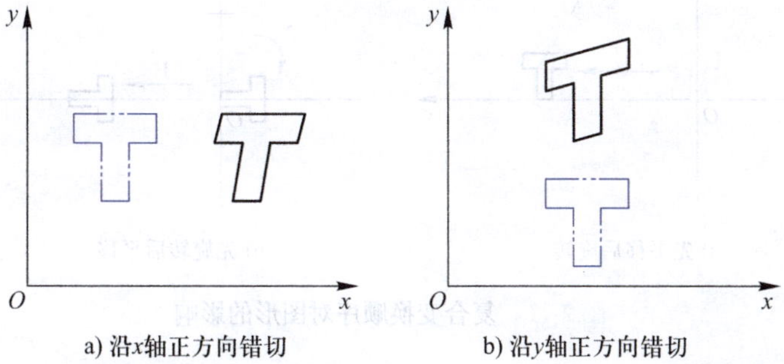

a) 沿x轴正方向错切　　b) 沿y轴正方向错切

图 2-9　错切变换

（2）复合变换

1）复合变换的方法。在 CAD/CAM 中的图形变换比较复杂，如要求图形绕任意坐标点（非坐标原点）旋转、图形对任意直线（直线不通过坐标原点）作对称变换等。在许多情况下，往往仅用一种基本变换不能实现，需经由两种或多种基本变换的组合才能得到所需的最终图形。这种由两个以上基本变换构成的变换称为复合变换（组合变换）或基本变换的级联。不管多么复杂的变换都可以分解为多个基本变换的组合。

二维图形中往往有些图形需要经过多种基本变换的组合才能得到，这种变换称为复合变换或组合变换，相应的变换矩阵称为复合变换矩阵或组合变换矩阵，其为多个基本变换矩阵的乘积。但由于矩阵乘法不符合交换律，因此复合变换的求解顺序不得变动。

图 2-10 所示为一 T 形物体绕任意点 Q 逆时针旋转 α 角的变换图形，其变换过程为：①将旋转中心 Q 平移到坐标原点 O，其基本变换矩阵为 $\boldsymbol{T}_1$；②将图形绕坐标原点 O 旋转 α 角，其基本变换矩阵为 $\boldsymbol{T}_2$；③将旋转中心 O 平移至原位置 Q，其基本变换矩阵为 $\boldsymbol{T}_3$。则 T 形物体绕任意点 Q 旋转 α 角的变换矩阵为

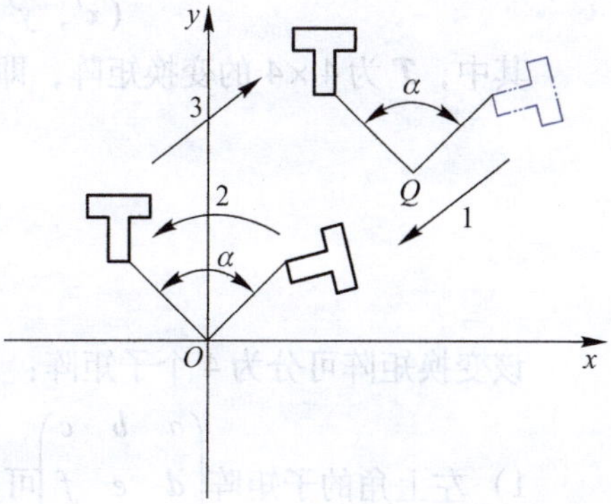

图 2-10　复合变换

$$T = T_1 T_2 T_3 = \begin{pmatrix} 1 & 0 & 0 \\ 0 & 1 & 0 \\ -x_Q & -y_Q & 1 \end{pmatrix} \begin{pmatrix} \cos\alpha & \sin\alpha & 0 \\ -\sin\alpha & \cos\alpha & 0 \\ 0 & 0 & 1 \end{pmatrix} \begin{pmatrix} 1 & 0 & 0 \\ 0 & 1 & 0 \\ x_Q & y_Q & 1 \end{pmatrix}$$

$$= \begin{pmatrix} \cos\alpha & \sin\alpha & 0 \\ -\sin\alpha & \cos\alpha & 0 \\ x_Q(1-\cos\alpha)+y_Q\sin\alpha & -x_Q\sin\alpha+y_Q(1-\cos\alpha) & 1 \end{pmatrix} \tag{2-18}$$

2）复合变换顺序对图形的影响。图 2-11 所示为复合变换顺序对图形的影响。其中，图 2-11a所示为先平移后旋转，图 2-11b 所示为先旋转后平移，可见其变换结果大不相同。

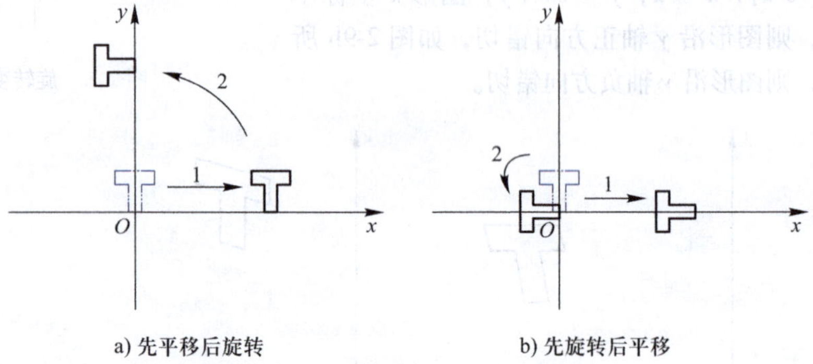

图 2-11　复合变换顺序对图形的影响

5. 三维图形的几何变换

三维图形的几何变换是二维图形几何变换的简单扩展，严格地讲，二维图形几何变换实际是三维图形几何变换的特例，因此，前面介绍的二维图形几何变换的原理和方法，在三维图形几何变换中都适用，只不过三维图形几何变换所要处理的问题更为丰富、更为复杂。三维图形的基本几何变换主要包括平移变换、比例变换、对称变换、旋转变换、错切变换、投影变换和透视变换等。

（1）三维图形的几何变换矩阵　三维图形的几何变换是使三维物体在空间的位置和形状产生变化，可在二维图形几何变换的基础上进行扩展。运用齐次坐标方法，将三维空间中点的几何变换表示为

$$(x', y', z', 1) = (x, y, z, 1)\boldsymbol{T} \tag{2-19}$$

其中，$\boldsymbol{T}$ 为 4×4 的变换矩阵，即

$$\boldsymbol{T} = \begin{pmatrix} a & b & c & p \\ d & e & f & q \\ h & i & j & r \\ l & m & n & s \end{pmatrix} \tag{2-20}$$

该变换矩阵可分为 4 个子矩阵：

1）左上角的子矩阵$\begin{pmatrix} a & b & c \\ d & e & f \\ h & i & j \end{pmatrix}$可完成图形的比例、对称、错切和旋转变换。

2）左下角的子矩阵$(l \quad m \quad n)$可完成图形的平移变换。

3）右上角的子矩阵$\begin{pmatrix} p \\ q \\ r \end{pmatrix}$可完成图形的透视变换。

4）右下角的子矩阵（s）可完成图形的全比例变换。

（2）基本几何变换

1）平移变换。平移变换是使立体图形在三维空间移动一个位置，而形状保持不变。若立体图形在 x 坐标方向平移量为 l，在 y 坐标方向平移量为 m，在 z 坐标方向平移量为 n，则坐标的平移变换矩阵为

$$T = \begin{pmatrix} 1 & 0 & 0 & 0 \\ 0 & 1 & 0 & 0 \\ 0 & 0 & 1 & 0 \\ l & m & n & 1 \end{pmatrix} \tag{2-21}$$

2）比例变换。空间立体顶点坐标按规定比例放大或缩小称为比例变换。比例变换有两种变换形式：对于整体图形进行缩放；沿各坐标轴分别调节每个坐标方向上的大小。

坐标的比例变换为

$$(x',\ y',\ z',\ 1) = (x,\ y,\ z,\ 1)\begin{pmatrix} a & 0 & 0 & 0 \\ 0 & e & 0 & 0 \\ 0 & 0 & j & 0 \\ 0 & 0 & 0 & 1 \end{pmatrix} = (ax,\ ey,\ jz,\ 1) \tag{2-22}$$

式中，a，e，j 分别为 x，y，z 三个坐标方向的比例因子。当 $a = e = j < 1$ 时，图形将等比例缩小。

3）对称变换。对称变换又称为镜像变换或反射变换，标准三维空间对称变换是相对于坐标平面进行的。比如对 xOz 平面的对称变换，y 坐标值改变符号。以 xOy 平面、yOz 平面和 xOz 平面为对称平面的三维图形对称变换矩阵分别为

$$T_{xOy} = \begin{pmatrix} 1 & 0 & 0 & 0 \\ 0 & 1 & 0 & 0 \\ 0 & 0 & -1 & 0 \\ 0 & 0 & 0 & 1 \end{pmatrix},\ T_{yOz} = \begin{pmatrix} -1 & 0 & 0 & 0 \\ 0 & 1 & 0 & 0 \\ 0 & 0 & 1 & 0 \\ 0 & 0 & 0 & 1 \end{pmatrix},\ T_{xOz} = \begin{pmatrix} 1 & 0 & 0 & 0 \\ 0 & -1 & 0 & 0 \\ 0 & 0 & 1 & 0 \\ 0 & 0 & 0 & 1 \end{pmatrix} \tag{2-23}$$

4）旋转变换。三维旋转变换是将空间立体绕坐标轴旋转一个角度，且角的正负按右手定则确定：右手大拇指指向旋转轴的正向，其余四个手指的指向即为角的正向。

① 绕 x 轴旋转的变换矩阵。空间立体绕 x 轴旋转时，各顶点的 x 坐标不变，只是 y 和 z 坐标发生变化。三维变换矩阵 T_x 为

$$T_x = \begin{pmatrix} 1 & 0 & 0 & 0 \\ 0 & \cos\beta & \sin\beta & 0 \\ 0 & -\sin\beta & \cos\beta & 0 \\ 0 & 0 & 0 & 1 \end{pmatrix} \tag{2-24}$$

② 绕 y 轴旋转的变换矩阵。空间立体绕 y 轴旋转时，各顶点的 y 坐标不变，只是 x 和 z 坐标发生变化。三维变换矩阵 T_y 为

$$T_{\gamma}=\begin{pmatrix}\cos\gamma & 0 & -\sin\gamma & 0\\ 0 & 1 & 0 & 0\\ \sin\gamma & 0 & \cos\gamma & 0\\ 0 & 0 & 0 & 1\end{pmatrix} \tag{2-25}$$

③ 绕 z 轴旋转的变换矩阵。空间立体绕 z 轴旋转时，各顶点的 z 坐标不变，只是 x 和 y 坐标发生变化。三维变换矩阵 T_z 为

$$T_{z}=\begin{pmatrix}\cos\alpha & \sin\alpha & 0 & 0\\ -\sin\alpha & \cos\alpha & 0 & 0\\ 0 & 0 & 1 & 0\\ 0 & 0 & 0 & 1\end{pmatrix} \tag{2-26}$$

5）错切变换。错切变换是指空间立体沿 x、y、z 三个方向都产生错切变形，其变换矩阵为

$$T=\begin{pmatrix}1 & b & c & 0\\ d & 1 & f & 0\\ h & i & 1 & 0\\ 0 & 0 & 0 & 1\end{pmatrix} \tag{2-27}$$

式中，d，h 为沿 x 坐标轴方向的错切变换系数；b，i 为沿 y 坐标轴方向的错切变换系数；c，f 为沿 z 坐标轴方向的错切变换系数。

（3）三维图形的投影变换　三维图形的投影变换是将三维物体投影到投影面上，生成该物体的平面图形。

投影变换分为正投影变换、轴测投影变换和透视投影变换。轴测投影变换又分为正轴测投影变换和斜轴测投影变换。正投影变换用于生成三维物体的三视图，轴测投影变换用于生成轴测图。

1）正投影变换。正投影变换生成三视图。主视图是将三维物体向正平面 V 面（zOx）投影，这时可将物体各定点坐标中的 y 值变为零，x，z 坐标值不变，其变换矩阵为

$$T_{v}=\begin{pmatrix}1 & 0 & 0 & 0\\ 0 & 0 & 0 & 0\\ 0 & 0 & 1 & 0\\ 0 & 0 & 0 & 1\end{pmatrix} \tag{2-28}$$

俯视图是将三维物体向水平面 H 面（xOy）投影。先令 z 坐标为0，再将得到的投影绕 x 轴顺时针旋转 90°，使其与 V 面共面，再沿 z 轴负方向平移一段距离 n，以使 H 面投影和 V 面投影之间保持一段距离，其变换矩阵为

$$T_{H}=\begin{pmatrix}1 & 0 & 0 & 0\\ 0 & 1 & 0 & 0\\ 0 & 0 & 0 & 0\\ 0 & 0 & 0 & 1\end{pmatrix}\begin{pmatrix}1 & 0 & 0 & 0\\ 0 & \cos\left(-\frac{\pi}{2}\right) & \sin\left(-\frac{\pi}{2}\right) & 0\\ 0 & -\sin\left(-\frac{\pi}{2}\right) & \cos\left(-\frac{\pi}{2}\right) & 0\\ 0 & 0 & 0 & 1\end{pmatrix}\begin{pmatrix}1 & 0 & 0 & 0\\ 0 & 1 & 0 & 0\\ 0 & 0 & 1 & 0\\ 0 & 0 & -n & 1\end{pmatrix}=\begin{pmatrix}1 & 0 & 0 & 0\\ 0 & 0 & -1 & 0\\ 0 & 0 & 0 & 0\\ 0 & 0 & -n & 1\end{pmatrix} \tag{2-29}$$

左视图是将三维物体向侧平面 W 面（zOy）投影。先令 x 坐标为0，再将得到的投影图绕 z 轴逆时针旋转90°，使其与 V 面共面，再沿 x 轴负方向平移一段距离 l，以使 W 面投影和 V 面投影之间保持一段距离，其变换矩阵为

$$\boldsymbol{T}_w=\begin{pmatrix}0&0&0&0\\0&1&0&0\\0&0&1&0\\0&0&0&1\end{pmatrix}\begin{pmatrix}\cos\frac{\pi}{2}&\sin\frac{\pi}{2}&0&0\\-\sin\frac{\pi}{2}&\cos\frac{\pi}{2}&0&0\\0&0&1&0\\0&0&0&1\end{pmatrix}\begin{pmatrix}1&0&0&0\\0&1&0&0\\0&0&1&0\\-l&0&0&1\end{pmatrix}=\begin{pmatrix}0&0&0&0\\-1&0&0&0\\0&0&1&0\\-l&0&0&1\end{pmatrix}\tag{2-30}$$

2）正轴测投影变换。正轴测投影变换生成正轴测投影图。它是将三维物体绕 z 轴逆时针旋转 α 角，再绕 x 轴顺时针旋转 β 角，然后向 V 面投影而得到的，其变换矩阵为

$$\boldsymbol{T}=\begin{pmatrix}\cos\alpha&\sin\alpha&0&0\\-\sin\alpha&\cos\alpha&0&0\\0&0&1&0\\0&0&0&1\end{pmatrix}\begin{pmatrix}1&0&0&0\\0&\cos\beta&\sin\beta&0\\0&-\sin\beta&\cos\beta&0\\0&0&0&1\end{pmatrix}\begin{pmatrix}1&0&0&0\\0&0&0&0\\0&0&1&0\\0&0&0&1\end{pmatrix}$$
$$=\begin{pmatrix}\cos\alpha&0&\sin\alpha\sin\beta&0\\-\sin\alpha&0&\cos\alpha\sin\beta&0\\0&0&\cos\beta&0\\0&0&0&1\end{pmatrix}\tag{2-31}$$

式中，β，α 可根据需要选定。当 $\beta=35°16'$，$\alpha=45°$时，可得到正等测投影图；当 $\beta=19°28'$，$\alpha=20°42'$时，可得到正二测投影图。

3）斜轴测投影变换。斜轴测投影变换生成斜轴测投影图。它是将三维物体先沿两个坐标轴方向做错切变换，再向包含这两个坐标轴的投影面作正投影变换而得到的。例如，将三维物体先沿 x 轴方向作错切变换，其错切系数为 d，再沿 z 轴方向作错切变换，其错切系数为 f，然后向 xOz 面作正投影变换，其变换矩阵为

$$\boldsymbol{T}=\begin{pmatrix}1&0&0&0\\d&1&0&0\\0&0&1&0\\0&0&0&1\end{pmatrix}\begin{pmatrix}1&0&0&0\\0&1&f&0\\0&0&1&0\\0&0&0&1\end{pmatrix}\begin{pmatrix}1&0&0&0\\0&0&0&0\\0&0&1&0\\0&0&0&1\end{pmatrix}=\begin{pmatrix}1&0&0&0\\d&0&f&0\\0&0&1&0\\0&0&0&1\end{pmatrix}\tag{2-32}$$

4）透视投影变换。通过视点将三维物体投影到投影面的变换。从视点出发透过投影面观察物体，其视线与投影面的截交所得到的图形即为透视图。视点又称为投影中心。根据视点的个数不同，可将透视分为一点透视、二点透视和三点透视。产生透视变换的矩阵为

$$\boldsymbol{T}=\begin{pmatrix}1&0&0&p\\0&1&0&q\\0&0&1&r\\0&0&0&1\end{pmatrix}\tag{2-33}$$

在矩阵元素 p，q，r 中，若其中有两个为0，则可得到一点透视；若其中有一个为0，则可得到二点透视；若3个元素均不为0，则可得到三点透视。

由于有些三维物体所处的原始位置在进行透视变换时不能达到立体感强、图像逼真的效果，因此通常可先对透视的三维物体进行平移、旋转等变换后，再进行透视变换，所以透视变换矩阵往往是一个复合变换矩阵。

2.2.2 图形消隐

对于一个不透明的三维物体，选择不同的视点观看物体时，由于物体表面之间的遮挡关系，所以无法看到物体上所有的线和面。仅靠图形变换技术来求三维几何形状的投影图，若按照原样在显示器上显示，如对一个长方体进行投影，可能出现多种解释即产生二义性，或者变成复杂而无法辨认的形状。

为了改善这种状况，计算机图形学必须具有消去三维图形上看不见的面和线、只显示其中必要部分的功能。这些实际不可见的线或面被称为隐藏线或隐藏面。习惯上将这些隐藏线或隐藏面消除的过程称为消隐。图 2-12 和图 2-13 所示为一个物体在去掉隐藏线前、后的图像。很明显，去掉隐藏线将使图像更容易理解。

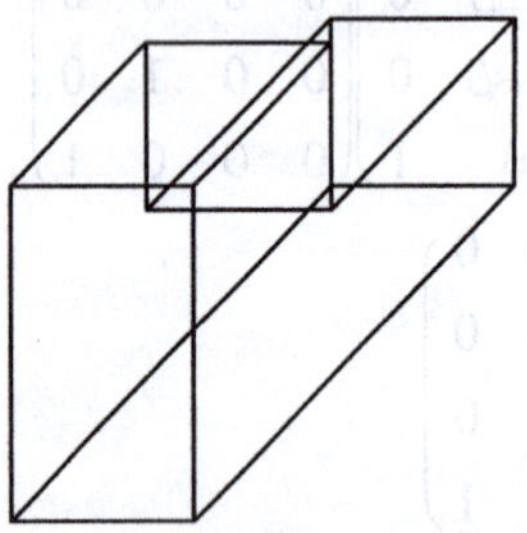

图 2-12　消去隐藏线之前的图像

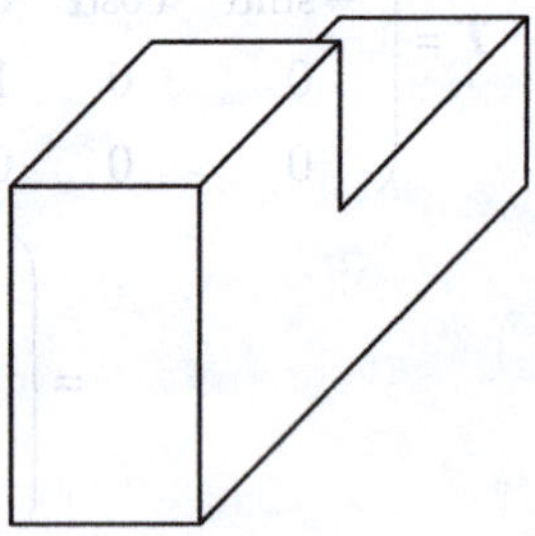

图 2-13　消去隐藏线之后的图像

要想消隐隐藏线和隐藏面，要解决的两个问题：一个就是如何知道哪些是要消隐的隐藏线和隐藏面？另一个就是如何隐藏不可见部分？

1. 消隐算法的测试方法

针对不同的显示对象和显示要求，会有不同的消隐算法与之相适应。各种消隐算法其策略方法各有特点，但都是以一些基本测试方法为基础。一种算法中往往会包含一种甚至多种基本测试方法。

（1）重叠测试　物体各外表面轮廓线框在透视投影图上是由若干个多边形构成的，外表面之间的遮蔽反映为多边形之间的相交或包容。重叠测试是来检查两个多边形是否重叠。如果不重叠，说明两多边形肯定互不遮挡。这种测试也叫极大极小测试或边界盒测试。它提供了一个快速方法来判断两个多边形是否重叠。为了提高计算机的处理效率，重叠测试可分为两步完成，如图 2-14 所示。

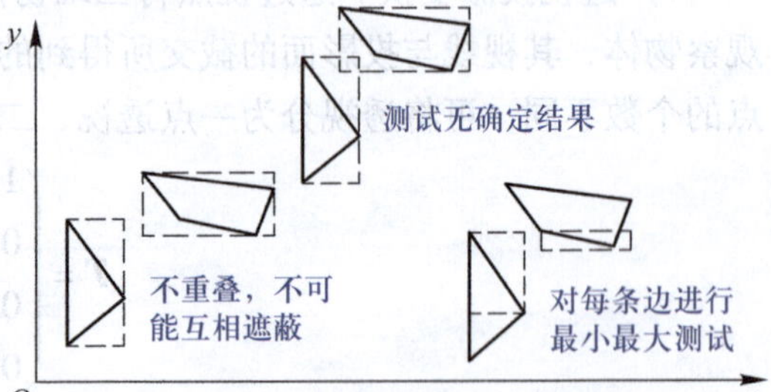

图 2-14　重叠测试方法

1）粗筛选。将根本不可能重叠的多边形筛掉。其方法是：找到每个多边形的极值（最大和最小的 x，y 值），然后用一矩形去外接每个多边形，接着检查 X 和 Y 方向任意两个矩形是否相交。设两个多边形分别为 A 和 B，如果 A 和 B 的顶点坐标满足如下四个不等式之一，则两个多边形不可能重叠，即

$$x_{A\max} \leqslant x_{B\min}；x_{A\min} \leqslant x_{B\max}；y_{A\max} \leqslant y_{B\min}；y_{A\min} \leqslant y_{B\max} \quad (2\text{-}34)$$

2）如果上述不等式均得不到满足，则这两个多边形有可能重叠。此时，将一个多边形的每一条边与另一个多边形的每条边比较，测试它们是否相交，以此来判别两个多边形是否重叠。若两个多边形真的有重叠关系，则通过两线段求交算法计算其交点。

（2）包含性测试　对于不满足重叠测试的两多边形，还可能因一个多边形包容在另一个多边形内部而产生相互遮蔽。检验一个多边形是否包容在另一个多边形内部，需要逐个检验其多边形组成顶点是否包容在另一个多边形内部。包含性测试即是检查一个给定的点是否位于给定的多边形或多面体内。可以有两种方法来测试点与多边形的包含关系，即射线交点数算法和夹角求和算法。

1）射线交点数算法。射线交点数算法如图 2-15 所示，点 A、点 B 和多边形分别为测试的点和多边形。为了判断测试点是否在多边形的内部，由测试点 A 或 B 引出辅助射线，如图 2-15 所示。若交点的个数是奇数，则说明测试点在多边形内部，即点 A 在多边形内部。若交点个数为偶数（包含 0），则说明测试点在多边形外部，即点 B 在多边形外部。

2）夹角求和算法。夹角求和算法如图 2-16 所示。首先将多边形定义为有向边，逆时针为正，顺时针为负，然后由测试点 A 或 B 与多边形每条边的两端点构成三角形，求被测试点与多边形各个边对应的中心角 θ_i。如果构成三角形的边相对于被测点为逆时针方向，则 θ_i 为正，反之为负。根据被测点与每条边构成的三角形中心角的总和 $\sum \theta_i$ 来判断测试点是否在多边形中。

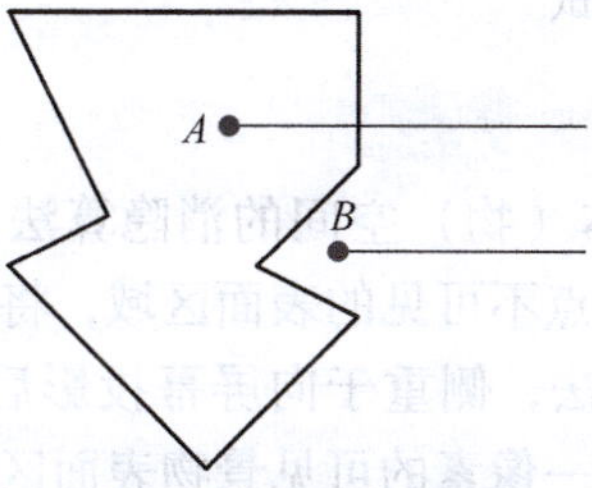

图 2-15　射线交点数算法

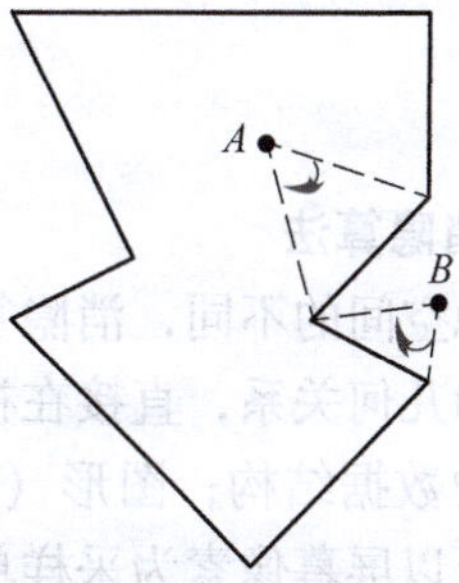

图 2-16　夹角求和算法

当 $\sum \theta_i = \pm 2\pi$ 时，被测试点在多边形内部（A 点即在多边形内部）。

当 $\sum \theta_i = 0$ 时，被测试点在多边形外部（B 点即在多边形外部）。

（3）深度测试　深度测试是用来测试一个物体遮挡另一个物体的基本方法，可用来测试在多边形内部的点是否被遮挡。如图 2-17 所示，判断 P_1 和 P_2 之间的遮挡关系可以采用深度测试方法。点 P_{12} 是 P_1 和 P_2 在 xOy 面上的投影，通过比较 P_1 到 P_{12} 的距离与 P_2 到 P_{12} 的距离大小来判定点是否被多边形所遮挡。图 2-17 中五边形将 P_2 遮挡。

（4）可见性测试　可见性测试主要用来判别物体自身各部分中哪些部分没有被其自身其他部分遮挡即可见的，哪些部分被其自身其他部分遮挡即不可见的。

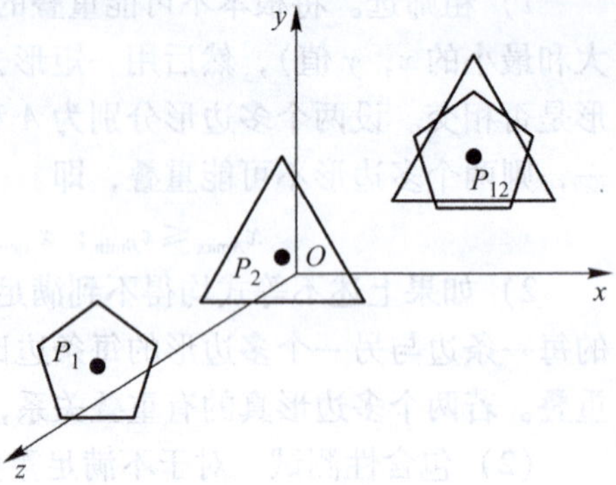

图 2-17　深度测试

无论是平面还是曲面，只要知道其表面的几何描述，便可以给出或者求出其外法线矢量 **N**。定义由观察点至物体方向的视线矢量为 **S**，通过计算物体表面某点的外法线矢量 **N** 和视线矢量 **S** 的点积判别该点是否可见，如图 2-18 所示。

$$\boldsymbol{N}\cdot\boldsymbol{S}=|\boldsymbol{N}|\cdot|\boldsymbol{S}|\cos\theta \qquad (2\text{-}35)$$

式中 θ 为 **N** 和 **S** 的夹角。当 **N** 指向视点方向时，**N** · **S** 为正，为可见面，否则即为不可见面。

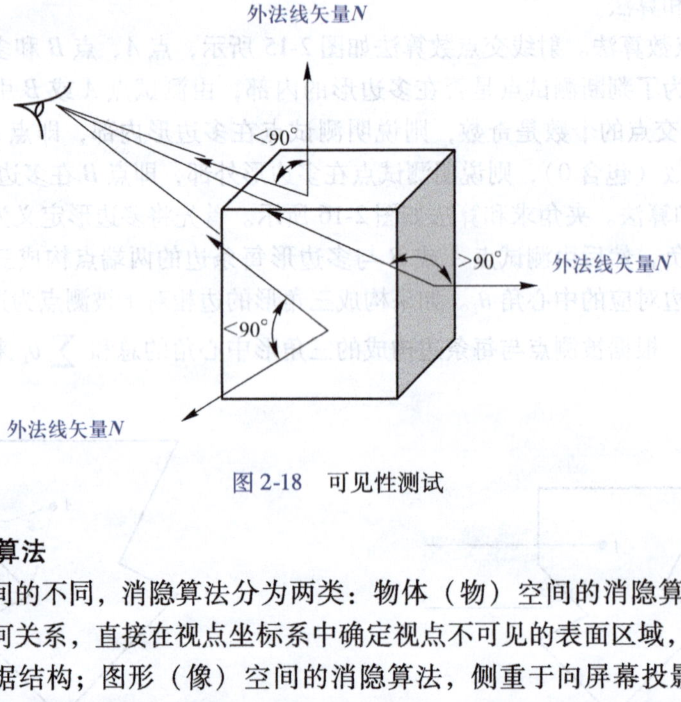

图 2-18　可见性测试

2. 图形消隐算法

根据消隐空间的不同，消隐算法分为两类：物体（物）空间的消隐算法，侧重于景中各物体之间的几何关系，直接在视点坐标系中确定视点不可见的表面区域，将它们表达成同原表面一致的数据结构；图形（像）空间的消隐算法，侧重于向屏幕投影后形成的图像，在投影屏幕上以屏幕像素为采样单位，确定投影于每一像素的可见景物表面区域，将其颜色作为该像素的显示光亮度。

本节中，将介绍几种使用软件消去隐藏线和隐藏面的典型算法和一种 z 缓冲方法。

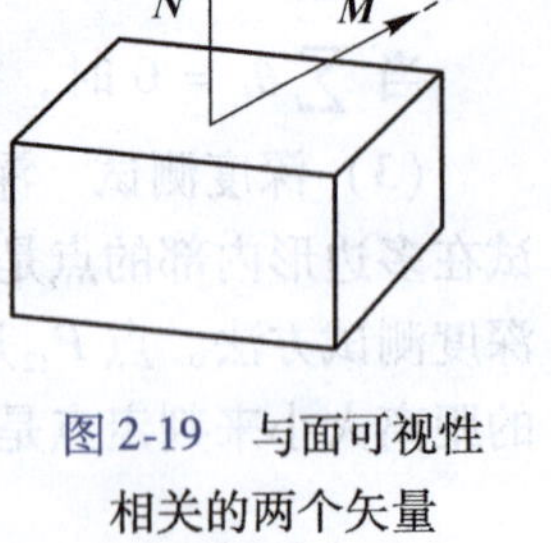

图 2-19　与面可视性相关的两个矢量

（1）背平面消除算法　背平面消除算法的基本原理是，若物体外侧方向上的外法线矢量指向观察者，则物体的这个面是可见的，否则就是不可见的。例如，图 2-19 所示的长方体，若其上表面的外法线矢量 **N** 在 **M** 方向上有一个正值的分量，则它就是可见的，**M** 是上表面某点处指向观察者的矢量。这可用数学方法表示：若 **M** · **N** > 0，则表面可见；若 **M** · **N** = 0，则表面显示为一条直线；若 **M** · **N** < 0，

则表面不可见。

这些条件可以简单地应用于以平面为边界的实体上，因为每一个表面上任何地方的外法线矢量 $\boldsymbol{N}$ 都是一个常量。但是，这些条件不能应用于以凹面[⊖]为边界的实体上，这是因为面向观察者的面可能被这个实体的其他面所遮挡，如图2-20所示。同样，在多于一个凸面实体的情况下，当实体的一个表面被其他实体遮挡时，尽管它是指向观察者的，也是不可见的。因此背平面消除算法只能用于单凸面的实体。除此之外，这种算法不能处理图2-21所示的实体，因为它的每一个面的外法线矢量都不能明确地确定。

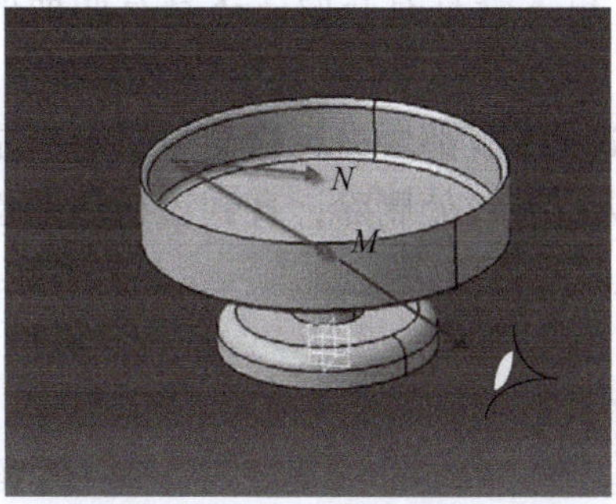

图2-20 一个凹面体实体实例

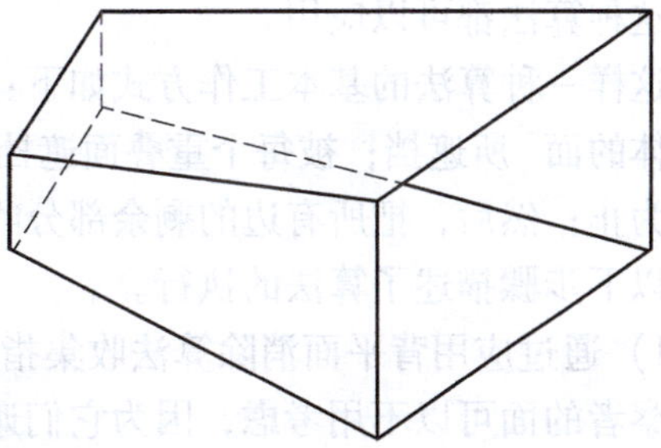

图2-21 一个不能明确确定外法线矢量的实体

若一个实体有非平面的表面，则每一个非平面的 $\boldsymbol{N}$ 值将会变化，这取决于面上的点的选择，而且 $\boldsymbol{M}\cdot\boldsymbol{N}$ 的符号也将改变，这也意味着一个面同时存在可见的部分和不可见的部分。因此，应沿着由 $\boldsymbol{M}\cdot\boldsymbol{N}=0$ 的点形成的曲线把表面区分开来。由 $\boldsymbol{M}\cdot\boldsymbol{N}=0$ 的点所形成的曲线称为轮廓线。一旦表面沿轮廓线被区分开来，在区分开的每一部分中 $\boldsymbol{M}\cdot\boldsymbol{N}$ 的符号会被作为研究其典型点的公式。这个过程看起来可能很简单，但是计算轮廓线的任务并不容易，从而也就失去了背平面消除算法的最大优点——执行简便。

在所有的面被识别为可见或是不可见之后，可见面的边就被显示，作为绘制没有隐藏线的图像的边线。若消去了隐藏面的图像是理想的话，则面就可以用所选择的颜色进行填充。

(2) 深度排序算法 深度排序算法（画家算法）的基本原理可阐述如下。实体的表面按照观察者的距离排序，然后按照从最远的面到最近的面的顺序依次给表面着上不同的颜色。当用这种顺序给表面着色时，若两个表面占据屏幕上同一个区域，则较远的表面就会自动地被较近的表面所隐藏。因此，深度排序算法是一种隐藏面消隐算法。

观察者到表面的距离用表面上的点在观察坐标系中的 z 值来表示。也就是说，坐标 z_v 较大的点距离观察者比较近（观察坐标系中的 z 坐标用 z_v 表示，下同）。这样，就只需比较要绘制表面的 z_v 坐标值的大小，然后从最小 z_v 坐标值的表面开始，顺序显示这些表面。

当一个表面的最大 z_v 坐标值小于另一个表面的最小 z_v 坐标值时，比较两个表面之间的 z_v 坐标值就很简单。然而在大部分情况下，一个表面上所有点的 z_v 坐标值会与其他表面上 z_v 坐标值有重叠部分。这种不明确的情况可以通过下面的办法避免：把每一个表面分成两个或多个表面，直到相邻两个表面的 z_v 坐标值没有重叠。解决这个问题，还有一种更简单、更

⊖ 一个实体称为凹面体，是指至少有一对表面在边界线处相遇时，其内角大于180°。当所有表面相遇到一起时，其内角均小于180°，该实体称为凸面体。

容易实现的方法，那就是把实体的每一个面预先用一些小三角形所构成的集合来表达，以便使每一个三角形的 z_v 坐标值的范围不会重叠。然后，把每一个三角形按适当的顺序着以相应的颜色。三角形越小，z_v 坐标值重叠的可能性就越小。这种用许多小三角形来近似表达实体的方法称为三角测量法或小面转换法。

(3) 隐藏线消除算法 深度排序算法基本上用来消除隐藏面。背平面消除算法可以生成没有隐藏线的线框图，但是，在消除隐藏线的过程中有很多限制。实际上，当背平面消除算法应用到包括凹面实体的多个实体时，大约只有 50% 的隐藏线可以消除。所以，需要一种能消除所有隐藏线的算法，无论实体的数量有多少，也不管是有凸面体还是有曲面的存在，这种算法都可以应用。

这样一种算法的基本工作方式如下：实体的每一条边界线[㊀]都要进行检测以确定其是否被实体的面[㊁]所遮挡；被每个重叠面遮挡的部分应依次从边界线处删除，直到没有需要检测的面为止；然后，把所有边的剩余部分收集起来并显示。

以下步骤描述了算法的执行。

1）通过应用背平面消除算法收集指向观察者的面，并存储到数组 FACE-TABLE 中。背向观察者的面可以不用考虑，因为它们遮挡不住边界线。在必要的面收集之后，每一个面的最大 z_v 坐标值和最小 z_v 坐标值也被存储起来。就像背平面消除算法一样，弯曲面被其轮廓线分解，适当的部分被存储到数组 FACE-TABLE 中，就像处理平面一样。

2）收集 FACE-TABLE 中面的边界线，并存储为一个列表。FACE-TABLE 中不存在面的边界线，因其不可见而不需要考虑。然后，对列表中的边界线依次进行检测，以确定它是否被 FACE-TABLE 中的任何一个面所遮挡。

3）一条边界线被一个面所遮挡的可能性，可以通过比较边界线的 z_v 坐标值的范围与所存储面的 z_v 坐标值范围进行检测确定。有三种可能性存在，如图 2-22所示。

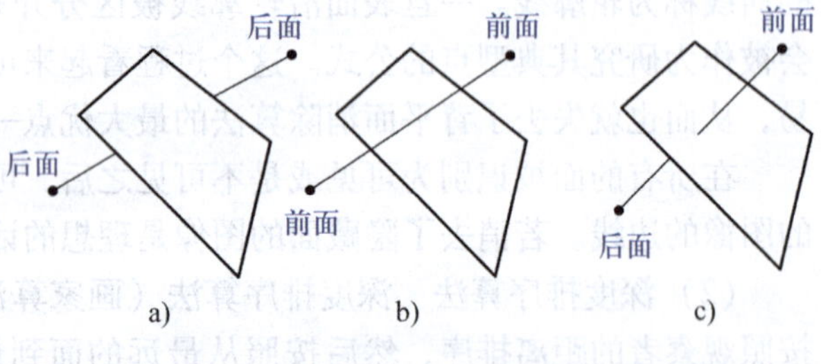

图 2-22 面和边的三种可能的相对位置

图 2-22a 所示为边界线的所有 z_v 坐标值比面的最小 z_v 坐标值小的情况（也就是说，面在边界线的前面）。图 2-22b 所示为边界线的所有 z_v 坐标值比面的最大 z_v 坐标值大的情况（也就是说，边界线在面的前面）。图 2-22c 所示为边界线的 z_v 坐标值范围与面的 z_v 坐标值范围相互重叠的情况（也就是说，边界线的一部分在面的后面，而另一部分在面的前面）。

若一条边界线被测试面检测为在测试面的前面，就从 FACE-TABLE 中提取下一个面，并用这个面作为测试面，重复此检测过程。若一条边界线被检测为在面的后面或是穿过面，则执行下一步骤。

4）将被检测的边和面进行投影，然后检测并确定投影的实体是否存在重叠。若没有，

㊀ 实体的边界线是相邻两个边界面相交形成的曲线。

㊁ 包住一个实体的表面（surfaces）称为面（faces）。每一个面都有一个有限的区域，这是因为它被边界线（edges）框了起来。

就表示边没有被用来测试的面所遮挡。这样，就可以从 FACE-TABLE 中提取下一个面，并重复步骤 3。若被投影的实体有重叠，则边界线就在穿破测试面的点处断开，如图 2-23 所示。将被测试面遮挡住的部分忽略掉，并将可见的部分添加到列表中，然后重复步骤 3，对这些新边界线进行检测。原来的边即被断开之前的边应从列表中删除。

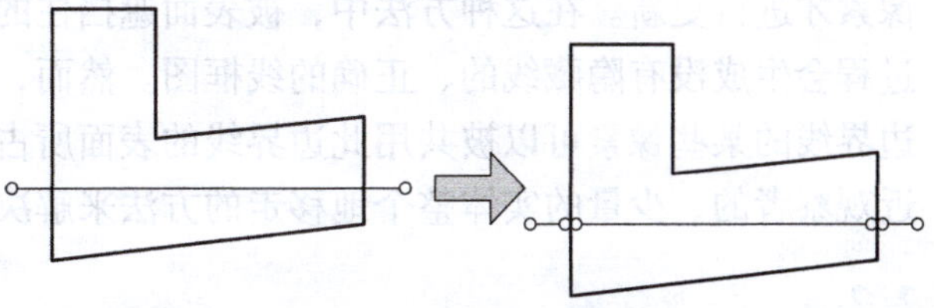

图 2-23 边界线的分割

5）通过 FACE-TABLE 中所有面检测过的边，就可以收集起来形成可见边。

（4）z 缓冲方法　z 缓冲方法是基于与深度排序算法相同原理的一种方法。深度排序算法中，屏幕的任何区域被最接近观察者的实体所占据。在这里，实体指的是点、曲线或曲面。z 缓冲方法用称之为 z 缓冲器的硬件内存来为每一个像素存储实体的 z_v 坐标值。实体的投影用像素表示。正如前面所解释的，z_v 坐标值（也就是在观察坐标系中的 z 坐标值）是实体与观察者之间的距离。因而，z 缓冲器需要大量的内存空间来存储与像素数量一样多的实变量。

法线矢量背向观察者的面是不可见的，所以，只有法线矢量指向观察者的表面才被收集并投影到屏幕上。然而，与深度排序算法不同的是，这些面是按随机的顺序投影的。

首先，任意表面被投影。与投影图像相关联的像素的 z 缓冲地址是由像素所表示表面上的相应点的 z_v 值来设置的。同时，这些像素被着以与第一个表面相同的颜色。然后，下一个表面被投影。若相关的像素没有被前一个表面的颜色所着色的话，这些像素就用与这个表面相同的颜色着色。若有一些像素已经被着色，则把已存储的这些像素的 z_v 值与由相同像素所表示的当前表面上的点的 z_v 值进行比较。若一个已存储的像素的 z_v 值大于当前的 z_v 值（也就是说，先前表面上的点比当前面上的点更接近观察者），则像素的颜色保持不变，否则就用与当前表面相同的颜色对其着色。

所有像素的 z_v 值都被初始化为离观察者为远平面的距离，这样，第一个表面的像素就会自动地设置为第一个平面的颜色。对所有包含的表面重复进行相同的过程，就会对屏幕上所有像素着上最接近观察者表面的颜色，如图 2-24 所示。

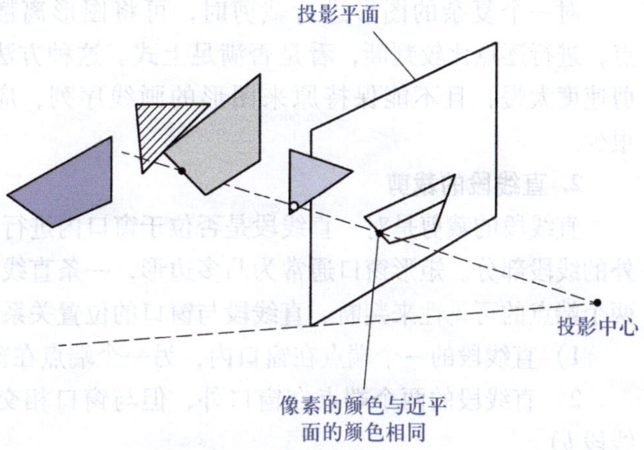

图 2-24 z 缓冲方法的原理

从上面的过程描述可以知道，像深度排序方法一样，z 缓冲方法基本上用于消除隐藏面。然而，一幅没有隐藏线的线框图也可以用稍加修改的 z 缓冲方法来实现。步骤如下：首先，通过对相应像素用背景色来把所有的面投影到屏幕上。这个阶段，z 缓冲器与前面所述相同，用适当的 z_v 值进行设置。这样，就在没有显示表面的情况下，正确地设置了 z_v 值。然后，把表面的边界投影到屏幕上。在这些边被投影的同时，表示边界

线像素的 z_v 值就要与已经由表面设置的 z_v 值进行比较，只有那些原始 z_v 值小于新的 z_v 值的像素才进行更新。在这种方法中，被表面遮挡住的那一部分边界的边就不会显示出来。这个过程会生成没有隐藏线的、正确的线框图。然而，一些边界线可能会变得很细，因为每一条边界线的某些像素可以被共用此边界线的表面所占用。当投影边界线时，可以通过把比较靠近观察者的、少量的实体整个地移走的方法来解决这个问题。

2.2.3 图形裁剪

在实际图形应用中，图形的大小和复杂程度都是不确定的。要将这些不确定的图形显示到固定尺寸的屏幕上，必须经过适当的技术处理。有些情况下，可能只需要显示图形的某一部分，这时也要进行技术处理。使图形恰当地显示到屏幕上的处理技术称为图形裁剪技术。

图形裁剪是一种选择可见图形信息的技术，包括二维图形的裁剪和三维图形的裁剪。二维图形的裁剪中被裁剪对象可以是点、线段、字符、多边形等。本书仅讨论二维图形中点、线段以及多边形的裁剪。有关二维图形中字符的裁剪和三维图形的裁剪问题比较复杂，但可在线段裁剪和二维图形裁剪的基础上扩展。

1. 点的裁剪

点的裁剪是裁剪其他元素的基础，其主要算法原理是判断点在窗口内是否可见。如图 2-25所示，矩形裁剪窗口坐标为（x_{wmin}，y_{wmin}）和（x_{wmax}，y_{wmax}）。设世界坐标系一点 $P(x, y)$，若点 $P(x, y)$满足条件

$$\begin{cases} x_{wmin} \leqslant x \leqslant x_{wmax} \\ y_{wmin} \leqslant y \leqslant y_{wmax} \end{cases} \tag{2-36}$$

则在窗口内，为可见；若不满足，则在窗口外，为不可见。

对一个复杂的图形进行裁剪时，可将图形离散成点，进行逐点比较判断，看是否满足上式。这种方法裁剪速度太慢，且不能保持原来图形的画线序列，应用很少。

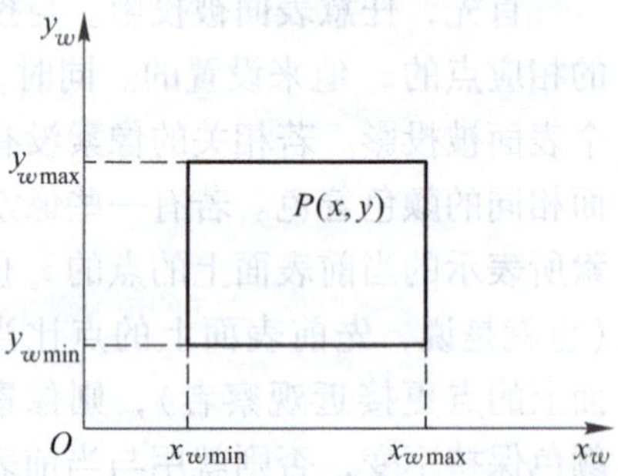

图 2-25　点相对于窗口的位置

2. 直线段的裁剪

直线段的裁剪是对一直线段是否位于窗口内进行识别，并且找出交点，然后裁剪窗口之外的线段部分。矩形窗口通常为凸多边形，一条直线段的可见部分最多为一段，因此可通过两个端点的可见性来判断。直线段与窗口的位置关系可以分为 4 种情况，如图 2-26 所示。

1）直线段的一个端点在窗口内，另一个端点在窗口外（如线段 a）。

2）直线段的两个端点在窗口外，但与窗口相交（如线段 b）。

3）直线段的两个端点在窗口内，全部为可见线段（如线段 c）。

4）直线段的两个端点在窗口外，但不与窗口相交。其中又有两种情况，一种是两个端点各在窗口的一侧（如线段 d）；另一种是两个端点在窗口的同一侧，全部为不可见线段（如线段 e）。

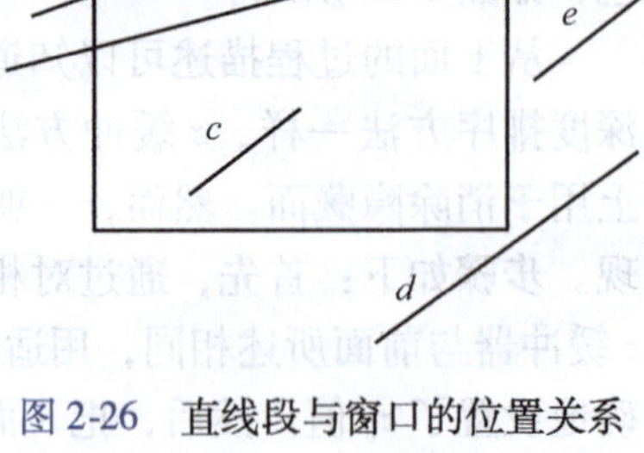

图 2-26　直线段与窗口的位置关系

为了判别直线段的可见性，常用的裁剪算法主要有以下几种。

（1）直接裁剪算法　直接裁剪算法是根据直线段两个端点坐标判断直线段相对于窗口的位置，并找出可见线段端点坐标的方法，如图 2-27 所示。

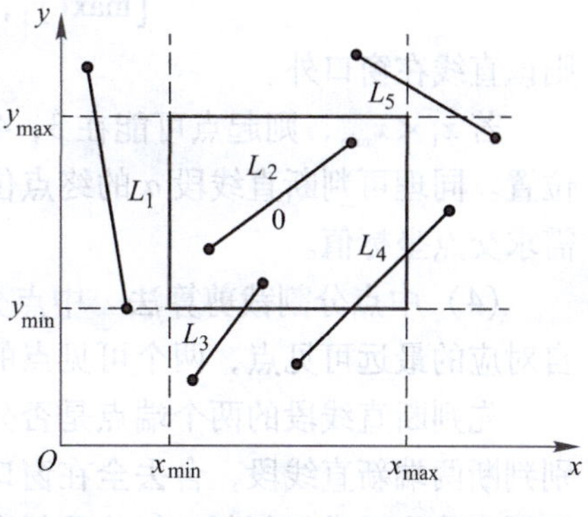

图 2-27　直线段相对于窗口的位置

1）直线段两端点在窗口外同侧位置，不可见，舍弃。

2）直线段全部在窗口内，可见，保留。

3）直线段一端点在窗口内，另一端点在窗口外，计算交点。

4）直线段两端点在窗口外，中间在窗口内，计算两交点。

5）直线段两端点分别处于窗口相邻边界外侧，整体在窗口之外，舍弃。

（2）Cohen -Sutherland 裁剪算法　1974 年，丹·科汉（Dan Cohen）和伊凡·苏西奥兰（Ivan Sutherland）提出图形裁剪的区域码算法，称为 Cohen -Sutherland 裁剪算法。该方法是将窗口边界延长，这样就划分为 9 个分区，每个分区用 4 位二进制数进行编码，如图 2-28 所示。4 位二进制数分别代表点的位置与窗口边界的关系。

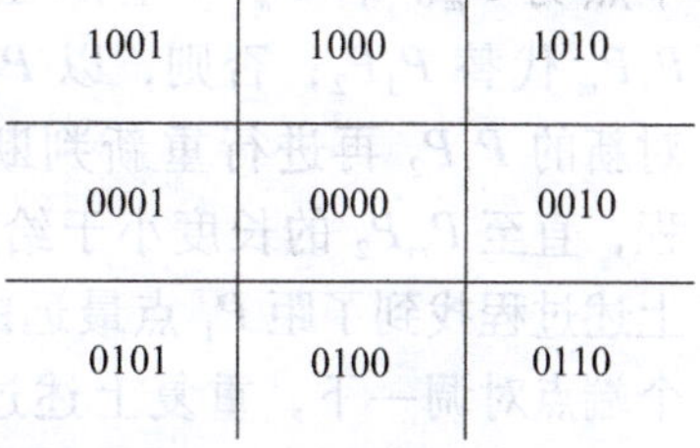

图 2-28　Cohen-Sutherland 编码裁剪算法

第 1 位——若端点在窗口左边界的左侧，则为 1，否则为 0。

第 2 位——若端点在窗口右边界的右侧，则为 1，否则为 0。

第 3 位——若端点在窗口下边界的下侧，则为 1，否则为 0。

第 4 位——若端点在窗口上边界的上侧，则为 1，否则为 0。

显然，如果直线段两个端点的 4 位编码全为 0，则此直线段全部在窗口内，可直接接受，如果对直线段两个端点的 4 位编码进行逻辑与（按位乘）运算，结果为非 0，则此直线段全部在窗口之外，可直接舍弃；否则，这一直线段既不能直接接受，也不能直接舍弃，其可能与窗口相交。此时，需要对线段进行再分割，即找到与窗口一个边框的交点。根据交点位置，也赋予 4 位代码，并对分割后的线段进行检查；或者接受，或者舍弃，或者再次进行分割。重复这一过程，直到全部线段均被舍弃或被接受为止。

（3）矢量裁剪算法　如图 2-29 所示，窗口的 4 条边界将平面分为 9 个区，各个区分别标上代码，窗口为 0 区，其中的窗口采用左下与右上两个顶点进行定义，两个顶点分别为(x_{min}，y_{min})，(x_{max}，y_{max})。

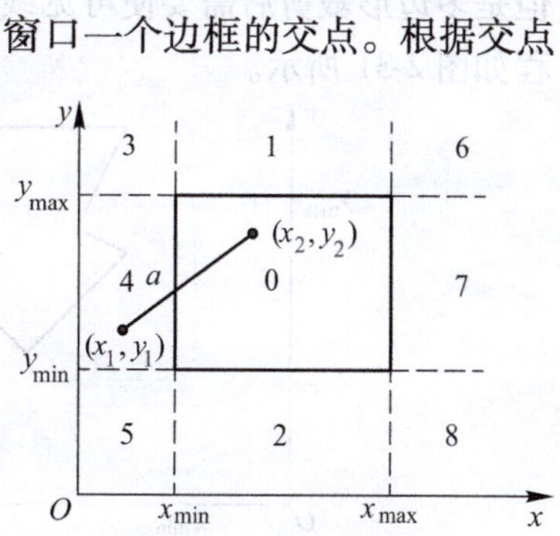

图 2-29　矢量裁剪算法

设有一直线段 a 的起点坐标为(x_1，y_1)，终点坐标为(x_2，y_2)，若满足下列 4 个条件之一，即

$$\begin{cases}\max(x_1,\ x_2)<x_{\min},\ \min(x_1,\ x_2)>x_{\max}\\ \max(y_1,\ y_2)<y_{\min},\ \min(y_1,\ y_2)>y_{\max}\end{cases}\tag{2-37}$$

则该直线在窗口外。

若 $x_1<x_{\min}$，则起点可能在 3，4，5 区，再通过 y 坐标轴方向的判断，即可得到起点的位置。同理可判断直线段 a 的终点位置。若直线段 a 的起点和终点分别在窗口的内和外，则需求交点坐标值。

(4) 中点分割裁剪算法　中点分割裁剪算法的基本思路是分别寻找直线段两个端点各自对应的最远可见点，两个可见点的连线即为要输出的可见直线段。

先判断直线段的两个端点是否分别在窗口的内、外，若是，可将直线段一分为二，再分别判断两端新直线段，舍去全在窗口外的一段直线段，对两端点分别在窗口内、外的新直线段再一分为二进行判断，如此重复进行，直至新直线段的中点接近窗口边界为止。

以图 2-30 中直线段 d 的判断为例。判断 P_2 点，为不可见，这时将直线段 P_1P_2 对分，中点为 P_m。若 P_mP_2 全部在窗口外，则用 P_1P_m 代替 P_1P_2；否则，以 P_mP_2 代替 P_1P_2，对新的 P_1P_2 再进行重新判断。重复这一过程，直至 P_mP_2 的长度小于给定的误差为止。上述过程找到了距 P_1 点最远的可见点，把两个端点对调一下，重复上述过程，即可找到距 P_2 点最远的可见点。连接这两个可见点，即得到要输出的可见直线段。

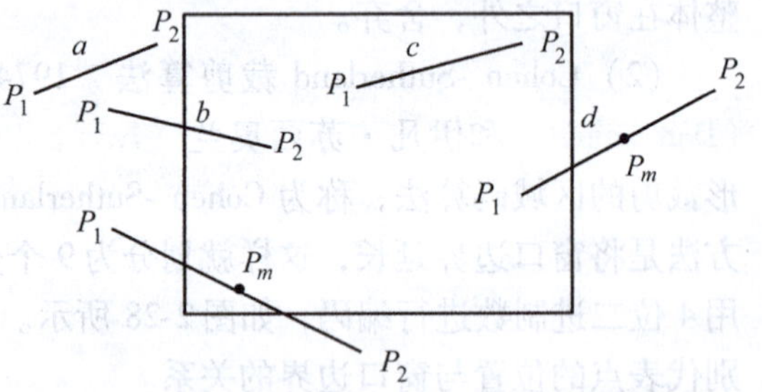

图 2-30　中点分割裁剪算法

上述 4 种算法中，直接裁剪算法很直观，思路简单，但是效率很低，实际裁剪过程中很少用到，Cohen-Sutherland 裁剪算法与矢量裁剪算法相似，都有求两直线交点的复杂运算，裁剪效率较低；而中点分割裁剪算法不必求交点，比较简单，适于用硬件实现，裁剪速度快，但精度稍低。

3. 多边形的裁剪

在图形的裁剪中更多的还是多边形的裁剪，而多边形裁剪与直线裁剪的原理基本相同。但是多边形裁剪后需要使可见线段与窗口边界封闭，构成一个新的多边形。多边形裁剪的过程如图 2-31 所示。

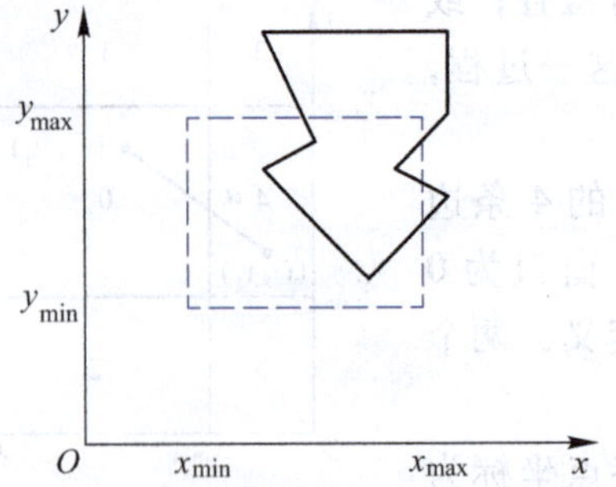

a) 裁剪前的图形

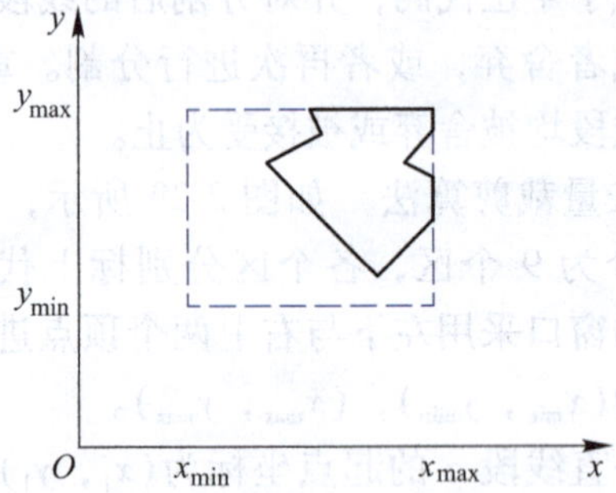

b) 裁剪后的图形

图 2-31　裁剪前后的图形

1974 年由 Sutherland 和 Hodgman 提出的逐边裁剪法是针对多边形的裁剪方法。逐边裁剪法的规则是按照顺时针（或逆时针）方向沿窗口边界进行裁剪，将图形与窗口交点记录下来，作为封闭图形的新顶点。逐边裁剪法记录规则以图 2-32 所示进行说明。

1）线段始点 1 在边界外，末点 2 位于边界内，应将线段与窗口交点 C_1 和 2 两点的信息记录。

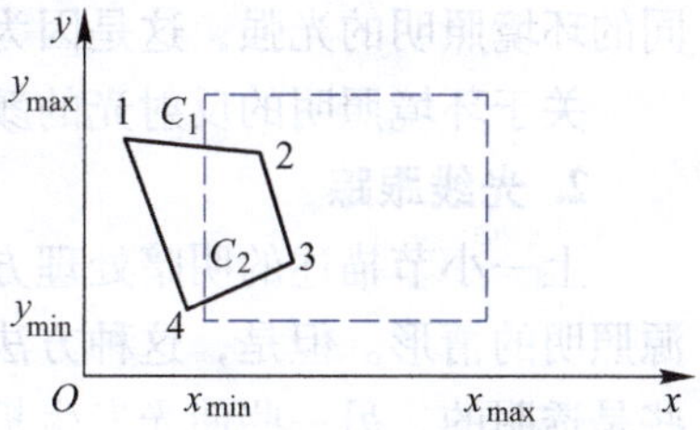

图 2-32　逐边裁剪法记录规则

2）两端点均位于窗口边界内，只记录末点 3 信息。

3）始点在边界内，末点位于边界外，只记录交点 C_2 的信息。

4）线段两端点均位于边界外，不进行记录。

5）将存储的新顶点 C_1、2、3 和 $C_2$4 个点连接得到新的多边形 $C_1 23 C_2$。

2.2.4　图形渲染

在大部分情况下，所绘制的没有隐藏线和隐藏面的图像，已经能足够清楚地传达形状信息了。然而，有时需要显示更加真实的图像，例如真实的图像在现实中扮演特别重要的角色。虚拟现实（Virtual Reality，VR）是一种能把现实情况在计算机上模拟出来的、相对比较新的技术。

为了模拟一个真实的场景，有必要创建物体表面的光线效果，这个过程被称为渲染。实际上，眼睛看到的大部分光线是物体表面的反射光，从这些反射光确定物体的明暗、纹理和颜色。在图形软件库中，提供了某些渲染工具。有了它们，只需要提供实体的多分割面模型、光照情况和表面的属性（如光亮或阴暗）就可以实现对一个物体三维模型的渲染。实际操作时必须正确理解渲染技术的原理，才能合理地使用图形软件库中的这些函数。在本节中，将简要地描述两种主要的渲染技术：明暗处理和光线跟踪。关于渲染技术的详细描述，可以在大多数计算机图形学的书中找到。

1. 明暗处理

除了表示一个面的像素不用一种颜色着色外，明暗处理的过程与消除隐藏面的过程是类似的。不同的是，每一像素用投影后所代表的点反射的光的颜色和强度来着色。这样，主要的任务就是计算实体上某一点处反射光的颜色和强度，其核心是光强的计算。

一个物体表面被直接来自光源的光照射；同时也被来自其他物体表面的反射光照射，这称为环境照明。这样，物体上某一点处的反射光，就是这两种类型照明叠加后的效果，如图 2-33 所示。

来自场景许多表面的反射光，可以假定是来自无限多个方向，这样，环境照明的光线就可以认为是在所有方向上均匀分布的。因此，物体表面反射光的强度 R_a 可以表示为

$$R_a = K_d I_a \tag{2-38}$$

式中，I_a 是环境光的强度；K_d 是表面的反射系数（或反射率）。白色表面的反射率接近于1，而黑色表面的反射率接近于0。一个观察者无论在场景中的什么位置，都会感知到相

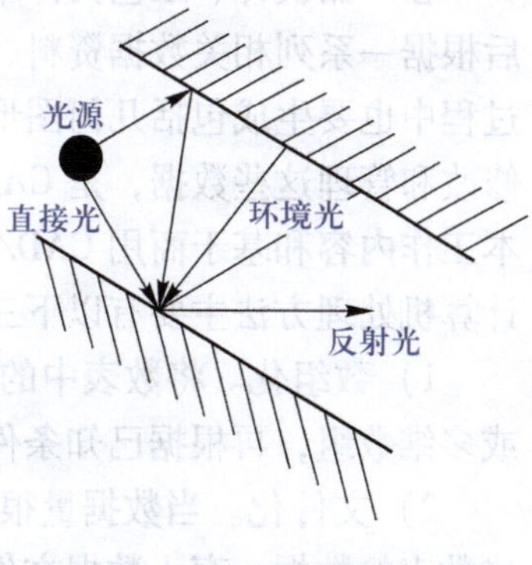

图 2-33　两种不同类型的照明产生的反射光

同的环境照明的光强，这是因为反射光来自所有表面，并且均布于所有方向。

关于环境照明的反射光的颜色问题，本书不再展开，请读者参阅相关文献。

2. 光线跟踪

上一小节描述的明暗处理方法只能应用于简单的情形，即一个实体被定位于远处的点光源照明的情形。但是，这种方法不能应用于存在多个实体的情形，特别是，这些实体中的一些是透明的，另一些使光发生折射。光线跟踪就是应用于这种复杂情形的一种方法。

光线跟踪方法的基本思想如下：光线由光源处向各个方向照射出去，然后跟踪每一条光线直到它照射到屏幕上的一点。在跟踪过程中，无论光线照射到场景中的哪个实体，光线的强度和方向都要进行更新。光线方向的改变要依据光线发生反射、散射或折射的数量来确定。然后，屏幕上的每一个点，即每一个像素都将被设置为光线最后一刻的强度和颜色。用这种方法填充整个屏幕将有无限多条这样的路径，所以，这种方法不可行。但是，正如设置屏幕上有限个像素的颜色一样，就没有必要考虑无限多条光线。也就是说，只需要考虑有限数量的光线，并沿反方向跟踪这些光线即可。如图 2-34 所示，产生一条来自投影中心的、通过每一像素的光线，然后反向跟踪其所有经过的反射和折射，直到光线穿出观察空间体，达到漫反射面或光源。

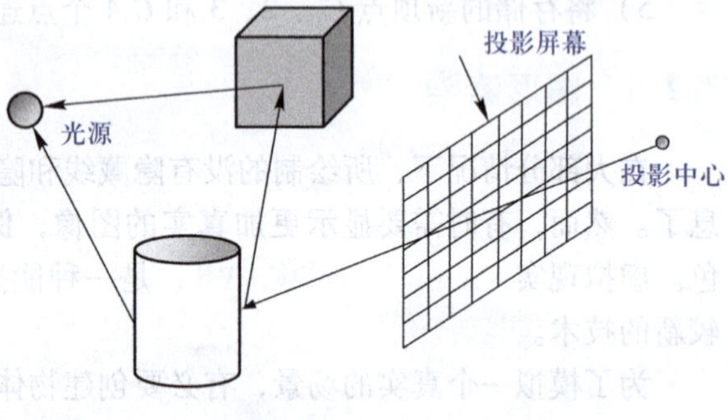

图 2-34 光线跟踪原理

一条能够到达光源的跟踪光线，意味着在光源和屏幕之间没有障碍物或者只存在透明的物体，这样，像素就用光源的颜色进行着色。若光线穿出了观察空间体，则意味着没有实体投影到像素上，这样，像素就用背景的颜色进行着色。但是，若反向跟踪光线到达广泛的反射光的表面，就不能再对其继续跟踪了。在这种情况下，像素的颜色就被设置为该表面反射光的颜色。

2.3 工程数据的计算机处理技术

在产品设计、工艺文件编制以及生产过程中，常常需要查阅各种标准、规范和手册，然后根据一系列相关数据资料、图表、试验曲线来选用所需的数据。在 CAD/CAM 使用和操作过程中也要生成包括几何图形、文字资料、数字信息等在内的大量数据。如何存储、检索、修改和管理这些数据，是 CAD/CAM 系统的重要内容，同时这也是 CAD/CAM 软件开发的基本工作内容和基于商用 CAD/CAM 软件系统进行二次开发的基础。常用的工程数据或资料的计算机处理方法主要有以下三种。

1）数组化。将数表中的数据或将线图离散化成数表的数据编入程序，存入一维、二维或多维数组，再根据已知条件自动检索和调用所需数据。

2）文件化。当数据量很大，不便于用数组处理时，可将数表中的数据或将线图离散化成数表的数据，存入数据文件或数据库中，数据独立于应用程序，使用时通过检索程序查询和调用所需数据。

3）公式化。将数表或线图转化为公式编入程序，再根据已知数据计算出所需数据。

2.3.1　基本概念

（1）数据　是指能够被计算机识别、存储和加工处理的信息载体，是可以区分其特征的符号，如字符、数字、文本、声音、图形、图表、图像等。传统的产品图样通过数字化产品定义已可用数据表示，成为无图样的生产信息载体。数据可以分为数据项、段、记录、文件等。

（2）数据结构　是指数据之间的关联和组织形式，用来反映数据的内部构成，其目的是为了提高算法的效率。它通常与一组算法的集合相对应，通过这组算法集合可以实现对数据结构中的组成元素进行某种操作。

（3）数据项　是构成数据的最小单元。要描述现实中的客观事物，需要用它的各种属性，如要描述一个齿轮，就要通过其模数、压力角、齿数、齿宽、螺旋角和材料等属性来表示。数据结构中把描述属性的数据称为数据项；每个数据项都必须给予命名，称为项名；其取值称为项值，即属性值，其值可以是字母、文字、数字或其组合；其取值范围称为数据的域。

（4）段　是指具有某些基本固定形式的项。每一个段均由数据项组成，例如产品目录段由产品号、库存量、可销售量、成本价格和销售价格等项组成。

（5）记录　是在数据库中保存一个完整数据内容的基本单位；是由段按其关系组合而成的；是数据集合中完整的独立实体，用以描述一个对象。程序中通常把记录作为一个完整的相对独立实体来考虑，例如一张订单等。

（6）文件　是指具有相同性质的记录集合，用于描述一个实体集。例如，所有订单集合在一起构成货单文件等。记录之间只有先后顺序的文件称为非连接文件；记录之间存在着更多关系的文件称为连接文件。

（7）数据元素　数据的基本单位，又称为数据单元。它可以是一个数据项、段、记录，也可以是一个文件。例如，直线、圆弧可作为图形的数据元素，长方体、圆柱体可作为形体的数据元素，零件可作为产品的数据元素。计算机处理信息的最小单位称为位，它是一个二进制的数。若干位的组合形成一个串，用一个串就可以表示一个数据元素。

（8）数据结构的内容　通常主要包括3个方面的内容，即数据的逻辑结构、数据的物理结构和数据的操作运算，因此数据结构是指按某种逻辑结构将数据组织起来，按一定的存储方式将数据存储到计算机中，并对其进行一定操作运算的数据集合。

1）数据的逻辑结构。是指数据之间的逻辑关系，是数据呈现在用户面前的形式，一般所说的数据结构都是指的数据的逻辑结构。常见的数据逻辑结构有线性结构和非线性结构。线性结构的特征是一个数据元素只有一个直接前驱数据元素，或一个直接后继数据元素，或同时有一个直接前驱数据元素和一个直接后继数据元素。典型的线性结构主要有线性表、栈、队列和数组等。非线性结构又分为树状结构和网状结构。树状结构的特征是一个数据元素只可以有一个直接前驱和多个直接后继数据元素。网状结构的特征是一个数据元素可以有多个直接前驱和多个直接后继数据元素。典型的非线性数据结构主要有树、网络图等。

2）数据的物理结构。也称为数据的存储结构，是数据元素以及数据元素之间的关系在计算机中的表示。同一逻辑结构的数据其存储结构可能有所不同，通常分为顺序存储结构和非顺序存储结构。数据元素在计算机中的映像方法不同，其在计算机中的存储结构也不同。顺序映像得到顺序存储结构，非顺序映像得到非顺序存储结构。

3）数据的操作运算。数据的基本操作运算主要有：

① 插入。在数据结构指定的位置上增加新的数据元素。

② 删除。删去数据结构中某个指定的数据元素。

③ 更新。改变一个或多个数据元素的值。

④ 检索。在数据结构中寻找满足一定要求的数据元素。

⑤ 排序。按一定要求重新排列数据元素之间的逻辑顺序关系。

在计算机辅助设计与制造过程中，常用的数据结构有线性表、栈、数组和树等。

2.3.2 工程数据的程序化方法

离散的列表数据称为数表，例如经验数表、各种数据标准和规范等设计资料。对数表进行适当处理，使之成为程序可调用或计算机易于检索的过程称为数表的程序化。

工程设计中常用的数表有离散数表和列表函数两大类。离散数表中的数据之间是相互独立的，如设计手册中材料的机械性能和物理性能数据等。表 2-1 给出了 4 种金属材料的密度 ρ 值。

表 2-1 4 种金属材料的密度 ρ 值

材料名称	密度 $\rho/(t/m^3)$	材料名称	密度 $\rho/(t/m^3)$
碳钢	7.8	灰铸铁	7.0
合金钢	7.9	纯铜	8.9

在实际工程应用中，某些参数间经常存在一定的关系，但有时这种关系不能用理论公式准确表示，因此常常是通过试验观察或用简化公式计算后，再根据实践经验加以修正后得到的一些离散数据，也就是一些离散点 x_i （$i=1, 2, 3, \cdots, n$）及其对应的函数值 $y_i=f(x_i)$ （$i=1, 2, 3, \cdots, n$），见表 2-2。这些对应的 x_i 和 y_i 可组成一张数表，可用来表示参数间的函数关系。这种用数表形式给出的函数称为列表函数。例如，表 2-3 给出了某种材料的线膨胀系数 α 与温度 T 的对应关系。

表 2-2 列表函数

x_1	x_2	x_3	…	x_n
y_1	y_2	y_3	…	y_n

表 2-3 线膨胀系数 α 与温度 T 的对应关系

温度 T/℃	线膨胀系数 α	温度 T/℃	线膨胀系数 α
0	0	400	1.40×10^{-5}
100	1.22×10^{-5}	500	1.45×10^{-5}
200	1.28×10^{-5}	600	1.50×10^{-5}
300	1.34×10^{-5}	700	1.54×10^{-5}

根据 CAD/CAM 系统对上述两类数表使用方式的不同，数表的处理有两种方法。

1）数表的程序化。对于离散数表，可以把数表中的数据采用数组、独立的数据文件或者数据库等多种方法来处理，在设计时通过程序来查找数表中的数据，例如查找表 2-1 中某种给定金属材料的密度。

2）数表的公式化。对于列表函数形式的数表，要查找的数据往往不能直接从数表中查到，例如想查找温度 $T=150℃$ 时的线膨胀系数 α，表 2-3 中就无法直接查到。此时应首先通过函数插值或曲线拟合等数学方法，得到列表函数的插值公式或拟合公式，然后将有关公式以表达式的形式编制在程序中，在使用时由程序计算得到想要的数据。

2.3.3　线图程序化

图形作为函数的另一种表示方式，具有直观、形象和生动的特点，从图中还能看出函数的变化趋势，因此在很多情况下设计参数间的函数关系是用线图来表示的，包括直线、折线和各种曲线图，其中直线和折线常用在对数坐标系中，在直角坐标系中大多采用各种形状的曲线来表示。由于在设计时参与解题的是根据线图查得的实际数据，而线图以图形方式直接存储在计算机中则不能直接利用其中的数据来编程解题，因此必须设法把线图变换成相应的数据形式存储在 CAD/CAM 系统中。线图的程序化处理通常有以下几种方法：

1）如果能够直接查找得到与线图对应的公式，则只需直接将公式编制到解题程序中。

2）将线图变换成相应的数表，然后进行数表的程序化处理。

3）将线图变换成相应的数表，然后通过函数插值或拟合进行数表的公式化处理。

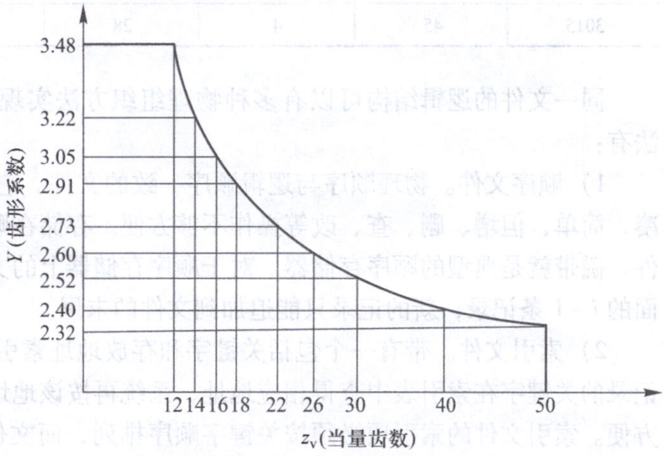

图 2-35　渐开线齿轮的齿形系数曲线图

图 2-35 所示为渐开线齿轮的齿形系数曲线图，图中横坐标为齿轮的当量齿数 z_v，纵坐标为齿轮的齿形系数 Y。根据当量齿数 z_v 可以从曲线上找出相应的齿形系数 Y。为了把图 2-35 中的齿形系数曲线变换成一个数表，可在曲线上离散地取一些点，得到这些点对应的当量齿数 z_v 的值和齿形系数 Y 的值，从而得到一张一维数表，见表 2-4。

表 2-4　渐开线齿轮的当量齿数 z_v 和齿形系数 Y 的关系

齿数 z_v	12	14	16	18	22	26	30	40	50
齿形系数 Y	3.48	3.22	3.05	2.91	2.73	2.60	2.52	2.40	2.32

在对线图进行变换时，节点选取的数量和疏密程度应随曲线的形状不同而变化，选取的基本原则是使各节点的函数值不致相差很大。图 2-35 中当量齿数 z_v 值较小时齿形系数曲线变化较快，此时节点间隔应取得小一些，反之当 z_v 值较大时曲线变化缓慢，节点间隔可取得大些。将曲线变换成数表后，进一步可根据前面介绍的方法将数表进行程序化或公式化

处理。

2.3.4 工程数据的存储与管理

1. 数据文件

文件是数据管理的一种形式，能独立于应用程序单独存储。在CAD/CAM系统中，文件常常作为管理数据、交换数据的方法而被广泛采用。文件是记录的集合。能够唯一地标识记录的数据项的值称为关键字。

例如，某齿轮参数表可视为一个文件，见表2-5，其中，每一行构成了一条记录，齿轮零件号数据项的值可作为关键字，因为它能唯一地表示一个齿轮的记录，其他数据项则不能。

表2-5 齿轮参数表

零件号	材料编号	模数/mm	齿数	外径/mm	孔径/mm	齿宽/mm
1004	20Cr	3	24	78.0	25.0	30.0
1083	45	3	38	120.0	30.0	30.0
2008	45	2	48	100.0	25.0	20.0
2024	20Cr	2	24	52.0	20.0	20.0
3015	45	4	28	120.0	30.0	35.0

同一文件的逻辑结构可以有多种物理组织方法实现对文件的操作。常用的文件组织方法有：

1）顺序文件。物理顺序与逻辑顺序一致的文件。它的有效存储区域是连续的，结构紧凑、简单，但增、删、查、改等操作不够方便。存储在顺序存储器中的文件只能构成顺序文件。磁带就是典型的顺序存储器。对于顺序存储器上的文件存取第i条记录，必须先存取前面的$i-1$条记录，新的记录只能追加到文件的末尾。

2）索引文件。带有一个包括关键字和存放地址索引表的文件。当查找记录时，先按该记录的关键字在索引表中查得相应地址，系统再按该地址查到记录。查找效率高，使用比较方便。索引文件的索引项必须按关键字顺序排列，而文件本身可以按顺序或不按顺序排列，前者称为索引顺序文件，后者称为索引非顺序文件。

3）直接存取文件，又称随机文件。采用一种算法将记录的关键字转换为一个近乎随机的数，根据这个数确定记录在存储器上的位置，以便存取。该文件可直接存取记录，检索方便，但要按最大记录项平均分配存储空间，故占据空间相对较大。直接存取文件通常是利用杂凑法组织的，常用算法有质数除余法、基数转换法、平方取中法、各位数字分析法、折叠法和位移法等，每种算法各有优点，需根据关键字的特点取舍。

2. 工程数据库

工程数据库是指能满足人们在工程活动中对数据处理要求的数据库。理想的CAD/CAM系统应该是在操作系统支持下，以图形处理技术为基础，以工程数据库为核心的集成系统。产品设计、工程分析、工艺设计、生产制造以及维修保障等产品全生命周期中所产生的全部数据都应维护在同一个工程数据库环境中。工程数据库系统与传统的数据库系统有很大的差别，主要表现在支持复杂数据类型、复杂数据结构，具有丰富的语义关联，对数据模式动态定义与修改，版本管理能力及完善的用户接口等。它不但要能够处理常规的表格数据、曲线数据等，还要能够处理图形数据。随着CAD/CAM技术、CAE技术、CAPP技术以及基于特征建模和MBD等技术的不断发展，工程数据库已成为CAD/CAM各子系统信息交换与数据共享的核心。

在CAD/CAM系统应用中，要处理的数据非常多，包括文字、数表、曲线、图形等。作为支撑整个产品全生命周期的工程数据，可以分为以下几种类型。

(1) 通用基础数据　指产品设计与制造过程中所用到的各种数据资料，如国家及行业标准、技术规范、产品目录等方面的数据。这些数据的特点是数据结构不变，数据具有一致性，数据之间关系分明，数据相对稳定，即使有所变动，也只是数值的改动。

(2) 产品设计数据　指在生产设计与制造过程中产生的数据，如产品功能要求描述数据、设计参数及分析数据和各种资源描述数据，包括各种工程图形、图表及三维几何造型等数据。由于产品种类及规格等的变化，这类数据是动态的，包括数值、数据类型及数据结构等。

(3) 工艺加工数据　指专门为CAD/CAM系统工艺加工阶段服务的数据，如金属切削工艺数据、磨削工艺数据、热加工工艺数据等。

(4) 管理信息数据　在高度集成的CAD/CAM系统中，还应包括生产活动各个环节的信息数据，如生产工时定额、物料需求计划、成本核算、销售、质量等管理信息数据。

工程数据库系统往往要求在多用户环境下实现各专业的协同工作，必须保证各类数据的语义一致性和系统集成性，因此，工程数据库一般要满足以下要求。

1) 支持复杂工程数据的存储与管理。即能处理工程数据的非结构化变长数据和特殊类型的数据，支持多媒体信息的集成管理、复杂实体的表示及实体间关系的处理，支持超文本数据的存储和处理，支持动态变长数据记录和超长数据项的存储等。

2) 支持数据模式的动态修改和扩充。即不仅能对结构化数据进行静态建模，而且能够动态地进行模型的建立、修改和扩充，这样才能适应工程数据库对反复改进的工程设计的支持。

3) 支持工程事务处理和恢复。工程事务大都具有长期性，工程数据中有一批数据要使用很长时间。由于一个工程事务不可能成为处理和恢复的最小单位，必须分层次、分类别、分期保存中间结果，以进行较短事务处理。因此，从使用安全性考虑，要具备适合工程应用背景的数据恢复功能，以实现对长事务的回退处理。

4) 支持多库操作和多版本管理。由于工程设计用到的信息多种多样，需要在各设计模块间传送数据，所以需要提供多库操作和通信能力。由于工程事务的复杂性和反复试验的实践性，要求工程数据库系统具有良好的多版本管理和存储功能，以正确地反映工程设计过程和最终状态，不仅为工程的实施服务，而且为今后的管理和维护服务，同时也为研究和设计类似工程提供可借鉴的数据。

5) 支持同一对象的多种媒体信息表现形式和处理功能，以适应不同要求。

6) 支持工程数据库的长记录存取和文件兼容处理。工程数据中，有些数据不适合在数据库中直接存储，以文件系统为基础来设计其存储方式会更方便、更能提高存取效率，如工程图本身。

7) 支持智能型的规则描述和查询处理。即具有一定的语义识别、推理和查询规则能力，能够自动检测和维护设计规则。

8）具有良好的数据库系统环境和支持工具，以适应大容量、快速和分布式设计环境的要求。

目前，令人满意的通用工程数据库系统还未出现。实践表明，以现有商用数据库为基础进行有针对性的增补修改，或利用大型CAD/CAM软件中的数据管理模块与商用数据库结合，是当前实现工程数据库管理的有效途径。近年来，为了适应远程多用户需要而发展起来的分布式数据库管理系统，为工程数据库系统的设计和应用提供了新的环境。另外，多媒体、面向对象等技术的发展会使工程数据库管理更加完善。随着计算机技术和软件工程方法的发展，工程数据库技术必将会更加完善、实用。

2.4 制造信息系统

2.4.1 制造信息系统的组成及功能

制造企业的业务是以生产为中心，并围绕产品开展的。它有三个主要目标，即最大的客户服务、最小的库存投资和高效率的企业运作。自20世纪60年代开始，发达国家制造企业之间的竞争日趋激烈，越来越多的企业主管认识到先进的技术和方法是企业生存的基本因素。信息技术与企业管理方法和手段相结合产生了各种类型的制造信息系统。制造信息系统主要包括计算机辅助技术和制造管理信息系统。计算机辅助技术包括计算机辅助设计（CAD）、计算机辅助制造（CAM）、计算机辅助工艺规划（CAPP）、计算机辅助工程（CAE）、计算机辅助检验规划（CAIP）和计算机数字控制（CNC）等。制造管理信息系统包括制造资源计划系统（MRPII）、企业资源计划（ERP）、产品数据管理（PDM）、产品全生命周期管理（PLM）、制造执行系统（MES）、质量信息系统（QIS）、供应链管理系统（SCM）、客户管理系统（CRM）和办公自动化系统（OA）等。

1. MRP和ERP

制造业的经营生产活动是围绕产品展开的，制造业的信息系统也不例外。在早期的制造业物料需求计划系统MRP应用中，将生产能力作业计划、车间作业和采购作业计划纳入管理信息系统，在计划执行过程中加入来自车间、供应商和计划人员的反馈信息，利用这些信息平衡调整计划，从而使生产的全过程围绕物料需求计划形成一个统一的系统。其后，又考虑必须把财务子系统与生产子系统结合到一起，实现资金流与物质流的统一管理。20世纪80年代，人们把制造、财务、销售、采购以及工程技术等各子系统综合为一个系统。并称为制造资源计划系统，即MRPⅡ。

20世纪90年代初，美国信息分析咨询公司在MRPⅡ基础上，提出了企业资源计划（ERP）的概念。ERP扩展了企业管理信息集成的范围，在MRPⅡ的基础上增加了许多新功能。除制造、供销和财务外，ERP还集成了企业其他管理功能，如质量管理、设备维护管理、仓库管理、运输管理、项目管理、市场信息管理、金融投资管理、法规及标准管理以及电子商务、过程控制接口、数据采集接口等，成为覆盖整个企业的管理信息系统。ERP可为企业提供投资管理、风险分析、跨国跨地区的集团企业信息集成、获利分析、销售分析、市场预测、决策信息分析、促销与分销、售后服务与维护、全面质量管理、人力资源管理、项目管理以及基于 Internet 的电子商务等功能，从而满足具有多种生产类型企业的需要。

2. 计算机集成制造系统

制造业的业务一般可分为设计、制造和管理三大部分，针对这三部分应用需求，产生了很多专项应用的信息系统，如面向设计和制造的 CAD、CAPP 和 CAM，面向数控生产过程的柔性制造系统（FMS）以及面向管理的信息系统 MRPⅡ或 ERP 等。由于企业的各个业务环节是不可分割的，企业各应用系统的信息资源应该是共享的，因此需要将这些应用系统进行统一管理，使其发挥信息系统的整体效益，进而产生了“集成”的概念。

计算机集成制造系统（CIMS）既是企业各类信息系统的集成，也是企业活动全过程中各功能的整合。在激烈的市场竞争与相关技术的推动下，CIMS 的概念与技术不断得到发展。1992 年国际标准化组织（ISO）正式提出了计算机集成制造的定义：把人及其经营知识和能力与信息技术、制造技术综合应用的过程。其目的是提高制造企业的生产率和灵活性，并将企业所有人员、功能、信息和组织等方面集成为一个整体。

2.4.2　C/S 和 B/S 计算模式

传统的客户机/服务器（C/S）结构是伴随着网络数据库技术的应用发展起来的。C/S 模式的体系结构最初出现在 20 世纪 80 年代，一般两层结构即“胖客户端”结构是最典型、也是最普遍的一种形式。这种形式的 C/S 模式的体系结构分为两层，第一层是在客户机系统上结合了用户界面与业务逻辑；第二层是通过网络结合了数据库服务器，系统任务分别由客户机和服务器来完成。在 C/S 模式的两层结构中，客户端保持着应用程序，直接访问数据库；服务器端存放着所有数据；每个客户端与数据库保持一个连接。客户端通过应用程序向数据服务器发出请求，数据服务器据此请求对数据库进行操作，并向客户端返回应答结果。服务器具有数据采集、控制和与客户机通信的功能。客户端则包括与服务器通信和用户界面模块。C/S 结构将一个复杂的网络应用和生动、直观的用户界面相分离，将大量的数据运算交给了后台去完成，提高了用户交互反映的速度；应用开发简单，开发工具多而成熟，对网络数据库的应用起到了较大的推动作用。

但随着信息技术的发展，C/S 模式暴露出一些问题。由于 C/S 模式中客户端同时承担了表达逻辑和业务逻辑两部分功能，二者之间界限不明显，无论在功能划分上还是具体程序实现上，两个层面往往交织在一起。因而客户端需要安装大量的软件，机器需要较高的配置，客户端维护频繁，系统的强健性下降，用户也需要进行专门的培训才能操作。这样，运行成本一直呈上升趋势，从某种程度上限制了网络的应用范围。这种“瘦服务器/肥客户端”的模式，随着信息管理的复杂化、网络系统集成的高度化发展，逐渐显示出它的局限性，具体表现在以下几个方面。

1）部署困难，除了要安装服务器软件外，对每台客户机都要安装客户软件的一份拷贝。

2）满足不了客户端跨平台的要求。一般来说，客户端的操作系统是不同的，与此对应的客户端程序也是不同的。但是，为每一种操作系统设计一个客户端程序是不现实的，而要求客户放弃已有的操作系统来购买新的操作系统会使客户付出很大的代价。

3）管理、维修费用高、难度大。

由于 C/S 模式的这些不足，可以在传统的 C/S 模式中间加上一层，把原来客户机所负责的功能交给中间层来实现，这个中间层即为Web服务器层。这样，客户端就不负责原来的数据存取，只需在客户端安装浏览器就可以了。把原来的服务器作为数据库服务器，在数据库服务器上安装数据库管理系统和创建数据库。Web服务器的作用就是对数据库进行访问，并通过Internet/Intranet网络传递给浏览器。这样Web服务器既是浏览器的服务器，又是数据库服务器的浏览器。

在这种模式下，客户机就变成了一个简单的浏览器，形成了“胖服务器/瘦客户机”的模式，这就是B/S模式。基于B/S模式的结构将Web与数据库相结合，形成的基于数据库的Web计算模式，并将该模型应用到Internet/Intranet中，最终形成了三层客户机/服务器应用结构。在B/S三层体系结构下，表示层、业务逻辑层、数据层被分割成三个相对独立的单元。

（1）表示层　即Web浏览器，包含系统的显示逻辑，位于客户端，用来生成在客户浏览器中显示的用户界面。它的任务是负责获得用户录入的数据，完成对录入数据的校验，由Web浏览器向网络上的某一Web服务器提出服务请求，Web服务器对使用者进行身份验证后用HTTP协议将客户端请求操作数据传送给业务逻辑层，然后将完成用户请求操作的操作结果用Web协议传送给客户端，客户机接受传来的主页文件，并把它显示在Web浏览器上。

（2）业务逻辑层　包括一个或者多个组件服务。它们应用业务规则实现应用程序逻辑并完成应用程序运行所需要的数据处理。作为这个过程的一部分，中间层负责处理来自数据存储或者发送给数据存储的数据。它的任务是接受用户的请求，执行相应的扩展应用程序与数据库进行连接，通过对等方式向数据库服务器提出数据处理申请，数据库将申请处理完毕后，将数据处理的结果提交给Web服务器，再由Web服务器传送回客户端。

（3）数据层　即数据库服务器，是这个分层体系的最底层，包含数据存储和与它交互的组件或服务。这些组件和服务在功能上和业务逻辑层相互独立（尽管在物理上不必一定相互独立）。数据层为业务逻辑层提供服务，根据业务逻辑层的要求从数据库中提取数据或者修改数据库中的数据。由于访问数据库是系统中频繁发生而且最消耗资源的操作，所以在这一层要对数据库访问进行优化，提高系统的性能和可靠性。它的任务是接受Web服务器对数据库操作的请求，实现对数据库的查询、修改、更新打印等功能，把运行结果提交给Web服务器。

这样的三层体系结构大大减轻了客户机的压力，把负荷均衡的分配给了Web服务器。由于客户机把事务处理逻辑部分分给了服务器，不再负责处理复杂计算和数据访问等关键事务，只负责显示部分，所以维护人员不再为程序的维护工作奔波于每个客户机之间，而可以把主要精力放在功能服务器程序的更新工作上。这种三层结构的层与层之间是相互独立的，任何一层的改变不影响其他层的功能。

相对C/S结构而言，采用B/S结构实现远程实时监控是一次深刻的变革。它具有以下突出优点。

1）成本低。客户端不再负责数据的存取和复杂数据计算等任务，只需要其进行显示，充分发挥了服务器的强大作用，这样就大大地降低了对客户端的要求，降低了投资和使用成本。

2）易于维护、易于升级。维护人员不再为程序的维护工作奔波于各个客户机之间，而可以把主要精力放在功能服务器程序的更新工作上。由于客户端无需专用的软件，当企业对网络应用进行升级时，只需更新服务器端的软件，减轻了系统维护与升级的成本与工作量。

3）用户使用简便。B/S结构的客户端只是一个提供友好界面的浏览器，通过鼠标即可实现远程实时监控，用户无需培训便可直接使用，利于推广。

4）易于实现跨平台的应用，解决了不同系统下不兼容的情况。

习　题

1. CAD/CAM系统硬件应具有的基本功能包括哪些？
2. 试论述CAD/CAM系统软、硬件选择原则。
3. 图形变换中的坐标系都有哪些，其主要用途是什么？
4. 在二维图形变换中，如何进行比例变换、对称变换、错切变换、平移变换和旋转变换？
5. 试推导二维空间中绕任意直线的旋转变换。
6. 图形为什么要消隐？试列举常用的算法。
7. 论述图形裁剪概念。按照被裁剪对象如何进行分类？
8. 试列举工程数据计算机处理方法，并简要说明其实现思路。

第3章 产品建模技术

3.1 产品建模方法概述

客观世界中的物体都是以三维方式展现的。在传统产品设计和制造过程中，表达产品形状和加工要求的是二维工程图。随着产品结构的复杂性以及计算机辅助设计、分析、制造应用水平的不断提高，直接建立产品三维数字化模型是计算机辅助设计技术的发展趋势之一。美国波音公司在1988年用CATIA软件进行波音767飞机发动机舱的三维打样，1991年在设计波音777飞机时，有一半零件采用三维实体设计；之后麦道飞机公司也决定用UGII软件建立全机的三维数字模型；我国南昌飞机制造厂在1989～1990年研制教8新机时，直接用CAD软件在屏幕上协调主起落架收放过程，一次取得成功。

产品数字模型的基础是其几何模型。真实、完整地表达产品几何形状，使计算机能够“理解”产品数据的含义，进而获得一定程度的智能化分析、计算能力，是产品建模技术的主要研究内容。产品几何模型的基本构成要素是空间的点、线、面和体。按照技术发展过程，产品建模方法经历了线框、表面、实体和特征建模等多个阶段。

最早使用相互连接的线元素表示三维零件形状，形成了最简单的线框表示方法。线框模型能够较好反映物体的形状和方位，占用内存少，处理速度快。表面模型是在线框模型基础上增加了面的信息，相当于在灯笼骨架外蒙皮，可以在程序中实现自动消除隐藏线，生成明暗图，计算表面积，产生表面数控加工走刀轨迹等。实体模型是物体完整的三维几何模型，包含了全部几何信息和全部点、线、面、体之间的拓扑信息，从而能够计算物体的质量特性（如重量、惯性矩）、动态特性（如动量、动量矩）或力学特性（如应力、应变），以及进行多物体间的干涉检查，但数据结构最复杂，处理速度慢。进入20世纪90年代以后，提出了特征造型的概念，即在已有几何模型的基础上增加了对产品结构、工艺、材料、精度、性能等特征信息的定义，使描述产品的信息更趋完整。下面将分别叙述这几种产品建模方法。

3.2 线框建模技术

设计员在构思一个产品形状时，经常需要用线条勾画出一个用轮廓线表示的立体图，以帮助构思和相互讨论。线框建模则是用计算机来实现这一构图过程。图3-1所示为F18战斗机的线框模型。

线框模型是由有限空间点以及成对点之间相连的边构成的立体框架模型，其中边可以是直边，也可以是圆弧边、三次或者三次以上的自由曲线。线框模型的计算机表示主要包括两类信息：一类是几何信息，定义线框模型中空间点的坐标数据和曲边数据；一类是拓扑信息，记录每条边两个端点的标号。以单位边长的立方体为例，如图 3-2 所示，其线框模型的数据结构包含顶点表和边表。顶点表中存储各顶点的三维坐标位置，即几何信息；边表中存储两个端点的标号，即拓扑信息。可以建立边的类型表用来判断边是直边、圆弧边还是其他曲线边。

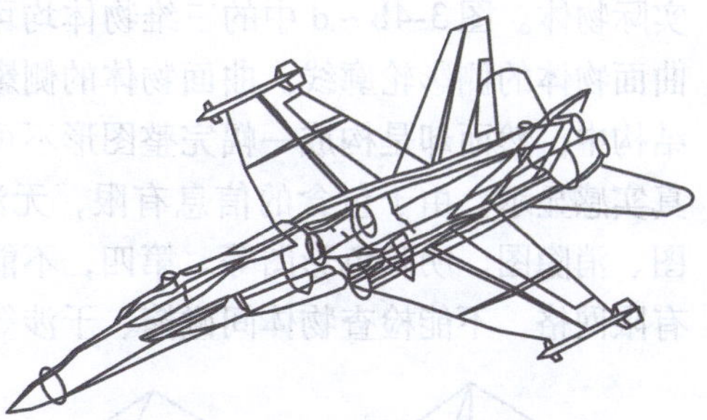

图 3-1　F18 战斗机的线框模型

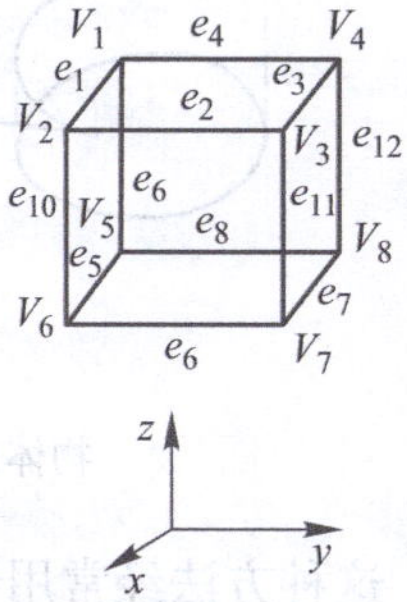

顶点	坐标值 x	y	z
1	0	0	1
2	1	0	1
3	1	1	1
4	0	1	1
5	0	0	0
6	1	0	0
7	1	1	0
8	0	1	0

棱线	顶点号	
1	1	2
2	2	3
3	3	4
4	4	1
5	5	6
6	6	7
7	7	8
8	8	5
9	1	5
10	2	6
11	3	7
12	4	8

图 3-2　立方体线框模型的数据结构

从图 3-2 可以看出：对于多面体而言，由于轮廓线和棱线通常是一致的，其线框模型具有较好的视觉效果，便于识别；但对于圆柱体或球体之类的形体，如图 3-3 所示，仅仅显示棱线而无轮廓线，是不能完整表示物体外形的，通常需要添加轮廓线来表现圆柱体侧面。

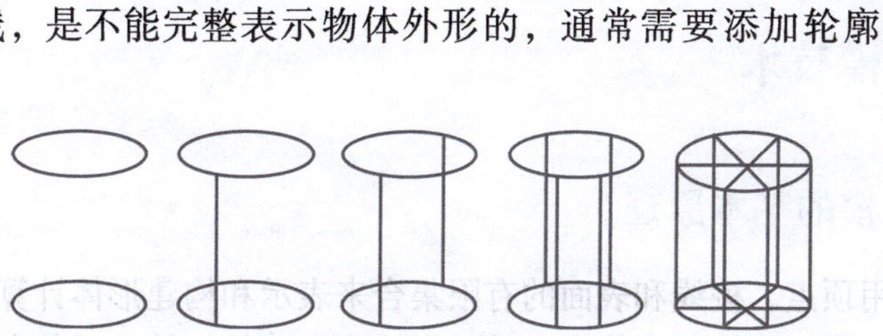

图 3-3　圆柱体的多种表示方法

早期的绘图软件大都采用这种线框表示方法，其优点为：数据存储量最少，操作简便；所占内存小，处理速度快，对硬件要求不高；特别适合于对图形进行各种几何变换和动态交互显示。例如：平移某一图形时，只需将图形上各顶点的坐标作相应平移即可按线框结构中各顶点间原有的连接关系生成新图形；同时，利用投影变换，从三维线框模型可方便生成各种正投影图、轴测图和任意观察方向的透视投影图。

随着 CAD 技术的发展，当需要在计算机内完整地定义三维物体时，这种线框模型的局限性很快暴露出来。第一，具有多义性。由于所有棱线全部显示，同一模型可以理解为多种实际物体。图 3-4b～d 中的三维物体均可以用图 3-4a 中的线框模型表示。第二，无法处理曲面物体的侧影轮廓线。曲面物体的侧影轮廓线与视线方向有关，虽然不包含在物体的数据结构中，然而却是构成一幅完整图形不可缺少的部分，如图 3-5 中虚线所示。第三，不适于真实感显示。由于包含的信息有限，无法实现图形的自动消隐，不能着色，不能生成剖视图、消隐图、明暗色彩图等。第四，不能进行两面求交，不能生成刀具轨迹，不能自动划分有限网格，不能检查物体间碰撞、干涉等。

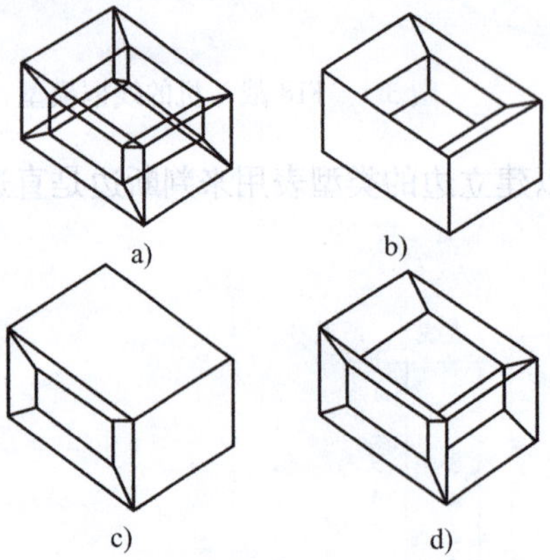

图 3-4　线框模型的多义性

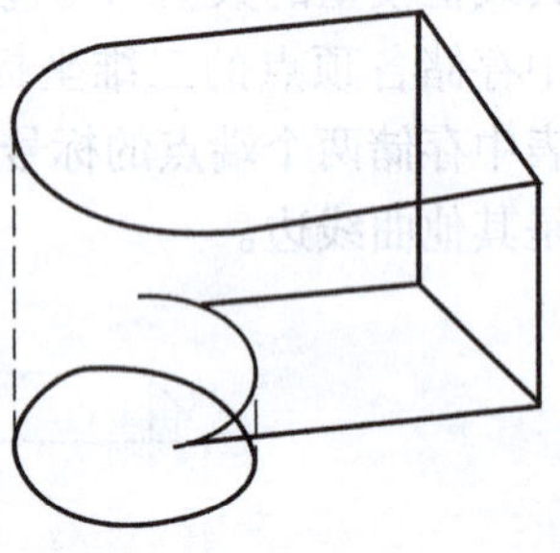
图 3-5　物体的侧影轮廓线

由于线框建模方法相对比较简单，计算速度很快，这种方法经常用于表示复杂三维模型的轮廓。当需要更加精细的效果时，可以在完成线框信息基础上，增加物体表面信息，进而渲染表面纹理。三维线框模型方法允许设计人员交互设计和旋转复杂物体。它避免了在进行真实感渲染时出现的较长延时，显示速度快。另外，线框模型非常适合于数控机床中的轮廓编程。但线框模型缺点是数据信息有限，在更大应用范围内应用有其局限性，这促使了表面建模技术和实体建模技术的发展。

3.3　表面建模技术

3.3.1　表面建模的基本原理

表面建模是用顶点、棱线和表面的有限集合来表示和构建形体计算机模型的过程。与线框模型相比，表面模型增加了面信息，并具有棱线和面的拓扑关系信息，增加的面表包含了围成表面的相关棱线信息。此外，可以通过建立表面类型表以区分平面、自由曲面等。图 3-6 所示为立方体表面模型的数据结构。

表面模型中的几何形体表面是由若干块面片组成，这些面片可以是平面、解析曲面（如球面、柱面、锥面等）和参数曲面（贝塞尔曲面、B 样条曲面等）。解析曲面可以通过拉伸、回转、扫描等方法生成，如图 3-7 所示。相应的曲面生成方法可以参考 CAD/CAM 技术的相关内容，参数曲面的构造将在后面的小节中进行详细介绍。另外，表面建模中还会用到一些特殊曲面，即在已有曲面或实体上生成的曲面，如圆角曲面、等距曲面、过渡曲面等。

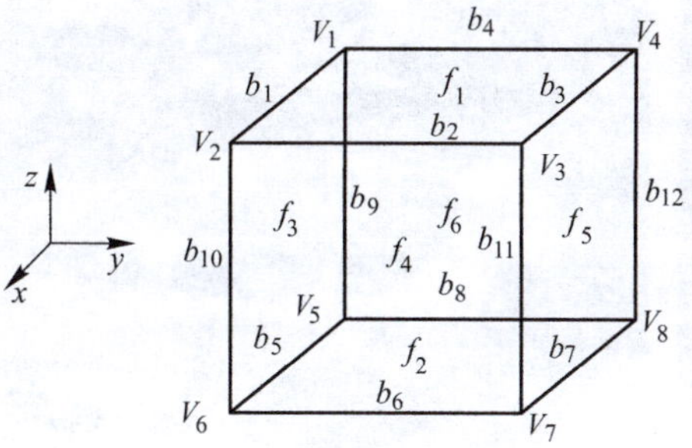

顶点	坐标值 x	y	z
1	0	0	1
2	1	0	1
3	1	1	1
4	0	1	1
5	0	0	0
6	1	0	0
7	1	1	0
8	0	1	0

棱线	顶点号	
1	1	2
2	2	3
3	3	4
4	4	1
5	5	6
6	6	7
7	7	8
8	8	5
9	1	5
10	2	6
11	3	7
12	4	8

表面	棱线号			
1	1	2	3	4
2	5	6	7	8
3	1	10	5	9
4	2	10	6	11
5	3	11	7	12
6	4	9	8	12

图 3-6 立方体表面模型的数据结构

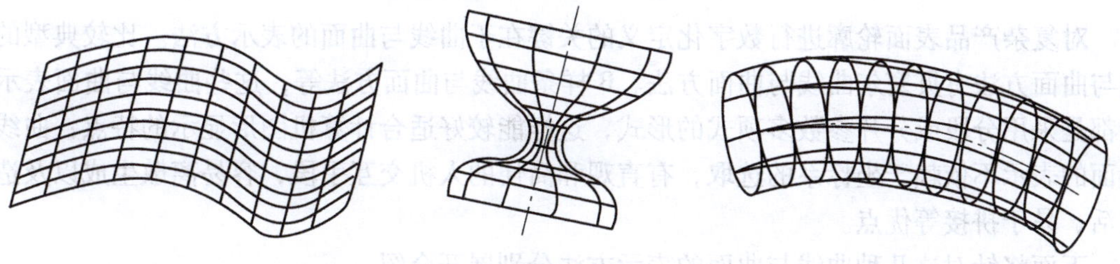

a) 直纹面　　b) 旋转面　　c) 扫描面

图 3-7 常见解析曲面的构造方法

相对于线框模型，由于表面模型提供了形体表面和边界定义的数据信息，其优点主要体现在：①描述了三维形体的表面形状，消除了多义性；②具有很强的曲面拼接能力，能够构造复杂曲面；③能够利用面的信息生成数控刀具轨迹；④可对零件进行渲染，实现消隐、着色、表面积计算、表面求交、有限元网格划分等；⑤可以计算物体表面积。

表面建模也有一些缺点：①操作复杂，需具备一定的曲面造型知识；②缺乏面与体之间的拓扑关系，只能表示形体的表面及其边界；③不是实体模型，因此不能进行剖切，不能计算形体间的碰撞和干涉；④由于缺乏面与体的关系，表面模型不能区别体内与体外，仅适用于描述形体的外壳；⑤表面建模事实上是以蒙面的方式构造零件形体，因此容易在零件建模中漏掉某些面的处理，这就是常说的“丢面”。同时，在两个面相交处容易出现缺陷，如重叠或间隙，不能保证零件的建模精度。因此，表面建模并不适用于表示产品的整体结构，而注重外观的表达上。它通常与实体造型结合，创建复杂形体。

表面建模技术是 CAD 和计算机图形学中最活跃、最关键的建模技术之一，这是因为三维形体的几何表示处处都要用到它。从飞机、汽车、船舶、叶轮的流体动力学分析，家用电器、轻工产品的工业造型设计，服装、皮鞋的三维打样和款式设计，山脉、水流、云彩的自然景物模拟，地形、地貌、矿藏等分布的地理资源描述，人体形貌和内部器官的 CT 扫描数据三维重构到科学计算中的应力、应变、温度场的直观显示等，无不需要强有力的曲面造型工具。通过一系列的点、线、面来表示表面轮廓，设计人员创建各种复杂的形体，尤其是设计和制造飞机、汽车等复杂曲面的产品外形，采用表面建模技术优势明显。目前主流的 CAD 造型软件均具有相应的曲面造型模块。图 3-8 所示为使用 CATIA 曲面造型工具准确描述了战斗机和汽车车身的表面轮廓。

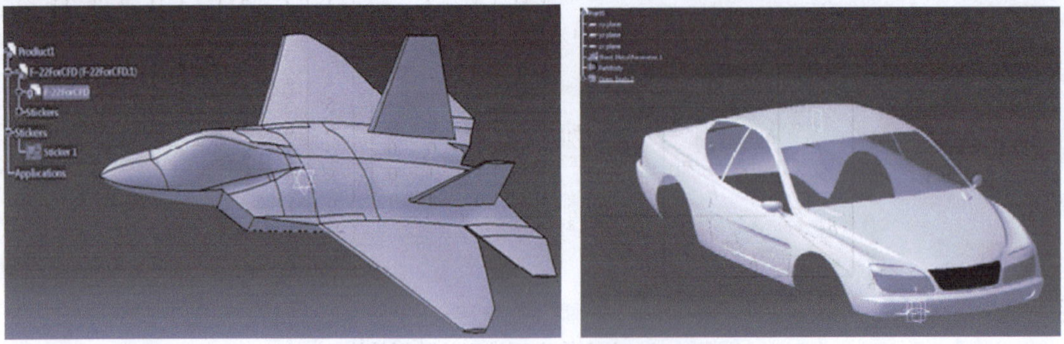

图 3-8　战斗机、汽车车身的表面模型

对复杂产品表面轮廓进行数字化定义的关键在于曲线与曲面的表示方法。比较典型的曲线与曲面方法有贝塞尔曲线与曲面方法、B 样条曲线与曲面方法等，这些曲线与曲面表示方法都是采用分段或分片参数多项式的形式，这样能较好适合计算机图形显示的特点：曲线与曲面的表示不依赖于坐标系的选取，有直观和简便的人机交互手段，容易离散生成以及造型灵活、易于拼接等优点。

下面将针对这几种曲线与曲面的表示方法分别展开介绍。

3.3.2　贝塞尔（Bézier）曲线与曲面

贝塞尔方法是构造自由曲线和曲面最重要和最基本的方法之一。由于它能满足几何造型对曲线和曲面的要求，因此在理论界和应用上均得到极大的重视和发展。

贝塞尔方法的思想是利用多边形的顶点来定义自由曲线，就像有些画家在素描人像时先用折线勾画脸部和身材的大致轮廓，再逐渐修正线条一样。贝塞尔完全用折线精确定义了一条曲线。在空间给定 $n+1$ 个点 V_0，V_1，V_2，…，V_n，可定义参数曲线为 n 次的贝塞尔曲线，即

$$
\begin{aligned}
P(u) &= \sum_{i=0}^{n} \frac{n!}{(n-i)!\,i!}(1-u)^{n-i}u^i V_i \\
&= \sum_{i=0}^{n} B_{n,i}(u) V_i \\
\sum_{i=0}^{n} B_{n,i}(u) V_i &\equiv 1 \qquad u \in [0,1]
\end{aligned}
\tag{3-1}
$$

一般称 $B_{i,n}(u)$ 为伯恩斯坦基函数，点列 V_0，V_1，…，V_n 为曲线 $P(u)$ 的控制顶点，折线 $V_0V_1\cdots V_n$（图 3-9）为 $P(u)$ 的控制多边形。关于贝塞尔曲线的详细表达式推导过程以及基函数的相关性质，读者可以参考《自由曲线曲面造型技术》一书。

人们常将贝塞尔曲线的几何构造称为几何作图法，可很方便地确定某一参数值对应的点。其原理如下：如图 3-10 所示，根据给定的参数值 u，在控制多边形的每一条边上确定某一分割点，使分割后的两线段之比为 $u:(1-u)$，由此可得分割点的点矢为

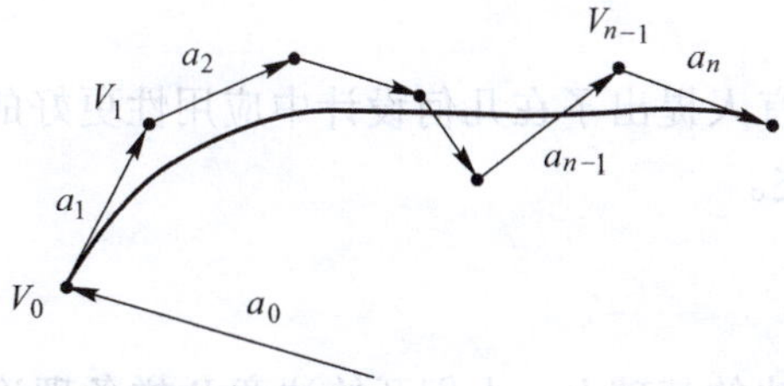

图3-9 曲线及其控制多边形

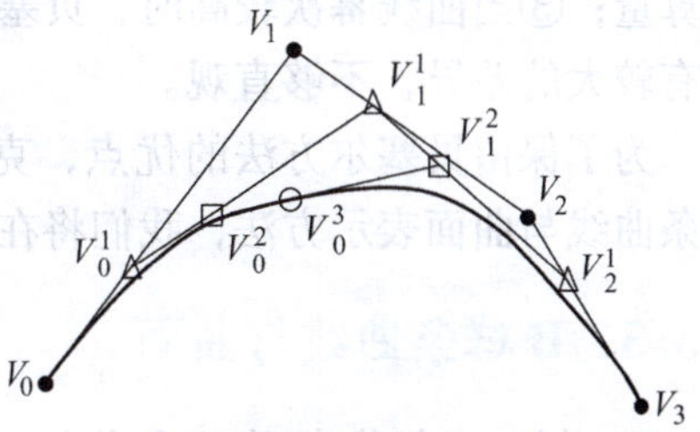

图3-10 曲线的作图法

$$V_i^1=(1-u)V_i+uV_{i+1}, i=0,1,\cdots,n-1 \tag{3-2}$$

式中，上标1表示第一次分割。第一次分割后，得到n个分割点，由这些分割点组成一个新的多边形，再对新多边形各边进行分割，得到$n-1$个分割点V_i^2，$i=0$，1，…，$n-2$，形成另一个新的多边形。按相同过程分割$n-1$后，剩下两个顶点V_0^{n-1}和V_1^{n-1}。对该线段再分割一次，得到点V_0^n，即为曲线上与参数u相对应的点。

贝塞尔曲面是贝塞尔曲线向曲面的直接拓广。采用与贝塞尔曲线类似的形式可以得到贝塞尔曲面的一般表达式为

$$P(u,w)=\sum_{i=0}^{m}\sum_{j=0}^{n}B_{m,i}(u)B_{n,j}(w)V_{i,j}\qquad u,w\in[0,1] \tag{3-3}$$

同理，$V_{i,j}$为控制顶点。把由两组多边形$P_{i,0}P_{i,1}\cdots P_{i,m}$和$P_{0,j}P_{1,j}\cdots P_{n,j}$组成的网（图3-11）称为$P(u, w)$的控制网格。

贝塞尔曲线具有很多非常简洁的性质，贝塞尔曲面性质可以从其曲线性质中加以类推：

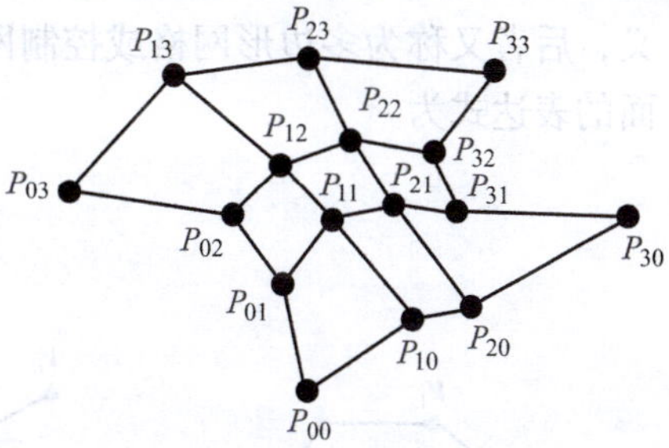

图3-11 曲面的控制网格

1）贝塞尔曲线的起点和终点分别为控制多边形的首尾顶点，且曲线在起点和终点处分别与控制多边形的第一条边和最后一条边相切。

2）具有凸包性。贝塞尔曲线完全被包容在由控制多边形形成的凸包内，这样有助于设计人员根据多边形顶点位置事先估计相应曲线的存在范围。

3）具有几何不变性。由给定控制顶点确定的贝塞尔曲线的形状和位置与坐标系的选择无关。

4）具有唯一性。分别从控制多边形的首尾点出发构造的曲线形状完全相同，说明由同一控制多边形定义的贝塞尔曲线是唯一的。

5）具有很好的交互性。由于仅与控制点的位置有关，把控制多边形作为曲线输入和人机交互的手段，既直观又方便。

6）造型灵活，方便对曲线进行修改和拼接。

但贝塞尔表示方法也有其缺点。①不具备局部性，即控制多边形（网格）的每个顶点对曲线、曲面的形状都作贡献，修改任一顶点都会影响整条曲线或者整张曲面的形状；②当曲线、曲面的形状复杂时，需增加顶点数，导致曲线、曲面的幂次也随之升高，从而增加了

计算量；③当曲线幂次较高时，贝塞尔曲线、曲面的形状与其定义的控制多边形或者控制网格有较大的差异，不够直观。

为了保留贝塞尔方法的优点，克服其缺点，有人提出了在几何设计中应用性更好的B样条曲线与曲面表示方法，我们将在下节详细论述。

3.3.3 B样条曲线与曲面

20世纪60年代末到70年代初，在贝塞尔方法的基础上，人们开始注意B样条理论在自由曲线与曲面造型中的应用。经过几十年的发展，B样条理论逐渐成熟并得到更多应用。当前CAD/CAM系统中，B样条曲线与曲面已成为几何造型的核心部分。B样条曲线与曲面造型方法的理论基础是B样条，通常可分为均匀与非均匀以及有理B样条方法等。

设V_0，V_1，…，V_n（$n \geqslant k-1$）为给定空间的$n+1$个点，称下列参数曲线

$$P(u) = \sum_{i=0}^{n} N_{i,k}(u) V_i \in [0,1] \tag{3-4}$$

为k阶（或$k-1$次）的B样条曲线，折线$V_0V_1 \cdots V_n$为控制多边形（图3-12）。$N_{i,k}(u)$为k次B样条基函数，由递推关系定义如下

$$N_{i,o}(u) = \begin{cases} 1, u_i \leqslant u \leqslant u_{i+1} \\ 0, 其他 \end{cases}$$

$$N_{i,k}(u) = \frac{u - u_i}{u_{i+k} - u_i} N_{i,k-1}(u) + \frac{u_{i+k+1} - u}{u_{i+k+1} - u_{i+1}} N_{i+1,k-1}(u), k \geqslant 1 \tag{3-5}$$

其中u_i称为节点值，决定了基函数的特点。

B样条曲线由一个控制多边形定义，而一张B样条曲面则需由一组控制多边形网格定义，后者又称为多边形网格或控制网格（图3-13）。由B样条曲线的定义扩展得到B样条曲面的表达式为

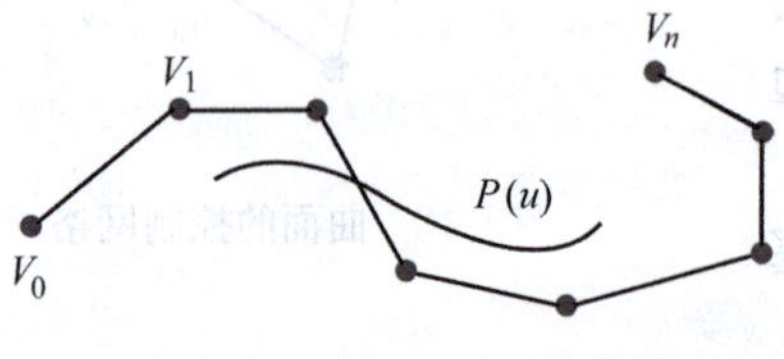

图3-12 B样条曲线及其控制多边形

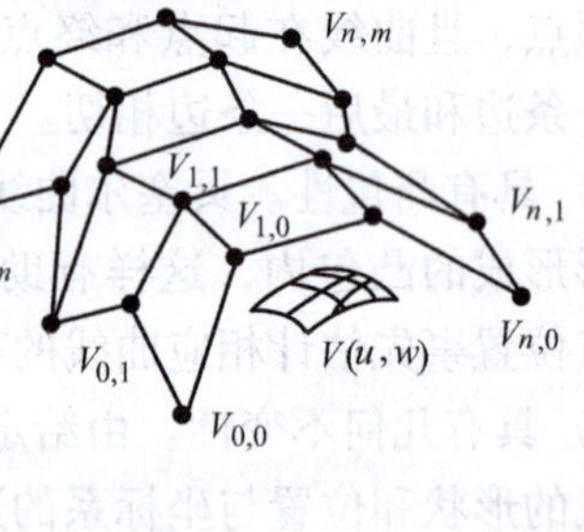

图3-13 B样条曲面及其控制网格

$$P(u,w) = \sum_{i=0}^{n} \sum_{j=0}^{m} N_{i,k}(u) N_{j,l}(w) V_{i,j} \tag{3-6}$$

式中$V_{i,j}$（$i=0$，1，…，n；$j=0$，1，…，m）为控制网格顶点；u、w为参数；$N_{i,k}(u)$、$N_{j,l}(w)$分别为u向和w向节点矢量定义的k阶和l阶B样条基函数。

与贝塞尔方法比较，B样条方法构造的曲线与曲面在继承了凸包性、几何不变性等优良属性的同时，又克服了其不足之处。它与控制多边形（或控制网格）相当接近，便于局部修改。B样条方法具有局部性的关键就在于基函数的局部性质。我们知道，控制点对曲线与

曲面的作用是通过基函数来实现的。为了实现局部性，局部段的曲线与曲面应尽量由局部点控制，这就要求非相关基函数为0，即 $N_{i,k}(u)$ 仅在某段范围内有值，从而避免“牵一发而动全身”的不利状况。一般而言，使用控制（多边形）网格大致勾画B样条曲线或曲面的形状，再通过局部修改使曲线或曲面满足设计要求。B样条方法的这种特点使得设计者能很方便地生成和调整曲线的形状，因此B样条曲线是很适合人机图形交互的一种曲线。图3-14所示为用3次B样条曲线构造的动物图案。从图3-14中可以看到，B样条曲线离控制多边形很近，这种逼近比贝塞尔曲线好。

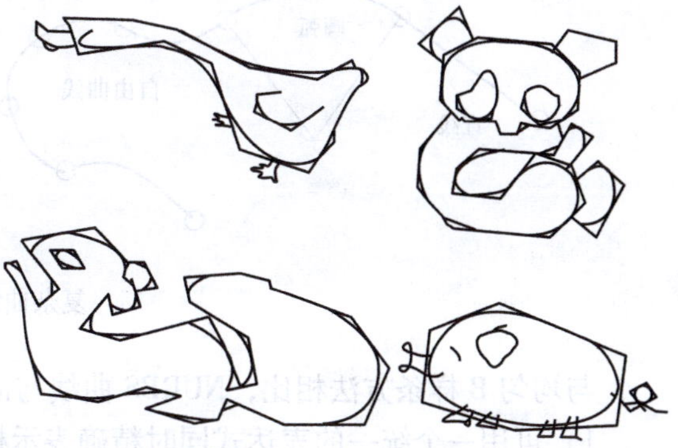

图3-14 用三次B样条曲线画的动物图案

通常所说的B样条方法是一种均匀B样条方法，在大部分情况下能够获得满意的结果，且计算效率高，但该方法仍存在不足之处：①不能贴切地反映控制顶点的分布特点；②当型值点分布不均时，难以获得理想的插值曲线。对于这两种情况，可借助于非均匀B样条方法以取得良好的效果。在自由曲线设计中，经常会遇到传统的圆锥曲线，无论均匀还是非均匀的B样条都不能对其作精确表示。在此情况下需应用NURBS曲线与曲面表示方法。

3.3.4 非均匀有理B样条（NURBS）曲线与曲面

NURBS是Non-Uniform Rational B-Splines的简称，NURBS曲线与曲面表示方法是B样条方法的一种，即非均匀有理B样条方法。用分段的矢量有理多项式函数表示的NURBS曲线为

$$P(u)=\frac{\sum_{i=0}^{n}N_{i,k}(u)W_iV_i}{\sum_{i=0}^{n}N_{i,k}(u)W_i} \tag{3-7}$$

式中，$V_i(i=0,1,\cdots,n)$ 为控制顶点；$N_{i,k}(u)$ 为 k 阶B样条基函数，定义与前面相同；$W_i(i=0,1,\cdots,n)$ 为权因子，其作用是调节曲线形状和控制顶点之间的位置关系，正权因子将曲线引向顶点，负权因子对曲线起排斥作用，不同权因子的组合对曲线参数化的影响也不相同。NURBS曲面的表达式为

$$P(u,w)=\frac{\sum_{i=0}^{n}\sum_{j=0}^{m}N_{i,k}(u)N_{j,l}(w)W_{i,j}V_{i,j}}{\sum_{i=0}^{n}\sum_{j=0}^{m}N_{i,k}(u)N_{j,l}(w)W_{i,j}} \tag{3-8}$$

NURBS曲线与曲面表示方法具备B样条方法所具有的一切特性。NURBS方法的最大优势是可以用统一且精确的数学形式来表示一条由直线、圆弧曲线和自由曲线构造的复合曲线。如图3-15所示，当曲线中同时存在这三种线素时，可以统一将其表示为三次NURBS

曲线。

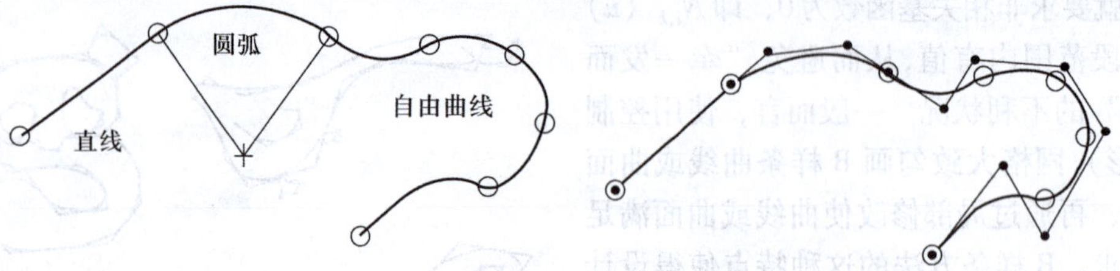

图 3-15　复杂曲线的 NURBS 表示

与均匀 B 样条方法相比，NURBS 曲线与曲面表示方法的优点还体现在：

1）可用一个统一的表达式同时精确表示标准的解析形体（如圆锥曲线、旋转面等）和自由曲线与曲面。

2）修改曲线与曲面的形状时，既可借助于调整控制顶点，又可利用权因子，因而具有较大灵活性。

3）NURBS 曲线与曲面的线性变换（包括缩小、旋转、平移等）具有几何不变性。

4）具有功能完善的几何计算工具，其中包括节点插入与删除、节点加密、升阶、分割等的算法与程序。这些工具可用于整个设计、分析、加工与查询过程中。

NURBS 方法的引入大大增强了 CAD/CAM 系统的曲面造型功能，因而得到了广泛的应用，产品模型数据交换的国际标准 STEP 已选用 NURBS 作为几何描述的主要方法。但在某些情况下，应用 NURBS 方法仍存在一定困难。首先，当应用 NURBS 定义解析曲线与曲面时，需要额外的存储空间；其次，权因子的应用虽为设计工作提供了灵活性，但从另一方面考虑，也对设计人员和用户提出了更高的要求；另外，在 NURBS 曲面的求交计算方面尚有很多障碍，某些基本算法可能导致数值计算的不稳定性。如今，对 NURBS 的理论研究和应用研究仍在深入进行，并不断取得新的成果。

3.4　实体建模技术

在基于草图绘制的计算机辅助设计系统中，线框模型是核心。线框模型通常并不提供零件的完整描述，零件的完整描述需要建立在实体模型基础上。实体模型是描述几何形体的最高层次模型，可以对实体对象提供完整、准确的描述。机械零件、模具都是完整的三维实体，都有完全封闭的表面。这些表面明确区分出物体的包容空间。实体模型与表面模型的区别在于：前者的表面必须封闭、有向，各表面间有严格的拓扑关系，形成一个整体；而表面模型的面可以不封闭，面的上下表面都可以有效。实体模型所包含的信息更完整，建立实体模型的难度也更大。

3.4.1　实体建模的基本原理

实体建模是定义一些基本体素，通过基本体素的集合运算或变形操作生成复杂形体的一种建模技术，其特点在于三维立体的表面与其实体同时生成。由于实体建模能够定义三维物体的内部结构形状，因此实体建模能完整地描述物体的所有几何信息和拓扑信息，包括物体的体、面、边和顶点的信息。

实体模型的数据表示方法记录了全部几何信息和全部点、棱线、面、体之间的拓扑信息，特别是确定了哪一侧存在实体的问题。用有向棱线边的右手法则确定所在面外法线的方向，规定正向指向体外。如图 3-16 所示，边长为 1 的正方体，其实体模型信息见右侧列表。在表面模型数据结构的基础上，将立方体表面表示为带有符号的棱线，就可形成实体。

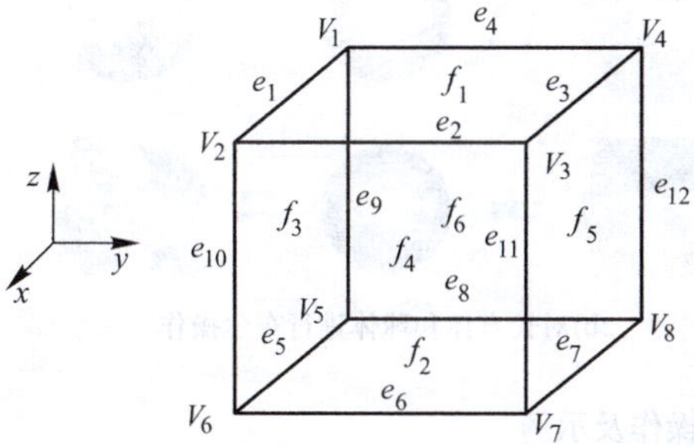

顶点	坐标值		
	x	y	z
1	0	0	1
2	1	0	1
3	1	1	1
4	0	1	1
5	0	0	0
6	1	0	0
7	1	1	0
8	0	1	0

棱线	顶点号	
1	1	2
2	2	3
3	3	4
4	4	1
5	5	6
6	6	7
7	7	8
8	8	5
9	1	5
10	2	6
11	3	7
12	4	8

表面	棱线号			
1	1	2	3	4
2	−5	−6	−7	−8
3	−1	−10	−5	−9
4	2	10	6	11
5	3	11	7	12
6	−4	−9	−8	−12

图 3-16 立方体实体模型的数据结构

实体建模技术可以对实体对象提供完整、准确的描述。在计算机集成制造的环境下，需要将产品的有关设计、制造、管理信息尽量完整地包含在产品数字化定义中，以便提高生产过程中各个环节的自动化和智能化处理水平。基于实体模型的操作，如平移、旋转、缩放、着色、消隐、剖切、组合等，都是建立在实体模型数据的分析和运算的基础之上的。使用实体模型，可以将实体模型数据作为分析程序的输入数据，分析后的输出可以在实体模型上用不同的颜色来表示（有限元网格划分）；还可以实现加工和装配工艺过程的自动设计，数控加工刀具轨迹的生成和校验，加工过程的动态仿真、空间布置和运动机构的干涉检查等。此外，实体模型不仅描述了尺寸和形状信息，还能计算出对象的惯性特性，并能够显示零件截面以说明工程分析需要的内部细节。

3.4.2 实体建模方法

实体建模要求对几何体进行一些处理以获得所需要的形状。有若干种用于构造和编辑实体对象的技术。这些技术方法中有些正在逐步完善，而有些则已经发展得比较成熟。较为成熟的建模技术包括体素及布尔运算、扫描法、自动创建圆角与倒角等。

（1）体素及布尔运算　体素建模技术主要包括两部分，即体素的定义及描述和体素的运算（并、交、差）。

体素是现实生活中真实的三维实体。体素建模法是基于一系列具有简单的几何规则的基本体素的表示方法。这些基本体素是计算机易于表示的常见几何体，如长方体、球、圆柱、圆锥、圆环等。

体素运算的基本原理是任何复杂零件可以通过一系列基本体素在合适的位置的各种布尔操作来实现完成。这些布尔操作来源于数学模型中的集合运算。在计算机内部规定了一套布尔运算规则，如并、交、差等。通过建立的规则，建模过程中避免了不真实的实体和不能生成的实体等不现实的情况出现（如悬挂面和悬挂边等）。图 3-17 所示为这三种布尔操作，并对两个不同的对象进行了操作示例。

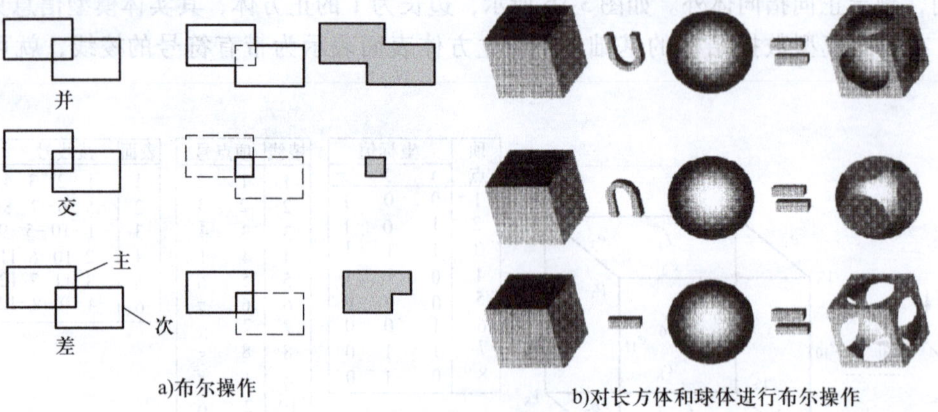

图 3-17　三种布尔操作及示例

由体素形成实体的一般过程非常简单，建模思想也易于理解。通常采用分析法，将复杂实体通过布尔逆运算分拆为若干个独立的基本体素，通过计算机定义自动建立基本体素，然后对基本体素按照布尔运算顺序进行位置定义和布尔操作定义，最终获得的复杂实体模型。对于有零件加工成形经验的人来说，布尔差操作和毛坯去除材料形成实体的过程类似，但更易于实现；而并操作则和焊接、铆接等过程类似。图 3-18 所示为在计算机中使用基本体素建立实体模型的一般过程示例。

利用体素建模简单易用，但也具有一定局限性，很多具有特殊表面的实体无法用体素的布尔运算精确表示出来，比如带有特殊曲面的实体等。

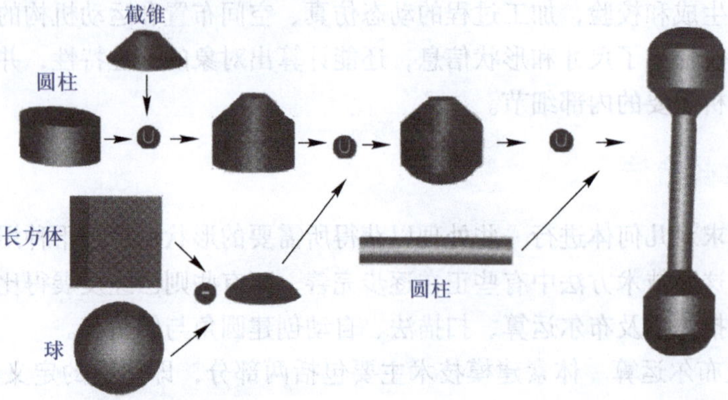

图 3-18　使用基本体素建立实体模型的一般过程示例

（2）扫描法　具有一定规律截面的实体可以通过定义截面轮廓和截面轨迹线，将截面轮廓按照一定规律沿轨迹线连续运动来实现。这种生成实体的方法称为扫描法。规律截面一般可分为恒定截面形式和变截面形式两种。连续运动也有多种形式，如恒垂直于轨迹线运动，以一定角速度旋转运动等。

扫描法的基本原理是：用曲线、曲面或形体沿某一路径运动后生成二维或三维的物体。扫描变换需要两个分量：一是给出一个运动形体，称为基体；另一个是指定形体运动的轨迹。基体可以是曲线、面或者实体对象，但轨迹只能是曲线。根据基体是二维还是三维形体，扫描法可以分为平面轮廓扫描和三维实体扫描两种。扫描运动通常有平移、旋转、摆动和复合运动等。图3-19所示为恒定截面或实体沿恒定轨迹的扫描形式生成的实体模型。

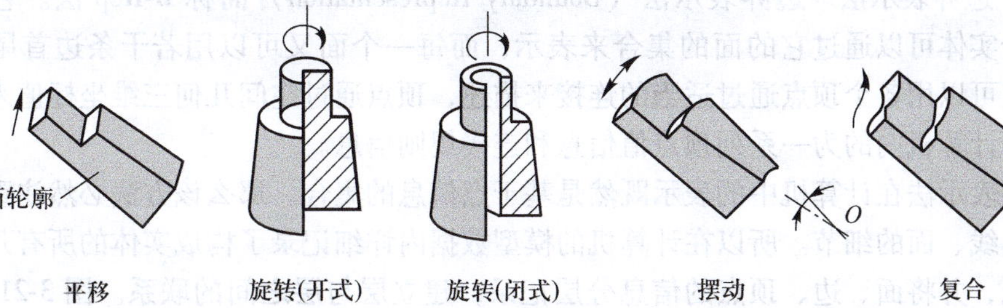

a) 平面轮廓扫描

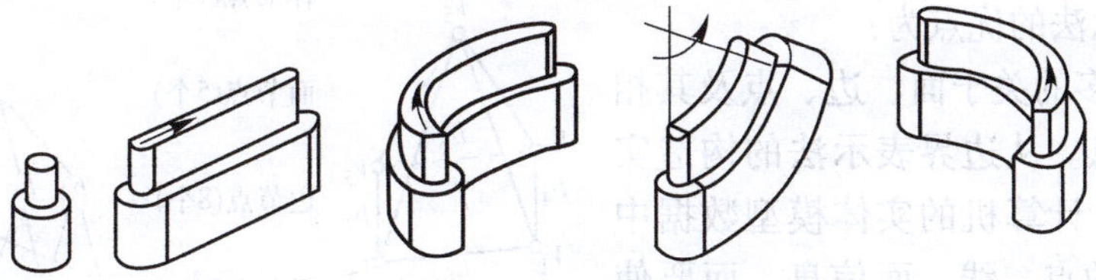

b) 三维实体扫描

图3-19 扫描法生成的实体模型

扫描法是对在某一方向具有规律截面产品形状造型的一种实用而有效的方法。扫描法简单、直观，适合作为图形输入手段。只需定义出扫描变换所需要的两个分量：基体和轨迹，即可通过不同的扫描运动生成所需的三维实体。扫描法可以用来生成一些体素扫描，并能很方便地建立出各种复杂和简单的实体模型，如各类旋转体、螺旋体、拉伸体、混合截面体等。扫描法也存在一些缺点，比如：用扫描变换产生的形体可能出现维数不一致的问题；不能直接获取形体的边界信息；表示形体的覆盖域非常有限；作几何变换困难等。

（3）自动创建圆角与倒角　实体的边通常带有不同程度的圆角与倒角。在采用边界表示的实体模型中，顶点处的三个面的直线边缘很容易创建圆角。创建圆角只需指定圆角的边界和圆角半径。系统能够创建有四条边的圆柱面，然后可以自动修改所有相邻的面与边，如图3-20所示。也可采用类似的功能进行倒角。倒角比圆角更为简单，因为在倒角时只需创建平面。

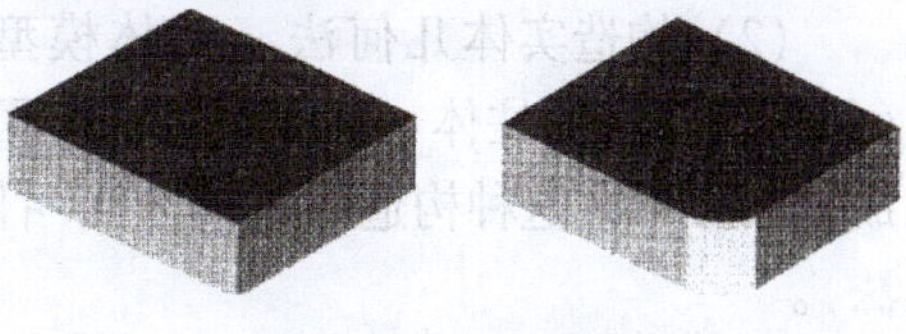

图3-20 创建圆角

在采用体素表示的系统中，倒角以及圆角通常通过布尔操作来完成。有时需要创建特殊的体素来完成此操作。比如在创建变半径倒圆角的过程中，不可能通过简单的布尔操作来完成，而需要构造变半径的特殊体素来实现。

3.4.3 实体模型表示方法

在计算机中完整定义出实体模型的核心问题在于如何用计算机数据来表示三维的物体。经过二十多年的研究和发展，形成了几种不同的实体模型表示方法，包括边界表示法、构造实体几何法、混合表示法。

（1）边界表示法　边界表示法（Boundary Representation）简称 B-Rep 法。它的基本思想是一个实体可以通过它的面的集合来表示，而每一个面又可以用若干条边首尾连接来描述，边又可以用各个顶点通过适当的连接来描述，顶点通过空间几何三维坐标值来定义，最终存储于计算机内的为一系列顶点值信息和连接规则信息。

边界表示法在计算机中的表示既然是基于点信息的集合，那么该方法必然注重实体外表面的点、线、面的细节。所以在计算机的模型数据内详细记录了构成实体的所有几何信息和拓扑信息，并将面、边、顶点的信息分层记录，建立层与层之间的联系。图 3-21 所示为使用边界表示法描述四棱锥体的层次结构。

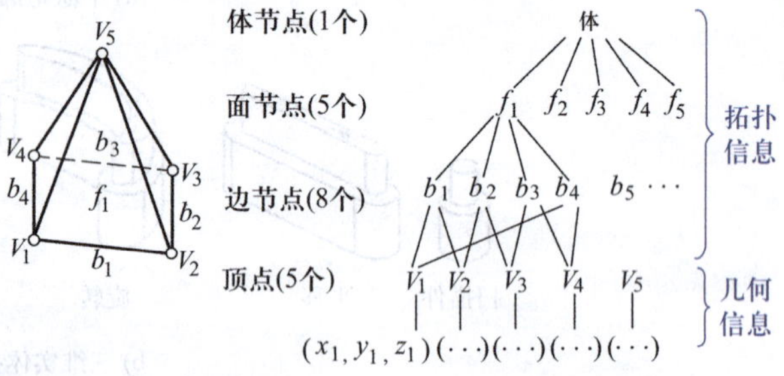

图 3-21　使用边界表示法描述四棱锥体的层次结构

边界表示法的优点为：

1）有较多的关于面、边、点及其相互关系的信息。从边界表示法的构造实体原理可知，计算机的实体模型数据中储存着大量的点、线、面信息，而要使得计算机中的实体模型能与外界如设计者、其他实体模型、其他数据格式等交互，这些点、线、面的信息是必不可少的，所以边界表示法中较多的面、边、点信息是其一大优点。

2）有利于生成和绘制线框图、投影图，有利于计算几何特性，易于同二维绘图软件衔接和同曲面建模软件相关联。线框图、投影图和二维图的主要构成为点和边，而边界表示法储存信息最多的恰好是点、线、面的信息，这就为线框图、投影图和二维图的形成提供了直接的数据信息，而不需要进行数据的转换或再识别过程。

但边界法也具有一定的局限性：由于它的核心信息是面，因而对几何物体的整体描述能力相对较差，无法提供关于实体生成过程的信息，也无法记录组成几何体的基本体素的原始数据，同时描述物体所需的信息量太大，且表达形式不唯一。

（2）构造实体几何法　实体模型的构造常常采用在计算机内存储的一些基本体素（如长方体、圆柱体、球体、锥体、圆环体以及扫描体等），通过前面提到的布尔运算生成复杂形体，这种构造形体的方法叫做构造实体几何法（Construction Solid Geometry，CSG 法）。

在构造实体几何法中，计算机内部存储着大量基本体素，这些体素的特点就是其计算机描述方式简单，如长方体、圆锥体、圆柱体、球体等。通过一系列基本体素按照要求的布尔运算顺序逐渐建立出最终实体模型。该建立过程可形象地用一树形方式表示，其中树的顶点即为最终实体模型，而自下而上的树干为实体模型的演变过程，树干对应的树枝为一系列基本体素，树干和树枝的节点为实体模型和基本体素的布尔操作，通过自下而上的一系列基本体素所参与的布尔操作形成树顶的最终模型，如图 3-22 所示。

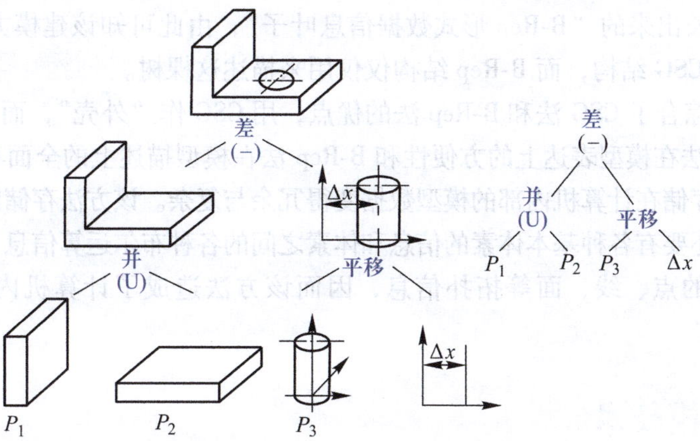

图3-22　构造实体几何法的树状结构表示

CSG法在大多数实体造型系统中通常作为用户输入手段，其相对于B-Rep法的主要特点包括：

1）CSG法对实体模型的描述与该实体的生成顺序密切相关，即存储的主要是实体的生成过程（由图3-22所示的实体模型建立过程即可知）。同一个实体完全可以通过定义不同的基本体素经过不同的布尔运算加以构造。

2）能够详细地记录构成实体的原始特征参数，甚至在必要时可修改体素参数或附加体素进行重新拼合，方便修改。

3）CSG结构生成的数据模型比较简单，每个基本体素无需再分解，而是将基本体素直接存储在计算机模型数据中，因而使得模型文件中的数据更为紧凑，从而提升了计算机对实体模型的数据存储性能。

4）采用CSG法可以方便地实现对实体的局部修改，例如在物体上倒角、倒圆等。

然而，作为一种实体表示方法，使用CSG法在显示和绘制时需进行转换，并且对形体的表示受体素的种类和对体素操作种类的限制，也就是说，CSG方法表示形体的覆盖域有较大的局限性。另外，CSG树只定义了物体的构成体素及构造方式，没有反映物体的面、边、顶点等有关信息，因此这种数据结构称为“不可计算的”。所以在使用CSG表示模型的系统中需要结合其他表示模型或算法来解决有关问题。

（3）混合表示法　混合表示法是建立在边界表示法与构造实体几何法基础之上，考虑了各自的优缺点，在同一系统中将两者结合起来，共同表示实体。

混合表示法的基本原理是：从对CSG法和B-Rep法的介绍可知，CSG主要特点在于实体建模过程的方便快捷，而B-Rep法则以实体储存的数据信息的优势为主要特点。基于以上两方法的特点，混合法以CSG法为系统外部形体模型，而以B-Rep法为内部数据模型。CSG法适用于做用户接口，而在计算机内部转化为B-Rep的数据模型。

由上述混合表示法的原理可知，在计算机内部存储的实体数据为面、线、点信息、而模型的建立过程并不通过点生线、线生面、面封闭生成实体的方式实现，而是通过一系列基本体素的布尔运算顺序生成。所以混合表示法要求在CSG法建立模型过程中产生面、线、点的信息以进行数据存储，而面、线、点的信息是在CSG方法的布尔运算过程中产生的。如果将CSG法建模形象地表示成树状形式，那么B-Rep法的数据则相当于在CSG树的主干和旁枝的节点处生长出来的“B-Rep 形式数据信息叶子”，由此可知该建模方式起主导作用的是代表树主干的 CSG 结构，而 B-Rep 结构仅仅用来描述这棵树。

混合表示法综合了 CSG 法和 B-Rep 法的优点，用 CSG 作“外壳”，而用“B-Rep”作内核，兼具有 CSG 法在模型表达上的方便性和 B-Rep 法在模型描述上的全面有效性。而混合表示法的缺点在于存储在计算机内部的模型数据变得冗余与复杂。该方法存储的数据不仅要有树状的拓扑信息，还要有各种基本体素的信息和体素之间的各种布尔运算信息，而体素本来就已经附带有了相关的点、线、面等拓扑信息，因而该方法造成了计算机内部数据管理上的难度。

3.5 特征建模技术

3.5.1 特征建模的概念

特征（Feature）是客观事物特点的象征或标志。特征是一种综合概念，作为“产品开发过程中各种信息的载体”，除了包含零件的几何拓扑信息外，还包含了设计、制造等过程中所需要的一些非几何信息。特征建模是一种建立在实体建模基础上，利用特征的概念面向整个产品设计和生产制造过程进行设计的建模方法。它不仅包含与生产有关的信息，而且还能描述这些信息之间的关系。

特征建模是 CAD 建模方法的一个里程碑。它是在技术的发展和应用达到一定水平，产品的设计、制造、管理过程的集成化和自动化要求不断提高的历史进程中逐渐发展完善起来的。

特征概念包含丰富的工程语义，所以利用特征概念进行设计是实现设计与制造集成的一种有效的方法。利用特征概念进行设计的方法经历了特征识别及基于特征设计两个阶段。特征识别是首先进行几何设计，然后在建立的几何模型上，通过人工交互或自动识别算法进行特征的搜索、匹配。为此提出了基于特征设计的思想，直接采用特征建立产品模型，而不是事后再识别，即特征建模。

3.5.2 特征的分类

特征可以分为基本特征和组合特征、主要特征和辅助特征（或称附加特征）等。从零件的设计、工艺要求方面来看，也可以分为材料及其热处理特征、几何形状特征、加工特征、装配特征、生产管理特征等。形状特征模型是特征建模的核心和基础。

目前主要按几何形状进行分类，又包括：按几何构型的形状特征分类，如图 3-23 所示；按主-辅形状特征分类，如图 3-24 所示。

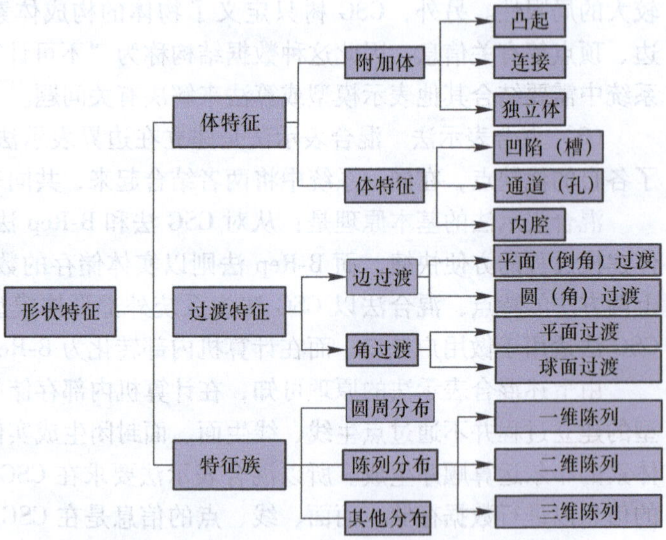

图 3-23 按几何构型的形状特征分类

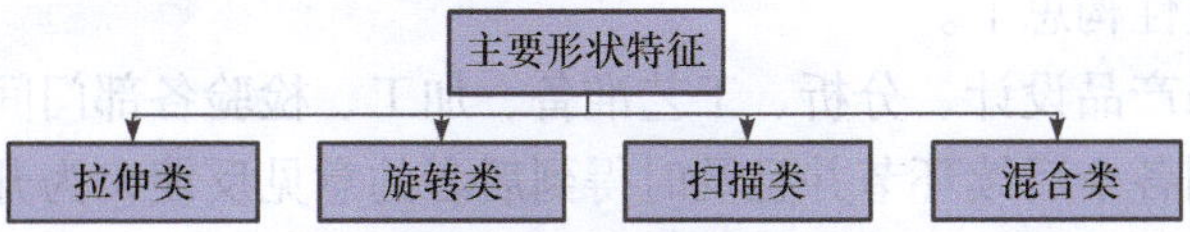

a) 按主要形状特征分类

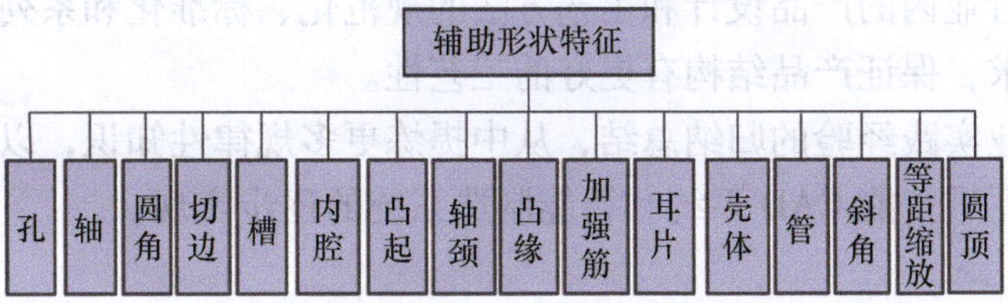

b) 按辅助形状特征分类

图3-24　按主-辅形状特征分类

3.5.3　基于特征的产品信息模型

一个完整的产品模型不仅是产品数据的集合，还应反映出各类数据的表达方式以及相互间的关系。如图3-25所示，产品信息模型中包括基本信息和特征信息。在特征信息中，形状信息模型分为显式描述和隐式描述，前者即为特征形状参数，后者为形状特征（点、线、面）的几何和拓扑数据结构。

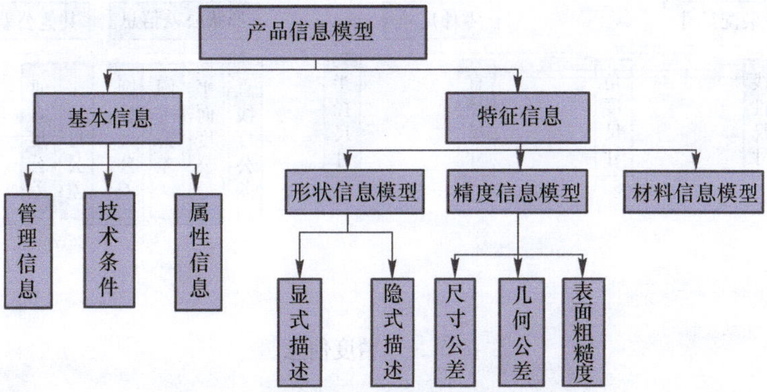

图3-25　基于特征的产品信息模型

3.5.4　特征建模技术的作用

特征造型着眼于更好地表达产品完整的技术和生产管理信息，为建立产品的集成信息模型服务。它的目的是用计算机可以理解和处理的统一产品模型，替代传统的产品设计和施工成套图样以及技术文档，使得一个工程项目或机电产品的设计和生产准备各环节可以并行展开，信息流畅通。

它使产品设计工作在更高的层次上进行。设计人员的操作对象不再是原始的线条和体素，而是产品的功能要素，如螺纹孔、定位孔、键槽等。特征的引用直接体现设计意图，使得建立的产品模型容易为别人理解和组织生产，设计的图样更容易修改。设计人员可以将更多的精力用在创造性构思上。

它有助于加强产品设计、分析、工艺准备、加工、检验各部门间的联系，更好地将产品的设计意图贯彻到各个后续环节并且及时得到后者的意见反馈，为开发新一代的基于统一产品信息模型的 CAD/CAPP/CAM 集成系统打下基础。

它有助于推动行业内的产品设计和工艺方法的规范化、标准化和系列化，使得产品设计中及早考虑制造要求，保证产品结构有更好的工艺性。

它将推动各行业实践经验的归纳总结，从中提炼更多规律性知识，以丰富各领域专家的规则库和知识库，促进智能 CAD 系统和智能制造系统的逐步实现。

3.6 产品制造信息的表示

产品制造信息（Product Manufacture Information，PMI）包括产品的精度信息、技术要求、注释等。

精度信息主要包括尺寸公差信息、几何公差信息和表面粗糙度信息等，具体内容如图 3-26所示。

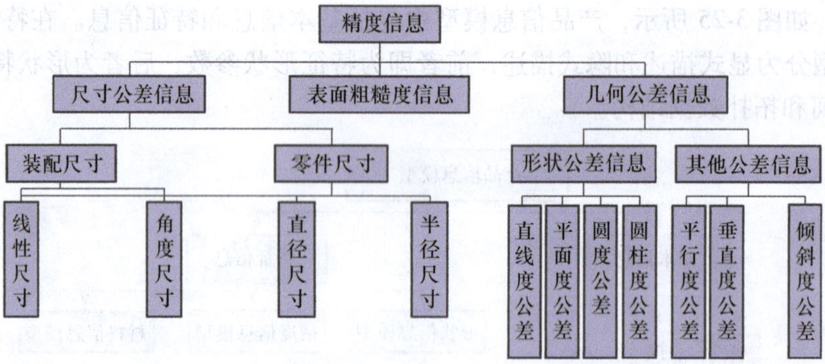

图 3-26　精度信息

PMI 软件解决方案促进了一个全面的三维注释环境，PMI 软件也在逐渐地完善起来。在 PMI 软件中，我们能够捕捉一个部件的制造要求，并在这些要求与三维模型之间建立直接关联关系，把这些信息传递到下游制造应用程序。

PMI 软件使我们不用将三维模型转变为工程图样，就能直观地在三维模型中查阅产品的加工信息，如尺寸、表面粗糙度、几何公差等，如图 3-27 所示，这种建模环境，减少了设计、评审和信息交流过程中对二维图样的需求，并可以提供给许多下游领域使用，可以确保产品设计、制造过程中的信息畅通，极大地缩短了交付时间，进而大大提高了生产力，确保了三维信息的准确同步，而且无需对多个文件进行维护更新。

另外，PMI 能够包含几何公差、焊缝符号、文本和尺寸，以及产品定义和过程注释。PMI 能够以信息在二维图样上存在的同样方式存在于三维模型之中——在产品设计中用带箭头的指引线把数据连接到特定的零件中。因此，PMI 为熟悉二维系统的用户提供了一个直观环境。

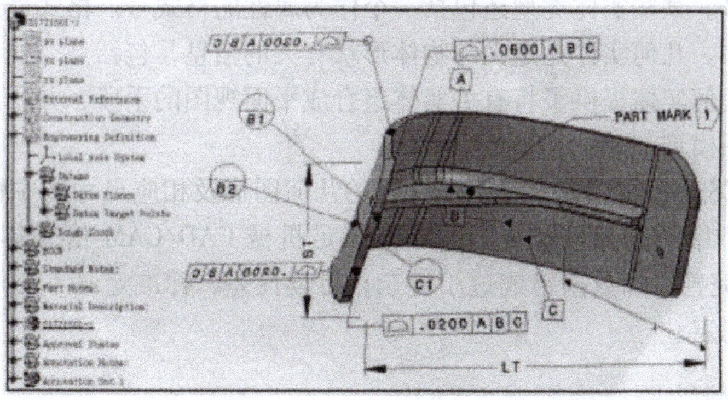

图 3-27 三维制造信息

PMI 建立之后，产品信息可在整个产品生命周期中反复使用——从工程绘图到验证分析，从可视化工具（可视化工具促进了协同和标记）到制造和质量规划过程。

3.7 产品模型数据交换标准

CAD/CAM 技术的应用已经从产品设计和加工的局部环节扩展到整个企业的生产和经营活动，形成了计算机集成制造系统，简称 CIMS。在这个规模巨大的系统工程中必然要使用多种多样的计算机软件，不妨泛称为 CAX 系统。各种 CAX 系统间必须相互交换产品信息，世界各国纷纷制定标准。这方面影响最大的是美国的初始图形交换规范（Initial Graphics Exchange Specification，IGES）。IGES 是被定义基于 CAD/CAM 系统的不同计算机系统之间的通用 ANSI 信息交换标准。它是 1979 根据美国空军 ICAM 计划的要求由美国国家标准局 NBS 组织波音公司、通用公司等共同协商制定的。几乎所有国际上知名的 CAD 系统都配置了 IGES 接口。另外一种交互格式为产品模型数据交换标准（Standard for the Exchange of Product Model Data，STEP）。它是研究完整的产品模型数据的交换技术，最终实现在产品生命周期内对产品数据进行完整一致的描述与交换，以便无需人工解释就能使各系统直接共享这些信息。STEP 规定了与 IGES 类似的中性文件形式，以实现数据的共享。

STEP 作为一个国际标准受到了全世界的高度重视。本节将在介绍 IGES 标准的基础上，对 STEP 进行深入的介绍。

3.7.1 初始化图形交换规范 IGES

IGES 是被定义基于 CAD/CAM 系统（计算机辅助设计 & 计算机辅助制造系统）的不同计算机系统之间的通用 ANSI 信息交换标准。用户使用了 IGES 格式特性后，可以读取从不同平台来的 NURBS 数据，例如 Maya、Pro/ENGINEER、SOFTIMAGE 和 CATIA 等软件。

IGES 模型是用于描述产品所有几何实体信息的集合。它通过实体对产品的形状、尺寸以及产品的特性信息进行描述。实体是 IGES 的基本信息单位。它可以是几何元素，也可能是实体的集合。实体可分为几何实体和非几何实体。在 IGES 标准中，每个实体都被赋予一个特定实体类型号。某些实体类型还包括一个作为属性的格式号。格式号用来进一步说明该实体类型内的实体。几何实体是定义与物体形状有关的信息，包括点、线、面、体以及实体集合的关系。非几何实体提供了将有关实体组合成平面视图的手段，并用尺寸标注和注释来丰富完善平面视图模型。

但是由于 IGES 标准仅仅是一个对所交换的几何图形及相应尺寸的中性文件说明，没有描述产品信息模型中的复杂信息，因而不能满足机械 CAD/CAM 信息集成的需要。此外，IGES 本身也不够完善，如数据格式过于复杂，可读性差，标准定义不够严密等，因而会造成数据交换的不稳定。

3.7.2 产品模型数据交换标准 STEP

STEP 标准是国际标准化组织制定的描述整个产品生命周期内产品信息的标准，同时也是一个正在完善中的“产品数据模型交换标准”。它提供了一种不依赖具体系统的中性机制，旨在实现产品数据的交换和共享。这种描述的性质使得它不仅适合于交换文件，也适合于作为执行和分享产品数据库与存档的基础。发达国家已经把 STEP 标准推向了工业领域。它的应用显著降低了产品生命周期内的信息交换的成本，提高了产品研发效率，成为制造业进行国际合作、参与国际竞争的重要基础标准。

STEP 标准主要包含三个层级结构，即应用层、逻辑层和物理层。在应用层，采用形式定义语言描述了各应用领域的需求模型。逻辑层对应用层的需求模型进行分析，形成统一的集成产品信息模型，然后再通过 EXPRESS 语言描述，与物理层联系。在物理层，产品信息模型被转换成计算机可以实现的形式，比如交换文件、数据库等。STEP 标准中所有内容可以分为七类，这七种类型及其相应的组成分别为描述方法、通用集成资源、应用集成资源、应用协议、实现方法、一致性测试和抽象测试集。

STEP 标准的应用领域很广，可应用于机械、电子、航空航天、汽车、船舶等多个工程领域。STEP 标准在机械 CAD/CAM 集成环境中的应用，如图 3-28 所示。应用场合可分为两大类：①产品开发部门，具体应用包括设计部门内群体的合作、产品全生命周期设计、集成化产品的开发、分布及并行作业和产品数据的长期存档；②计算机辅助应用系统供应商，具体应用包括接口的标准化和产品概念模型的标准化。在信息集成的研究中，AP203 和 AP224 是两个应用较为广泛的 STEP 标准协议，分别用于描述零件的几何拓扑与面向工艺的设计信息。AP203 中仅描述了几何拓扑信息，而缺乏支持工艺过程设计的工程信息，因此往往需要与 AP224 共同使用来实现信息集成。

随着工业自动化和计算机技术的不断发展，工业界迫切需要综合性强、可靠性高的信息交换机制来实现计算机辅助工程系统之间的有效集成。STEP 标准既是一种产品信息建模技术，又是一种基于面向对象思想方法的软件实施技

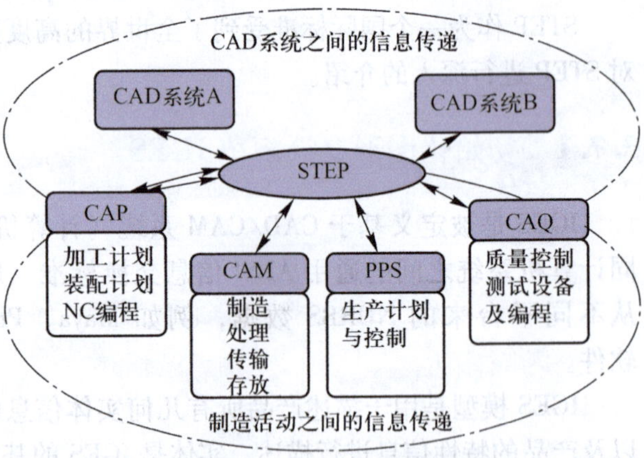

图 3-28 STEP 标准在机械 CAD/CAM 集成环境中的应用

术。它支持产品从设计到分析、制造、质量控制、测试、生产、使用、维护到废弃整个生命周期的信息交换与信息共享，其目的在于提供一种独立于任何具体系统而又能完整描述产品数据信息的表示机制和实施的方法与技术。

3.7.3 产品数据交换标准存在的不足

建立统一的产品数据交换标准是实现CAD/CAM集成的必要条件。复杂机械产品的生产需要不同企业、部门的分工协作完成。由于产品信息是在不同的地点、不同的计算机和不同的CAD/CAM系统中产生的，因此会造成同一产品的信息表达差异。现在产品信息在各系统之间的集成主要采用标准格式交换法，如IGES标准、PDDI标准、PDES标准和STEP标准等。但是在朝着集成化目标发展的过程中，尤其是在解决面向CAD/CAE/CAPP/CAM、CIM、CE等的集成（信息交换、语义集成、功能集成）方面，遇到了很大的困难。

1）以IGES为代表的产品数据交换标准，尽管在支持几何数据的交换方面已达到实用程度，但它只支持物理层上的数据交换，难以满足信息集成的需要。

2）发展中的STEP尽管克服了IGES的不足，从理论上解决了同时支持物理层和逻辑层的数据交换，即实现信息交换的方法，但由于其刚刚起步，在其资源的定义、程序实现、面向具体应用领域的参照模型的建立、特征造型的实施以及对象库的管理和使用等许多方面还远没有达到实用程度。

3）难以进行产品信息的统一管理、同步性维护、冗余控制和全局优化创成。

4）依靠数据交换难以实现建立在满足下游开发活动约束及特定外部过程约束的智能决策支持机制。尽管许多著名的计算机软、硬件产品厂商都声称在产品中支持IGES、STEP等产品数据交换标准，但结果并非如此。世界上各种CAD/CAM集成软件（如CATIA、Pro/Engineer、UGII及I-DEAS等），都只是某些方面具有特长，故大型企业往往同时使用几种CAD/CAM软件系统才能满足自己的需要，结果导致软件之间进行数据交换时丢失信息。我们在为上海大众进行某项目的CAD软件选型时证明了这一点。因此，一般大型企业都选择一种CAD/CAM软件作为主流软件，再加上其他软件作为补充，从而尽量减少不同软件间的数据交换。产品数据交换标准的最终完善还需相当一段时间。

3.8 产品建模技术与工程应用

3.8.1 绘制工程图样

工程图样的绘制主要利用了二维建模技术，是计算机辅助设计的重要内容。复杂的工程图样是由基本的几何元素组成的，这些元素包括点、直线、圆弧、非圆曲线以及各种文字标记、符号等。它们可以用不同的方法显示在屏幕上或由绘图机绘制出来。这些显示和绘制图形的方法都通过图形软件包或各种绘图系统来实现，我们称此为构图。

从模型建立的方式来分析，二维建模方法主要有交互法和自动生成法。交互法的工作方式是通过由微机和图形输入输出设备（如鼠标，键盘和绘图仪等）组成的人机交互式绘图软件系统，采用点取屏幕上的菜单来生成图形，如AutoCAD绘图软件等。可以看出，交互法所需的工作量较大。另外一种方法是自动生成法。自动生成法又包括编程法和三维实体投影剖切法。

1）编程法。编程法是通过编制程序来绘制二维图形。程序一经确定，所绘图形也就随之确定。可成批绘制图形，要修改图形必须修改程序，因此是一种程序控制的自动绘图方式。

2）三维实体投影剖切法。目前许多商用计算机辅助设计系统提供了三维造型功能，因此可根据三维几何实体模型通过投影和剖切功能自动生成二维工程图样。三维实体造型是当前产品建模的研究方向，其具有很强的立体感和实体表现能力，没有二义性。三维实体图和二维平面图本身就具有密切联系和约束关系，从而可以通过投影和剖切方法从三维实体图得到所要求的二维外形图和剖视图，非常方便、快捷和准确。现在许多三维 CAD 软件都已具有这种功能，如 CATIA、SolidWorks、UG、ProE 等三维计算机辅助设计系统。

3.8.2　零件的三维建模

在常用的三维 CAD 软件中，零件的三维模型通常是由平面图形通过特定的规则变化形成的，是一种基于特征的建模。图 3-29 所示的拉伸体和旋转体均是由平面图形生成的。这种用于定义三维模型截面的平面图形称为草图。草图被视为一种基本特征，称为“草图特征”。

零件的建模一般从草图开始。绘制草图前，需要选择合适的绘制草图平面。草图平面可以是系统默认的三坐标基准平面，可以是零件表面，或者是新建的参考平面。

草图通常由图形、约束和辅助几何组成，是一种简单的二维绘图。前两个元素是必不可少的，图形确定了截面的几何形状，而约束限制了草图的变化形式，使其满足工程师的设计要求。绘制草图时，要注意以下限制（不同 CAD 系统可能有细微差别）。

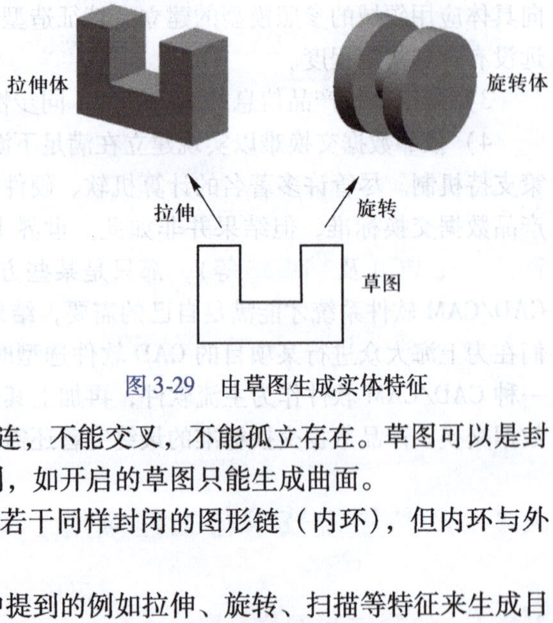

图 3-29　由草图生成实体特征

1）组成图形的几何元素之间必须首尾相连，不能交叉，不能孤立存在。草图可以是封闭的，也可以是开启的。不同特征的要求不同，如开启的草图只能生成曲面。

2）封闭的图形链内部（外环）可以存在若干同样封闭的图形链（内环），但内环与外环、内环之间不能相交。

定义完草图，就可以利用特征建模一节中提到的例如拉伸、旋转、扫描等特征来生成目标实体。零件的特征是基于草图的特征。二维绘图仍然是零件三维模型的基础。

这种基于草图的方法在面对大量、复杂的非标准零件时，显得过于繁琐，效率较低。现在有一种完全基于参数的一键化设计思想，即通过输入设计参数直接输出设计模型，需要修改模型时只需修改对应的参数即可，而省去了繁琐的图形交互。关于这种设计方法的详细信息，感兴趣的读者可以查阅相关资料。

3.8.3　逆向造型技术

逆向造型是相对于一般三维造型而言的。常规的造型过程是先设计图样，然后按图样加工出产品实物，而逆向工程是以目前已有的实物通过三维激光超数及逆向软件处理，还原为计算机模型，并且可以进行修改和改进。早期的船舶工业中常用的船体放样设计就是逆向造型的实例。随着计算机技术在制造领域的广泛应用，特别是数字化测量技术的迅猛发展，基于测量数据的逆向造型技术成为人们关注的主要对象。逆向造型的过程描述为首先通过数字化测量设备（如坐标测量机、激光测量设备等）获取物体表面的空间数据，然后利用逆向造型技术建立产品的三维模型，最后利用CAM系统完成产品加工制造。

根据原始数据来源的不同，逆向造型可以分为以下的不同类型。

1）手工测量逆向造型。直接根据产品的实际样品或模型进行手工测量数据并创建三维模型。其常用于产品外观精度要求不高并且形状比较规则的情况，仅通过卡尺、角规或高度尺等辅助工具来进行测量得到具体的尺寸值并使用三维CAD进行模型的建模。其多见于机械零件造型设计。

2）扫描线逆向造型。采用靠模方法得到外形轮廓。这种方法得到的数据准确度有一定的保障，但必须有实际的模型或样板来辅助建模，局部细节的特征尺寸仍需要结合手工测量来获得，具有一定的局限性，逐渐被淘汰。

3）稀疏点云逆向造型。通常用于产品整体外观比较规则但局部细节要求较高的场合。通过使用三坐标测量机测量产品外形上某个点的具体坐标值来创建坐标点，最终形成数据点的集合。

4）密集点云逆向造型。采用三维激光扫描仪或者照相式扫描仪进行抄数得到点数据的集合。采用这样的方法得到的点云因为数据量比较大并且能够全面反映产品的整个外观，因此对于创建高质量外形来说是比较理想的数据获取方式。相对其他方式的造型类型而言其具有更好的适用性，是目前的主流逆向造型方法。

逆向工程的过程如图3-30所示。

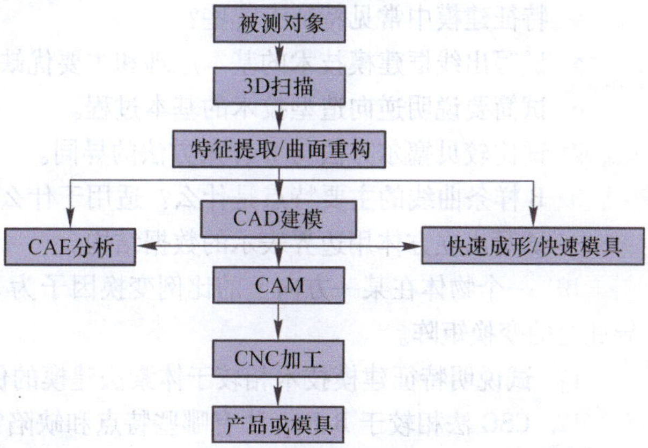

图3-30　逆向工程的过程

逆向工程的应用领域广泛，主要集中在飞机、汽车、玩具和家电等模具相关行业。图3-31所示为玩具兔子通过逆向工程从数据测量到产生模具的整个过程。首先用扫描仪得出玩具兔子的表面形体点数据的集合；接下来对扫描的点云数据进行优化，包括对数据进行细部编辑、过滤与删除；然后用小平面去包裹点云，得到比较粗糙的玩具外形；再以NURBS或者其他曲线与曲面为基础重构外形曲面，得到比较光顺的模型。至此，就基本完成了对玩具兔子的三维造型。依据玩具兔子的三维模型，采用CAD软件，建立模具的三维模型，就可以制造玩具兔子了。

逆向工程最主要的应用领域是模具行业。模具设计过程中经常需要反复试冲和修改模具型面，通过测量最终符合要求的模具，采用逆向工程技术反求出其数字化模型，在制造该模具时就可运用这一数字模型生成加工程序，从而可以极大提高模具生产效率，降低模具制造成本。逆向工程技术在我国，特别是在生产各种汽车、玩具配套件的地区和企业有着十分广阔的应用前景。

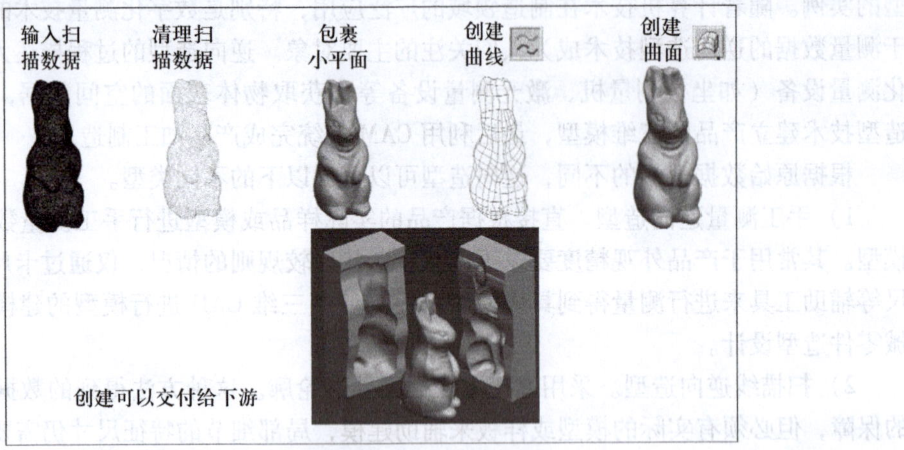

图 3-31 逆向工程产生模具的过程

习 题

1. 试分析比较三维实体表示方法中的构造实体几何法、边界表示法的原理、特点和应用。

2. 何谓产品数据交换标准？试叙述数据交换标准的重要意义。

3. NURBS 方法与 B-spline 方法比较有哪些优点？

4. 特征建模中常见特征有哪些？

5. 试写出线框建模技术的基本原理和主要优缺点。

6. 试简要说明逆向造型技术的基本过程。

7. 试比较贝塞尔方法与 B 样条方法的异同。

8. B 样条曲线的主要特点是什么？适用于什么情况？

9. 试写出立方体用边界表示的数据结构。

10. 一个物体在某一方向上的比例变换因子为 s，该方向的方向余弦是（a，b，c），推导此时的变换矩阵。

11. 试说明特征建模技术相较于体素法建模的优势。

12. CSG 法相较于 B-Rep 法有哪些特点和缺陷？

第 4 章 计算机辅助产品设计技术

4.1 产品设计过程

产品设计过程是制造企业生产过程中的一个重要组成部分。它是把客户或市场对产品的功能/性能要求转变为产品结构描述的过程。如图 4-1 所示，产品设计过程一般由设计规划、

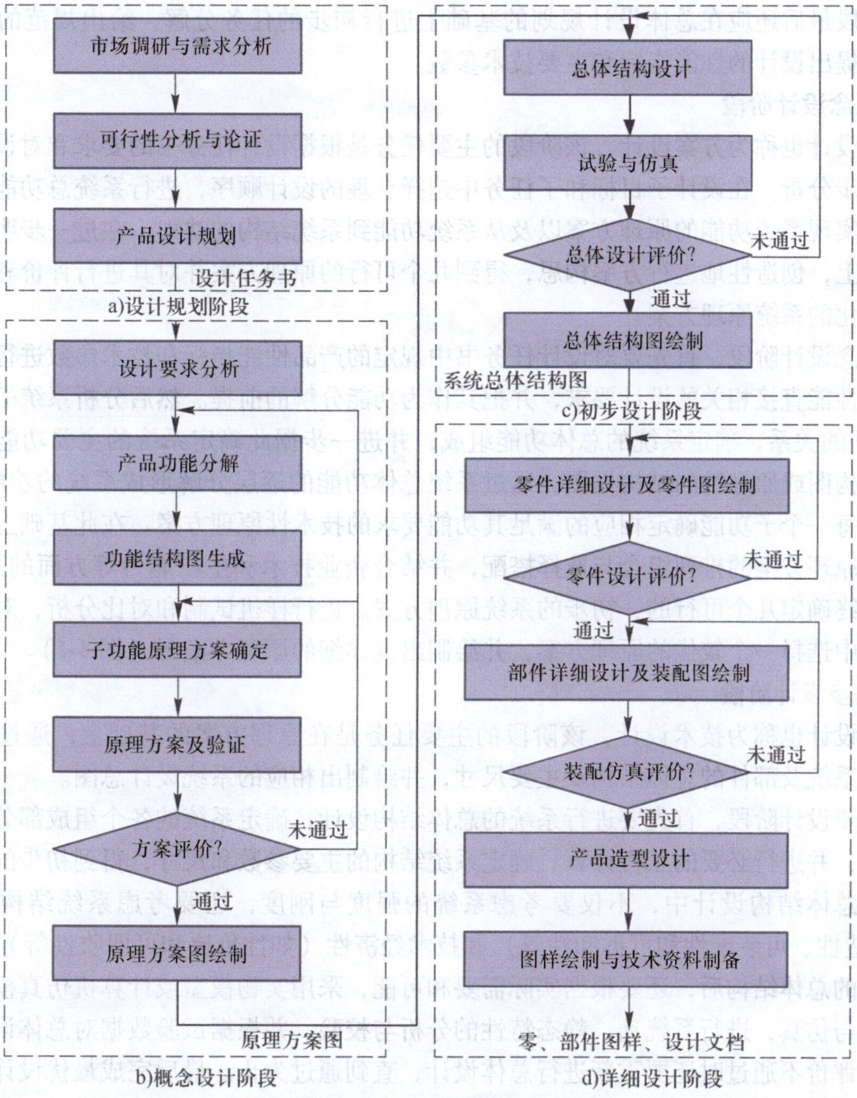

图 4-1 产品设计过程

概念设计、初步设计和详细设计这四个阶段组成。

1. 设计规划阶段

产品设计规划是企业生产经营活动中一项十分重要的战略决策活动。该阶段的主要任务是根据市场需求和本企业的实际情况，经过市场调研和需求分析，制订并提出切实可行的产品设计任务，明确对产品功能/性能指标的具体要求和主要技术参数，以产品设计任务书的形式向有关部门下达产品的设计任务。

市场调研可以从市场、企业和技术这三个方面进行，以便正确把握产品及技术的发展方向。对市场的调研主要是了解当前和今后一个时期内市场和客户对产品的潜在需求。对企业的调研主要是了解当前企业的组织、人员、资源、技术、设计和生产能力等方面的实际情况。对技术的调研主要是了解国内外相关技术的研究和应用情况、现有的研究成果与专利情况等。在市场调研的基础上，还应当进一步从系统的需求分析、设计目标、设计原则、关键技术与解决方案、资源可获得性等方面进行可行性分析与论证，确保产品规划方案的切实可行。本阶段最后还应在总体设计规划的基础上进行初步的任务分解，给出规范的设计任务书，明确提出设计的性能指标和主要技术参数。

2. 概念设计阶段

概念设计也称为方案设计，该阶段的主要任务是根据设计任务书的要求和对设计特征和难点的初步分析，在设计子目标和子任务中选择合理的设计顺序，进行系统总功能的逐层分解，确定实现系统功能的原理方案以及从系统功能到系统结构的映射。在进一步明确产品功能的基础上，创造性地进行方案构思，得到几个可行的原理方案并对其进行评价和优选，最终给出优化的系统原理方案。

在概念设计阶段，首先要对设计任务书中规定的产品性能指标和技术参数进行分析，明确与系统性能直接相关的设计要求，并把其作为功能分解的前提。然后分析系统的主要输入/输出之间的关系，确定系统的总体功能组成，并进一步据此确定系统的主要功能结构，绘出功能结构图或原理性的结构框图。通过系统总体功能的逐层分解形成系统的功能结构树，为其中的每一个子功能确定相应的满足其功能要求的技术性原理方案。在此基础上，通过这些子功能原理方案的排列组合与选择搭配，并结合企业技术和生产能力等方面的具体情况，形成并最终确定几个可行的、初步的系统原理方案。进行样机试制和对比分析，对方案进行评价，从中选择一个较优的原理方案，并绘制出其详细的原理方案图（图 4-1）。

3. 初步设计阶段

初步设计也称为技术设计，该阶段的主要任务是在原理方案的基础上，通过计算和类比，确定系统及部件的总体结构及主要尺寸，并绘制出相应的系统设计总图。

在初步设计阶段，首先要进行系统的总体结构设计，确定系统的各个组成部分的功能和位置关系，并进行必要的工程计算，确定系统结构的主要参数和尺寸，得到初步的系统结构方案。在总体结构设计中，不仅要考虑系统的强度与刚度，还要考虑系统结构的工艺性（如可制造性、可装配性和可拆卸性等）和技术经济性（如性价比和可回收性等）等。在确定了系统的总体结构后，还要根据实际需要和可能，采用实物模型或计算机仿真模型进行必要的试验与仿真，进行系统动、静态特性的分析与校验。并根据试验数据对总体设计进行综合评价，评价不通过时还要重新进行总体设计，直到通过为止。最后完成最优设计方案的总体结构图的绘制，编制相应的技术文档。

4. 详细设计阶段

详细设计也称为施工设计，该阶段的主要任务是以初步设计阶段所给出的系统总体结构图为依据，进行零、部件的详细设计，最终给出所有零、部件的图样和相关的技术文档。

在详细设计阶段，首先要确定所有零件的具体材料、结构、形状、尺寸参数及表面质量要求等，还要对关键零件进行动、静态特性的分析与校核，并对其可制造性和结构工艺性进行评价。在零件详细设计的基础上，还要进行部件的详细设计，主要是确定部件中所有零件的装配与安装关系，对其可装配性、可拆卸性进行仿真和评价，并按设计要求对整个部件和产品的动、静态性能进行必要的计算和校验，直到满足设计要求为止。详细设计阶段最终要给出系统总装图、部件装配图、系统安装图和工作图、零件图、产品设计说明书、造型效果图和用户手册等设计文档。

综上所述，产品的设计过程是一个“设计—评估—再设计”的反复迭代、不断递推和优化的过程。

4.2 装配建模

在大多数工程设计中，产品是由多个零、部件组成的装配体。对装配体的建模、表示及分析都与几何建模问题及 CAD 技术相关。产品中的零件和子装配体可以在某个 CAD 系统上独立建模，而且大多数是由设计团队中的不同成员完成的。然后，这些零件可以合并到一个基础件上从而生成装配体模型。

装配建模可以认为是零件建模的扩展。CAD 系统既可作为几何建模器，又可作为装配建模器。这些系统为用户提供了装配模块用来建立装配体（其他模块包括零件模块和工程图模块等）。设计人员在建立构成装配体的所有单个零件之后，使用它们建立装配体。

装配建模涉及零件建模层次不存在的两个建模问题，即装配体的层次问题和装配件之间的配合问题。对于前者，零件和子装配体必须以正确的层次（顺序）进行装配，这种顺序以装配树形式保存。装配树也许不唯一，因为对于同样的装配体可能存在多个装配顺序。对于后者，配合条件用于确定装配体中零件之间的空间位置和姿态。例如，轴和孔的轴线要对齐，就需要一个同轴配合条件。又如，要使两个面处于同一平面内，需要同面配合条件。

4.2.1 装配树与装配规划

一个装配体是由多个独立零件组成的集合体。理解装配体中这些零件之间的性质和依赖关系，对于正确建立装配模型十分重要。例如，为了确定一个零件是否可移动而其他零件是否将会随着它而移动，装配模型必须包含这些零件之间的空间位置及层次关系，以及依附和配合关系。图 4-2 所示为如何使用 CAD 系统建立一个装配模型。设计人员首先建立各个零件的几何模型，必要时也需要对这些零件进行独立分析。一旦零件设计完成，设计人员就可以继续建立装配体并进行分析。从零件开始建立装配体，需要指定零件之间的空间和配合关系。装配分析包括干涉检查、质量特性计算、运动和动力学分析及有限元分析等。CAD 系统建立了装配体与构成它的单个零件之间的联系，这使得设计人员在修改时只需要改变单个零件，CAD 系统便会自动更新装配模型。

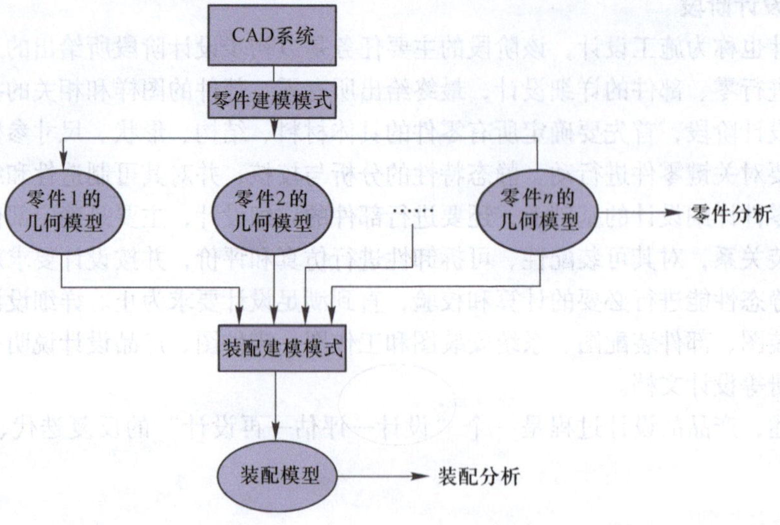

图 4-2　建立装配模型的过程

1. 装配树

表示一个装配体中零件之间层次关系最自然的方法就是装配树，如图 4-3 所示。一个装配体被分解为不同层次的子装配体，第 1 层的每个子装配体由不同零件组成。装配树的节点（叶）表示零件或子装配体，而根表示装配体本身，它位于树的顶端即最高层（第 n 层）。

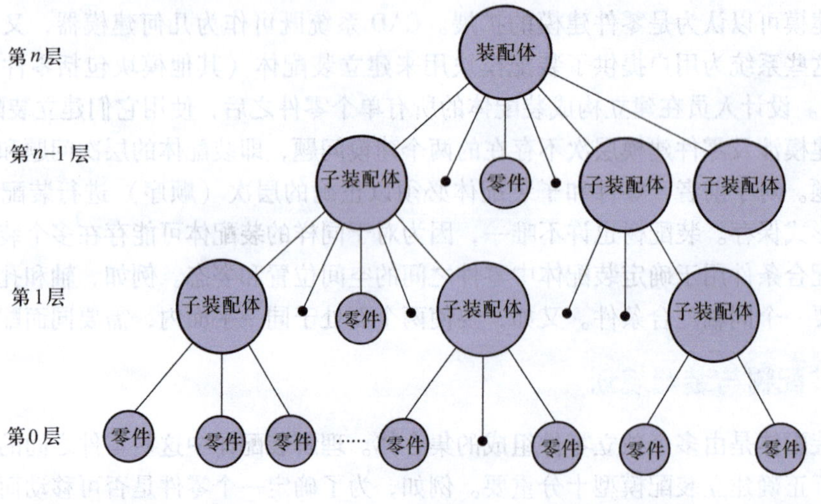

图 4-3　装配树

图 4-4 所示为一个电磁离合器装配体实例。该离合器使电动机与电枢实现可控连接。电磁铁由磁心和线圈组成，固定在基座上静止不动，而转子由电动机通过主动齿轮（小齿轮）、齿轮和转子轴而驱动。电枢通过轮毂连接到载荷轴上，载荷轴输出载荷。转子和电枢之间有钢质摩擦片，该摩擦片在电磁铁的作用下扣紧或松开，实现转子与电枢之间的离合。该离合器的装配树如图 4-5 所示，它表示了一种生产该离合器的装配顺序。这个装配树并不唯一，也可以生成其他的有效装配顺序。

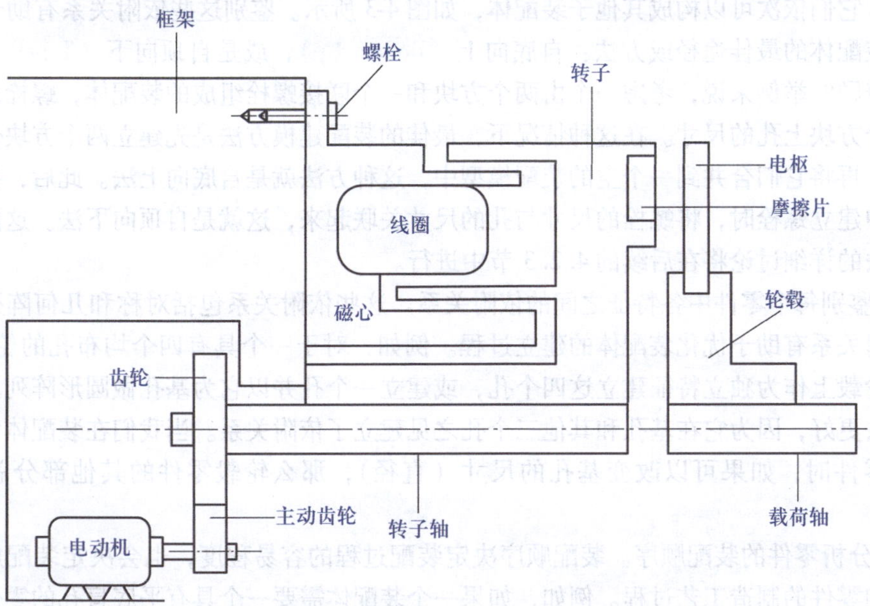

图 4-4　电磁离合器装配体实例

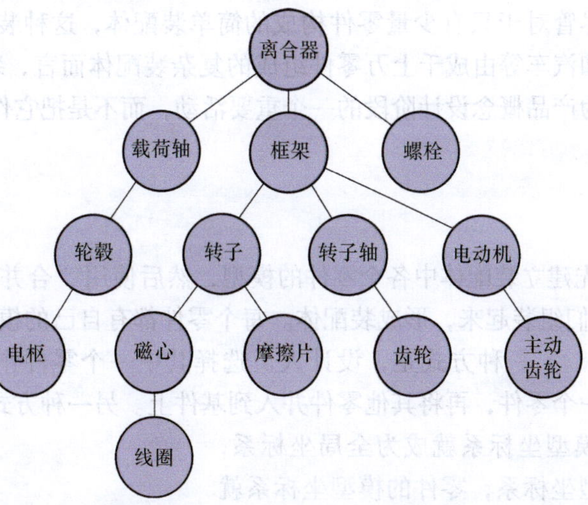

图 4-5　电磁离合器的装配树

2. 装配规划

装配规划是成功建立装配体的关键，特别是对于大型复杂装配体而言。这里重要的问题是，不仅要建立装配体，而且要在将来对各个零件进行更改后能及时更新装配体。装配体的更新应当自动并正确执行。由于具备每个零件的模型，一个装配模型应该是全参数化和柔性的。这就意味着装配体中零件之间的关系应当容易改变和更新。当设计人员改变某些装配参数时，其他参数应相应更新。

在建立装配体之前，我们应当考虑以下问题。

1）鉴别装配体中各部件之间的依附关系。装配体的部件可以是单个零件或者是整个子装配体，它们依次可以构成其他子装配体，如图 4-3 所示。鉴别这些依附关系有助于我们确定建立装配体的最佳途径或方法：自底向上（Bottom-Up），或是自顶向下（Top-Down），还是两者兼顾？举例来说，考虑一个由两个方块和一个联接螺栓组成的装配体，螺栓的尺寸依赖于每个方块上孔的尺寸。在这种情况下，最佳的装配建模方法是先建立两个方块作为独立的零件，再将它们合并到一个空的装配模型中，这种方法就是自底向上法。此后，我们在装配模型中建立螺栓时，将螺栓的尺寸与孔的尺寸关联起来，这就是自顶向下法。这两种装配建模方法的详细讨论将在后续的 4.2.3 节中进行。

2）鉴别每个零件中各特征之间的依附关系。这些依附关系包括对称和几何阵列。理解这些依附关系有助于优化装配体的建立过程。例如，对于一个具有四个均布孔的轮毂零件，可以在轮毂上作为独立特征建立这四个孔，或建立一个孔并以它为基孔做圆形阵列。显然后一种方法更好，因为它在基孔和其他三个孔之见建立了依附关系。当我们在装配体中使用这个轮毂零件时，如果可以改变基孔的尺寸（直径），那么轮毂零件的其他部分就会自动更新。

3）分析零件的装配顺序。装配顺序决定装配过程的容易程度，也会决定装配成本，甚至会影响零件的制造工艺过程。例如，如果一个装配体需要一个具有平底盲孔的零件，那么该零件的孔必须用平端锪孔钻进行扩孔而不能采用直接麻花钻加工。

在建立装配体之前，考虑的装配规划问题越多越好。通过装配规划，能够避免很多设计造成的装配问题。尽管对于只有少量零件构成的简单装配体，这种装配规划似乎不那么重要，但对于像飞机和汽车等由成千上万零件组成的复杂装配体而言，装配规划就非常重要。应当把装配规划作为产品概念设计阶段的一个重要活动，而不是把它作为零件设计时的一种事后反省过程。

4.2.2 装配约束

CAD 系统通常先建立装配体中各个零件的模型，然后使用“合并（Merge）”或“插入（Insert）”命令把它们组装起来，形成装配体。每个零件都有自己的模型坐标系（Model Coordinate System，MCS）。一种方式是，设计人员选择其中一个零件作为基件（Base Part），即进入装配中的第一个零件，再将其他零件并入到基件上。另一种方式是，设计人员从一个空零件开始，它的模型坐标系就成为全局坐标系，也就是装配体的模型坐标系，零件的模型坐标系就成为局部坐标系。

装配体中每个零件的最终正确位置，通过它们的模型坐标系（MCS）在装配体全局坐标系中的位置和方向确定。图 4-6 所示为一个例子。$Oxyz$ 是装配模型的全局坐标系，原点为 O（0，0，0）。$O_1x_1y_1z_1$、$O_2x_2y_2z_2$、$O_3x_3y_3z_3$ 和 $O_4x_4y_4z_4$ 是构成装配体的四个零件的局部坐标系，其原点 O_1、O_2、O_3 和 O_4 相对于装配原点 O 正确定位，而它们相对于全局坐标系 $Oxyz$ 的方位反映了这些零件在装配体中的姿态。

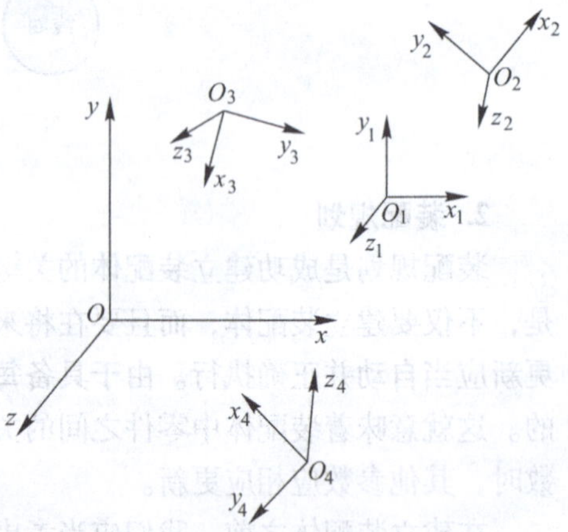

图 4-6 装配体中零件位置和姿态的确定

装配过程中对零件进行定位和定向（即确定位置和姿态）是通过指定装配约束或配合条件（Mating conditions）来实现的。这些配合条件用于确定零件之间的空间关系。常用的装配约束有贴合、同轴、相切、共面、平行、垂直等。

1. 贴合（Coincident）

贴合是一种最常见的装配约束，可以对所有类型的物体进行定位。使用贴合约束可以使一个零件上的点、线、面与另一个零件上的点、线、面贴合在一起。图 4-7 所示为两个长方体零件施加贴合约束的过程。零件 1 和零件 2 分别有各自的模型坐标系 $O_1x_1y_1z_1$，$O_2x_2y_2z_2$。阴影面是要贴合的面，由其单位法向矢量和上面的某点指定。也就是说，零件 1 的平面由单位法向矢量 $\boldsymbol{n}_1$ 和关于 $O_1x_1y_1z_1$ 坐标系的点 P_1 指定，零件 2 的平面由单位法向矢量 $\boldsymbol{n}_2$ 和关于 $O_1x_2y_2z_2$ 坐标系的点 P_2 指定。由此，使 $\boldsymbol{n}_1$ 和 $\boldsymbol{n}_2$ 方向相反且 P_1 和 P_2 重合，零件 1 和零件 2 的贴合约束就得以满足。

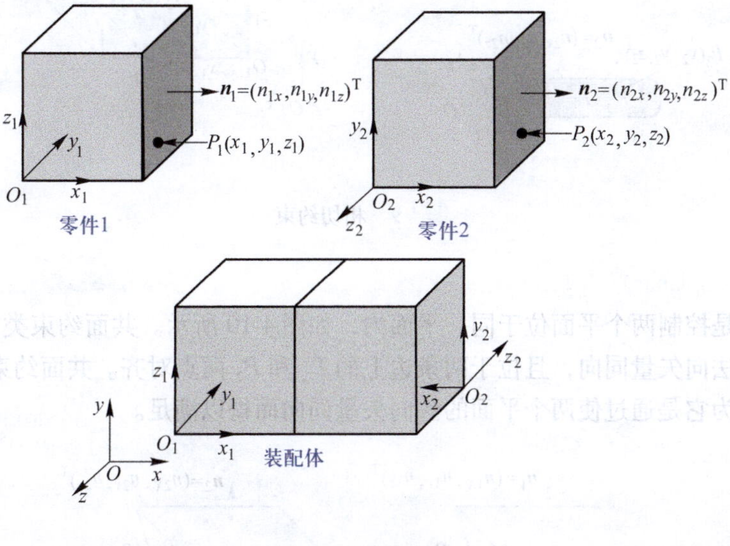

图 4-7　贴合约束

2. 同轴（Concentric）

同轴约束常用于两个柱面的配合，一个外圆柱面和一个孔柱面，如图 4-8 所示。通过使轴和孔的轴线共线就能实现同轴配合约束。每根轴线由两个点定义，其中孔的轴线由关于 $O_1x_1y_1z_1$ 坐标系的两点 P_1 和 P_2 确定，而轴的轴线由关于 $O_2x_2y_2z_2$ 坐标系的两点 P_3 和 P_4 确定。

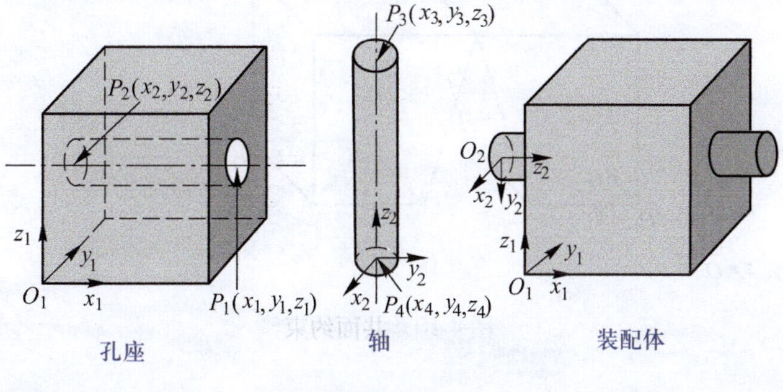

图 4-8　同轴约束

3. 相切（Tangent）

相切约束用于平面与柱面的配合，或柱面与柱面的配合。图 4-9 所示为柱面与平面相切实现相切配合约束。约束满足的过程是使平面法向矢量 $\boldsymbol{n}_1$ 和柱面法向矢量 $\boldsymbol{n}_2$ 方向相反，且 P_1 和 P_2 重合。相切与贴合的区别是前者至少有一个柱面，而后者使用两个平面。

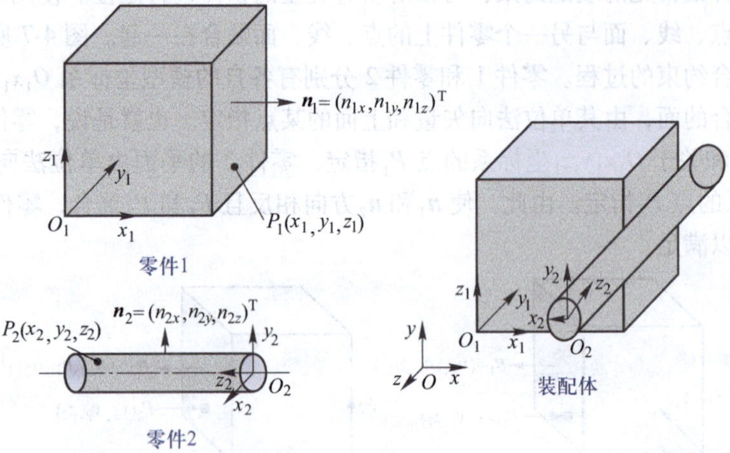

图 4-9　相切约束

4. 共面（Coplanar）

共面约束是控制两个平面位于同一平面内，如图 4-10 所示。共面约束类似于贴合约束，但要求两平面法向矢量同向，且位于两条边上的 P_1 和 P_2 两点对齐。共面约束是贴合约束的对立约束，因为它是通过使两个平面的法向矢量同向而得以满足。

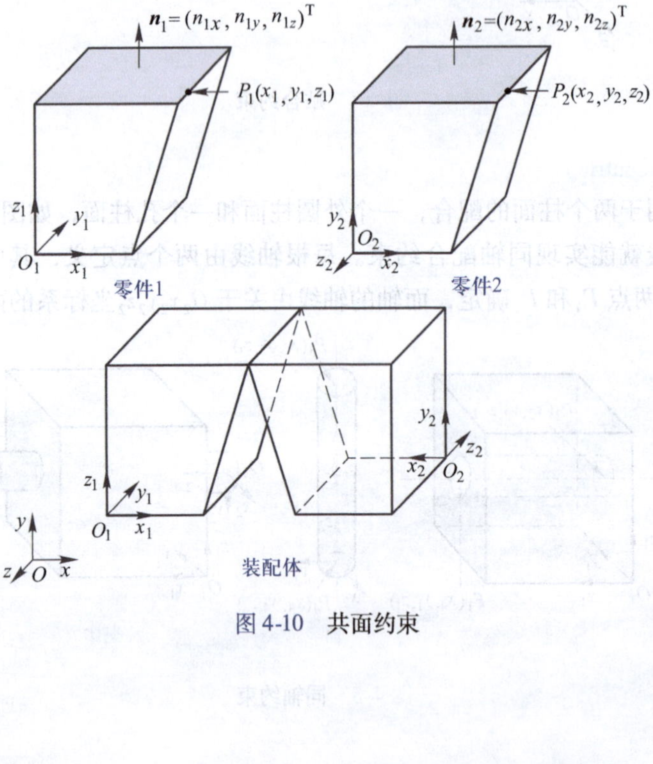

图 4-10　共面约束

上述贴合、同轴、相切和共面四种装配约束，允许配合的零件之间仍具有旋转和平移自由度。在图 4-7 所示的贴合约束中，两个面贴合后，零件 2 可以在零件 1 上滑移或相对零件 1 旋转。类似地，在图 4-8 所示的同轴约束中，轴可以在孔中沿轴线移动或绕轴线旋转。这些附加的运动自由度可以通过对这些约束施加更多的约束来消除。

5. 平行（Parallel）

平行约束使两个面保持法向矢量相同或相反、等距。它类似于贴合约束，但不要求两个面相互接触。如果把图 4-7 中的两个零件分离，就得到一个平行约束而非贴合约束。

6. 垂直（Perpendicular）

垂直约束使得两个面相互垂直，通过使两个面的法向矢量垂直而得以实现。图 4-9 中的两个标有法向矢量的面，即零件 1 的平面和零件 2 的柱面是相互垂直的，因为它们的法向矢量相互垂直。

4.2.3　装配建模方法

在产品装配建模时，有两种方法：自下而上法（又称自底向上法）和自上而下法（自顶向下法）。每一种方法都有它的优点和缺点。这两种装配方法的流程如图 4-11 所示。自下而上方法是由最底层的零件开始装配，然后逐级逐层向上进行装配的一种方法。该方法比较传统，其优点是零、部件独立设计，因此与自上而下方法比较，它们的相互关系及重建行为更为简单。而自上而下方法则是指由产品装配开始，然后逐级逐层向下进行设计的装配造型方法。与自下而上方法相比，它是比较新颖的方法。它可以首先声明各个子装配的空间位置和体积，设定全局性的关键参数，这些参数被装配中的子装配和零件所用，从而建立起它们之间的关联特性，发挥参数化设计的优越性，使得各装配部件之间的关系更加密切。

两种装配方法各有各的优势，可根据具体情况具体选用。比如在产品系列化设计中，由于产品的零、部件结构相对稳定，大部分的零件模型已经具备，只需要添加部分设计或修改部分零件模型，这时采用自下而上的方法较为合适。然而对于创新性设计，因事先对零、部件结构细节不是很了解，设计时需要从比较抽象笼统的装配模型开始，边设计边细化、边修改，逐步到位，这时常常采用自上而下的方法。同时自上而下的方法也特别有利于创新性设计，因为这种方法从总体设计阶段开始就一直能把握整体，且着眼于零、部件之间的关系，并且能够及时发现、调整和灵活地进行设计中的修改，可实现设计的一次成功。

自下而上的装配方法适合于少量零件之间的装配。在机械行业和其他重型工业中，特别是航空航天工业中，产品构造的复杂性带来了装配的困难，为了解决这些问题，自上而下产品设计技术应运而生。自上而下设计有许多优点，既可以管理大型组件，又能有效地掌握设计意图，使组织结构明确，更能在设计团队间迅速传递设计信息，达到信息共享、协同设计的目的。

当然，两种方法不是截然分开、相互排斥的，可以根据产品设计的实际情况，综合应用两种装配建模方法来进行造型，达到灵活设计的目的。

1. 自下而上装配建模的基本步骤

如图 4-11 中 a 所示，自下而上装配建模的基本步骤为：

1）零件设计。逐一构造装配体中所有零件的特征模型。

2）装配规划。对产品装配进行规划，其中应注意以下问题。

① 装配方案。对于复杂产品，应采用部件划分多层次的装配方案进行装配数据的组织和实施装配。特别是对于一些通用零件，应设计成独立的子装配文件在装配时进行引用。

② 考虑产品的装配顺序，确定零、部件的应用顺序及其装配约束（即配合条件）方法。

3）装配操作。在上述准备工作的基础上，采用 CAD 系统提供的装配命令，逐一把零、部件装配成装配模型。

4）装配管理和修改。可随时对装配体及其零、部件构成进行管理和进行各项修改操作。

5）装配分析。在完成装配模型后，应进行装配干涉状态分析，零、部件的质量特性分析等。若发现干涉碰撞现象，或质量特性不符合要求，需对装配模型进行修改。

6）生成装配模型的其他图形。如果有需要，可生成爆炸图、工程图等。

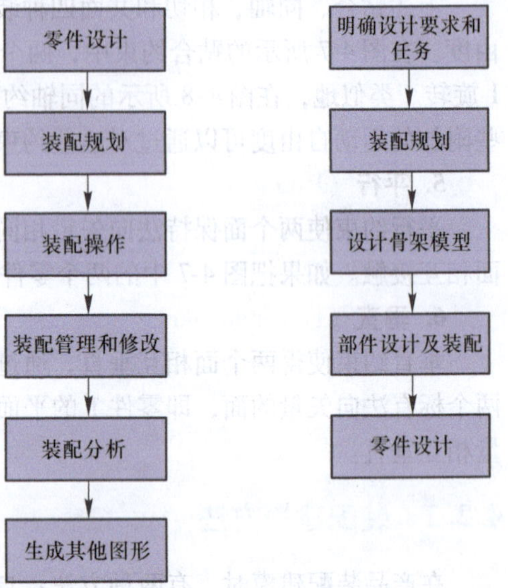

a)自下而上装配建模　b)自上而下装配建模

图 4-11　两种装配方法的流程

2. 自上而下装配建模的基本步骤

如图 4-11b 所示，自上而下装配建模的基本步骤为：

1）明确设计要求和任务。确定产品的设计目的、意图、产品功能要求、设计任务等方面的内容。

2）装配规划。这是该方法的关键步骤。这一步首先要设计装配树的结构，要把装配的各个子装配或部件勾画出来，至少包括子装配或部件的名称，形成装配树。主要涉及以下三个方面的内容。

① 划分装配的层次结构，并为每一个子装配或部件命名。

② 全局参数化方案设计。由于这种设计方法更加注重零、部件之间的关联性，设计中修改将更加频繁，因此应该设计一个灵活的、易于修改的全局参数化方案。

③ 规划零、部件间的装配约束。事先要规划好零、部件间的装配约束方法，可以采用逐步深入的规划策略。

3）设计骨架模型。骨架模型是装配建模中的核心内容，包含了整个装配的重要设计参数。这些参数可以被各个部件引用，以便将设计意图融入到整个装配中。

4）部件设计及装配。采取由粗到精的策略，先设计粗略的几何模型，再在此基础上按照装配规划对初始轮廓模型加上正确的装配约束；采用相同的方法对部件中的子部件进行设计，直到零件轮廓出现。

5）零件设计。采取参数化或变量化的造型方法进行零件结构的细化，修改零件尺寸。随着零件设计的深入，可以继续在零、部件之间补充和完善装配约束。

之后，与自下而上方法一样，还包括装配分析、图形输出等步骤。

4.2.4　装配分析与输出

1. 装配分析

产品的装配模型建立后，可以借助 CAD 系统提供的各种工具对装配体进行分析，以下是主要的装配分析内容。

（1）干涉检查　即检查装配体中零件之间是否有空间干涉，即零件之间是否存在刺穿（Pierce）或重叠现象。如果发现两零件之间存在干涉，CAD 系统将显示出这个干涉体，以便设计人员检查和消除。设计人员也可要求 CAD 系统报告重叠或相切的边和面。例如，在 SolidWorks 系统中，通过单击“工具”→“干涉检查”菜单命令，再交互选择需要检查的零件，最后单击“检查”命令，系统就会自动指示出所选零件之间的干涉体（若存在干涉）。

（2）碰撞检查　根据零、组件存在的自由度，移动或旋转零、组件，就可以发现一个零、组件与装配体中其他零、组件是否存在碰撞。存在碰撞意味着某个零、组件不能正确地安装到装配体中，或它不能自由地移动或旋转到它在装配体中的最终位置。

（3）质量特性分析　在很多应用中，回转体的转动惯量，飞行器的重心和重量等质量特性，对产品的性能具有重要影响。因此，装配体的质量特性分析十分重要，是产品设计过程中的一项重要活动。就像对单个零件进行质量特性计算一样，我们可以计算整个装配体的各种质量特性。本章 4.3 节将详细论述有关质量特性的计算方法。

2. 装配模型输出

产品的装配模型建立后，可以借助 CAD 系统提供的各种工具输出装配模型的相关文档，包括以下几种文档。

（1）装配图（Assembly Drawing）　装配图也称为装配图样、装配工程图。除了零件表即物料清单之外，装配体的装配图与零件图没有什么区别，可能包括四个视图，也可能仅有一个轴测图。生成装配图的过程也与生成零件图基本一样，只需要指定输出的对象是装配模型即可。

（2）物料清单（Bill of Material，BOM）　物料清单，又叫零件表，是一张列出装配体中所用到的每种零件的名称、材料、数量的表格。CAD 系统通常将物料清单插入到输出的装配图中，也可以单独输出 BOM 文件，例如 SolidWorks 系统可将 BOM 输出为一个 Excel 表单。

（3）爆炸图（Exploded View）　为了清楚地表达一个装配体，可以将零、部件沿着装配自由度所在的路线（方向）拉开一定距离，形成所谓的爆炸图。爆炸图是一个轴测图，比较直观，常用于产品的说明插图，以方便用户的组装与维修。

一个爆炸图可以由一个或多个爆炸步骤组成，每个爆炸步骤会将某个零、组件移到一个新的位置，所有的爆炸步骤保存到一个视图（View）中。一旦显示这个视图，其中的爆炸步骤就会顺序显示从而产生装配顺序的动画效果。爆炸步骤建立后可以编辑或增加新的步骤。

4.2.5　装配建模实例——基于 Pro/E 的自上而下的减速器组件设计

1. 明确设计要求和任务

在机械传动装置的设计中，齿轮减速器可以实现改变传动比的目的，假设已在改变传动比功能和齿轮减速器之间建立了功能映射，则当在某一产品设计中需要改变传动比的功能时，就可以根据功能映射选择齿轮减速器来实现这一功能。另一方面，齿轮减速器不但可以改变传动比，而且也可以实现改变转动方向、传递动力等其他功能。功能结构反映了在一定约束条件下实现某种功能所必需的子功能，以及各子功能之间所必须满足的各种约束关系。

要求：

1）根据不同的动力要求来选择两传动轴的直径。

2）两传动轴的轴心距可以改变。

3）根据设计需要能够改变传动比。

2. 创建骨架模型

设计者在加入零件之前，先设计好每个零件在空间的位置，或者运动时的相对位置的结构图。设计好结构图后，可以利用此结构将每个零件装配上去，以避免不必要的装配限制冲突，Pro/E 将此功能称为骨架模型（Skeleton Model）。

（1）创建骨架文件的基准　骨架文件的基准可以作为装配产品的装配基准，因为产品中重要的装配是依靠骨架模型装配的。创建基准面 ZC_1，ZC_2 是为了两轴承和端盖建立形状基准面；创建基准轴 AXIS_1，AXIS_2 作为两传动轴中心线。基准如图 4-12 所示。

（2）绘制表示零、部件的曲线　为零、部件设计建立形状基准，重要的外形在骨架模型中确定，零、部件设计参考骨架模型完成。绘制草图如图 4-13 所示。

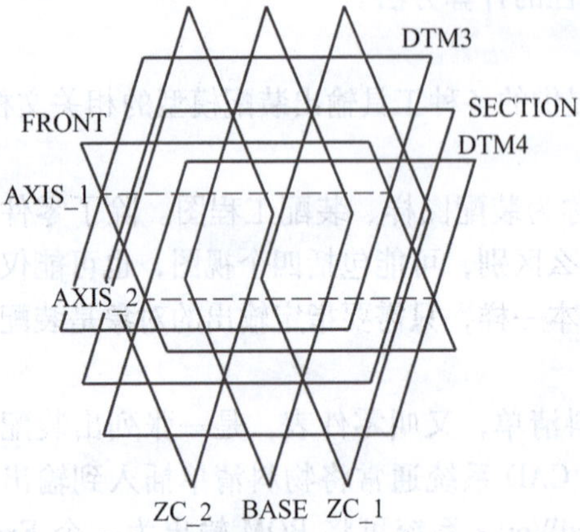

图 4-12　创建基准

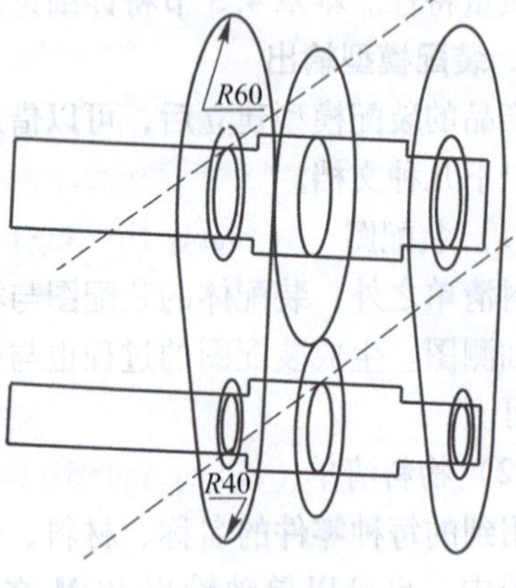

图 4-13　绘制草图

（3）添加表达式　在骨架图形基础上，需要进一步添加参数、关系式、空间参考基准等，其中参数、关系式是骨架模型的关键，是 Top-Down 设计中使用骨架模型必不可少的一环。关联的骨架文件、零件和装配会传递到整个产品的设计中，尺寸和参数以及它们之间的关系式在整个产品中存在，可以随时被调用和参考，从而将整个骨架文件中的设计思路在整个产品中得到体现。

本例中需要添加以下 6 个参数，包括轴 1 大径：AXIS1_1 = 30；轴 2 大径：AXIS2_1 = 25；轴 1 小径：AXIS1_2 = 25；轴 2 小径：AXIS2_2 = 20；两传动轴中心距：length = 60；主动轮外径：diameter = 40。其参数按图 4-14a 所示“参数”对话框设置，骨架图形各关系式如图 4-14b 所示，结果如图 4-15 所示。

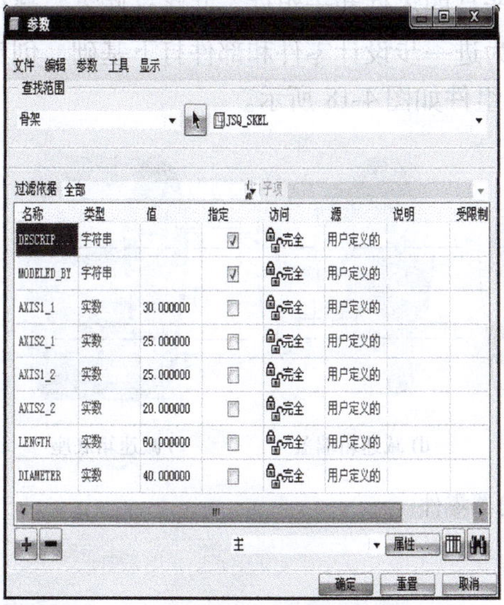

a) “参数”对话框

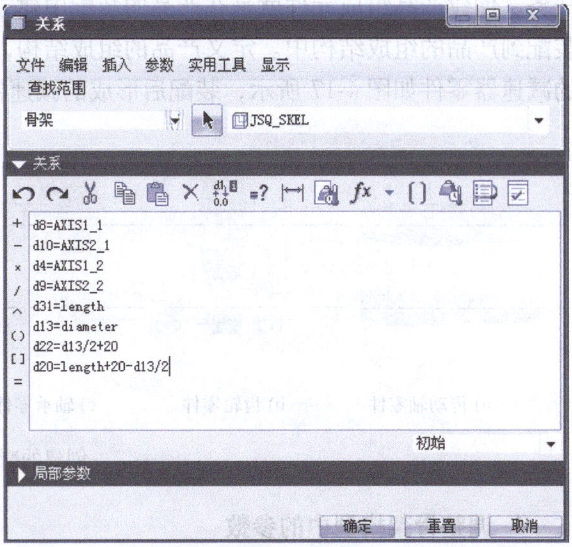

b) 骨架图形各关系式

图 4-14　参数及关系式设置

（4）发布几何　发布几何是一种创建特征的方法。它产生一个特征，能将设计中需要被参考和引用的数据集中标志出来。但是发布几何并不产生任何新的几何内容，它只是对原有的点、线、面的一个标志，把其他零件、骨架模型、装配中需要参考的数据提取出来，以供其他文件能够一次性地集中地复制所有需要的参考数据，其他的文件通过复制几何操作将发布几何的信息引用过去。发布几何的过程如图 4-16 所示。

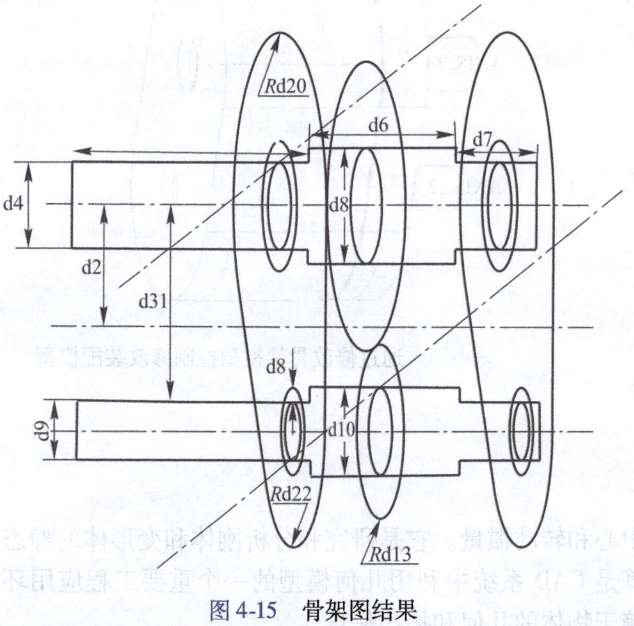

图 4-15　骨架图结果

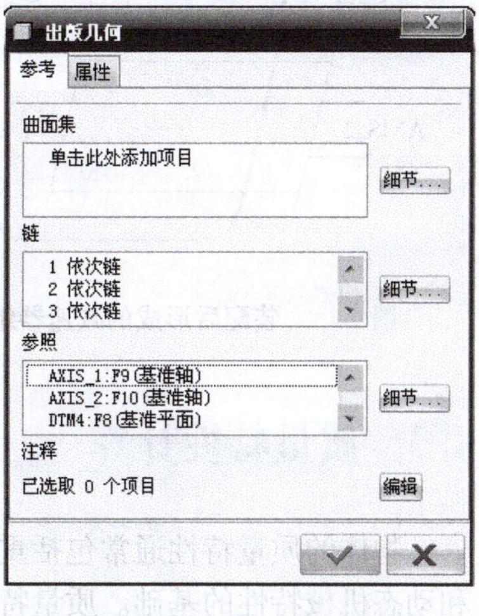

图 4-16　出版几何对话框

3. 创建减速器中的各个零件

完成产品骨架模型设计之后就开始定义产品的组成结构，并且将设计任务划分为多个子任务。创建产品组成元件就是在产品的装配中建立产品的零件和子组件，并将这些零、部件装配到产品的组成结构中。定义产品的组成结构，为进一步设计零件和部件打下基础。创建的减速器零件如图 4-17 所示，装配后形成的减速器组件如图 4-18 所示。

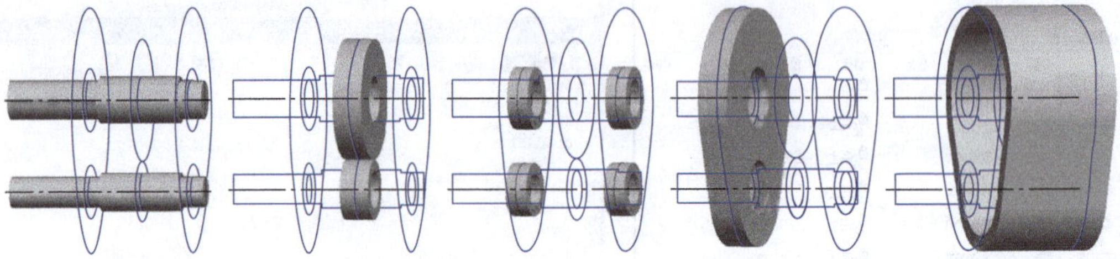

a) 传动轴零件　　b) 齿轮零件　　c) 轴承零件　　d) 减速箱端盖　　e) 减速箱底座

图 4-17　创建的减速器零件

4. 调整骨架模型中的参数

在模型树中激活 jsq_skel 零件，执行【工具】→【参数】命令，在参数对话框中将 AXIS1_1 的参数改为 40；AXIS2_1 的参数改为 30；AXIS1_2 的参数改为 30；AXIS2_2 的参数改为 20；length 的参数改为 80；diameter 的参数改为 80。

骨架模型重新生成，各基准面的距离和草绘曲线都得到改变。组件重新生成的结果如图 4-19所示，可以看到减速器各零件都随着其骨架模型的改变而发生相应变化，从而达到快速设计修改的目的。

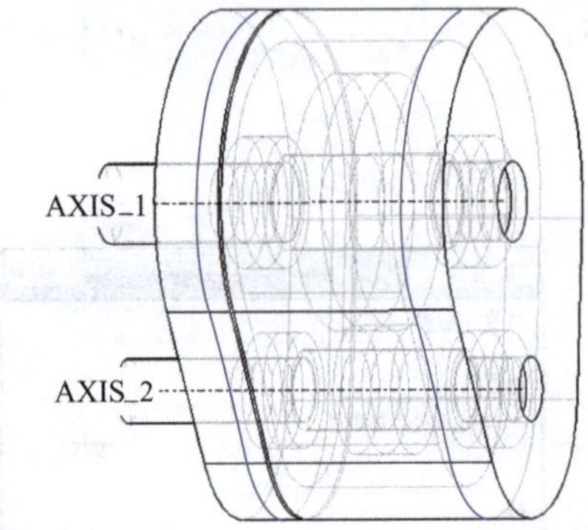

图 4-18　装配后形成的减速器组件

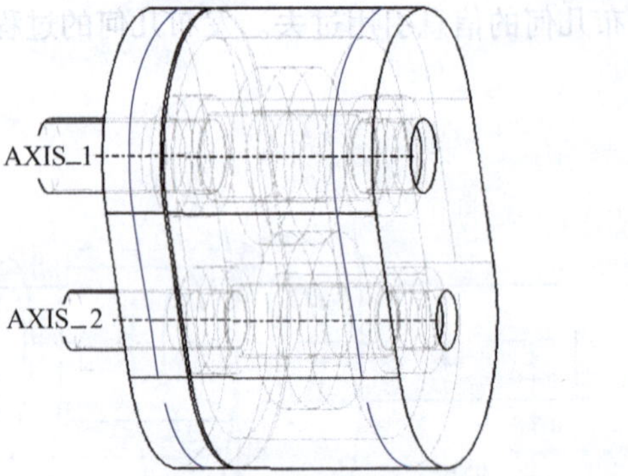

图 4-19　通过修改骨架模型控制修改装配模型

4.3　质量特性计算

物体的质量特性通常包括重量、中心和转动惯量。它是研究和分析刚体和变形体的静态和动态机械特性的基础。质量特性计算是 CAD 系统中利用几何模型的一个重要工程应用环节，这是因为这些特性的计算紧紧依赖于物体的几何和拓扑信息。

对于飞机、导弹、卫星等复杂航空航天产品而言，质量特性计算是产品设计的重要工作内容，是产品设计过程中一个不可或缺的重要环节。以飞机为例，飞机质量特性（有时也称为重量特性）的计算结果是其他相关专业进行分析计算的基础，是结构设计的重要依据，也是影响飞机飞行品质的重要因素。质量特性计算的准确性将直接关系到飞机设计的成败。在生产过程中，飞机的重量管理与控制也是飞机能否安全试飞与顺利交付的关键。飞机重量工程贯穿飞机设计、生产、交付、使用全过程，所以重量工程中的重量设计与管理在飞机研制过程中占有举足轻重的地位。

质量特性计算是以函数积分为基础，但精确的积分仅对简单形状有效。对于复杂形状，通常采用近似方法进行积分。利用这些方法的质量特性计算过程能够全自动的完成而无需额外的输入信息。

4.3.1　几何特性

本节介绍几何特性的计算方法及公式。几何特性包括长度、截面面积、表面积、体积。这些几何特性是计算质量特性的基础，因为质量特性是在几何特性的基础上考虑材料特性（如密度）的结果。

1. 曲线长度

计算两点 P_1 和 P_2 之间的空间曲线长度的方法，如图 4-20 所示。假设已知曲线的增量长度 ΔL，那么可以通过如下积分得到整条曲线的长度，即

$$L = \int_{P_1}^{P_2} \mathrm{d}L \tag{4-1}$$

由第 3 章产品建模理论可知，曲线通常是以参数化形式表示。因为长度微元 ΔL 由 P_i 到 P_{i+1} 界定，故它可由连接这两点的向量长度近似得到，即

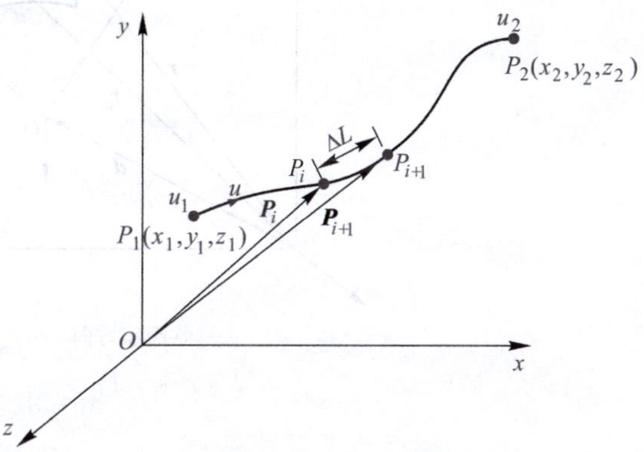

图 4-20　曲线长度

$$\Delta L = |\boldsymbol{P}_{i+1} - \boldsymbol{P}_i| \tag{4-2}$$

或

$$\Delta L = \sqrt{(x_{i+1}-x_i)^2 + (y_{i+1}-y_i)^2 + (z_{i+1}-z_i)^2} \tag{4-3}$$

或

$$\Delta L = \sqrt{(\Delta x)^2 + (\Delta y)^2 + (\Delta z)^2} \tag{4-4}$$

以参数曲线的变量 u 对上式求微分，则有

$$\frac{\mathrm{d}L}{\mathrm{d}u} = \sqrt{\left(\frac{\mathrm{d}x}{\mathrm{d}u}\right)^2 + \left(\frac{\mathrm{d}y}{\mathrm{d}u}\right)^2 + \left(\frac{\mathrm{d}z}{\mathrm{d}u}\right)^2} \tag{4-5}$$

或

$$\mathrm{d}L = \sqrt{x'^2 + y'^2 + z'^2}\,\mathrm{d}u \tag{4-6}$$

将式（4-6）代入式（4-1），则有

$$L = \int_{u_1}^{u_2} \sqrt{x'^2 + y'^2 + z'^2}\,\mathrm{d}u \tag{4-7}$$

或

$$L = \int_{u_1}^{u_2} \sqrt{\boldsymbol{P}' \cdot \boldsymbol{P}'}\mathrm{d}u \tag{4-8}$$

式（4-8）以积分的形式给出了由参数 u_1 和 u_2 界定的曲线段的精确长度。它是关于参数 u 的曲线切向矢量的点积平方根的积分。式（4-8）要求曲线具有 C^1 连续，可以应用于开口、闭口曲线的长度计算。

2. 截面面积

截面是一个由封闭边界形成的平面区域，边界由一组首尾连接的 C^1 连续曲线组成。平面区域有三个几何特性，即轮廓周长、面积和几何中心。图 4-21a 所示为空间任意方位的平面区域 R（简称域，Region），其落在局部坐标系 $O_Lx_Ly_Lz_L$ 的 $O_Lx_Ly_L$ 平面内。这个局部坐标系与 $Oxyz$ 坐标系（即模型坐标系 MCS）的映射可通过施加变换矩阵实现。

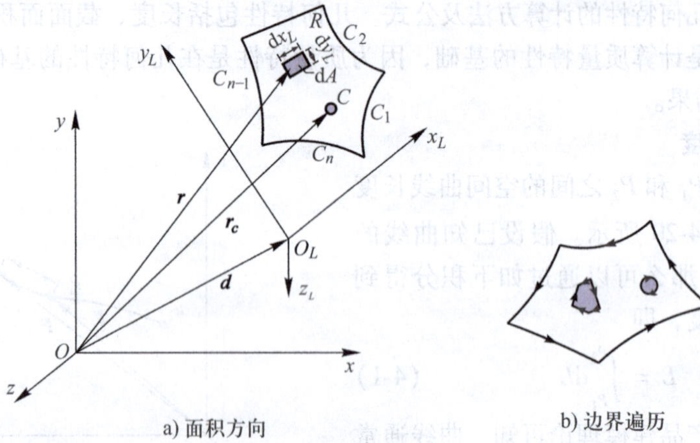

图 4-21　截面面积

如图 4-21 所示，域 R 的边界由曲线段 C_1、C_2、…、C_{n-1} 及 C_n 组成，因此，它的轮廓长度是曲线 C_1、C_2、…、C_{n-1} 及 C_n 的长度之和，即

$$L = \sum_{i=1}^{n} L_i \tag{4-9}$$

式中，L_i 为曲线 C_i 的长度，可由式（4-8）计算。

为了计算 R 的面积 A，考虑由边长为 $\mathrm{d}x_L$ 和 $\mathrm{d}y_L$ 组成的面积微元 $\mathrm{d}A$，如图 4-21 所示。对 $\mathrm{d}A$ 在整个域 R 内积分，可得该域的面积

$$A = \iint_R \mathrm{d}A = \iint_R \mathrm{d}x_L\mathrm{d}y_L \tag{4-10}$$

要对上式积分进行计算，首先需要建立域 R 所在局部坐标系到全局坐标系的变换，因为域 R 边界描述的几何信息是关于全局坐标系的。由坐标变换理论可知，局部坐标系 $O_Lx_Ly_Lz_L$ 到全局坐标系 $Oxyz$ 的变换可表示为

$$\begin{pmatrix} x_L \\ y_L \\ z_L \\ 1 \end{pmatrix} = [\boldsymbol{T}] \begin{pmatrix} x \\ y \\ z \\ 1 \end{pmatrix} \tag{4-11}$$

式中，$\boldsymbol{T}$ 为变换矩阵，即

$$\boldsymbol{T}=\begin{pmatrix} r_{11} & r_{12} & r_{13} & x_d \\ r_{21} & r_{22} & r_{23} & y_d \\ r_{31} & r_{32} & r_{33} & z_d \\ 0 & 0 & 0 & 1 \end{pmatrix}=\begin{pmatrix} [R] & \boldsymbol{d} \\ 0 & 1 \end{pmatrix} \tag{4-12}$$

它可以由不共线的三个点计算得到。曲线段 C_i 的端点可以用于计算上述变换矩阵 $\boldsymbol{T}$。展开式（4-11），可得

$$\begin{pmatrix} x_L \\ y_L \\ z_L \\ 1 \end{pmatrix}=\begin{pmatrix} r_{11}x+r_{12}y+r_{13}z+x_d \\ r_{21}x+r_{22}y+r_{23}z+y_d \\ 0 \\ 1 \end{pmatrix} \tag{4-13}$$

式（4-13）中，z_L 为零是因为域 R 落在 $O_Lx_Ly_L$ 平面内。由此，长度微元 $\mathrm{d}x_L$ 和 $\mathrm{d}y_L$ 可以写成

$$\mathrm{d}x_L=r_{11}\mathrm{d}x+r_{12}\mathrm{d}y+r_{13}\mathrm{d}z \tag{4-14}$$

$$\mathrm{d}y_L=r_{21}\mathrm{d}x+r_{22}\mathrm{d}y+r_{23}\mathrm{d}z \tag{4-15}$$

将式（4-14）和（4-15）代入式（4-10），则得 R 的面积

$$A=\alpha_1\iint_R \mathrm{d}x\mathrm{d}x+\alpha_2\iint_R \mathrm{d}y\mathrm{d}y+\alpha_3\iint_R \mathrm{d}z\mathrm{d}z+\alpha_4\iint_R \mathrm{d}x\mathrm{d}y+\alpha_5\iint_R \mathrm{d}x\mathrm{d}z+\alpha_6\iint_R \mathrm{d}y\mathrm{d}z \tag{4-16}$$

式中

$$\alpha_1=r_{11}r_{21} \tag{4-17}$$

$$\alpha_2=r_{12}r_{22} \tag{4-18}$$

$$\alpha_3=r_{13}r_{23} \tag{4-19}$$

$$\alpha_4=r_{11}r_{22}+r_{12}r_{21} \tag{4-20}$$

$$\alpha_5=r_{11}r_{23}+r_{13}r_{21} \tag{4-21}$$

$$\alpha_6=r_{12}r_{23}+r_{13}r_{22} \tag{4-22}$$

将式（4-16）的二重积分变换为沿域 R 边界的曲线积分将有助于面积计算。根据格林定理，给定封闭域 R 上关于 x 和 y 的连续单调函数 $f(x,\ y)$ 和 $g(x,\ y)$，则有

$$\iint_R\left(\frac{\partial f}{\partial x}+\frac{\partial g}{\partial y}\right)\mathrm{d}x\mathrm{d}y=\oint_B(f\mathrm{d}y-g\mathrm{d}x) \tag{4-23}$$

式（4-23）是沿边界 B 的正向线积分。函数 f 和 g 通常不是唯一的。对于式（4-16）中的每项积分，函数 f 和 g 有三种选择，$f=x$ 且 $g=0$，$f=0$ 且 $g=y$，或 $f=x/2$ 且 $g=y/2$。应用格林定理，将 $f=x$ 且 $g=0$，$f=y$ 且 $g=0$，$f=z$ 且 $g=0$，$f=x$ 且 $g=0$，$f=0$ 且 $g=z$，$f=y$ 且 $g=0$ 分别应用于式（4-16）的六项积分，可得

$$A=\oint_B(\alpha_1x-\alpha_5z)\mathrm{d}x+\oint_B(\alpha_2y+\alpha_4x)\mathrm{d}y+\oint_B(\alpha_3z+\alpha_6y)\mathrm{d}z \tag{4-24}$$

又因为边界 B 由曲线段 C_i 组成，因此上式变为

$$A=\sum_{i=1}^{n}\left[\int_{C_i}(\alpha_1x-\alpha_5z)\mathrm{d}x+\int_{C_i}(\alpha_2y+\alpha_4x)\mathrm{d}y+\int_{C_i}(\alpha_3z+\alpha_6y)\mathrm{d}z\right] \tag{4-25}$$

遍历边界 B 时，必须保证截平面在遍历方向的左侧。也就是说，对于外环边界按逆时针方向遍历，而对于内环（孔）边界则按顺时针方向遍历，如图 4-21b 所示。假定每条曲线

C_i为参数化表示，即 $x=x(u)$，$y=y(u)$，$z=z(u)$，则有

$$\begin{aligned}\mathrm{d}x&=x'\mathrm{d}u\\ \mathrm{d}y&=y'\mathrm{d}u\\ \mathrm{d}z&=z'\mathrm{d}u\end{aligned} \tag{4-26}$$

将式（4-26）代入式（4-25）中，则有

$$A=\sum_{i=1}^{n}\left[\int_{u_{i1}}^{u_{i2}}(\alpha_1x-\alpha_5z)x'\mathrm{d}u+\int_{u_{i1}}^{u_{i2}}(\alpha_2y+\alpha_4x)y'\mathrm{d}u+\int_{u_{i1}}^{u_{i2}}(\alpha_3z+\alpha_6y)z'\mathrm{d}u\right] \tag{4-27}$$

式中，u_{i1}和u_{i2}为第i条曲线段参数u的极限。

根据局部坐标系$O_Lx_Ly_Lz_L$在全局坐标系$Oxyz$中的方位，式（4-27）中的各项可以大大简化。例如，两个坐标系一致时，变换矩阵$\boldsymbol{T}$为单位矩阵，由此有$\alpha_1=\alpha_2=\alpha_3=\alpha_5=\alpha_6=0$，$\alpha_4=1$，则式（4-27）简化为

$$A=\sum_{i=1}^{n}\int_{u_{i1}}^{u_{i2}}xy'\mathrm{d}u \tag{4-28}$$

如图4-21a所示，面积微元$\mathrm{d}A$位于从原点O出发的位置矢量$\boldsymbol{r}$处，而几何中心C位于位置矢量$\boldsymbol{r}_c$处。由此，域R的几何中心$\boldsymbol{r}_c$可由下式计算，即

$$\boldsymbol{r}_c=\frac{\iint_R r\mathrm{d}A}{\iint_R \mathrm{d}A}=\frac{\iint_R r\mathrm{d}x_L\mathrm{d}y_L}{A} \tag{4-29}$$

以分量形式表示，则为

$$x_c=\frac{\iint_R x\mathrm{d}x_L\mathrm{d}y_L}{A}\quad y_c=\frac{\iint_R y\mathrm{d}x_L\mathrm{d}y_L}{A}\quad z_c=\frac{\iint_R z\mathrm{d}x_L\mathrm{d}y_L}{A} \tag{4-30}$$

式中，x_c，y_c，z_c是几何中心在全局坐标系中的坐标，分子部分的积分叫做面积分别关于OYZ、OXZ和OXY平面的第一惯量。与上述面积计算类似，应用格林定理，将式（4-14）和式（4-15）代入式（4-30）中，并化简可得

$$\begin{aligned}x_c&=\frac{1}{A}\sum_{i=1}^{n}\left[\int_{u_{i1}}^{u_{i2}}\left(\frac{\alpha_1x^2}{2}-\alpha_5xz\right)x'\mathrm{d}u+\int_{u_{i1}}^{u_{i2}}\left(\alpha_2xy+\frac{\alpha_4x^2}{2}\right)y'\mathrm{d}u+\int_{u_{i1}}^{u_{i2}}\left(\alpha_3xz+\alpha_6xy\right)z'\mathrm{d}u\right]\\ y_c&=\frac{1}{A}\sum_{i=1}^{n}\left[\int_{u_{i1}}^{u_{i2}}(\alpha_1xy-\alpha_5yz)x'\mathrm{d}u+\int_{u_{i1}}^{u_{i2}}\left(\frac{\alpha_2y^2}{2}+\alpha_4xy\right)y'\mathrm{d}u+\int_{u_{i1}}^{u_{i2}}\left(\alpha_3yz+\frac{\alpha_6y^2}{2}\right)z'\mathrm{d}u\right]\\ z_c&=\frac{1}{A}\sum_{i=1}^{n}\left[\int_{u_{i1}}^{u_{i2}}\left(\alpha_1xz-\frac{\alpha_5z^2}{2}\right)x'\mathrm{d}u+\int_{u_{i1}}^{u_{i2}}(\alpha_2yz+\alpha_4xz)y'\mathrm{d}u+\int_{u_{i1}}^{u_{i2}}\left(\frac{\alpha_3z^2}{2}+\alpha_6yz\right)z'\mathrm{d}u\right]\end{aligned} \tag{4-31}$$

上述公式应用于单个连通域，也就是只有一个封闭外环边界的域。它们可扩展应用于多连通域，即有一个外环边界和多个内环边界的域。在这种情形下，一个多连通域的截面面积为

$$A_m=A-\sum_{j=1}^{m}A_{hj} \tag{4-32}$$

式中，A_m为净面积；A为由外环边界构成的单连通域（内孔排除在外）的面积；A_{hj}为第j

个内环边界孔的面积。

A 和 A_{hj} 可由式（4-27）计算。

3. 表面积

采用与计算截面面积类似的方法，可以推导出一个有界表面 S 的面积 A_s 的计算公式，如图4-22所示。但是主要区别为 S 一般不是平面，而是圆柱面、球面、B样条曲面或贝塞尔样条曲面。

图4-22示出了一张曲面 S 和一个面积微元 $\mathrm{d}A_s$，则该曲面 S 的表面积 A_s 为

$$A_s = \int_S \mathrm{d}A_s \tag{4-33}$$

为了计算上式积分，矩形面积微元 $\mathrm{d}A_s$ 必须写成两垂直边长之积。这两条边分别取沿 u 和 v 向的 $\mathrm{d}s_1$ 和 $\mathrm{d}s_2$，这是一种方便的处理方法，因为在CAD、CAM系统中，表面是以参数化形式表示的。因此，式（4-33）可以写成

$$A_s = \iint_S \mathrm{d}s_1 \mathrm{d}s_2 \tag{4-34}$$

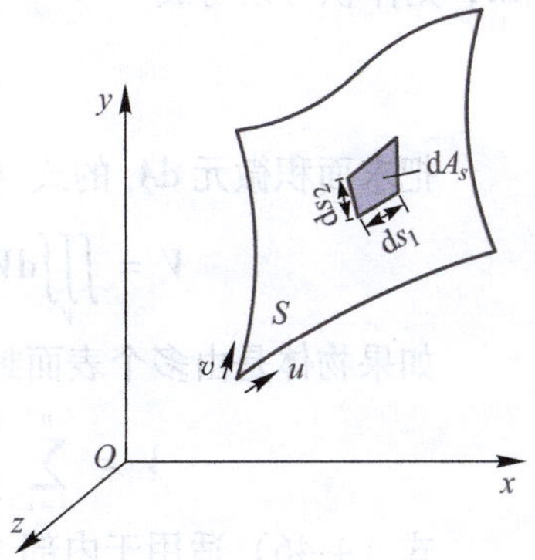

图4-22　表面面积

由曲面理论可知

$$\mathrm{d}s_1 = \sqrt{\boldsymbol{P}_u \cdot \boldsymbol{P}_u}\mathrm{d}u \tag{4-35}$$

$$\mathrm{d}s_2 = \sqrt{\boldsymbol{P}_v \cdot \boldsymbol{P}_v}\mathrm{d}v \tag{4-36}$$

式中，$\boldsymbol{P}_u$ 和 $\boldsymbol{P}_v$ 分别是曲面上任意点 $P(u, v)$ 的 u 向和 v 向切向矢量。将式（4-35）和式（4-36）代入式（4-34）中，得

$$A_s = \int_{v_1}^{v_2}\int_{u_1}^{u_2} \sqrt{(\boldsymbol{P}_u \cdot \boldsymbol{P}_u)(\boldsymbol{P}_v \cdot \boldsymbol{P}_v)}\mathrm{d}u\mathrm{d}v \tag{4-37}$$

对于一个由多张曲面构成的物体，总表面积是所有单张曲面面积之和，即

$$A_s = \sum_{i=1}^{n} A_{si} \tag{4-38}$$

注意物体上的孔对物体表面积的贡献是正的，见式（4-38），而对物体体积的贡献是负的。

由式（4-29）可以求得表面的几何中心，若用 $\mathrm{d}A_s = \mathrm{d}s_1\mathrm{d}s_2$ 替换其中的 $\mathrm{d}A$，那么式(4-30)将变成

$$x_c = \frac{\int_{v_1}^{v_2}\int_{u_1}^{u_2} xK\mathrm{d}u\mathrm{d}v}{A_s} \quad y_c = \frac{\int_{v_1}^{v_2}\int_{u_1}^{u_2} yK\mathrm{d}u\mathrm{d}v}{A_s} \quad z_c = \frac{\int_{v_1}^{v_2}\int_{u_1}^{u_2} zK\mathrm{d}u\mathrm{d}v}{A_s} \tag{4-39}$$

式中

$$K = \sqrt{(\boldsymbol{P}_u \cdot \boldsymbol{P}_u)(\boldsymbol{P}_v \cdot \boldsymbol{P}_v)} \tag{4-40}$$

这就是表面几何中心的计算公式。

4. 体积

如图4-23所示，一个物体的体积 V 可以表示为体积微元 $\mathrm{d}V$ 的三重积分，即

$$V = \iiint_V \mathrm{d}V = \iiint_V \mathrm{d}x\mathrm{d}y\mathrm{d}z \tag{4-41}$$

采用高斯分散定理，上式的体积积分可以转化为表面积分，即

$$\iiint_V \nabla\cdot \boldsymbol{F}\mathrm{d}V = \iint_S \boldsymbol{F}\cdot\boldsymbol{n}\mathrm{d}A_S \tag{4-42}$$

其中，

$$\nabla = \frac{\partial}{\partial x}\boldsymbol{i} + \frac{\partial}{\partial y}\boldsymbol{j} + \frac{\partial}{\partial z}\boldsymbol{k} \tag{4-43}$$

式中，$\boldsymbol{n}$ 为物体表面的单位法向矢量。式（4-42）中的矢量函数 $\boldsymbol{F}$ 必须是在封闭的规则曲面 $\boldsymbol{S}$ 和它的内部体积 $\boldsymbol{V}$ 上 C^1 连续。为了能实现式（4-42）中将体积积分转化为表面积分，必须找到一个矢量函数 $\boldsymbol{F}$ 满足$\nabla\cdot\boldsymbol{F}=1$。根据格林定理，$\boldsymbol{F}$ 不唯一。例如，选择 $\boldsymbol{F}=z\boldsymbol{k}$，则体积可以写成

$$V = \iiint_V \mathrm{d}V = \iint_S z(\boldsymbol{k}\cdot\boldsymbol{n})\mathrm{d}A_s \tag{4-44}$$

把求面积微元 $\mathrm{d}A_s$ 的式（4-35）和式（4-36）代入上式，得到

$$V = \iiint_V \mathrm{d}V = \int_{v_1}^{v_2}\int_{u_1}^{u_2} z(\boldsymbol{k}\cdot\boldsymbol{n})\sqrt{(\boldsymbol{P}_u\cdot\boldsymbol{P}_u)(\boldsymbol{P}_v\cdot\boldsymbol{P}_v)}\,\mathrm{d}u\mathrm{d}v \tag{4-45}$$

如果物体是由多个表面封闭而形成的，则它的体积为

$$V = \sum_{i=1}^{n}\int_{v_{i1}}^{v_{i2}}\int_{u_{i1}}^{u_{i2}} z(\boldsymbol{k}\cdot\boldsymbol{n}_i)\sqrt{(\boldsymbol{P}_{ui}\cdot\boldsymbol{P}_{ui})(\boldsymbol{P}_{vi}\cdot\boldsymbol{P}_{vi})}\,\mathrm{d}u\mathrm{d}v \tag{4-46}$$

式（4-46）适用于内部无孔的物体。内部有孔（一个或多个）的物体的体积 V_m 为

$$V_m = V - \sum_{j=1}^{m} V_{hj} \tag{4-47}$$

式中，V_{hj}是第 j 个孔的体积。

物体的几何中心由图 4-23 所示的矢量 $\boldsymbol{r}_c$ 表示，类似于式（4-29），有

$$\boldsymbol{r}_c = \frac{\iiint_V \boldsymbol{r}\mathrm{d}V}{\iiint_V \mathrm{d}V} = \frac{\iiint_V \boldsymbol{r}\mathrm{d}V}{V} \tag{4-48}$$

或

$$x_c = \frac{1}{V}\iiint_V x\mathrm{d}V \quad y_c = \frac{1}{V}\iiint_V y\mathrm{d}V \quad z_c = \frac{1}{V}\iiint_V z\mathrm{d}V \tag{4-49}$$

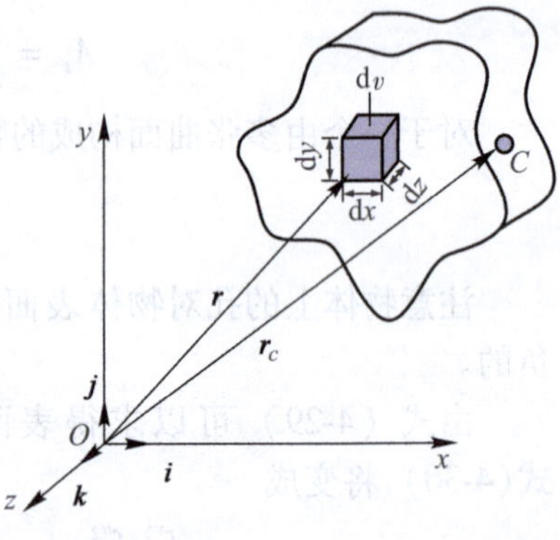

图 4-23　体积

转化为面积积分，有

$$x_c = \frac{1}{V}\iint_S xz(\boldsymbol{k}\cdot\boldsymbol{n})\mathrm{d}A_s$$

$$y_c = \frac{1}{V}\iint_S yz(\boldsymbol{k}\cdot\boldsymbol{n})\mathrm{d}A_s \tag{4-50}$$

$$z_c = \frac{1}{V}\iint_S \frac{z^2}{2}(\boldsymbol{k}\cdot\boldsymbol{n})\mathrm{d}A_s$$

将面积微元积分转化为曲面参数积分，则有

$$
\begin{aligned}
x_c &= \frac{1}{V}\int_{v_1}^{v_2}\int_{u_1}^{u_2} xzK(\boldsymbol{k}\cdot\boldsymbol{n})\,\mathrm{d}u\mathrm{d}v \\
y_c &= \frac{1}{V}\int_{v_1}^{v_2}\int_{u_1}^{u_2} yzK(\boldsymbol{k}\cdot\boldsymbol{n})\,\mathrm{d}u\mathrm{d}v \\
z_c &= \frac{1}{V}\int_{v_1}^{v_2}\int_{u_1}^{u_2} \frac{z^2}{2}K(\boldsymbol{k}\cdot\boldsymbol{n})\,\mathrm{d}u\mathrm{d}v
\end{aligned}
\tag{4-51}
$$

如果物体是由多个表面封闭而形成的，则将所有表面的积分累加，得到物体的几何中心为

$$
\begin{aligned}
x_c &= \frac{1}{V}\sum_{i=1}^{n}\int_{v_{i1}}^{v_{i2}}\int_{u_{i1}}^{u_{i2}} xzK_i(\boldsymbol{k}\cdot\boldsymbol{n}_i)\,\mathrm{d}u\mathrm{d}v \\
y_c &= \frac{1}{V}\sum_{i=1}^{n}\int_{v_{i1}}^{v_{i2}}\int_{u_{i1}}^{u_{i2}} yzK_i(\boldsymbol{k}\cdot\boldsymbol{n}_i)\,\mathrm{d}u\mathrm{d}v \\
z_c &= \frac{1}{V}\sum_{i=1}^{n}\int_{v_{i1}}^{v_{i2}}\int_{u_{i1}}^{u_{i2}} \frac{z^2}{2}K_i(\boldsymbol{k}\cdot\boldsymbol{n}_i)\,\mathrm{d}u\mathrm{d}v
\end{aligned}
\tag{4-52}
$$

4.3.2　质量特性

物体的质量特性是一组工程应用中的基本特性。这些特性包括质量、质心（重心）、第一转动惯量和第二转动惯量等。质量特性与几何特性的主要差别在于前者引入了物体的材料密度。严格地说，如果重力加速度 g 和/或物体的材料密度 ρ 不为常量，那么物体的中心（关于体积）、质心（关于质量）和重心（关于重量）之间是有区别的。在本章中，我们假定重力加速度 g 和物体的材料密度 ρ 为常量。因此，上述关于体积、质量和重量的三个中心是一致的，都是物体的体积中心。这种假设意味着物体是均质的并且总是靠近地球表面。

1. 质量（Mass）

质量可以采用类似计算体积的方法而求得。如果用质量微元 dm 取代图 4-23 中的体积微元 dV，即

$$
\mathrm{d}m = \rho\mathrm{d}V \tag{4-53}
$$

则物体的质量为

$$
m = \iiint_m \rho\mathrm{d}V \tag{4-54}
$$

假设密度 ρ 为常量，即物体均质，则式（4-54）可写成

$$
m = \rho\iiint_V \mathrm{d}V = \rho V \tag{4-55}
$$

式（4-55）表明，一旦计算出物体的体积，把它乘以密度 ρ 就得到物体的质量。

2. 质心（Centriod）

质量 m 取代 V，用式（4-48）就可以计算质心，即

$$
\boldsymbol{r}_c = \frac{\iiint_m \boldsymbol{r}\mathrm{d}m}{m} \tag{4-56}
$$

若用ρV替代式（4-56）中的m，那么式（4-48）和式（4-56）的结果是完全一样的。因此，式（4-49）到式（4-52）可以用于计算质心。

3. 转动惯量

转动惯量，又称惯性矩，通常以I表示，SI单位为$kg \cdot m^2$，是一个物体对于旋转运动的惯性。其物理意义是物体绕某轴转动所受到的阻力。对于某给定轴，一个集中质量（质量单元dm）的转动惯量是其质量与其到给定轴线的距离平方的乘积。因此，分布质量（由若干个集中质量构成）关于x，y，z轴的转动惯量是所有质量单元的转动惯量的总和，其计算公式为

$$I_{xx} = \iiint_m (y^2 + z^2)\,dm = \rho\iiint_V (y^2 + z^2)\,dV \tag{4-57}$$

$$I_{yy} = \iiint_m (x^2 + z^2)\,dm = \rho\iiint_V (x^2 + z^2)\,dV \tag{4-58}$$

$$I_{zz} = \iiint_m (x^2 + y^2)\,dm = \rho\iiint_V (x^2 + y^2)\,dV \tag{4-59}$$

对于由多个表面封闭而成的物体，类似4.3.1中通过积分进行体积计算的思路，可将式（4-57）~式（4-59）的体积积分转化为参数化曲面积分，那么，这个物体关于x，y，z轴的转动惯量可分别由式（4-60）、式（4-61）、式（4-62）进行计算，即

$$I_{xx} = \rho\sum_{i=1}^{n}\int_{v_{i1}}^{v_{i2}}\int_{u_{i1}}^{u_{i2}} zK_i\left(y^2 + \frac{z^2}{3}\right)(\boldsymbol{k}\cdot\boldsymbol{n}_i)\,du\,dv \tag{4-60}$$

$$I_{yy} = \rho\sum_{i=1}^{n}\int_{v_{i1}}^{v_{i2}}\int_{u_{i1}}^{u_{i2}} zK_i\left(x^2 + \frac{z^2}{3}\right)(\boldsymbol{k}\cdot\boldsymbol{n}_i)\,du\,dv \tag{4-61}$$

$$I_{zz} = \rho\sum_{i=1}^{n}\int_{v_{i1}}^{v_{i2}}\int_{u_{i1}}^{u_{i2}} zK_i(x^2 + y^2)(\boldsymbol{k}\cdot\boldsymbol{n}_i)\,du\,dv \tag{4-62}$$

4. 惯性积

与转动惯量相关的另一个质量特性是惯性积，它在工程应用中也经常用到，其计算公式为

$$I_{xy} = \iiint_m xy\,dm = \rho\iiint_V xy\,dV \tag{4-63}$$

$$I_{xz} = \iiint_m xz\,dm = \rho\iiint_V xz\,dV \tag{4-64}$$

$$I_{yz} = \iiint_m yz\,dm = \rho\iiint_V yz\,dV \tag{4-65}$$

对于由多个表面封闭而成的物体，把它们转化为参数化曲面积分，则有

$$I_{xy} = \rho\sum_{i=1}^{n}\int_{v_{i1}}^{v_{i2}}\int_{u_{i1}}^{u_{i2}} xyzK_i(\boldsymbol{k}\cdot\boldsymbol{n}_i)\,du\,dv \tag{4-66}$$

$$I_{xz} = \rho\sum_{i=1}^{n}\int_{v_{i1}}^{v_{i2}}\int_{u_{i1}}^{u_{i2}} \frac{xz^2}{2}K_i(\boldsymbol{k}\cdot\boldsymbol{n}_i)\,du\,dv \tag{4-67}$$

$$I_{yz} = \rho\sum_{i=1}^{n}\int_{v_{i1}}^{v_{i2}}\int_{u_{i1}}^{u_{i2}} \frac{yz^2}{2}K_i(\boldsymbol{k}\cdot\boldsymbol{n}_i)\,du\,dv \tag{4-68}$$

4.3.3　装配体的质量特性计算

产品是由多个零、部件组成的装配体。装配体的质量特性计算是产品性能分析的一个重要方面。由上述两节关于物体几何和质量特性的计算方法及公式，容易求得装配体的各项质量特性。

1. 装配体的体积

装配体的体积是所有零、部件体积之和，即

$$V = \sum_{i=1}^{n} V_i \tag{4-69}$$

式中，V、V_i、n 分别是装配体的体积、第 i 个零件的体积和零件的数目。

2. 装配体的质心

装配体的质心可由下式计算得出，即

$$\boldsymbol{r}_c = \frac{\sum_{i=1}^{n} \boldsymbol{r}_{ci} V_i}{\sum_{i=1}^{n} V_i} = \frac{\sum_{i=1}^{n} \boldsymbol{r}_{ci} V_i}{V} \tag{4-70}$$

$$x_c = \frac{\sum_{i=1}^{n} x_{ci} V_i}{V} \quad y_c = \frac{\sum_{i=1}^{n} y_{ci} V_i}{V} \quad z_c = \frac{\sum_{i=1}^{n} z_{ci} V_i}{V} \tag{4-71}$$

式中，$\boldsymbol{r}_{ci}$ 是第 i 个零件关于模型坐标系（MCS）的质心位置矢量。

3. 装配体的转动惯量和惯性积

由下式计算得出装配体的转动惯量，即

$$I_{xx} = \sum_{i=1}^{n} (I_{xx})_i \quad I_{yy} = \sum_{i=1}^{n} (I_{yy})_i \quad I_{zz} = \sum_{i=1}^{n} (I_{zz})_i \tag{4-72}$$

而惯性积则为

$$I_{xy} = \sum_{i=1}^{n} (I_{xy})_i \quad I_{xz} = \sum_{i=1}^{n} (I_{xz})_i \quad I_{yz} = \sum_{i=1}^{n} (I_{yz})_i \tag{4-73}$$

转动惯量和惯性积都是各个零件的转动惯量和惯性积的代数和，因为转动惯量和惯性积都可为正值或负值。

4.3.4　质量特性计算实例

CAD/CAM 系统通常提供有关质量特性（Mass Property）计算的命令或界面，按照上述原理及公式计算物体的质量特性。在使用 CAD/CAM 计算质量特性时，用户必须正确设置几何尺寸和密度的单位，以便计算出正确的质量特性值。下面以 4.2.5 节所示的简易减速器为例，给出其中的底座零件及整个装配体的主要质量特性值。

先看底座零件（材料为灰铸铁 HT200）的质量特性计算过程。在 Pro/Engineering 系统中打开图 4-24 所示的减速器底座零件模型，零件坐标系（PRT_CSYS_DEF）位于底座底面两轴承孔连线的中心。依次单击菜单中的【分析】→【模型】→【质量属性】，在质量属性界面设置该零件密度为 7.2g/cm³，计算精度为 0.00001，即可计算零件的质量属性，其计算结果如图 4-25 所示，各项具体的质量特性见表 4-1。

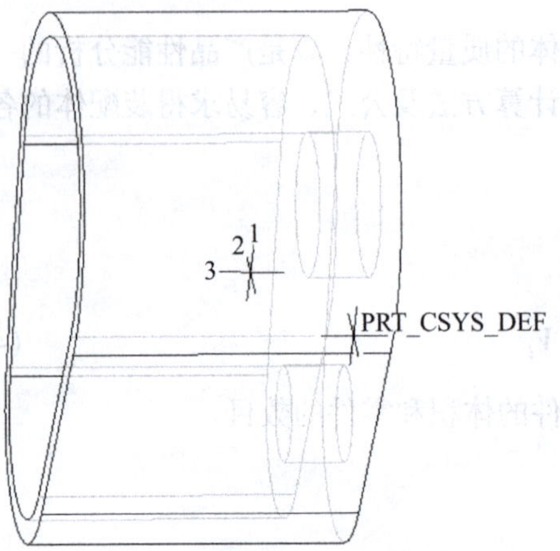

图 4-24　减速器底座零件模型

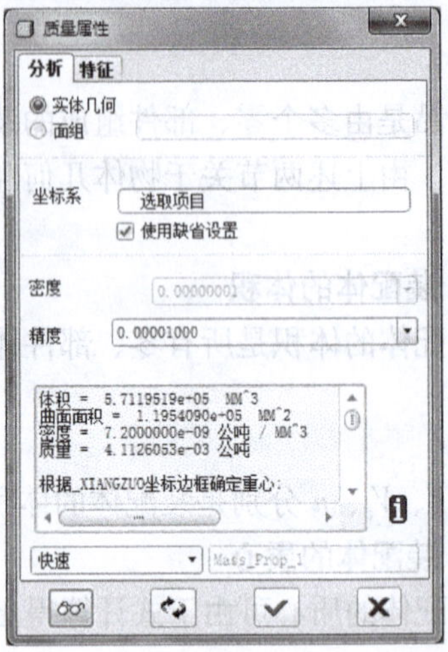

图 4-25　底座质量属性的计算界面

表 4-1　底座零件的质量特性

质量特性项目	质量特性值	单　位
体积	5.7119519e+05	mm^3
曲面面积	1.1954090e+05	mm^2
质量	4.1126053	kg
重心	$x=0.00000$，$y=24.29431$，$z=36.41351$	mm
转动惯量	$I_{xx}=2.3556944e-2$ $I_{yy}=1.4863024e-2$ $I_{zz}=1.9290964e-2$	$kg \cdot m^2$
惯性积	$I_{xy}=0$ $I_{zx}=0$ $I_{yz}=8.0696366e-2$	$kg \cdot m^2$

再看整个减速器装配体的质量特性。在 Pro/Engineering 系统中打开图 4-26 所示的减速器装配体模型，坐标系位于装配体的中心。依次单击菜单中的【分析】→【模型】→【质量属性】，设置减速器装配件中各零件的密度，具体为：两个齿轮均为 $8.0g/cm^3$，端盖和底座 $7.2g/cm^3$，两根传动轴 $7.827g/cm^3$、配套轴承 $7.89g/cm^3$，计算精度 0.00001，即可计算该减速器的质量属性，其计算结果如图 4-27 所示，各项具体的质量特性见表 4-2。

表 4-2　减速器装配体的质量特性

质量特性项目	质量特性值	单　位
体积	1.4430051e+06	mm^3
曲面面积	2.5856799e+05	mm^2
平均密度	7.4537769	g/cm^3
质量	1.0755838e+01	kg
重心	$x=-64.719598$，$y=55.306799$，$z=0.00000$	mm

（续）

质量特性项目	质量特性值	单　位
转动惯量	$I_{xx}=6.5825287e-2$ $I_{yy}=7.0280033e-2$ $I_{zz}=1.1813504e-2$	$kg\cdot m^2$
惯性积	$I_{xy}=3.8519729e-2$ $I_{zx}=0$ $I_{yz}=0$	$kg\cdot m^2$

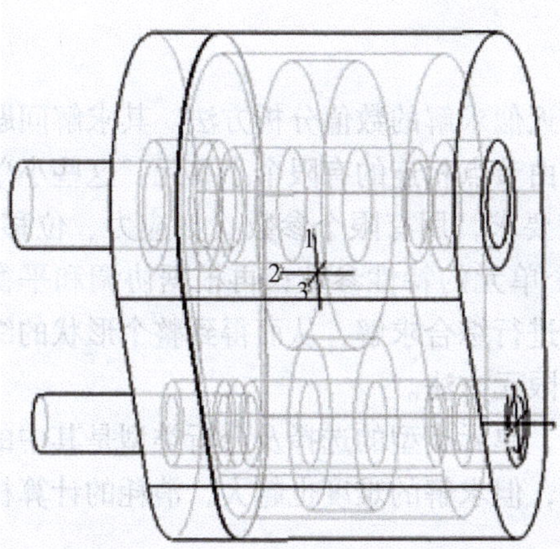

图 4-26　减速器装配体模型

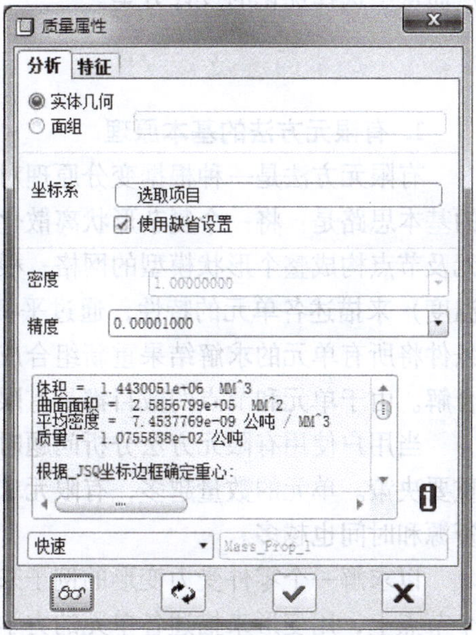

图 4-27　减速器装配体质量属性的计算界面

4.4　有限元分析

产品设计过程中的一个重要问题就是要对产品的性能进行分析，其主要内容包括有限元分析、优化分析、运动仿真、可靠性分析和模态分析等。工程分析是计算机辅助设计中的重要组成部分，其作用有以下三个方面。

1）工程分析本身就是设计工作的一部分，有些设计需要进行复杂计算，有些设计需要进行试验研究来进行决策。

2）工程分析为设计提供有效的验证，说明设计的可行性和正确性。

3）工程分析为设计方案的确定进行探索和比较，为方案评估提供有效依据。

现代计算机技术和信息技术的发展，为计算机辅助工程分析（Computer Aided Engineering，CAE）提供了有效的手段。过去依靠大量手工进行的复杂计算工作现在可以由 CAE 软件在计算机上高效完成。过去有些手工很难进行分析的工作现在可以由 CAE 软件来解决。过去需要进行试验研究的工作现在也可以通过 CAE 软件在计算机上进行模拟和仿真。CAE

为最终设计提供可靠参考，从而使产品设计的质量、可靠性和效率有了很大的提高，同时也降低了产品开发的成本。

计算机辅助工程分析的内容很多，本章仅就有限元分析技术进行介绍。有限元建模（Finite Element Modeling，FEM）或有限元分析（Finite Element Analysis，FEA）是CAD系统提供的最流行的机械工程应用之一。它可以应用的分析任务包括强度分析、振动分析、热传导分析、电磁场分析和流体动力学分析等。有限元方法具有足够的通用性，几乎可以处理任何复杂形状、材料、边界条件和载荷条件，是一种有效的设计工具。通过它，设计师能够考虑不同的设计方案（不同的形状、材料、载荷和边界条件等）以便进行参数化设计与分析，从而从中选择优化的设计方案。

4.4.1 基本原理及其应用

1. 有限元方法的基本原理

有限元方法是一种根据变分原理对工程问题进行近似求解的数值分析方法。其求解问题的基本思路是：将一个复杂形状离散化、分割成彼此由节点相连的有限个小单元，这些小单元及节点构成整个形状模型的网格；根据一定的精度要求，用有限个参数（如应力、位移、温度）来描述各单元的特性，通过平衡方程求解每个单元的特性参数；再根据协调和平衡条件将所有单元的求解结果重新组合成一个组合体，进行综合求解，从而得到整个形状的综合解。由于单元和节点的数目都是有限的，故称为有限元方法。

当用户使用有限元方法分析问题时，形状的剖分、单元类型的选择及分析类型是其中的重要决策。单元的数量越多，有限元求解的精度越高，但求解的难度也越大，消耗的计算机资源和时间也越多。

以求解一个零件受力变形的例子来说明。先将零件分割成有限个单元，相互连接在有限个节点上，用变形来描述各单元的力学特性，整个零件的变形就是各个单元变形的总和，基于平衡关系建立整个零件的刚度方程，求解该方程就可得到整个零件各部分的受力变形情况。图4-28a 所示为四边形网格，图4-28b 所示为三角形网格，可以看出其网格是不均匀的，可根据分析的需要来决定需要重点分析的部分，如结构件中的应力集中处，此部分网格可以密一些。

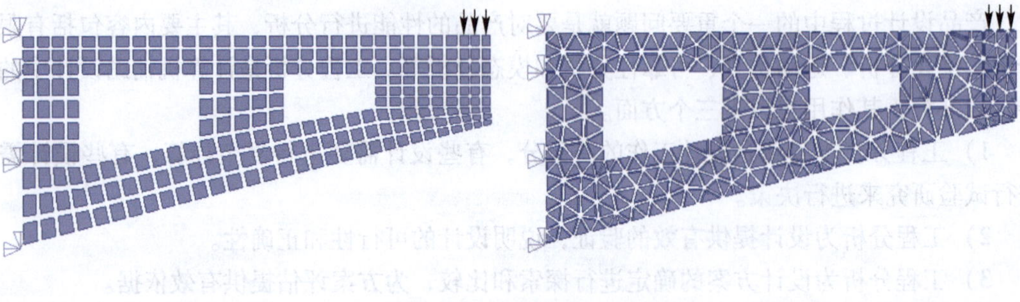

a) 四边形网格　　b) 三角形网格

图 4-28　单元划分

2. 有限元方法的类型和基本解法

（1）平面单元和立体单元　有限元方法中的单元形状可分为平面单元和立体单元，相应的分析方法分别称为平面单元分析法和立体单元分析法。通常物体多是立方体的，但可以简化为平面单元进行求解。机械产品的零、部件，其结构形状和受力、受热状态，一般应属于空间问题，应该用空间单元进行求解，但这会使有限元分析复杂化，且工作量大。为了简化分析计算，通常将空间问题简化为平面问题进行处理。平面问题和空间问题的分析原理和方法基本相同，本章主要论述平面问题的有限元分析。

（2）基本解法　有限元方法是在满足边界条件的情况下，求解基本方程。在实际求解时，先求出某些未知量，再由它们求出其他未知量。按照所选基本未知量和分析方法的不同，有不同的基本解法。目前常用的方法很多，不同方法的分析精度、复杂程度和效率有所不同。例如，在机械零件的结构分析中，进行零件的受力变形和受热变形的有限元分析，从结构力学解题的角度来看，基本上有两种方法：选择变形位移量为未知量的方法称为位移法；选择力为未知量的方法称为力法。

1）位移法。以节点位移为基本未知量，选择适当的位移函数，在节点处建立单元刚度方程，综合组成整体刚度方程，求解节点位移，再由位移求出应力。

2）力法。也称为应力法，是以节点力为基本未知量，选择适当的力函数，在节点处建立位移连续方程，求解节点力，再计算节点的位移和应力。

一般情况下力法的精度较高，而用位移法比较简单，计算机编程方便，应用较多。

此外，尚有部分区域基于位移场、部分区域基于力场的杂交有限元法、基于混合变分原理的混合法。由于有限元分析的计算工作量很大，对于巨型、大型或复杂结构件可采用半解析法、半数值方法，即有一个方向或部分区域用解析法求解，另外部分剖分为单元求解，如有限条法和边界元法等。有限条法是在一个方向上剖分为单元求解，另一个方向用解析法求解；边界元法只在连续体边界上剖分边界元求解，域内用解析法求解。

3. 有限元方法的应用

有限元方法与计算机技术的发展有着密切关系。计算机在计算能力和存储量上的巨大提升，都为有限元分析软件性能的提高提供了帮助，也为有限元计算的实用化奠定了基础。当前的商品有限元分析软件，不仅可以求解任何复杂结构形状、多变边界条件、不同物理特性、材料特性不均匀和任何承载情况的工程问题，还广泛用于分析连续介质和非连续介质场的物理数学方程的求解。分析的内容也从静态应力、位移分析，扩展到动态问题、非线性应力问题、黏弹性问题等。一些更专用的有限元工具还可用于黏塑性响应分析，弹塑性蠕变分析，疲劳与断裂分析，气、液流体力学分析，热传导分析和电磁力分析以及力、电、磁、温度、流体等场强分析等。

4.4.2　基本方法

1. 有限元分析过程

按照位移法的思路，有限元分析的过程有以下几个步骤。

（1）结构离散化　结构离散化是指将所分析的结构分割成有限单元，使相邻单元仅在节点处相连，整个结构形成一个有限单元结合体。

平面问题的有限单元可以是三节点三角形、六节点三角形、四节点矩形、四节点四边形、八节点曲边四边形等；对于立体问题的有限单元可以是四节点四面体、八节点六面体等，如图4-29所示。可根据实际结构的形状、材料特性和计算精度等来确定，三角形单元分割较细，四边形单元分割较粗。节点越多，自由度越多，计算工作量越大，但求解精度越高。平面有限单元每个节点有2个自由度，立体有限单元每个节点有3个自由度。

单元和节点都要按编码规则进行编号。

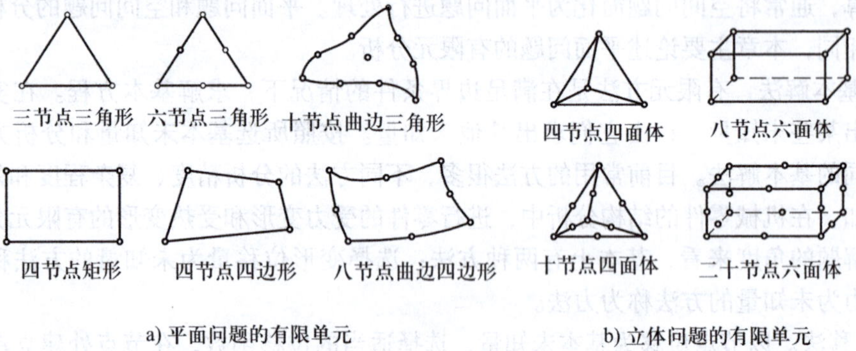

图4-29　单元形状及节点

（2）单元分析　单元分析是为了求解单元节点位移与节点力之间的关系，将其用矩阵形式表达，得到单元刚度矩阵。单元分析的过程如图4-30所示，可分为4个步骤。

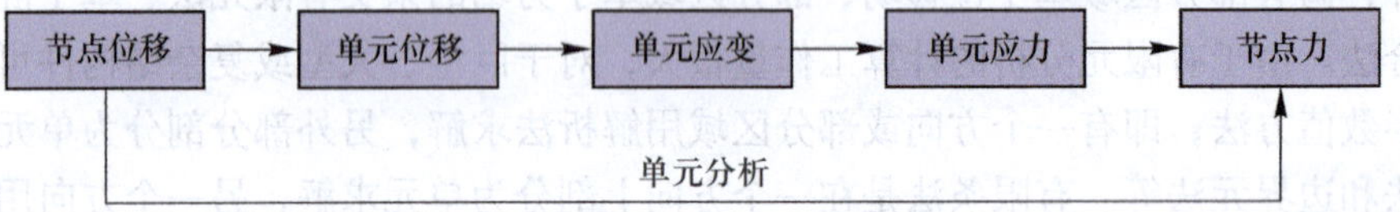

图4-30　单元分析的过程

1）选用位移插值函数，由节点位移求单元（内部各点）位移。

2）利用几何方程由单元位移求单元应变。

3）利用物理方程由单元应变求单元应力。

4）利用虚功原理或最小势能原理，由单元应力求节点力。

单元节点位移与节点力之间的关系可以用结构力学、虚功原理或最小势能原理等方法推导得出，但对于连续体（非杆件）结构一般很难用结构力学来解，而是假设位移插值函数，采用虚功原理或最小势能原理来推导得出。利用最小势能原理的方法更为基本一些，其所求得的位移近似解比真实解要小。单元网格划分越小，近似解越接近真实解。

（3）建立平衡方程组　通过编码法由单元刚度矩阵集合形成整体刚度矩阵，以节点为隔离体，整体刚度矩阵为系数，建立线性平衡方程组。

（4）形成载荷阵列　施加节点载荷，形成载荷阵列。对于非节点载荷可由静力平衡条件转化为节点载荷。

（5）引入边界条件　一个没有边界条件约束的结构，在一定载荷下可以产生刚体位移，其刚度矩阵是奇异的，无法确定其位移量，因此要引入边界条件。

（6）方程求解　求出节点位移后，再通过单元刚度矩阵求得单元应力。

2. 有限元分析软件的分析过程

目前多采用商用有限元软件来进行有限元分析。软件由前处理、分析、后处理3部分组成，其分析过程大体上可分为相应的3个阶段。

（1）有限元前处理　有限元前处理又可称为有限元前置处理。在进行有限元分析时，先要做大量的数据输入工作，以便于进行具体分析。其主要内容为：构造几何模型；生成网格单元；输入节点编号、坐标和边界条件以及单元几何、拓扑、载荷和材料特性等信息。具体过程如下：

1）网格自动划分。生成构件各种类型的单元及其组合而成的网格，其算法很多，可以分为两类，一类是基于规则形体的方法，另一类是直接对原始模型划分的方法。对于第一类，即基于规则形体的方法，主要有映射元素法（Mapped element approach），其是先将几何模型划分为若干个规则区域或形体，如二维的三角形或四边形，三维的四面体或六面体等，分别对其划分网格，再拼装为完整模型的网格，如图4-31a所示。对于具有不同网格密度的

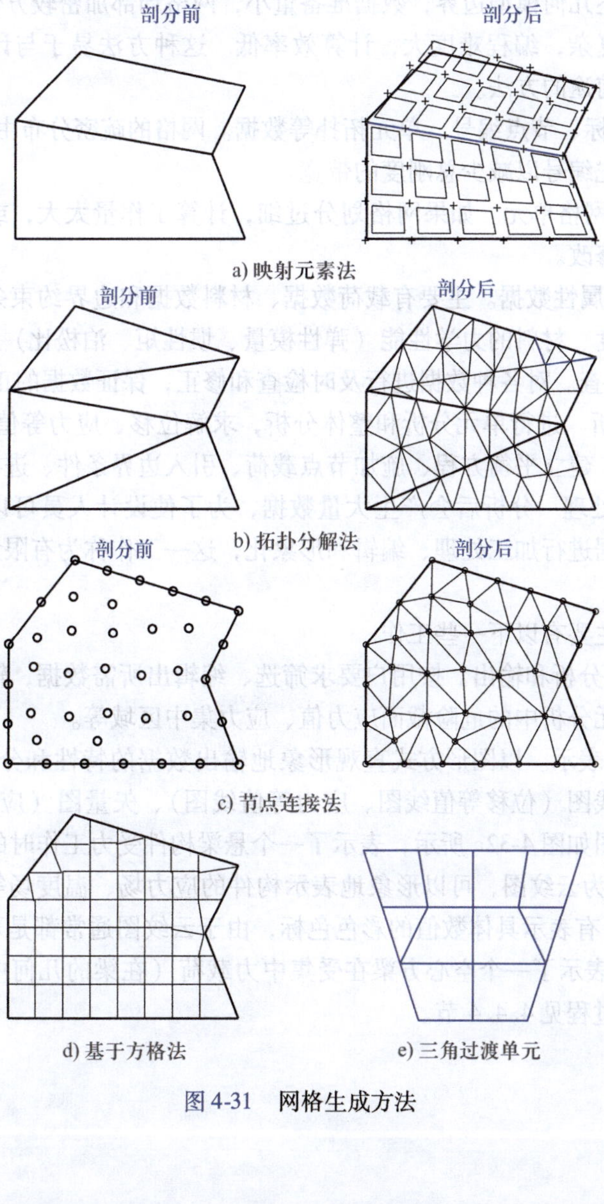

图4-31　网格生成方法

过渡区域，通常采用三角过渡单元，如图 4-31e 所示。该方法算法简单、计算效率高，但对用户有较高要求、数据准备量大，是一种半自动方法。而对于第二类，即直接对原始模型划分的方法，适合于具有不规则形状形体或拓扑的网格生成，也称为非结构或自由网格法。主要包括拓扑分解法、节点连接法、基于方格法。

拓扑分解法，从多边形工件边界开始，将顶点连接而循环地分解为三角形，直到仅剩一个三角形区域为止，如图 4-31b 所示。

节点连接法（图 4-31c）是首先在多边形边界上产生节点，然后产生内部节点，最后连接这些节点形成单元。内部节点产生的方法，是先将边界形成的区域划分为多个小块（区域），然后在这些小块中均匀产生随机节点。二维网格通常是三角形单元，三维网格通常是四面体单元。

基于方格的方法（Grid-based），是以标准方格映射到需要划分网格的形状上，在边界上切割方格，并将接近边界的节点移到边界上从而形成网格，如图 4-31d 所示。使用这类方法，用户只需要描述几何模型边界，数据准备量小，网格局部加密较方便，是一种全自动的方法，但其算法较复杂，编程难度大，计算效率低。这种方法易于与计算机辅助建模相结合，是一种有发展前途的方法。

2）生成节点坐标、节点编号、单元拓扑等数据。网格的疏密分布由用户来控制和调整，生成的节点应能优先编号以减少总刚度的带宽。

3）修改和控制网格单元。如果网格划分过细，计算工作量太大，或已超出计算机的能力，可进行必要的修改。

4）生成有限元属性数据。主要有载荷数据、材料数据和边界约束条件数据等，如单元载荷分布、构件厚度、材料的力学性能（弹性模量、惯性矩、泊松比）等。

5）数据自动检查。对各种数据进行及时检查和修正，保证数据的正确性。

（2）有限元分析　进行单元分析和整体分析，求解位移、应力等值。如单元特征分析、建立单元刚度矩阵、建立平衡方程、施加节点载荷、引入边界条件、进行方程求解等。

（3）有限元后处理　分析后会产生大量数据，为了使设计人员可以迅速有效地得到计算结果，必须对数据进行加工处理、编辑和形象化，这一工作称为有限元后处理，也称为有限元后置处理。

有限元后处理主要有以下一些工作。

1）数据的归纳分析和输出。按用户要求筛选、编辑出所需数据，输出规格化的数据文件，如在强度有限元分析中的危险截面应力值、应力集中区域等。

2）数据的图形表示。以图形方式直观形象地输出数据的特性和分布状况，如网格图、结构变形图、等值线图（位移等值线图、应力等值线图）、矢量图（应力矢量图）、云纹图以及动画等。网格图如图 4-32a 所示，表示了一个悬梁构件受力工作时的应力分布情况（二维）；图 4-32b 所示为云纹图，可以形象地表示构件的应力场、温度场等物理量，图的旁边（上下方或左右边）有表示具体数值的彩色色标，由于云纹图通常都是彩色的，故又称为彩色填充图。图 4-32 表示了一个空心方梁在受集中力载荷（在梁的几何中心）下的受力变形结果，其详细分析过程见 4.4.4 节。

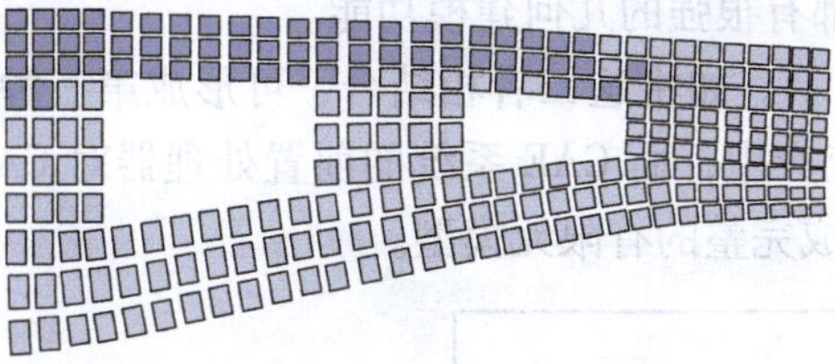

a) 网格图

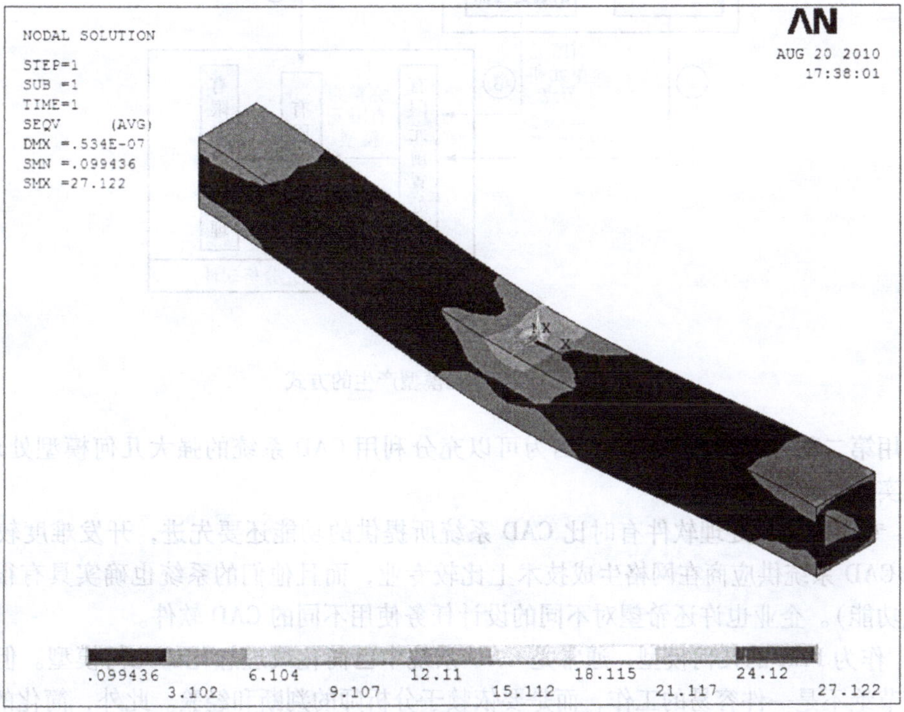

b) 云纹图

图4-32　有限元分析结果的图形表示

4.4.3　有限元分析软件与CAD的集成

很明显，零、部件的几何模型是建立有限元模型的重要基础。如果CAD模型可以直接用于网格生成，重构模型的人工错误就可以大幅度减少或避免，这可以通过下列两种途径来实现。

1）CAD系统与专用FEA前置处理器集成，或是与CAE中具有接受CAD模型的几何信息能力的前置处理器结合。由于IGES和STEP等数据交换标准的发展，通过这种途径的集成已变得十分容易。

2）CAD系统本身可以包括一个网格生成器，使完整的有限元模型可以直接根据零、部件的几何模型产生。也可以有其他方式，如CAD系统含有一个FEA求解器，或CAE系统包含一个几何造型器。目前这种方式比较普遍，主流CAD系统都带有FEA功能，而CAE系统如 ANSYS，NASTRAN 等也都有很强的几何建模功能。

这两种途径如图 4-33 所示。如将这二者相结合，可形成第三种方法，也就是网格（包括单元和节点）由 CAD 系统产生，而 CAE 系统的前置处理器对 CAD 产生的网格加上边界条件和材料数据等，从而形成完整的有限元模型。

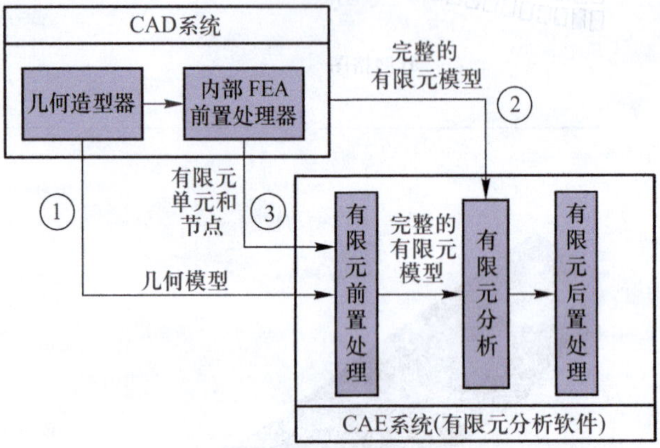

图 4-33　有限元模型产生的方式

使用第二种方式似乎更合适，因为可以充分利用 CAD 系统的强大几何模型处理能力，然而事实上却有一些限制。

1）专用的前置处理软件有时比 CAD 系统所提供的功能还要先进，开发难度较大（虽然有些 CAD 系统供应商在网格生成技术上比较专业，而且他们的系统也确实具有很强的网格生成功能）。企业也许还希望对不同的设计任务使用不同的 CAD 软件。

2）作为 FEA 的几何模型，通常是 CAD 系统中已简化或理想化的几何模型。但简化或去除细节绝不是一件容易的工作，而是要依赖于分析师的判断和经验。此外，简化的几何模型定义对于网格生成器来说，仅是整个网格生成任务中的一小部分工作，因此，几何处理的效率只是建立有限元模型这项工作的一个次要考虑因素。

选择合适的网格生成方式要注重实用性。如果几何形状复杂而网格生成比较直接，那么重用 CAD 几何模型就很重要。如果几何形状相对简单，而有限元模型复杂（例如需要描述复杂的材料特性时），那么应该选用最适合的 FEA 前置处理器。

4.4.4　实例分析

图 4-34 所示一横梁的长度设计为 1.5m，因此横梁的截面尺寸设计为 140mm × 140mm × 20mm（壁厚）。在形心位置施加向下的集中载荷 10000N。为了确保横梁在此条件下正常工作，需要对其进行强度计算和校核，以改进设计方案，确保安全工作。

采用通用大型分析软件 ANSYS 来分析求解上述实例。假设该横梁的三维几何模型已经建立，根据上述介绍的有限元分析的基本原理与分析过程，其主要过程如下。

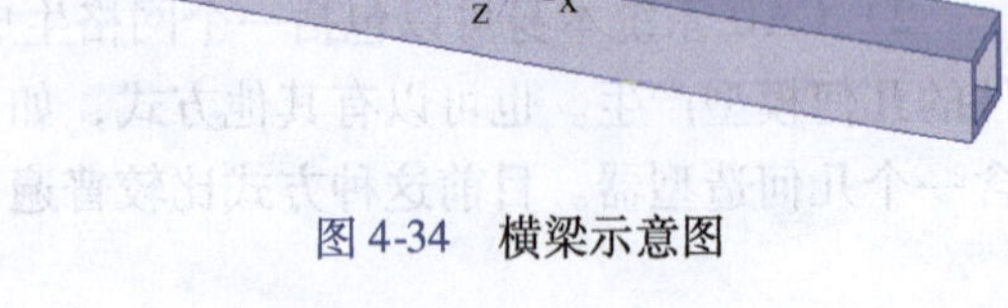

图 4-34　横梁示意图

1. 定义工作标题和工作文件

为有限元分析任务给定一个有工程意义的工作标题，如本实例的工作标题为“The Static Intensity Analysis of the cross beam”（横梁的静态强度分析），并给定一个工作文件名，以便保存和管理有关有限元分析的参数设置、计算结果及日志信息。

2. 导入几何模型

通过数据交换标准格式的文件，如IGES文件，在ANSYS中导入并打开该横梁零件的三维模型。根据需要，可以通过平移、缩放、旋转等编辑命令对几何模型进行操作。

3. 定义单元属性

（1）选择单元类型　从单元类型库中选择合适的单元类型，如图4-29所示的“四节点矩形”等平面单元或“四节点四面体”、“二十节点六面体”等立体单元。本例选择“二十节点六面体”（The 20 node hexahedron）立体单元。

（2）定义材料属性　包括材料密度、弹性模量、热膨胀系数等。本实例中，假定材料行为是线性、各向同性的（Linear Isotropic），弹性模量为2.1×10^{11}Pa，泊松比为0.3。

4. 网格划分

（1）定义网格密度　通过设定单元边长或单元数目可以控制网格划分后的网格密度。本实例中通过网格密度设置对话框，将单元边长设定为0.03mm。

（2）自由划分网格　执行网格划分命令，按照上述网格密度参数自动划分网格，划分后的网格模型如图4-35所示。

5. 施加约束和载荷

（1）施加位移约束　在三维模型上首先选择横梁的两端面，此时在图形工作区将出现高亮显示这两个端面，然后给它们施加限制全部六个自由度（All DOF）的约束。

（2）施加力载荷　在横梁的上表面中心即坐标为（0，60，0）的节点处，施加Y向的点载荷，其载荷大小为－10000N，含义是在横梁中心处施加向下大小为1000N的集中力。施加约束和载荷后的模型如图4-36所示。

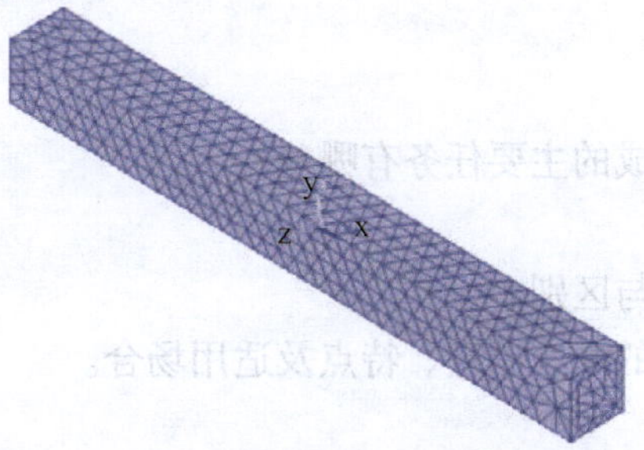

图4-35　横梁的网格模型

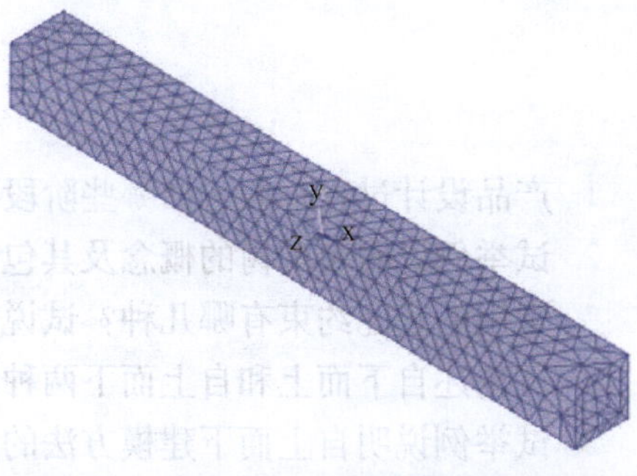

图4-36　施加约束和载荷后的有限元模型

6. 求解计算

在开始求解计算之前，需要指定分析类型。有限元分析类型包括静态分析、模态分析和瞬态分析等。由于本实例是要对横梁在受力条件下的强度进行校核，因此属于静态分析，可在ANSYS软件中通过选择“Static”予以指定。然后，软件自动进行求解计算。如果计算失败，则可以在监控对话框中查看错误信息，检查求解计算之前的预处理步骤中的问题，修正后重新进行计算。如果计算成功，系统会弹出“Solution is done”的信息。本实例成功求解计算后的模型如图 4-37 所示。

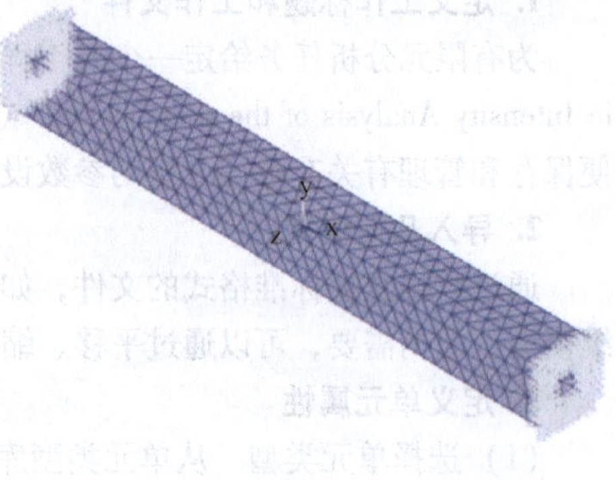

图 4-37　成功求解计算后的模型

7. 后置处理查看结果

进入通用后处理器，可绘制并显示变形后的网格模型、未变形的网格模型、未变形的边界、节点的应力云纹图。也可以动画方式显示节点的应力结果。图 4-38 所示为横梁变形后的网格模型和未变形的模型边界，从中可以看出，横梁发生了一定程度的弯曲，而且在中间处弯曲程度最大。图 4-39 所示为节点平均等效应力云纹图。

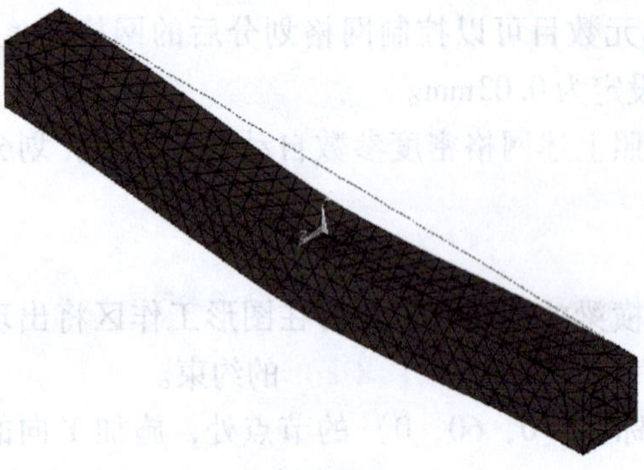

图 4-38　变形后的网格模型及未变形的模型边界

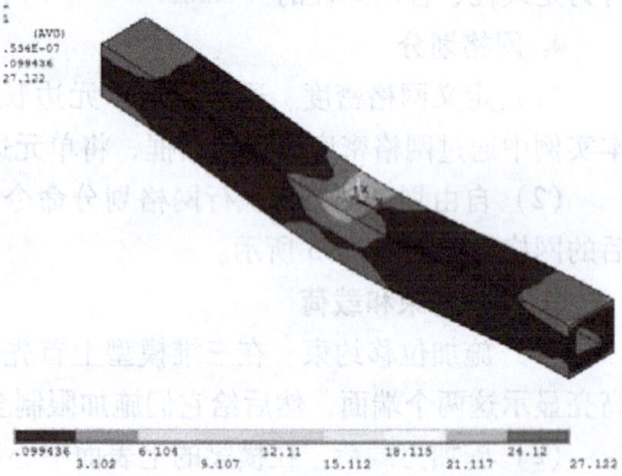

图 4-39　节点平均等效应力云纹图

习　题

1. 产品设计过程一般包括哪些阶段？各阶段要完成的主要任务有哪些？
2. 试举例说明装配树的概念及其包含的内容。
3. 常用的装配约束有哪几种？试说明它们的含义与区别。
4. 试论述自下而上和自上而下两种装配建模方法的基本原理、特点及适用场合。
5. 试举例说明自上而下建模方法的基本过程。
6. 为何要进行装配分析？装配分析的主要任务是什么？
7. 试推导参数曲线表示下的物体的截面面积、表面积和体积的计算公式。
8. 试推导参数曲线表示下的物体的质量、质心和转动惯量的计算公式。
9. 试以某零件或某装配体为例，采用 CAD/CAM 系统计算输出其主要质量特性数据，分析所输出的结果并与理论计算结果进行比较。

10. 试述有限元方法的基本原理、主要步骤及应用。

11. 试述有限元分析中网格自动划分方法的原理及特点。

12. 试从有限元模型生成的角度，论述有限元分析软件（CAE）与CAD软件的集成方法及其应用场合。

13. 试应用CAE软件（如ANSYS、ABQUS或CAD/CAM系统自带的FEA模块等）对某零件的受力、受热变形进行分析，并解释分析结果。

第5章 计算机辅助工艺过程设计

5.1 计算机辅助工艺过程设计技术

计算机辅助工艺过程设计（Computer Aided Process Planning，CAPP）是利用计算机辅助将产品设计信息转换为各种加工制造和控制管理信息的关键环节，是连接与集成产品设计与生产制造的核心技术。早期，计算机辅助工艺过程设计只是简单地利用计算机来实现各种工艺表格的输出，因此，在当时也称为计算机辅助工艺规程编制，甚至只是简单的计算机辅助工艺表格填写系统。随着数字化、信息化技术的飞速发展，一个完整的CAPP应该包括产品设计信息的自动获取、工艺过程设计决策和工艺设计结果输出这三个重要的内容。

5.1.1 计算机辅助工艺过程设计的分类

对CAPP的研究始于20世纪60年代中期，1969年挪威发布了第一个CAPP系统AUTOPROS。它是根据成组技术原理，利用零件的相似性去检索和修改标准工艺过程从而形成相应零件的工艺规程。AUTOPROS系统的出现，引起世界各国的普遍重视。接着于1976年，美国的CAM-Ⅰ公司也研制出自己的CAPP系统。这是一种可在微机上运行的结构简单的小型程序系统，其工作原理也是基于成组技术原理。

CAPP系统从20世纪60年代中期开始研制，到目前为止，已研制出很多CAPP系统，而且有不少系统已投入生产实践。目前，世界各国的CAPP系统主要应用于回转体零件，其次是棱柱体零件和板块类零件，其他非回转体零件应用较少，并且大多应用于单件小批量生产类型。

国内20世纪80年代开展了大量CAPP的相关研究。一些高校与工厂合作研制的CAPP系统也在企业中得到应用，有些还形成了相应的商业化软件，比如金叶CAPP、开目CAPP、天河CAPP、思普CAPP、大天GS-CAPP以及天喻CAPP等。

各种计算机辅助工艺过程设计系统按照其原理可以分为派生式CAPP、创成式CAPP两大类。其对应的基本原理可以总结为：将经过标准化或优化的工艺或编制工艺的逻辑思想、知识规则等，通过CAPP系统存入到计算机中；用计算机生成工艺时，CAPP软件首先获取产品零件的信息，然后识别并检索零件的标准工艺和有关工艺信息；经编辑修改（派生式）形成新的工艺，或按工艺决策逻辑和知识进行推理（创成式）自动生成具体零件的工艺。

1. 派生式CAPP系统

派生式CAPP系统是利用成组技术原理，将零件按几何形状及工艺相似性分类、归族，每一族有一个典型样件，根据此样件建立典型工艺文件，存入工艺文件库中。当需设计一个新的零件工艺规程时，按照其成组编码，确定其所属零件族，由计算机检索出相应零件族的典型工艺，再根据零件的具体要求，对典型工艺进行修改，最后得到所需的工艺规程。派生式CAPP系统又称为变异式、修订型CAPP系统。

图5-1所示为一个典型的派生式CAPP系统原理框图。将典型工艺分别存放在加工参数文件、工序文件和工艺路线文件中，输入一个新零件的分类编码，系统可以判断该零件属于哪个零件族，并从数据库中检索出该族的典型工艺。根据输入零件的结构、工艺特征和加工技术要求，通过对检索出的典型工艺进行自动或交互式的修改和编辑，便可得到该零件的加工工艺。

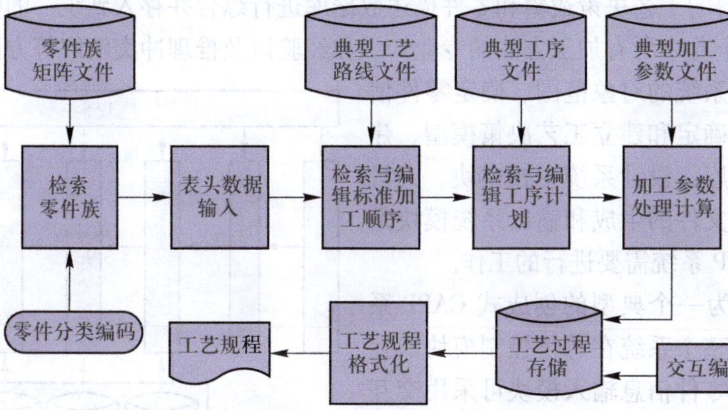

图5-1 派生式CAPP系统原理框图

派生式CAPP系统的设计过程主要包括选择合适的零件分类编码系统、零件分类归族、标准工艺规程的制定及工艺数据库的建立与维护四个主要步骤。这四个步骤的具体内容如下。

（1）选择合适的零件分类编码系统 这是工艺过程设计的第一步，首先要选择和制定适合于本企业的零件分类编码系统，用来对零件信息进行描述和对零件进行分组，从而得到相应的零件族矩阵并制定相应的典型工艺规程。

（2）零件的分类归族 把具有一定相似性的零件划分到一起，组成一个零件族。

（3）标准工艺规程的制定 针对零件族内的零件设计一个典型的工艺规程。该工艺规程能满足其对应族内所有零件的加工工艺设计要求，并能满足企业资源和实际生产水平。典型工艺规程的制定一般是请比较有经验的工艺人员和专家，对零件族内零件进行充分分析之后制定的。

（4）工艺数据库的建立与维护 派生式CAPP系统的工艺数据库主要包括设备库、工装库、参数库、材料库和毛坯库等。因每个企业的生产条件和环境有较大不同，所以工艺数据库应该提供可以供用户扩展的机制，提供一套可以给用户建立和维护工艺数据库的工具。

派生式CAPP系统具有以下几个特点。

1）以成组技术的零件相似性原理和零件分类编码系统为基础。

2）适合于结构比较简单的零件，在回转体中应用比较广泛。

3）适合于零件相似性较好的生产企业，因为对于相似性差的零件很难进行分类编码，很难实施派生式CAPP系统。

2. 创成式 CAPP 系统

创成式 CAPP 系统是根据输入的零件信息，依靠系统中的工程数据和决策方法自动生成零件的工艺过程。系统在获取零件信息后，能自动提取制造知识、产生零件所需要的各个工序和加工顺序，能自动地选择机床设备、刀、夹具、量具、切削用量和完成加工过程的优化等。

一个真正的创成式 CAPP 系统需要具备下面几方面的功能。

1）能将待进行工艺设计的零件用计算机易于识别的形式作出清楚和准确的描述。

2）具备相当复杂的逻辑判断能力，即有能识别和获取工艺设计逻辑决策的能力。

3）能把获得的工艺决策逻辑和零件描述数据库进行综合并存入到统一的数据库中。

4）具备本企业中所有加工方法的专业知识和经验以及推理冲突消解等方面的能力。

所以，确定系统的对象范围、确定零件信息的描述方法、确定和建立工艺决策模型、建立加工资源数据库、设计系统主控模块、人机接口模块、工艺文件的生成和输出系统模块是构建创成式 CAPP 系统需要进行的工作。

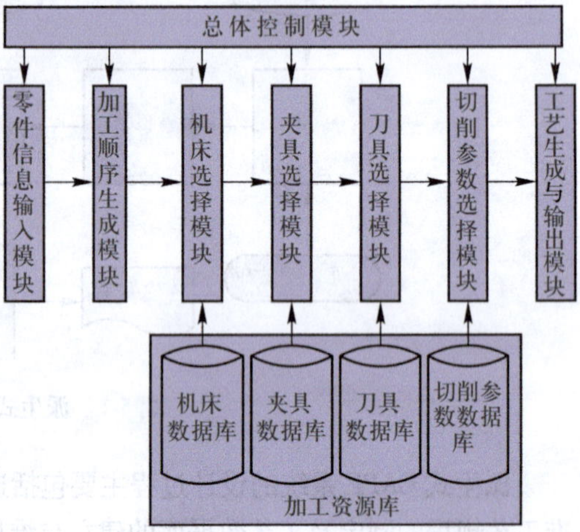

图 5-2 创成式 CAPP 系统的体系结构

图 5-2 所示为一个典型的创成式 CAPP 系统的体系结构，整个系统在总体控制模块的控制下协调工作。零件信息输入模块可采用交互式方式输入完成零件的信息描述；零件加工顺序生成、机床选择、夹具选择、刀具选择以及切削参数选择模块是整个创成式逻辑推理决策的核心，主要完成的工作是确定加工方法并排序，设备选择，刀、夹具选择，加工余量、工时定额等计算。工艺生成与输出模块主要是输出零件的加工工艺路线和工序内容等数据和文档，用于指导生产。

创成式 CAPP 系统就其决策的应用形式可以分为基于逻辑推理的创成式 CAPP 系统和基于智能决策的智能式 CAPP 系统。前者主要利用决策表、决策树等逻辑推理决策来实现，而后者主要基于专家系统、人工智能等来实现。

智能式 CAPP 系统在本质上也是创成式 CAPP 系统的一种，其主要是利用工艺专家的知识和经验，进行自动推理和决策，也称 CAPP 专家系统。它是将人工智能技术应用到 CAPP 系统中所形成的专家系统，是以“智能决策 + 知识”为特征的一种创成式 CAPP 系统。

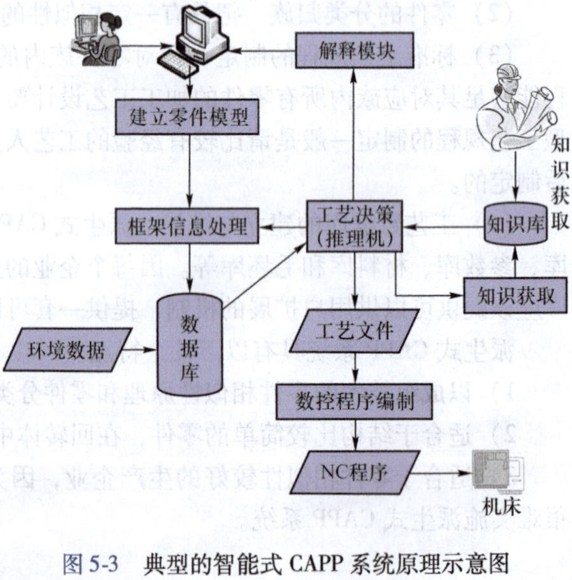

图 5-3 典型的智能式 CAPP 系统原理示意图

图 5-3 所示为一个典型的智能式

CAPP系统的组成。它的核心部分为知识库及推理机，知识库由零件设计信息和表达工艺决策的规则集组成，而推理机则是根据当前的事实，通过激活知识库的规则集从而得到工艺设计结果。

系统各模块的功能如下。

1）建立零件模型模块。采用人机对话方式收集和整理零件的几何拓扑信息及工艺信息并以框架形式表示。

2）框架信息处理模块。处理所有使用框架描述的工艺知识，包括修改、存取等。它起到推理机与外部数据信息接口的作用。

3）工艺决策模块。即系统的推理机。它是根据当前事实，按照一定的推理策略进行推理得到可行解集，通过冲突消解得到最终工艺决策结果。

4）知识库。工艺决策知识集。

5）数控程序编制模块。在数控机床上对加工工序或工步的数控加工控制指令编制（该模块可以没有）。

6）解释模块。系统与用户的接口，解释各决策过程。

7）知识获取模块。通过向用户提问或通过系统不断应用，来不断地扩充和完善知识库。

目前，智能CAPP系统仍处于探索和实践的发展阶段，还有很多问题有待解决，例如工艺知识的获取和表示，工艺模糊知识的处理、工艺推理过程中自行解决冲突问题的最佳路径、自学习功能的实现等。

创成式CAPP系统具有以下几方面的特点。

1）通过逻辑推理，自动决策生成零件的工艺规程，不需要人的干预，是一种比较理想而有前途的方法。

2）具有较高的柔性，适应范围广。

3）便于计算机辅助设计和计算机辅助制造系统的集成。

但是由于工艺设计过程本身的复杂性，完全的创成式CAPP系统的实现与应用还存在很大挑战。

5.1.2 计算机辅助工艺过程设计中的决策方法

无论是手工工艺设计还是计算机辅助工艺设计，其本质就是根据零、部件的特点、生产条件等因素，决策出其对应的生产加工方法。要让计算机具有像人一样的决策功能，其要解决的基本问题就是研究在工艺过程设计中各类问题的决策规律和方式，探索如何利用计算机进行求解。

利用CAPP系统进行工艺过程设计决策主要要解决两方面的问题：一个是零件工艺路线的确定，另一个是工序内容的设计。工艺路线确定是工艺过程级的决策，主要目的是生成工艺规程的主干，即确定零件定位基准、选择特征加工方法，划分加工阶段和开展工序排序等。工序内容设计的相关决策主要包括设备/工装/刀具选择、工序尺寸与公差计算、切削用量与切削路径确定、工时定额的计算以及工序图的生成等内容。工艺过程设计决策内容多样、逻辑复杂，同时其决策方法也有多种。最常用的决策方法主要有基于公式的逻辑推理决策、计算决策和智能决策三类，其中智能决策又可以分为基于专家系统的决策和基于智能优化算法的决策两种。表 5-1 给出了机械制造工艺过程设计中的决策方法。这种分类不是绝对的，因为决策本身是一个复杂的过程。

表 5-1　机械制造工艺过程设计中的决策方法

加工工艺设计任务项目		设计决策方法		
		计算决策	逻辑推理决策	智能决策
工厂、车间设计	工厂布局设计			√
	车间、工段设计			√
	工作地设计		√	
生产装配设计	机床选择		√	
	刀具、夹具选择		√	
	专用生产装配设计			√
操作工时研究	工时研究	√		
	工时定额计算	√		
物料需求规划	材料供应计划		√	
	生产装备需求供应计划		√	
	劳动力需求计划		√	
生产周期设计	工序周期设计	√		
	节拍设计		√	
生产成本设计	确定材料成本	√		
	确定设备成本	√		
	确定劳动力成本	√		
加工工艺	结构工艺性研究		√	
	定位基准选择			√
	工艺路线设计		√	
	工艺方法选择		√	
	工序间尺寸及余量计算	√		

1. 逻辑推理决策

逻辑推理决策在计算机辅助工艺过程设计中应用比较广泛，比如各种被加工表面加工方法选择，工序排序，刀、夹、量具选择，设备选择等均可以采用确定性的逻辑推理来决策实现。常用的逻辑推理决策方法有决策树和决策表，两者在本质上是相同的，只是表达形式不同而已。

（1）决策表　决策表又称判断表，是一种呈表格状的图形工具，适用于描述处理判断条件较多，各条件又相互组合、有多种决策方案的情况。决策表能精确而简洁描述复杂逻辑，将多个条件与这些条件满足后要执行的动作相对应。但不同于传统程序语言中的控制语句，决策表能将多个独立的条件和多个动作直接联系并清晰表示出来。

决策表通常由 4 部分组成：条件项目、条件状态、决策项目和决策行动，其组织形式如图 5-4 所示。条件项目列出了问题的所有条件，条件状态给出了条件项目中条件的所有可能取值，决策项目主要是列出问题规定的可能采取的操作，而决策行动则指出在条件状态的各组取值情况下应采取的决策。决策表的条件状态与决策行动实质上可以看成是一个矩阵，矩阵的每一列可以看成一条决策规则，而其条件状态与决策行动共同构成了

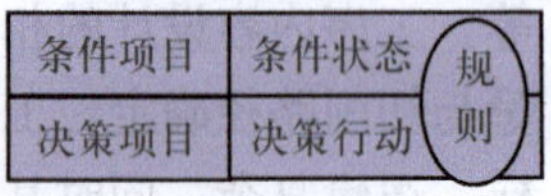

图 5-4　决策表的组织形式

决策规则集。

决策表根据候选条件和动作入口的表现方法的变化而变化。有些决策表使用 true/false 作为候选条件值（类似于 if-then-else），有些使用数字（类似于 switch-case），有些甚至使用模糊值或概率值，对应动作入口，可以简单地表示该动作是否执行（检查动作执行）或罗列出要执行的动作（为执行的动作排序）。

表5-2 给出了孔加工方法选择决策表。决策表双横线上面部分为决策条件，左边列出了所有的条件项目。在右边的条件组合中，若某种特定条件得到满足，取值为T（真），若不满足时，取值为F（假），空格表示无关，即该条件可以肯定也可以否定。决策表双横线下面部分是决策行动，其中左边列出了所有的决策项目，右边列出了决策所采取的行动可以分为有序行动和无序行动，有序行动用阿拉伯数字表示，无序行动用×表示。比如孔直径大于或等于120mm、位置度小于或等于0.05mm、直径公差无关、无沟槽和内螺纹，则可以采用有序的“钻→半精镗→精镗→坐标镗”的工艺方法进行加工。

表5-2 孔加工方法决策表

孔	T	T	T	T	T	T	T
直径≥120mm	T	T	T	T	T		
位置度≤0.05mm	T	F	F	F	F		
0.05mm≤位置度≤0.25mm	F	T	F	F	F		
直径公差≤0.05mm			T	F	F		
0.05mm≤直径公差≤0.25mm			F	T	F		
0.25mm≤直径公差			F	F	T		
沟槽	F	F	F	F	F	T	F
内螺纹	F	F	F	F	F	F	T
钻	1	1	1		×		1
半精镗	2	2	2	2			
精镗	3	3	3				
坐标镗	4						
铣						×	
攻螺纹							2

决策表能罗列出所有的可能情况，并清晰指出相应的处理方式，用户不需要考虑其中的逻辑关系就能一眼看出其中什么样的行动对应什么样的情况，这比程序语言中层层嵌套的逻辑语句更容易理解。而所有可能情况的平面罗列，也能避免在程序语言编写中，因为逻辑上的层层嵌套而产生的遗漏，尤其在 if-then-else 结构中 else 部分是可选的情况下的遗漏。

（2）决策树　决策树是一个同决策表功能相似的工艺逻辑设计工具，是一种树状的图形，它由树根、节点和分支组成。树根和分支间都用数值互相联系，通常用来描述事物状态转换的可能性以及转换过程和转换结果。分支上的数值表示向一种状态转换的可能性或条件。当条件满足时，则继续沿分支向前传递；当条件不满足时，则转向出发节点的另一分支。在每一分支的终端列出了应采取的行动。所以，从树根到终端的一条路径就可以表示一条类似于决策表中的决策规则。图 5-5 所示为一个工艺决策树的示意图。

与决策表相比，决策树具有下列优点：①决策树比决策表更容易建立和维护，而且比较直观、准确、紧凑地表达复杂的逻辑关系。决策表可以转换成决策树；②便于扩展和修改，适合于工艺规程设计。另外，形状特征加工方法的选择，机床、刀具、夹具、量具以及切削用量的选择等都可以用决策树；③便于编程，其结构与软件设计的流程图很相似。

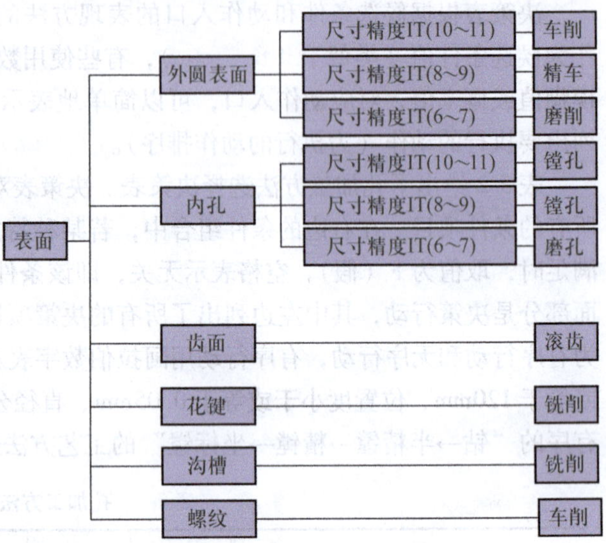

图 5-5　工艺决策树的示意图

决策表和决策树均是 CAPP 决策的有效手段。但是在设计一个决策表或决策树的时候，必须考虑其完整性、精确性、冗余度以及一致性等因素。在实际应用过程中，需要认真分析所收集的原始资料，对企业生产和技术能力进行综合考查，消除决策逻辑中的冗余和不一致性等问题。

2. 计算决策

计算决策是指可以采用数学计算方法来解决的决策问题，主要用于能够建立数学模型和已具备较完善的经验数据的情况。在 CAPP 系统中，计算决策容易用通用程序解决，但关键是建立数学模型。数学模型是客观事物经抽象、提炼、删除与本质无关的属性而获得的一种纯关系结构。计算机辅助工艺过程设计所涉及的数学模型具有很强的针对性，一般以数学公式的形式进行描述。基于公式计算的典型应用有尺寸链、公差、材料定额、工时定额以及成本计算等。基于公式的计算决策的前提是其决策条件、决策结果与操作需要能描述成数学的表达方式，一般相对用于严密确定性的推理。

一般情况下，其数学模型可以分为三类。

（1）确定型数学模型 这类模型所对应的实体对象及关系具有确定性，可以是连续型数学模型，也可以是离散型数学模型，可用函数、方程、矩阵、行列式、线性方程组、网络图等经典数学方法进行描述。

（2）随机型数学模型 这类模型所对应的实体对象及其关系具有随机性，要用概率论、数理统计学等方法进行描述和求解。

（3）模糊型数学模型 这类模型所对应的实体对象及其关系具有模糊性，可用模糊集合理论与模糊逻辑等来进行描述和求解。

由于工艺过程本身的复杂性，其相关数学模型可能三者兼有。有时，同一问题对象可以采用不同的数学模型来进行描述求解。

逻辑推理决策和计算决策在工艺过程中主要应用于其确定性的推理过程。而有些工艺问题的决策往往依赖于工艺人员的经验和智能思维能力，因此需要应用人工智能。人工智能主要是利用知识来解决决策过程中的问题。它主要包含学习、推理和联想三个主要功能要素。

现在研究的人工智能决策方法主要有专家系统（Expert System，ES）、模糊逻辑（Fuzzy Logic，FL）和智能优化算法等，下面分别展开论述。

3. 产生式规则与专家系统

（1）专家系统的基本组成与工作原理　专家系统是一类具有专门知识和经验的计算机智能程序系统，通过对人类专家的问题求解能力的建模，采用人工智能中的知识表示和知识推理技术来模拟通常由专家才能解决的复杂问题，达到具有与专家同等解决问题能力的水平。这种基于知识的系统设计方法是以知识库和推理机为中心而展开的，即“专家系统=知识库+推理机”。它把知识从系统中与其他部分分离开来。专家系统强调的是知识而不是方法。很多问题没有基于算法的解决方案，或算法方案太复杂，这时采用专家系统，可以利用人类专家拥有的丰富知识，因此，专家系统也称为基于知识的系统（Knowledge-Based Systems，KBS）。一般来说，一个专家系统应该具备以下三个要素。

1）具备某个应用领域的专家级知识。

2）能模拟专家的思维。

3）能达到专家级的解题水平。

图5-6所示为一个专家系统的基本结构图，其中箭头方向为信息流动的方向。专家系统通常由人机交互界面、知识库、推理机、解释器、综合数据库、知识获取六个部分组成。

人机交互界面是系统与用户进行交流时的界面。通过该界面，用户输入基本信息、回答系统提出的相关问题。系统输出推理结果及相关的解释也是通过人机交互界面完成的。

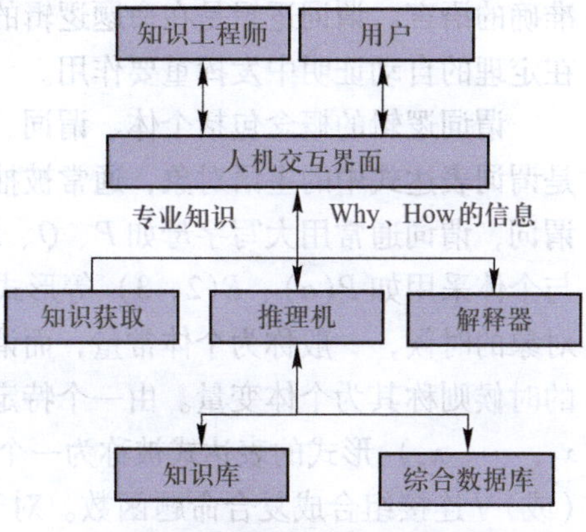

图5-6　专家系统的基本结构图

知识库是问题求解所需要的领域知识的集合，包括基本事实、规则和其他有关信息。知识的表示形式可以是多种多样的，包括框架、规则、语义网络等。知识库中的知识源于领域专家，是决定专家系统能力的关键，即知识库中知识的质量和数量决定着专家系统的质量水平。知识库是专家系统的核心组成部分。

推理机是实施问题求解的核心执行机构。它实际上是对知识进行解释的程序，根据知识的语义，对按一定策略找到的知识进行解释执行，并把结果记录到动态库的适当空间中。推理机的程序与知识库的具体内容无关，即推理机和知识库是分离的，这是专家系统的重要特征。它的优点是对知识库的修改无须改动推理机，但是纯粹的形式推理会降低问题求解的效率。将推理机和知识库相结合也不失为一种面向实际的妥协方法。

解释器用于对求解过程做出说明，并回答用户的提问。两个最基本的问题是“Why”和“How”。解释机制涉及程序的透明性，其让用户理解程序正在做什么和为什么这样做，向用户提供了关于系统的一个展示窗口。在很多情况下，解释机制是非常重要的。为了回答“为什么”得到某个结论的询问，系统通常需要反向跟踪动态库中保存的推理路径，并把它翻译成用户能接受的自然语言表达方式。

综合数据库也称为动态库或工作存储器，是反映当前问题求解状态的集合，用于存放系统运行过程中所产生的所有信息以及所需要的原始数据，包括用户输入的信息、推理的中间结果、推理过程的记录等。综合数据库中由各种事实、命题和关系组成的状态，既是推理机选用知识的依据，也是解释机制获得推理路径的来源。

知识获取负责建立、修改和扩充知识库，是专家系统中把问题求解的各种专门知识从人类专家的头脑中或其他知识源那里转换到知识库中的一个重要机构。知识获取可以是手工的，也可以采用半自动知识获取方法或自动知识获取方法。

(2) 专家系统的知识表示方法　工艺过程设计不仅要应用到许多逻辑性知识，更需要经验知识的支持。工艺经验知识与待加工零件的种类、设计要求以及生产条件有关。工艺相关知识可以分为说明型知识和过程型知识两大类。说明型知识是对客观事实的说明，比如对工件、加工面、加工方法、刀具等的介绍说明，是一个稳定的事实集合。过程型知识是用于说明知识利用过程的。在 CAPP 专家系统中，需要根据知识类型来选择对应的知识表示方法。常用的知识表示方法有谓词逻辑表示法、语义网络表示法、产生式规则表示法、框架表示法、状态空间表示法、特征表示法、过程表示法和面向对象表示法等。上述各种表示法各有优缺点，不同领域的各种知识表示法及其推理机所获得的效果也各不相同。所以在专家系统中一般是混合使用几种方法。下面介绍常用的谓词逻辑表示法、语义网络表示法、产生式规则表示法、框架表示法四种表示法。

1) 谓词逻辑表示法。谓词逻辑是一种形式语言，是目前能表达人类思维活动的一种最准确的语言。谓词逻辑是在命题逻辑的基础上发展起来的，对于知识的形式化表示，特别是在定理的自动证明中发挥重要作用。

谓词逻辑的概念包括个体、谓词、谓词表达式、命题函数与个体域、量词与辖域。个体是谓词表达式中的主语对象，通常被抽象为 a、b、c 等小写字母。谓词表达式中的谓语即为谓词，谓词通常用大写字母如 P、Q、R 等来进行表示，也常用英文单词进行表示。将谓词与个体采用如 $P(a)$、$R(2, 3)$ 等形式进行表达时就称为谓词表达式。当个体代表一个确定对象的时候，一般称为个体常量，而谓词表达式中的个体可以取其对应个体域中任意一个值的时候则称其为个体变量。由一个特定谓词 P 和 n 个个体变量 $x_1, x_2, \cdots, x_n$ 组成如 $P(x_1, x_2, \cdots, x_n)$ 形式的表达式被称为一个简单命题函数。简单命题函数可以采用连词 $\wedge$(与)、(或) $\vee$ 连接组合成复合命题函数。对于个体变量的变化范围，即个体的全体称为个体域。量词包含全称量词 $\forall$ 和存在量词 $\exists$。$\forall xP(x)$ 表示个体域中所有个体均是满足谓词 P，$\exists x(M(x) \wedge P(x))$ 表示个体域中存在一个个体既满足谓词 M 又满足谓词 P。$\forall x(L(x,2) \vee \neg L(x,2))$ 表示所有个体变量要么小于 2 要么大于 2。每个量词会有一个量化范围，即对哪个谓词中的个体变量是全称的，哪个是存在的，这就是所谓的量词的辖域。

谓词逻辑在工艺过程设计中的应用比较广泛，例如，要描述“工件 1、工件 2 在车间 1 内加工”，可采用复合命题函数 Op(Job1, S1) ∧ Op(Job2, S1) 进行表达，其中 Job1、Job2 分别表示“工件 1”、“工件 2”，而 S1 代表“车间 1”，Op 表示谓词“加工”。若要描述“如果加工表面是孔，则采用钻孔或铰孔加工”，其复合命题函数可以描述为 $IsHole(f) \Rightarrow Op(d) \vee Op(w)$，其中 $IsHole(f)$ 表示“加工特征 f 为孔”，符号“$\Rightarrow$”表示“如果则”，$Op(d) \vee Op(w)$ 表示“钻孔或铰孔加工”。

谓词逻辑具有自然性、精确性、严密性、易实现性等优点，但是其无法表示不确定性知识，且随着知识内容的增多容易出现组合爆炸，导致推理效率低。

2) 语义网络表示法。语义网络是奎廉 (J. R. Quillian) 于 1986 年最先提出的。语义网络是由节点和带标记的边（弧）组成的一种有向网络图。节点表示事物、对象、状态等，边（弧）表示节点间的关系。语义网络可以表示人类用语言进行描述的知识。语义网络是以单位模型为单元，其单位模型具有层次性，可以是最基本的以一个节点为中心的放射状的基本单元，也可以是单位模型的集合体。语义网络图中的关系可以分为以下几种。

① 类属关系。类属关系表示类与个体的关系，是最常用的一种语义关系，通常用“is_ a”或“ISA”标识。其中类是对相似概念的抽象而形成的一般共性，而个体是实例。例如，图5-7中零件是回转体类零件，或者是非回转体类零件。

② 聚类关系。聚类关系的高层概念是低层若干概念的集，而低层概念可以看成是高层概念的属性。高层与低层之间构成了整体与部分的关系。一般高层用“Part-Of”标识，如图5-7所示的尺寸、几何公差以及表面精度等是零件本身的一部分。

③ 属性关系。属性关系表示个体、属性及其取值，其中有向弧表示属性。

④ 泛化关系。指类节点与更高的类之间的关系，以“AKO（A Kind Of）”标识，如图5-7中的齿轮轴是一种回转体类零件，锥体是一种非回转体类零件。

⑤ 所属关系。表示关系“具有”，用“have”标识。如图5-7所示，减速箱齿轮轴有齿轮和轴两部分。

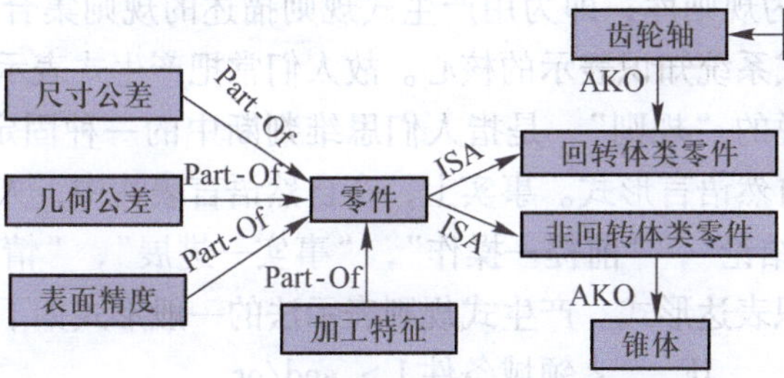

图5-7 语义网络描述实例

在语义网络知识表达方法中，没有形式语义。也就是说，和谓词逻辑不同，对所给定的表达表示什么语义没有统一的表示法。赋予网络结构的含义完全决定于管理这个网络的过程的特性。在已经设计出来的以语义网络为基础的系统中，它们各自采用不同的推理过程，但推理的核心思想无非是继承和匹配。

语义网络的继承推理是把事物的描述从概念节点或类节点传递到实例节点。这种推理过程类似于人的思维过程，当知道了某种事物的情况，可以联想到很多有关这一事物的一般描述。

所谓匹配就是在知识库的语义网络中寻找与待求解问题相符的语义网络模式，其主要过程为：

① 根据问题的要求构造语义网络片断。该语义网络片断中有些节点或弧为空，标记待求解的问题。

② 根据该语义网络片断在知识库中寻找相应的信息。

③ 当待求解的语义网络片断和知识库中的语义网络片断相匹配时，则与询问处（也就是待求解的地方）相匹配的事实就是问题的解。

语义网络具有下列特点：

① 能把实体的结构、属性与实体间的因果关系显式地和简明地表达出来。与实体相关

的事实、特征和关系可以通过相应的节点弧线推导出来。

② 由于与概念相关的属性和联系被组织在一个相应的节点中，因而使概念易于受访和学习。

③ 表现问题更加直观，更易于理解，适于知识工程师与领域专家沟通。

④ 语义网络结构的语义解释依赖于该结构的推理过程而没有结构的约定，因而得到的推理不能保证像谓词逻辑法那样有效。

⑤ 节点间的联系可能是线状、树状或网状的，甚至是递归状的结构，使相应的知识存储和检索可能需要比较复杂的过程。

总而言之，语义网络具有直观、灵活、自然、易于理解等优点，但其对于量词的描述局限，使其很难描述复杂的关系。

3）产生式规则表示法。“产生式”最早是由美国数学家 Post 提出来的，并由 Newell 和 Simon 等学者进行了深入研究。最初的产生式系统是作为人类推理模型提出的。一个典型的产生式系统通常由 3 个部分组成：知识库，全局数据库和推理机。它们之间的关系如图 5-8 所示。

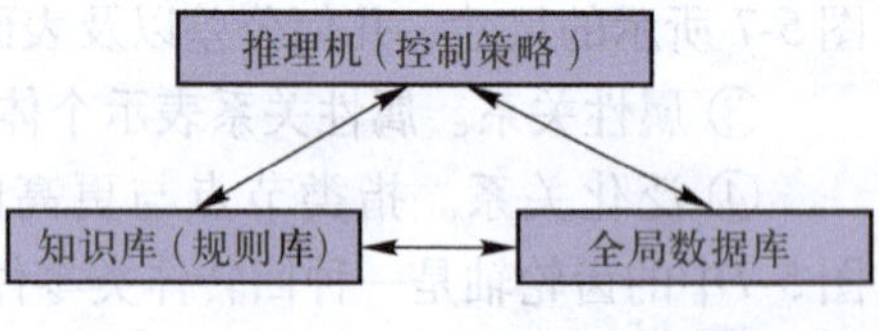

图 5-8　产生式系统示意

① 知识库。知识库又称为规则库，即为用产生式规则描述的规则集合。产生式规则是产生式系统的主体，是产生式系统知识表示的核心。故人们常把产生式表示直接称为产生式规则，或简称规则。这里所说的“规则”，是指人们思维判断中的一种固定逻辑结构关系。一般产生式的结构可表示为自然语言形式。事实上，在自然语言表达中，人们广泛使用的各种“原因—结果”，“条件—结论”，“前提—操作”，“事实—进展”，“情况—行为”等结构，都可归结为产生式的知识表达形式。产生式规则表示法的一般形式如下。

IF　< 领域条件 1 > and/or
　　< 领域条件 2 > and/or
　　……
　　< 领域条件 *n* >
THEN < 结论 1 > and
　　< 结论 2 > and
　　……
　　< 结论 *m* >

这种形式的每条规则都说明了如果一定条件得以满足，那么与它相对应的结论就会产生，它也可以称为假设与现实的连接桥梁。

下面以一个孔特征加工要求的描述为例来说明产生式知识的组织。

规则

IF　< 加工特征为孔 > and
　　< 直径大于或等于 120mm > and
　　< 0.05 ≤ 位置度 ≤ 0.25 > and
　　< 无沟槽 > and
　　< 无内螺纹 > and
THEN < 加工方法链为：钻-半精镗-精镗

② 全局数据库。全局数据库中存储了问题的初始数据和推理过程中的动态数据、上下文结果和最后结论。一条规则在被启用之前，规则的条件部分必须出现在全局数据库中。通常，规则的执行会向全局数据库中加入新的事实，或者更新、删除全局数据库中旧的事实。

基于产生式规则的说明的事实通常采用四元组来描述：

（特征　对象　值　可信度因子）

其中“可信度因子”是指对该工艺知识为真的相信程度，当前为1时可以忽略。例如：

（IDENT　S　CYLINDER）表面S的名称是圆柱面；

（MATERIAL　S　STEEL）表面S的材料是钢；

（ACCURACY　S　IT7　0.6）表面S的精度为IT7，可信度因子为0.6。

③ 推理机。推理机由一组程序组成，实现对问题的推理求解。它根据有关问题的控制型知识、选择控制策略，将规则与事实进行匹配，控制并利用知识进行推理，求解问题。通常从选择规则到执行操作分为三个阶段：匹配、冲突消解和执行。其中，匹配器负责判断规则的条件部分与当前数据库的匹配情况，如果两者完全匹配，则该规则被激活。但是，通常规则的IF部分和数据库中事实完全匹配的规则不止一条，这时推理机将这些规则选出，构成冲突集。在冲突消解阶段，推理机按照一定的冲突消解策略，从冲突集中选出一条规则以便执行。在执行阶段，执行由冲突消解选出的规则。上述三个阶段周期性地执行，直到求出问题的解或不再有规则能被激活为止。所谓冲突消解策略是从冲突集中选出启发规则的方法，通常有以下几种。

a. 专一性排序。如果某一规则的条件部分规定的情况比另一规则条件部分所规定的情况更专一，则这条规则有较高的优先级。

b. 数据排序。首先将规则条件部分的所有条件按照优先级进行编排，然后按照规则条件的优先级次序进行排序。

c. 规则排序。用规则编排的顺序表示启用的优先级。用产生式系统结构求解问题的过程和人类求解问题时的思维过程很相似，因而可以用它来模拟人类求解问题时的思维过程。

d. 规模排序。规模排序是按照条件部分的规模排列优先级，优先使用被满足的条件较多的规则。

e. 就近排序。将最近使用的规则放在最优先的位置。

f. 上下文限制。这种方法把产生式规则按它们所描述的上下文分组，也就是说按上下文对规则分组。在某种上下文条件下，只能从与其相对应的那组规则中选择可应用的规则。

不同的系统使用上述策略的不同组合，如何选择冲突消解策略完全是启发式的。

在设计推理机时，应使其推理过程与专家的推理过程相似。一般的推理方法有正向推理、反向推理和混合推理三种。三种推理的具体方法如下。

a. 正向推理。正向推理是由原始数据出发，按一定的策略运用知识库中专家的知识，推断出结论的方法。这种推理方法是由数据到结论的一种策略。在CAPP系统中，正向推理主要是指由毛坯到成品零件所经历的工艺过程。

比如下面一条规则：

IF　<加工表面为外圆> and

<等级为IT8～IT10> and

<表面粗糙度为$Ra \leqslant 0.8\mu m$>

THEN <选用加工工艺过程为：粗车—半精车—精车>

可以看出，依据有关数据（表面特征、精度和表面粗糙度等），采用相关规则可以推出加工工艺过程。将得到的结论加入知识库，并更新有关信息。若是输入的数据不够完整，可以向用户提问，用户回答后，继续完成推理。

b. 反向推理。反向推理首先提出假设，然后反向寻找支持这些假设的证据，故也称为目标驱动策略。在反向推理系统中，除了规则库、全局数据库以外，还要有一组假设及系统可能得出的结论。其推理过程是：

首先验证全局数据库中是否有假设，若有，则假设成立；否则，进行下一步。

将结论部分包括此假设的规则找出，若无规则适用，则向用户提问该假设；若有一条以上的规则适用，则按冲突消解策略选出一条规则。

将该规则的条件部分设定为子假设，重复前两步，验证新假设，即推理过程表现为递归的形式，直到判明假设条件不再有规则可用为止。

在专家系统的工艺过程中，常常采用反向推理方法。例如，根据零件表面粗糙度、精度和外形，可以确定它的最终加工方法（如磨削、精车等），以此定出最后一道工序的相关数据（加工余量、公差等）。然后，再推断出前一道工序可能是半精车并确定该工序的有关数据。一直倒推下去，直到毛坯，从而选出毛坯材料的有关数据（尺寸、公差等）。通常工艺人员设计工艺时，就是按此过程进行的。

c. 混合推理。混合推理是正向推理与反向推理的结合。在前面提到的两种推理策略中，正向推理缺点是比较盲目，往往求解了许多与解无关的子目标；反向推理的缺点是比较盲目选择目标，求解了许多假的子目标。解决这些问题的一个有效办法就是综合利用正向推理和反向推理的优点，这是混合推理的基本思想。

产生式规则表示法具有以下一些特点。

① 自然性。采用“IF…，THEN…”形式表示知识，直观、自然，便于推理，符合人的思维习惯。

② 模块性。规则与推理机相对独立；对规则库的维护方便；便于规则设计和问题求解。

③ 有效性。表达知识类型准确、全面，既可表达确定性知识，又可表达不确定性知识；既有利于表达启发式知识，又可方便地表达过程性知识。

④ 清晰性。规则格式固定，由前件与后件构成，使人一看一目了然。

但是它也有效率不高、容易出现组合爆炸的缺点，仅适合于表示具有因果关系的过程性知识，而很难描述具有结构关系的事物间的区别与联系。

4）框架表示法。框架表示模式是由美国麻省理工学院的明斯基在1975年提出的。该理论认为人们对现实世界中各种事物的认识都是以一种类似于框架的结构存储在记忆中。由于过去的经验是由无数个具体事例、事件组成的，人们无法把所有事例、事件的细节都一一存储在大脑中，而只能以一个通用数据结构的形式来存储，这样的数据结构称为框架。当面临一个新事物的时候，就从记忆中找出一个合适的框架，并根据实际情况对其细节加以修改、补充，从而形成对当前事物的认识。世界上的各类事物都具有不同的属性，而不同事物的属性之间往往具有一定规律性的联系。这种规律性的知识经过提炼就可以形成人们认识某一类事物的一种固定的框架。框架表示法就是用来表示这种经验性知识的一种知识表示法。

框架的结构与语义网络类似，其顶层节点表示一般的概念，较低层是这些概念的具体实例。框架的一种表示方法是表示成嵌套的连接表。连接表由框架名、槽名、侧面名和值组成。框架的表示方式如下所示。

（<框架名>　<槽名1>（<侧面名1>（<值1>，<值2>……））
　　　　　　　　　　　　<侧面名2>（<值1>，<值2>……）
　　　　　　　　　　　　……
　　　　　　　　　　　　……）
　　　　　　<槽名2>（<侧面名1>（<值1>，<值2……））
　　　　　　　　　　　　<侧面名2>（<值1>，<值2>……）
　　　　　　　　　　　　……
　　　　　　　　　　　　……）
　　　　　　　　　　　　　　……
　　　　　　　　　　　　　　……）

在机械设计和工艺设计中，框架常用来描述零件的特征信息、几何信息和工艺信息等。

框架表示具有以下特点。

① 结构性。框架是一种经组织起来的结构化的知识表示方法，通过槽值的定义可以表示事物之间更加复杂的关系。

② 继承性。可建立起表示复杂知识的框架网络，减少了知识的冗余，较好地保存了知识的一致性。

③ 自然性。与人类在观察事物，处理问题时的思维活动相一致。

④ 非过程性。不善于表示过程性知识。

表5-3给出了四种知识表示方法的总结与对比。

表5-3　四种知识表示方法的总结与对比

方法	含　义	表现形式	特　点
谓词逻辑	包括个体、谓词、谓词表达式、命题函数与个体域、量词与辖域等概念	$P(x_1, x_2, \cdots, x_n)$ 形式的命题函数及其组合形成的复合命题函数	自然、精确、严密、知识表达独立于推理方法，但是容易出现组合爆炸，导致推理效率低
语义网络	语义网络是由节点和带标记的边（弧）组成的一种有向网络图。其中节点表示事物、对象和状态等，边（弧）则表示节点间的关系	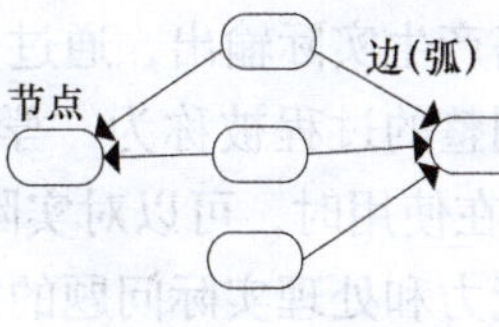	无统一组织表达方式，表达直观、灵活、自然，易于理解地表达层次结构、属性以及实例之间的因果联系，相关节点可以直接访问，但是难以描述复杂关系
产生式规则	产生式系统是由知识库（规则库）、全局数据和推理机组成的。三者分别用于存储规则知识、推理事实以及问题求解规则选择控制	IF　<领域条件1> and/or 　　<领域条件2> and/or 　　…… 　　<领域条件 n> THEN <结论1> and 　　<结论2> and 　　…… 　　<结论 m>	规则格式固定、直观、自然，便于推理，符合人的思维习惯；规则与推理机相对独立，对规则库的维护方便。但效率低，很难描述具有结构关系的事物间的区别与联系

（续）

方法	含　义	表现形式	特　点
框架	一种结构化的组织形式，是经验性知识的一种表示方法	(<框架名> <槽名1> (<侧面名1>(<值1>, <值2>……)) <侧面名2>(<值1>, <值2>……) …… ……) <槽名2>(<侧面名1>(<值1>, <值2>……)) <侧面名2>(<值1>, <值2>……) …… ……)	采用自然、结构化方式描述复杂事物之间的关系，采用继承机制可较好地描述事物之间的复杂关系

4. 智能优化算法

智能优化算法是现有工艺过程设计决策的重要手段。常见的智能优化算法有人工神经网络、遗传算法、模拟退火算法和禁忌搜索算法等。

（1）人工神经网络　人工神经网络（Artificial Neural Networks，ANNs）也简称为神经网络（Neural Networks，NNs）或称为连接模型（Connectionist Model，CM），是一种模拟神经网络行为特征，进行分布式并行信息处理的算法数学模型。这种网络依靠系统的复杂程度，通过调整内部大量节点之间相互连接的关系，从而达到处理信息的目的。

一种简单的人工神经网络模型如图5-9所示，其包括输入单元、输出单元和隐单元三个部分。图5-9中的x_1为输入、w_1为输入权重、y为输出，中间运算符代表隐单元，即输出处理函数。其中输入单元接受外部世界的信号与数据；输出单元实现系统处理结果的输出；隐单元处在输入单元和输出单元之间，是不能由系统外部观察到的单元。神经元间的连接权值反映了单元间的连接强度，信息的表示和处理体现在网络处理单元的连接关系中。

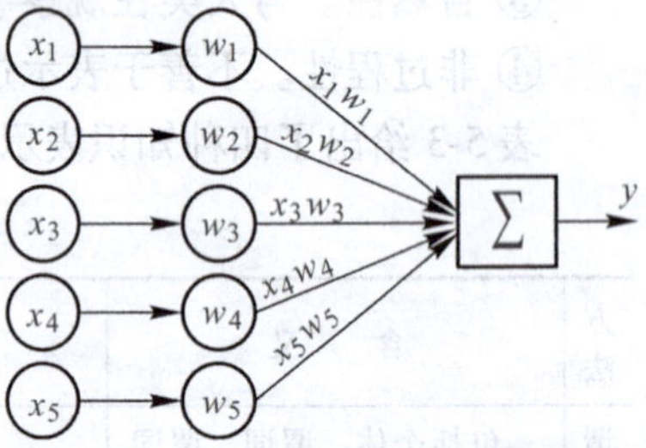

图5-9　人工神经网络模型

人工神经网络具有自学习和自适应的能力。可以通过预先提供的一批相互对应的输入/输出数据，利用输入数据使神经网络产生实际输出，通过分析实际输出和给定输出的差别调整神经网络的内部权值，这种分析调整的过程被称为“学习训练”。经过“学习训练”后，神经网络就具有了相应的“智能”，在使用时，可以对实际的输入作出正确的输出。

人工神经网络具有强大的运算能力和处理实际问题的能力，能很好处理信息复杂、推理规则不明确的复杂问题。人工神经网络具有学习、分类、联想记忆以及并行处理能力，而其他智能方法一般缺乏这方面的能力。所以人工神经网络可以用于CAPP系统中的知识处理及专家系统中。利用人工神经网络的学习功能和并行处理能力解决CAPP系统中的知识表示、知识获取以及知识推理等问题，从而实现对工艺实例的动态分类、模式识别和匹配操作等。

（2）遗传算法　遗传算法是由J. Holland在1975年受进化论的启发提出来的。遗传算法是利用自然界“适者生存”的原理进行优化选择。首先将问题的求解表示成“染色体”的适者生存过程，每个染色体由于其基因排列方式的不同而表现出不同的性能，在遗传算法中用于评价染色体性能的是相应的适应度函数。然后，算法中每一代群体采用选择、交叉、变异形成新一代群体，完成一代的进化。最后，通过多次种群迭代遗传得到优化解。遗传算法在每次迭代过程中都是以种群信息为基础进行“择优”，以较优个体中包含的信息为导向指导其迭代趋势的变化，从而形成优化的结果。遗传算法是一种基于概率的优化算法。

（3）模拟退火算法 1982 年，Kirkpatrick 意识到了固体退火过程与组合优化问题之间存在类似性，于是将 Metropolis 准则引入到优化过程中来，得到了一种对 Metropolis 算法进行迭代的模拟退火算法。模拟退火算法的基本原理是：首先，随机产生一个初始点，以其作为当前最优点，计算目标函数值。在循环迭代过程中采用的是两重循环：外层循环用参数温度 t 控制，对于每一个温度阶段都用一个循环计数器 k 来控制其内层循环次数；在内层循环中每次循环都对当前最优点进行扰动，使其产生一个新的最优点，计算其目标函数值，并计算出目标函数值的增量，然后，再根据增量采用 Metropolis 准则来确定是否接受新的最优点。当 k 达到终止步数时，降低外层循环温度，进行下次内层循环迭代。当温度达到终止温度时终止迭代，当前解即为所得近似最优解。这其实是基于蒙特卡罗迭代求解的一种启发式随机搜索过程，其改进处就是采用了 Metropolis 准则，可以对产生的新的解按概率接收比当前解差的解，这样就避免了收敛到局部最优值的问题。

（4）禁忌搜索算法 禁忌搜索（Tabu Search，TS）算法思想最早是由 Glover 在 1986 年提出来的。它是对局部搜索的一种扩展，是一种全局的寻优算法。TS 算法通过引入一个灵活的存储结构和相应的禁忌准则来避免迂回搜索，并通过藐视准则来赦免一些被禁忌的优良状态，进而保证多样化的有效探索以最终实现全局优化。

TS 算法的基本思想是：给定一个当前解（初始解）和一种邻域，在当前解的邻域中确定若干候选解；若最佳候选解对应的目标值优于“当前最优”状态，则忽视其禁忌特性，用其替代当前解和“当前最优”状态，并将相应的对象加入禁忌表，同时修改禁忌表中各对象的任期；若不存在上述候选解，则在候选解中选择非禁忌的最佳状态为新的当前解，而无视它与当前解的优劣，同时将相应的对象加入禁忌表，并修改禁忌表中各对象的任期；如此重复上述迭代搜索过程，直至满足停止准则。

由上所述可以看出，邻域函数、禁忌对象、禁忌表和藐视准则构成了禁忌搜索算法的关键。其中，邻域函数沿用局部邻域搜索的思想，用于实现邻域搜索；禁忌表和禁忌对象的设置，体现了算法避免迂回搜索的特点；藐视准则是对优良状态的奖励，是对禁忌策略的一种放松。新解不是在当前解的邻域中随机产生的，而是优于“当前最优”的解，或是非禁忌的最佳解，因此选取优良解的概率远远大于其他解。由于 TS 算法具有灵活的记忆功能和藐视准则，并且在搜索过程中可以接受劣解，具有较强的“爬山”能力，搜索时能够跳出局部最优解，转向解空间的其他区域，从而增强获得更好的全局最优解的概率，所以 TS 算法是一种局部搜索能力很强的全局迭代寻优算法。

智能优化算法在工艺路线排序优化、布局和下料等决策过程中得到广泛应用。

5.1.3 计算机辅助装配工艺过程设计

在没有特殊说明时，计算机辅助工艺设计通常是指计算机辅助机械加工工艺设计。工艺过程设计除了机械加工工艺设计外，还包含钣金加工工艺设计、复材加工工艺设计及装配工艺设计等。本小节主要对计算机辅助装配工艺过程设计进行介绍。

相对于机械加工过程，装配是整个制造过程的后期工作。各种零件需要经过正确的装配才能形成最终的产品。如何从零件装配成产品并达到设计要求的装配精度，这是装配工艺所需要解决的问题。

装配工艺过程设计（装配工艺规划）是把零件组装成产品的技术准备工作的主要内容。装配工艺过程设计的任务是在一定的决策规律指导下，决定采用何种装配方案、装配顺序、装配路径以及工具、夹具等，在经济优化的前提下，将零件装配成产品。装配工艺过程设计对指导产品的可装配性设计、提高产品装配质量和降低产品的装配成本方面具有重要意义。装配工艺过程设计一般包括装配顺序规划、装配路径规划、工艺路线制订、装配资源规划、操作空间的干涉检查、工艺卡片和文档的生成等内容。

传统的装配工艺过程设计依靠人手工编制，导致工艺编制消耗时间较长、受编制人员影响较大，不容易保证装配工艺的正确性等缺点。同时，装配工艺也是制造过程中的一个重要组成部分，因此，利用计算机技术进行计算机辅助装配工艺过程设计（Computer Aided Assembly Process Planning，CAAPP）成为当今 CAPP 研究的热点。计算机辅助装配工艺设计（CAAPP）也称装配 CAPP，从本质上来说就是应用计算机辅助进行装配工艺过程的设计、提供装配相关参数计算、仿真装配过程，包括装配干涉检查、装配精度和变形验证、装配应力分析等。通过装配 CAPP 的应用，一方面使实践经验较少的工艺人员也能设计出较好的工艺过程，另一方面能使有经验的工艺人员从繁琐的重复性劳动中解放出来，投入更多精力到改进现行工艺中来。

随着计算机技术及 CAPP 技术的发展，装配 CAPP 从 20 世纪 80 年代开始受到企业和研究者的重视，其在企业中的研究应用取得了很好的效益。装配 CAPP 经历了 30 多年的发展，与机械加工 CAPP 类似，从其原理分析，主要有派生式、创成式装配 CAPP 系统。为了满足当前网络化、敏捷化制造需求，现有的装配 CAPP 系统也朝着智能化、敏捷化和网络化的方向发展。

图 5-10 所示为一个典型的创成式装配 CAPP 系统的体系结构图，装配 CAPP 系统在获得产品装配信息与零件信息后，分析相应的制造资源，通过工艺决策机制进行产品装配工艺过程规划，并最终输出装配工艺文件。其中制造资源包含装配工艺知识等无形资源和装配工具、机器设备等有形资源。产品装配顺序规划、路径规划和装配过程仿真是装配 CAPP 系统的核心。

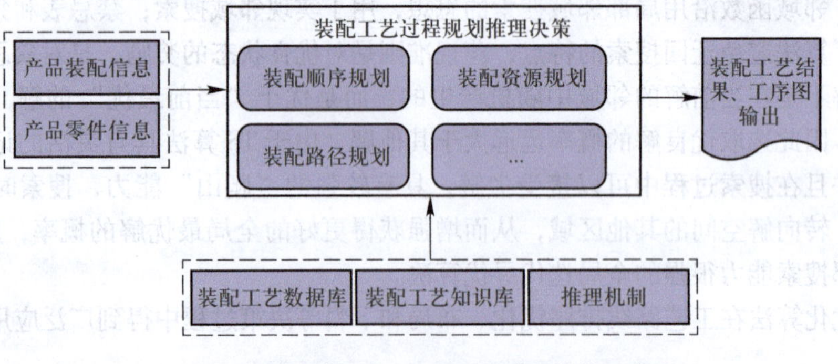

图 5-10　创成式装配 CAPP 系统的体系结构示意图

1. 计算机辅助装配顺序规划和路径规划

装配顺序规划是对产品零、部件的装配次序的规划，是作业级的规划层次。装配顺序规划是一个十分费时和容易犯错的过程，装配顺序规划自动化对于实现装配顺序优化和缩短装配顺序规划时间具有重要意义。

装配CAPP系统的装配顺序规划是根据产品的几何、物料、装配的目标约束以及装配的设备约束等信息，用相应的算法在计算机上自动规划出产品的合理装配顺序集及每一个工序的装配工艺参数，通过最佳装配顺序的选择和评价，产生最终装配顺序。国内外对装配顺序规划的研究方法主要有基于装配优先约束关系的装配顺序生成方法、拆卸法和基于知识的求解方法等。

典型的计算机辅助装配顺序规划模块的体系结构如图5-11所示。

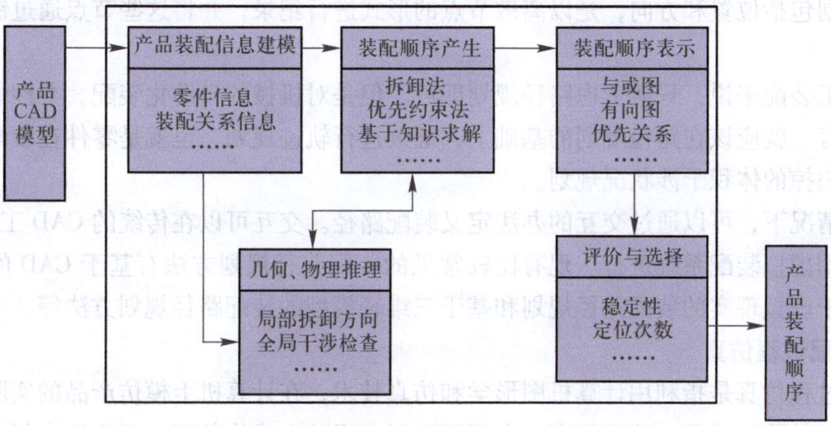

图5-11　计算机辅助装配顺序规划模块的体系结构示意图

（1）产品装配信息建模　产品装配信息模型是对产品零件信息、装配关系信息等的描述。对装配信息的建模多采用图结构来描述，表现形式主要有连接图模型、接触模型、联络模型、关联模型和层次模型等。

（2）装配顺序的产生　装配顺序的生成主要是指如何根据装配模型推理出无碰撞（包括局部的和全局的）的装配方向，进而推理出几何和物理可行的装配顺序。装配顺序的生成一般是分阶段、有层次的，以部件装配而言，一般包括确定基本装配顺序、确定组件内装配顺序、装配干涉性分析、连接方式分析和综合调整等几个阶段。

（3）装配顺序的表示　当装配顺序的推理方法确定后，需要表示生成的各种装配顺序。在选择装配顺序的表示方法时，主要考虑的问题包括：①表示方法所需的存储空间；②从装配模型直接推导出装配顺序表示的难易程度和是否可自动化；③转化为其他表示方法的难易程度；④是否可以表示装配任务间的时间依赖性或不相关性；⑤表示的正确性和完备性等。常用的表示方法大致可分为3种，即基于语言的表示、基于图的表示和基于先进数据结构的表示。其中，基于图的表示比较普遍，且经常能从较多的信息源中提取数据，或者从用户提供的信息中提取，比如有向图和AND/OR图等。

（4）评价与选择　一个产品的可行装配顺序一般不只一个，特别是在组成产品的零件比较多的情况下，可行的装配顺序会非常多，所以需要对其进行评价与选择。在进行装配顺序评价与选择的过程中，主要考虑定性和定量两种因素。其中定性因素主要包括装配方向换向的频度、子装配体的稳定性和安全性、装配操作任务间的并行性、与装配体的结合性和模块性、紧固件的装配、零件的聚合等。而定量因素主要包括装配时间（包括子装配体的操作时间、运输时间等）、整个装配成本（包括劳动成本、夹紧和加工成本）、产品在装配中再定位的次数、夹具的数目、操作者的数目、机器人手爪的数目、工作台的数目等。

装配路径规划是在明确了零、部件的装配顺序后，确定装配零、部件行走时的正确路线，从而避免被安装零、部件和其他零、部件或工装间的碰撞，确保零、部件更合理的装配，同时也获取更高的装配精度。

路径规划通常只考虑工作空间中的几何信息，生成结果是针对每一具体零、部件的无碰撞的几何路径。装配路径可以是简单的直线，也可以是复杂的曲线。在虚拟装配中，零、部件路径规划包括位置和方向，是以离散节点的形式进行纪录，并将这些节点通过链表的形式组织起来。

对人工装配来说，只需考虑路径规划即可。但是对机械的自动化装配、柔性装配或机器人装配而言，就应该在路径规划的基础上，继续进行轨迹规划，也就是零件在装配过程中沿装配路径扫掠的体积干涉状况规划。

通常情况下，可以通过交互的办法定义装配路径。交互可以在传统的 CAD 工具上进行，也可以利用虚拟装配系统进行。现有比较常见的装配路径规划方法有基于 CAD 的装配路径规划、基于虚拟现实的装配路径规划和基于三维轻模型的装配路径规划方法等。

2. 装配过程仿真

装配过程仿真是指利用计算机图形学和仿真技术，在计算机上模仿产品的实际装配过程的一种虚拟的装配过程。装配仿真一方面可以以直观的方式将装配过程进行虚拟展示，另一方面可以验证尚在设计阶段的产品的可装配性以及装配顺序与装配路径规划的合理性和可行性。在现有的装配过程仿真中，三维数字化装配过程仿真验证技术是现有装配过程仿真的一个重要方向。

三维数字化装配过程仿真验证技术是在虚拟装配软件环境中，调入产品三维数模、资源三维数模和设计的装配工艺过程，通过软件模拟完成零件、组件、成品等数模上架、定位、装夹、装配（连接）、下架等工序的虚拟操作，实现产品装配过程和拆卸过程的三维动态仿真，验证工艺设计的准确度，以发现装配工艺过程设计中的错误。主要包括装配顺序的仿真、装配干涉的仿真、人机工程的仿真及装配过程中的变形、装配精度、定位的准确性仿真分析等。

三维数字化装配仿真的一个典型流程如图 5-12 所示，主要包括装配操作建模、装配仿

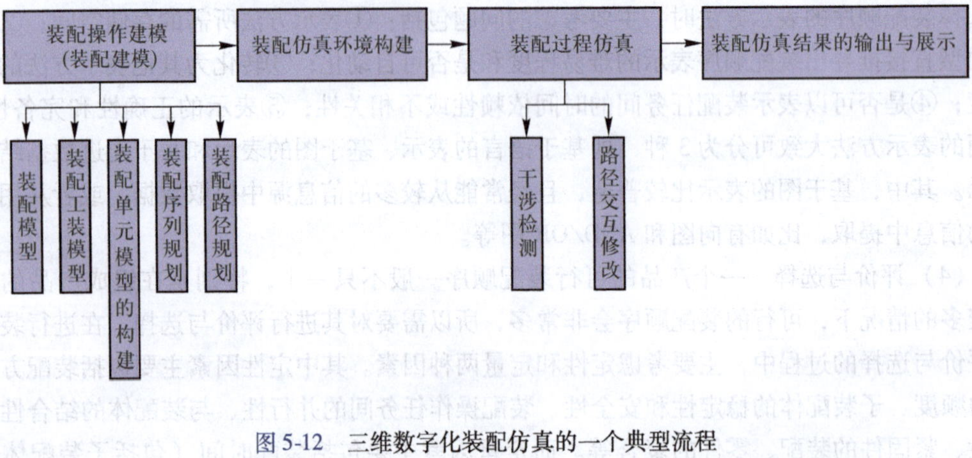

图 5-12　三维数字化装配仿真的一个典型流程

真环境构建、装配过程仿真以及装配仿真结果的输出与展示四个主要步骤。

（1）装配操作建模　装配操作建模包含了装配仿真过程中所需要的三维数字化模型、运动数据以及技术规范说明等相关信息，主要包括装配模型、装配工装模型、装配单元模型的构建以及装配序列和装配路径规划，是进行装配仿真的基本输入。

（2）装配仿真环境构建　装配仿真环境是对实际运行环境的模拟。以飞机制造业装配为例，装配工艺环境布局要考虑到所有装配产品、资源之间的相对位置关系，合理布局，方便生产人员的操作活动，使得装配工作顺利进行。虚拟装配环境组成要素包括工作台、测量台、托架、推车、千斤顶、工作梯等地面设备和用于拧紧、夹紧、密封、铆接、钻孔等的专用工具。将实际装配生产中用到的各种设备、工具等进行建模和定位，构建虚拟装配环境。

在引入待装配工件和型架模型的基础上，对所有装配制造所需的组成元素模型进行合理的平面空间布局，形成进行数字化装配所需的工艺环境。利用数字化方法进行装配环境布局，可以实现下列目标。

1）保证装配环境组成元素间相对位置关系的合理性。

2）确定生产设备、工具等资源的使用量，以便合理调用资源。

3）在进行数字化工艺装备设计的同时，可以进行定位和配合检查。

4）在装配过程中，进行干涉检查、可视性检查和实际生产中人员和设备的可达性检查。

5）利用数字化软件可以方便地绘制生产图解和各种维护手册。

（3）装配过程仿真　在装配仿真中，干涉检测是很重要的一环，也是最基本的功能。装配工艺规划的装配序列和运动路径是否合理必须通过仿真对装配过程进行检测，确认其中是否存在干涉现象。当对当前安排的装配序列和运动路径检测时，如发现干涉，就需要重新进行装配顺序的安排和零件装配运动路径的调整。现阶段这样的安排和调整一般是由人来进行。但它提供了一种交互的手段，可直接在仿真显示中进行次序和路径的可视化修改，这在很大程度上改善了软件的使用性能。因此，路径交互修改是装配过程仿真软件的重要功能。

装配干涉检测主要包括静态干涉检测和动态干涉检测。静态干涉检测是基础，动态干涉检测是仿真的主体。

1）静态干涉检测。静态干涉检测主要是考虑两个或多个零件安装在设计确定的位置时，零件之间的是否发生干涉（在空间发生重叠）。在计算机装配仿真中，静态干涉检测的算法通常是通过任意两个零件空间几何模型间的碰撞检测算法来进行，主要包括空间分解法和层次包围盒法，这些都是基本的计算机图形学中的内容。

2）动态干涉检测。动态干涉检测又称动态碰撞检测。它主要是考虑零件在相互运动过程中，零件之间的干涉问题。运动过程可以是工作时零件的相互运动，也可以是装配时让零件安装到指定位置的装配路径。后者主要用于装配工艺规划和可装配性检查，是装配过程仿真的基本内容。

动态碰撞检测主要有单步检测法和扫描实体法。

① 单步检测法。单步检测是在给定轨迹上反复利用静态干涉检测，即在物体移动过程中将轨迹分为很多步长，对每一个步长都进行静态干涉检测，判定运动的物体之间是否发生碰撞。

② 扫描实体法。扫描实体代表了物体在给定轨迹上移动所占有的体积空间。如果它们在各自的轨迹上运动时发生碰撞，则它们各自的扫描体将会静态干涉，故扫描体可用简单的静态干涉来对动态碰撞进行检测。

（4）装配仿真结果的输出与展示　装配仿真可以直接用于指导设计人员、工艺人员、检验人员以及车间工人的相关工作。对于设计人员来说，装配仿真结果可以为其提供改进产品结构的信息。对于工艺人员来说，装配仿真结果可以是其改进工艺的重要依据。同时装配仿真结果可以直接用于指导车间装配工人的装配操作，可以用直观的方式描述装配过程的相关操作。而检验人员也可以对装配仿真结果显示的易于出现问题的装配部位进行详细检测，严格保证产品质量。

装配工艺规划技术和装配过程仿真技术应该在统一管理下进行协作，实现数据共享和流程控制。在并行工程中，装配工艺人员参与到产品设计的过程中，及时对产品设计样机进行装配制造仿真，这样在实际开始生产之前解决了大部分潜在的设计、工艺变更，缩短产品研制周期和生产花费，实现真正的面向制造和装配的设计。

5.2　成组技术

成组技术作为一门信息组织管理技术已经应用到不同领域，其从最初的成组加工组织扩展到了基于成组技术的产品及零件设计、成组工艺过程设计、成组生产组织等全面的制造领域。本节将在介绍成组技术基本理论的基础上对零件的分类与编码、成组工艺过程设计、成组单元划分与成组生产组织进行论述。

5.2.1　基本原理

自20世纪50年代以来，由于社会需求多样化的要求越来越紧迫，产品更新周期的日益缩短，使得企业按多品种、小批量生产的模式组织生产的压力越来越大。而按单件、小批量方式组织生产时，生产率低、成本高、制造周期长、难以采用先进的工艺手段，同时管理也很困难。因此，为了改变多品种、小批量生产的落后状况，提高生产率，充分利用设备，降低产品成本，制造领域的专家学者进行了广泛探讨，成组技术（Group Technology，GT）就是其中的一项成果。

成组技术的思想在20世纪20~30年代就已萌芽，但直到20世纪50年代才由前苏联学者С. П. 米特洛凡诺夫进行了系统的研究，形成了专门的学科，并在前苏联推广应用，随后又推广到欧洲、美国和日本。作为技术实用化的象征，德国的零件分类编码系统和英国的成组生产单元进一步推动了成组技术的发展。成组技术在发展初期仅作为针对机械加工工艺的一项技术，主要应用于机械加工行业中多品种、小批量生产，因此在20世纪60年代初中国曾把GT译成成组加工或成组工艺。现在成组技术已发展成信息组织管理的一种理论和方法，广泛应用到了产品的全生命过程中。它在产品设计、制造以及生产管理各个方面得到了大量的应用，从而大大促进了产品开发的水平和效率。

成组技术是一门利用相似性进行信息处理的学科技术。在成组技术中，定义了“相似”的概念和量化分析方法。利用生产活动中相关事务之间存在的相似性与继承性，解决信息表达与处理问题。成组技术的早期应用，主要是针对生产流程和生产工艺的简化和优化，但现在已发展到制造领域的方方面面，而且与计算机技术、数控技术结合起来，在CAD、CAPP、CAM乃至FMS、CIMS等现代制造技术领域起着重要作用。例如，工艺设计过程使用成组工艺过程，以取代为每种零件单独制订的工艺过程；利用产品功能相似性进行的产品族设计、模块化定制设计；按照零件族加工的要求选择机床设备和组织生产单元或成组流水线；采用成组工艺装备以取代为每种零件单独设计、制造的专用工艺装备；在成组技术的基础上实现计算机辅助工艺设计、计算机辅助工装设计等。

对于生产制造中所用的成组技术，主要内容是利用零件特征的相似性准则对其进行归类分组，并以此为基础组织生产的各个环节，使同一类零件分散的小批量生产汇合成较大批量的成组生产，实现多品种、小批量生产的产品设计、制造和管理的合理化，从而克服传统小批量生产方式的缺点，提高劳动生产率、保证产品质量和降低生产成本。图5-13所示为基于成组技术分组组织的基本原理图。

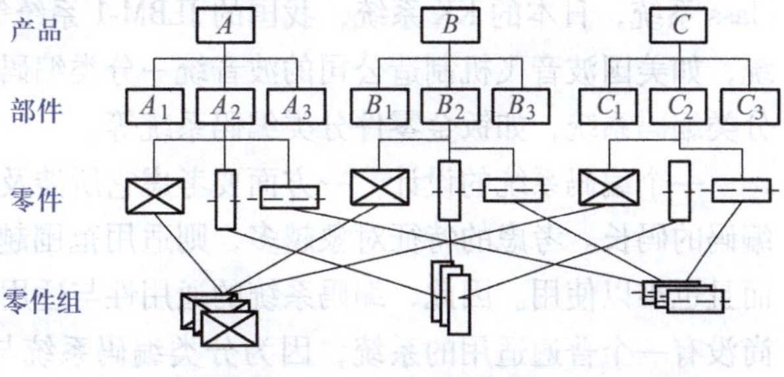

图5-13 基于成组技术进行分组组织的基本原理图

经分析发现，加工零件从不同的角度来观察都存在着某种相似性，而这些相似性一般被分为设计相似性（也称一次相似性）和工艺相似性（也称二次相似性）两类。其中设计相似性主要包括零件结构特征（零件形状、形状要素及其布置、尺寸、精度等）、零件材料特征（零件材质、毛坯、热处理等）的相似；而工艺相似性主要是指以设计相似性为基础，在制造、装配等生产、经营以及管理等方面所派生出的相似性，一般是指零件制造工艺（加工方法、加工过程、加工设备等）相似。

在成组技术中，要解决的两个关键问题是：相似性的表达和相似度的确定。任何的对象，不管是事件还是实物，总存在一些共性特性，或是相区别的个性特性。选择哪些个性或共性特性来表达两个对象间的相似性（或者说区别）是成组技术的重要问题，具体包括“这些共性或者个性特性如何描述”、“其关系如何”和“用什么样的数学工具表达”等。这也是成组技术成为一门科学的重要原因。目前，零件分类编码系统是表示零件相似特征的一种有效工具，聚类分析、模糊评价等成为相似度分析的重要手段。

5.2.2 零件的分类与编码

1. 零件分类编码系统

零件分类就是针对一系列被定义的特征属性的有无将零件划分为不同的组的过程。具有完全相同特征属性或大部分相同特征属性的零件就定义成为一个组。因此，定义标准的特征属性系列就成为零件分类的基础。

定义特征属性系列可以采用多种形式。针对不同的形式，表述一个对象的分类特征也就有了不同的表达。现在分类编码方法基本都采用一维编码的方法，使用一个字符串（也可以是数字串）进行表达。它与普通编号不同的地方在于：编码中的每一位都有特定的含义，对应一定的特征属性，同时不包括序列号这样纯粹是为了区别实际个体的特征。例如，学号虽然有表征年份甚至是专业的代码，但每个学生有一个唯一的序列码，因此不能称为分类编码。

在进行特征属性系列定义时，特征的次序不能改变，后一个码位的定义与前一个码位的取值有关，或是由于一个特征类的可能取值过多，不能在所用码值范围内定义，要用两个码位的组合来表达，这样的编码系统就称为链式编码系统。同样，码位的取值可以是逻辑型、数字型、十六进制型和字符型的。

从零件分类编码系统所描述的零件对象范围来看，有适用于机床行业及其他机械制造行业的较为通用的零件分类编码系统，如德国的 OPITZ 系统，瑞士的 Sulzer 系统，荷兰的 Miclass 系统，日本的 KK 系统，我国的 JLBM-1 系统等。有专为某企业开发的零件分类编码系统，如美国波音飞机制造公司的波音统一分类编码系统 BUSCCS；有专为某类型零件开发的分类编码系统，如钣金零件分类编码系统等。

一个编码系统的设计，一方面要考虑它所涉及的编码产品的特征对象，另一方面要考虑编码的码长。考虑的特征对象越多，则适用范围越广，但同时码位也就越长，不仅效率低，而且也难以使用。因此，编码系统的通用性与适用性一直是一个矛盾。到目前为止，世界上尚没有一个普遍适用的系统，因为分类编码系统与具体企业的零件特征及使用要求直接相关。所以，当一个企业需要建立其零件分类编码系统时，可对已公开的系统或购买的商业化系统进行修改设计（剪裁和增加），也可以根据企业零件特点进行自行设计与开发。

下面以一种比较通用的 OPITZ 编码系统和我国开发的 JLBM-1 系统来进行说明。

OPITZ 编码系统结构示意图如图 5-14 所示。OPITZ 系统是 20 世纪 60 年代由德国 Aachen 工业大学 H. Opitz 教授领导的研究小组开发的。在 OPITZ 编码系统中，一个零件用 9 位数字（9 个特征类）描述，是一个数字型链式编码系统。编码系统的 9 位数字分 3 节（段），第一节包含编码的第一位，第二节包含第二 ~ 五位，第三节包含第六 ~ 九位。第一节描述零件类型，用于区分是回转体还是非回转体，并细分不同的形状。第二节（第二 ~ 五位）是对第一节分类的细分，对于一般的回转体，按内外部形状、平面加工、辅助加工等内容区分；对于有变化的回转体或非回转体，按总体形状、回转加工、平面加工、孔等内容区分。第一节

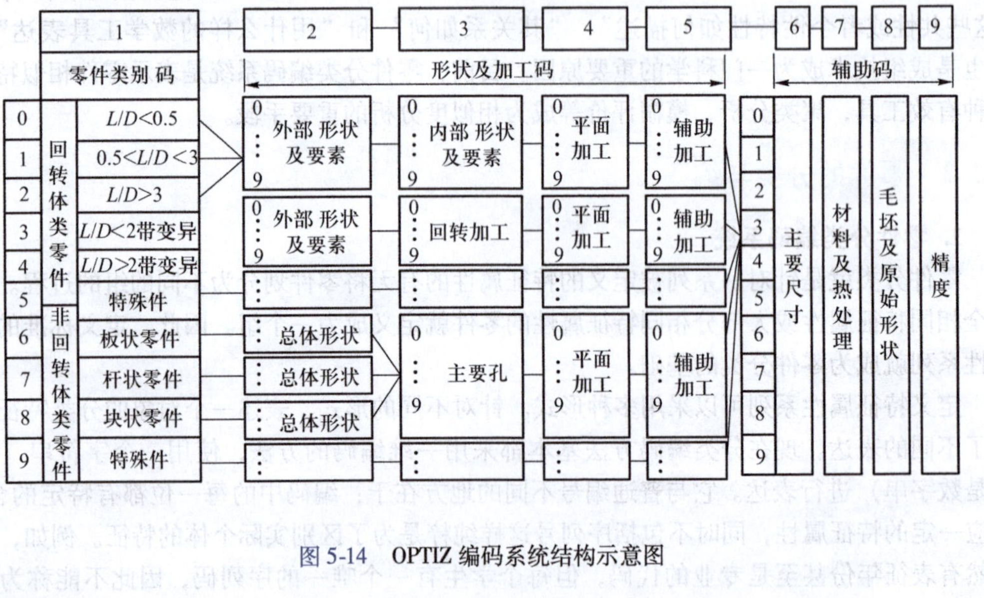

图 5-14　OPITZ 编码系统结构示意图

和第二节联合成为主码，用于描述零件的几何特征。第三节称为辅助码（第六～九位），主要用来描述零件的规格、材质、毛坯、精度等信息。OPITZ 简单且使用方便，是一个比较完善的系统，已被很多公司采纳。

图 5-15 所示为 JLBM-1 分类编码系统的基本结构。该系统具有 15 个码位，也是数字型链式分类编码系统。每一个码位中从 0～9 的 10 个数码表示不同的特征项号。15 个码位也分为 3 节。第一节包括第一、二码位，称为零件名称类别码（也称为名称类别矩阵），其中第一位为名称类别粗分，如轮盘类、环套类、齿轮类、箱壳体类等，第二位为名称类别细分，如垫圈片、环、套、螺母等是环套类的细分，用以描述零件的主要形状和功能。第二节称为形状及加工码，包括第三～九码位，用以描述零件外部形状、内部形状、平面和曲面的加工及其他辅助加工。第三节称为辅助码，包括第十～十五码位，用以描述零件的材料、毛坯、热处理、主要尺寸与精度。

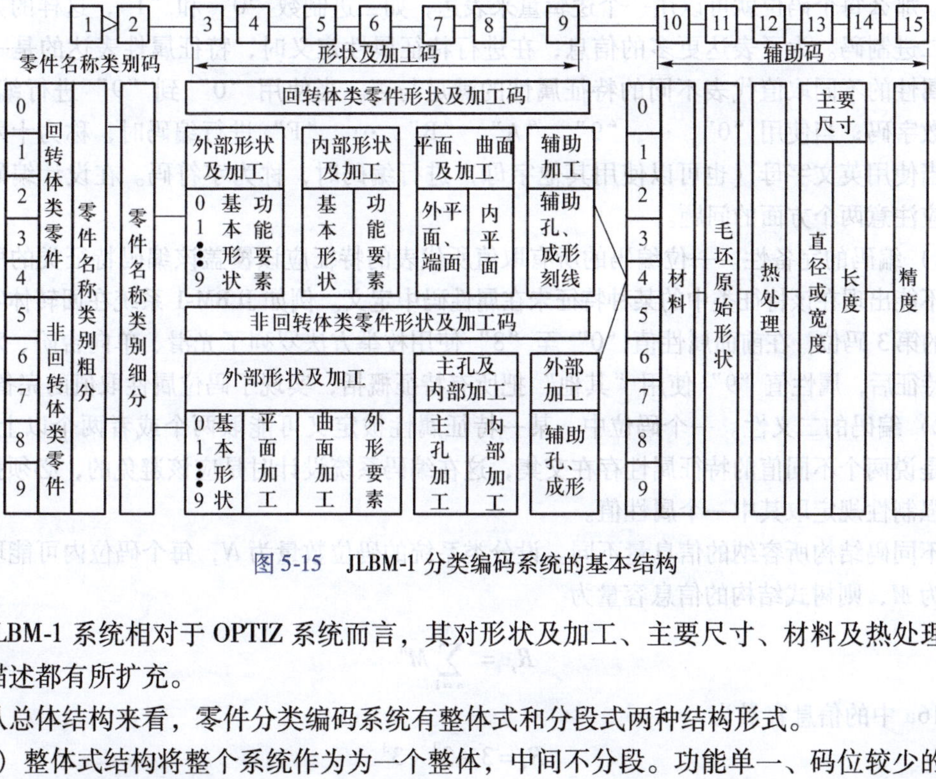

图 5-15　JLBM-1 分类编码系统的基本结构

JLBM-1 系统相对于 OPTIZ 系统而言，其对形状及加工、主要尺寸、材料及热处理等特征的描述都有所扩充。

从总体结构来看，零件分类编码系统有整体式和分段式两种结构形式。

1）整体式结构将整个系统作为为一个整体，中间不分段。功能单一、码位较少的分类编码系统通常采用这种结构形式。

2）分段式结构根据系统码位所表示的特征性质不同，分成 2～3 段，通常有主辅码分段式和子系统分段式两种形式。分段式结构的分类编码系统在使用上具有较大的灵活性，能适应不同的应用需要。

分类编码系统各码位间的结构有树式结构、链式结构以及混合结构三种形式，如图 5-16 所示。

1）在树式结构中，码位之间是隶属关系，每一个后级符号的定义取决于前级符号的值。

树式结构的分类编码系统所包含的特征信息量较多，能对零件特征进行较详细的描述，但结构复杂，编码和识别代码不太方便。

2）在链式结构中，每个码位内的各特征码具有独立的含义，与前后位无关。链式结构所包含的特征信息量比树式结构少，但结构简单，编码和识别也比较方便。

3）混合式结构是指同时存在以上所述的两种结构。大多数分类编码系统都采用混合式结构。

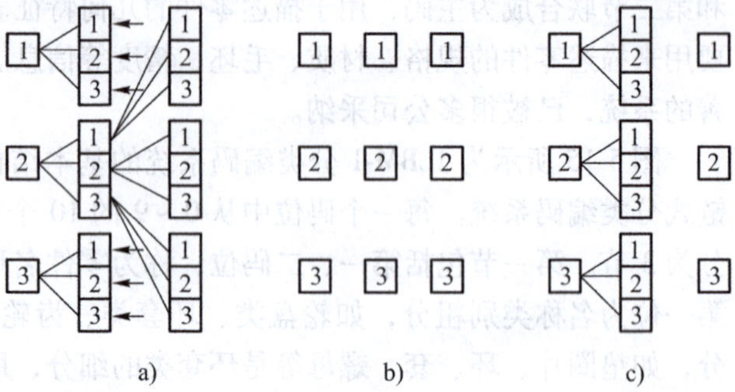

图 5-16　常用码位之间的结构

在编码系统中，如果特征属性针对零件来说没有程度的概念，只有“有”和“无”的区别，那么每个码位就可以用一个逻辑量来表达，如二进制数“0”和“1”，这样的方式就称为二进制码。为了表达更多的信息，在进行特征属性定义时，特征属性表达的是一类特征，属性的不同取值代表不同的特征属性的满足与否。当使用“0”到“9”进行编码时，称为数字码；当使用“0”，…，“9”，“A”，“B”，…，“F”进行编码时，称为十六进制码；当使用英文字母（也可以使用其他字母）进行编码时，称为字符码。在设计编码系统时，应注意两个方面的问题。

1）编码的完备性。一位编码的所有取值所代表的特征应该覆盖该编码特征类的所有属性，不能出现在该特征类中的某种特征未在属性码中定义。例如 JLBM-1 系统在回转体零件情况下的第 3 码位，在前面属性值“0”至“8”使用枚举方法罗列了光滑、单向台阶、双向台阶等特征后，属性值“9”使用“其他”把所有特征概括，实现了码位属性取值的完备性。

2）编码的二义性。一个码位中，某一特征属性被定义可能取两个或者两个以上的值，也就是说两个不同值的特征属性存在交集，这在编码系统设计时是应该避免的，必须把相交部分强制性规定取其中一个属性值。

不同码结构所容纳的信息量不同。设分类系统的码位数量为 N，每个码位内可能取值的个数为 M，则树式结构的信息容量为

$$R_s = \sum_{n=1}^{N} M^n$$

图 5-16a 中的信息容量为

$$R_s = 3 + 3^2 + 3^3$$

链式结构的信息容量为

$$R_L = M \times N$$

图 5-16b 中的信息容量为

$$R_L = 3 \times 3 = 9$$

混合式结构如图 5-16c 所示。它兼取前面两种结构的优点，而又避免它们的缺点。在混合式结构中，设树式结构的码位数为 N_s，链式结构的码位数为 N_L，且树式结构码位在前，则混合式结构中的信息容量为

$$R_H = \sum_{n=1}^{N_s} M^n + M \times N_L$$

图 5-16c 中的信息容量为

$$R_H = \sum_{n=1}^{2} 3^n + 3 \times 1$$

从图 5-14 所示的 OPTIZ 编码系统结构示意图中可以看到，在它的第 1 ~ 5 码位中，第 1 码位的 10 个特征项分为 7 组，第 2 ~ 5 码位隶属于这 7 个组，为树式结构。单在各组内的第 2 ~ 5 码位之间的是并列关系。因此前 5 个码位之间是混合式结构。后 4 个辅助码为（第 6 ~ 9 码）为链式结构。这样 OPTIZ 系统的信息容量为

$$R_H = 10 + 7 \times 10 \times 4 + 10 \times 4 = 330$$

2. 零件分组

对零件进行相似性分析并划分相应的零件组或零件族是应用成组技术的一项基础性工作。常用的零件成组分组方法有三种，分别是目测法、利用分类编码系统对零件归类分组法和利用对零件工艺过程分析的生产流程分析法。

目测法是最简单的方法，有经验的工程师根据零件图样或实际零件及其制造过程，直观地凭经验判断零件的相似性，对零件分类成组。这种方法简单，作为粗分类是有效的方法，但不够准确，而且因人而异，重复性不好（同一个人，不同时间的分组结果有可能不一样）。例如，将零件划分成回转体类、箱体类、杆件类等，但要作详细的分类就较困难。

利用分类编码系统对零件归类分组法，其基本原理是利用分类编码系统的定义，进行零件编码值的确定，同时定义一组零件的零件族特征矩阵，通过零件族特征矩阵与零件编码值进行比对，判断该零件是否符合该零件族。零件族特征矩阵见表 5-4。在表 5-4 中的零件族特征矩阵上，横向数字表示码位，纵向数字表示各个码位上可能取的代码值，“×”表示零件族中的零件在对应码位可以取的对应的代码值。所有含有“×”的矩阵元素所包括的范围称为码域。表 5-4 中的矩阵是根据统计资料和生产经验而制订的零件相似性特征矩阵。若待分类零件的代码中所对应的那几个码位的值均包括在特征矩阵内，则零件属于该零件族，否则不能入选。表 5-4 中的 3 个零件即为一组，或称为一个零件族。上述分类编码方法通常称为域码位法或称为筛选法。可以看出，域码位法是对零件代码各码位的特征规定几种允许的码值，用它作为分组的依据，相当于将相应码位的相似特征放宽了范围。

表 5-4 域码位法划分零件族

零件族特征矩阵

	1	2	3	4	5	6	7	8	9
0	×	×	×	×	×	×		×	×
1	×	×		×		×		×	×
2	×	×		×		×	×		
3				×		×	×		
4							×		
5							×		
6							×		
7							×		
8									
9									

零　件	代　码
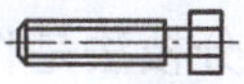	100300401
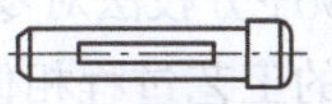	110301301
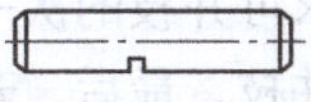	220201200

生产流程分析法是以零件的加工工艺过程为依据，把工艺过程相似的零件归为一类，形成加工族，比较常用的有关键机床法、顺序分支法和聚类分析法。

(1) 关键机床法　关键机床法是根据零件的加工工艺路线，分析其关键机床而进行分组的。表 5-5 说明了采用这种分类方法对零件分类前后的数据变化情况。由双横线下方可知，本表中的 25 个零件可分为三组，每组对应的机床组位于表的左侧。但是零件 21 应单独列为一组，这是因为其所在零件组中只有它使用了机床 1。这类方法中最为著名的方法是由英国 Burbrige J 教授提出的生产流程分析方法。虽然该方法因繁琐而很少应用于划分零件族，但是其分组思想为后来的分组方法开发打下了基础。

表 5-5　关键机床法

零件代号 / 机床代码	01	02	03	04	05	06	07	08	09	10	11	12	13	14	15	16	17	18	19	20	21	22	23	24	25
1	√	√		√	√		√	√	√		√	√		√	√		√	√	√	√	√	√	√		√
2	√	√	√		√	√	√		√		√		√	√		√				√	√			√	
3			√	√				√		√		√	√		√		√	√	√		√				
4	√	√	√	√		√	√	√		√	√	√	√	√		√		√		√	√	√		√	√
5	√	√	√	√		√			√			√	√		√			√		√			√	√	√

零件代号 / 机床代码	01	02	20	07	11	14	09	05	22	04	12	18	08	17	25	19	23	15	03	13	06	24	16	10	21
1	√	√	√	√	√	√	√	√	√																
2	√	√	√	√	√	√	√	√																	
4	√	√	√	√	√	√			√																
5	√	√	√				√																		
1										√	√	√	√	√	√	√	√	√							√
3										√	√	√	√	√		√		√							
4										√	√	√	√	√	√										
5										√	√	√			√		√	√							
2																			√	√	√	√	√		√
3																			√	√				√	√
4																			√	√	√	√	√	√	√
5																			√	√	√	√			

注：机床代码为 1—车床，2—卧铣床，3—立铣床，4—钻床，5—磨床。

(2) 顺序分枝法　顺序分枝法是将待分类的全部零件按其工艺过程逐个地判别，使之归属于相应的各级分枝组。为了便于分析工作，应将零件工艺过程编码。为此，可采用机床（设备）或工序代码。用顺序分枝法对零件分类包括两个过程：分枝过程和并枝过程。

若将两个分枝组之间的工艺过程相似程度定义为亲密度，则可并枝的两分枝组之间的亲密度关系可区分为高亲密度关系、中亲密度关系、低亲密度关系三级。并枝成组时，宜于从最高级分枝组开始逐次寻求可并枝的次一级分枝组。当然，最先应按高亲密度关系并枝，然后求其次按中亲密度关系并枝，最后，若需要可放宽相似性按低亲密度关系并枝，并适当地规定允许的最低并枝水平。

(3) 聚类分析法　聚类分析法是一种数值分类方法，是数理统计中研究物以类聚的一种多元分析方法，即用某一数学统计量定量地确定零件之间的亲疏关系，从而客观地将零件进行分类。根据其使用的数学方法不同，可以分为单聚链分类分析法、循环聚类分析法、排序聚类分析法等多种方法。下面主要介绍单聚链分类分析法的相关内容。

单聚链分类分析法是通过技术零件之间的相似系数进行聚类，首先从相似系数最大的一对零件开始，然后按相似系数递减顺序依次聚类。高一级聚类与次一级聚类用单链形式连接，形成聚类树形图。两个零件的相似系数 S_{ij} 可以定义为

$$S_{ij}=\frac{N_{ij}}{N_{ij}+N_i+N_j}=\frac{N_{ij}}{N_I+N_J-N_{ij}}$$

式中，N_{ij} 是零件 X_i 和 X_j 共同使用的机床数量；N_i 是零件 X_i 单独使用的机床数量；N_j 是零件 X_j 单独使用的机床数量；N_I 是零件 X_i 使用的机床数量；N_J 是零件 X_j 使用的机床数量。

表 5-6 给出了一个由 10 个零件共使用了 8 台机床的工艺路线卡归纳而成的工艺路线表。

表 5-6 零件工艺路线表

零件 \ 机床	1	2	3	4	5	6	7	8
1	√		√			√		√
2	√					√		
3		√			√			√
4	√		√			√		
5				√			√	
6		√			√			√
7					√			√
8	√		√			√		
9				√			√	
10		√					√	

通过计算各个零件之间的相似系数得到原始相似系数矩阵见表 5-7。表中，单元格中的值表达了行零件与列零件之间的相似系数值。由于该矩阵是角对称的，所以只列出下三角矩阵。根据原始相似系数矩阵，可画出对应的聚类树形图，如图 5-17 所示。从相似系数最大值开始，把相关零件在垂直方向向下延伸至相似系数值并横向连接，有横向连接的竖直线条可以合并。从图 5-17 中可以看出，如果要求相似系数达到 0.3 才能为一组，则零件被分为三组。第一组：零件 1、2、4、8；第二组：零件 3、6、7；第三组：零件 5、9、10。

如果相似系数的要求提高到 0.5，则零件就必须分为四组。第一组：零件 1、2、4、8；第二组：零件 3、6、7；第三组：零件 5、9；第四组：零件 10。

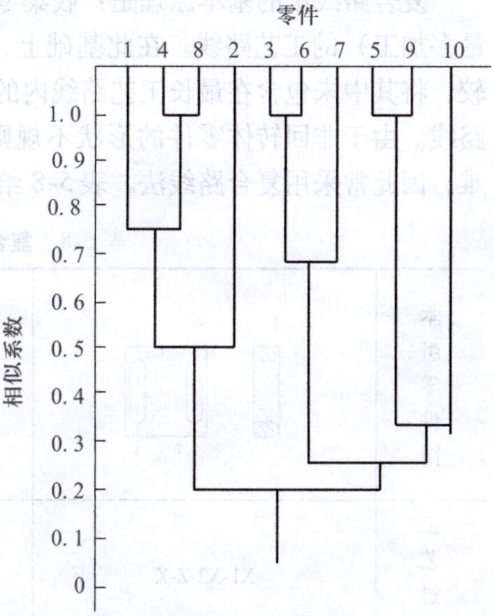

图 5-17 聚类树形图（引用王先逵书）

表 5-7　原始相似系数矩阵

相似系数 零件 \ 零件	1	2	3	4	5	6	7	8	9	10
1										
2	0.50									
3	0.17	0								
4	0.75	0.67	0							
5	0	0	0	0						
6	0.17	0	1	0	0					
7	0.20	0	0.67	0	0	0.67				
8	0.75	0.67	0	1	0	0	0			
9	0	0	0	0	1	0	0	0		
10	0	0	0.25	0	0.33	0.25	0	0	0.33	

虽然各种生产流程分析法的计算量、繁简程度及分组效果各不相同，但是其共同之处是都以零件在车间内的生产工艺路线为基础数据，将零件划分为零件组（族）并同时形成相应的机床组。

5.2.3　成组工艺过程设计

成组工艺是基于成组分类的基础上进行的。将零件划分为不同的零件组（族）后，可针对不同的零件组形成适合于组内各零件的工艺过程，称为成组工艺过程。编制成组工艺过程的基本原则是：所编制的成组工艺过程应包括组内各个零件的工艺方法、工序顺序及组内零件最复杂的工艺过程。常用的编制成组工艺过程的方法是复合路线法。

复合路线法的基本原理是：收集零件组现有各零件工艺过程，从中选出最长（包含了最多加工）的工艺路线。在此基础上，通过将该路线与零件组内其他零件工艺路线进行比较，将其中未包含在最长工艺路线内的工序加入，从而产生一条能满足所有零件的成组工艺路线。由于非回转体零件的形状不规则，为了某一零件组找出它的复合零件来常常十分困难，因此常采用复合路线法。表 5-8 给出一个按照复合路线法设计成组工艺的实例。

表 5-8　复合路线法设计成组工艺的实例

本组零件图	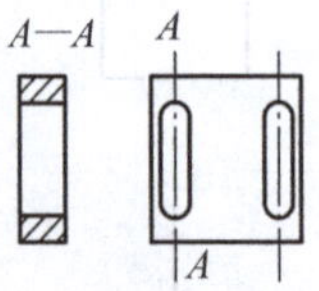	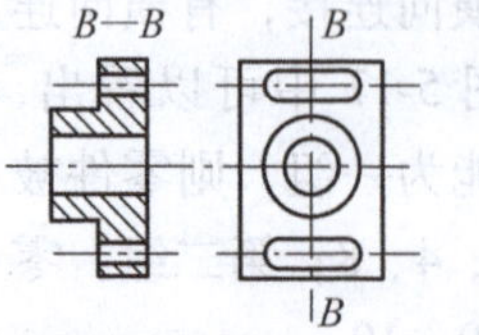	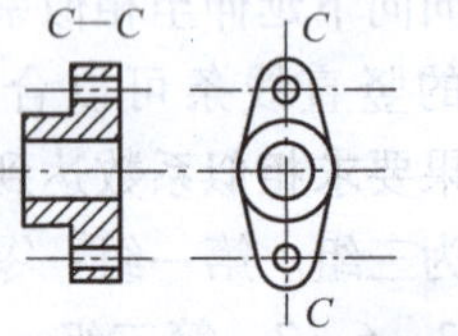
工艺过程	X1-X2-Z-X	选作代表路线 X1-C-Z-X	X1-C-Z

（续）

本组零件图	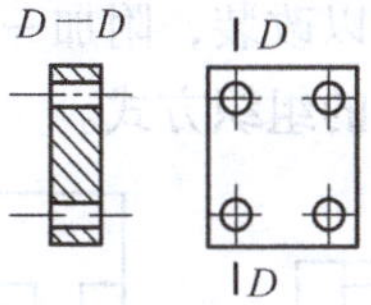	本组零件的复合工艺路线（在代表路线中补入所缺的 X2 工序）
工艺过程	X1-X2-Z	X1-X2-C-Z-X

注：X1—铣平面；X2—铣另一平面；C—车；Z—钻；X—铣槽。

成组工艺过程设计在成组技术中占有十分重要的地位，它与派生式计算机辅助工艺设计有着紧密的关系，其方法和思路基本一致。在本质上来说，派生式的工艺设计实质上就是基于成组技术中的工艺相似性进行派生选择对应零件的相似工艺路线，然后再对相似工艺路线进行修改以满足具体需求。

利用零件在加工工艺方面的相似性，通过应用成组技术，编制零件组的成组工艺规程，有利于对零件工艺过程设计实施标准化，防止不必要的工艺多样性。将原来设计的单独工艺统一成标准工艺，便可以在标准工艺的基础上，进一步促使同类零件标准工艺所采用的设备和工艺装备实现专业化和自动化，可显著提高生产效率、保证产品质量和降低生产成本。

5.2.4　成组单元与成组生产组织

当零件按照工艺相似零件组投入到加工制造中时，不仅可以简化和标准化工艺设计，同时也可以依照成组思想组织相应的生产流程，将过去针对单件、小批量生产的集群式布局改变为流水线式布局，从而可以采用大批量的生产技术和专业化方法进行多品种、中小批量生产。由于它通过零件分组，减少了每个工作地加工的零件种类，针对每一组零件而言，扩大了组零件生产批量，这就使单件小批量也能够采用先进的工艺方法、高效率的自动机床和数控机床。成组加工的生产组织形式指的是成组加工设备的排列（布置）形式。基于机床的成组布置，可以使用成组夹具，按成组零件编制工艺，各组零件都在各自的成组生产单元和成组流水线内加工。这样就有利于生产管理和提高经济效益，使复杂的单件小批量生产实现简单化、专业化、标准化。在目前成组加工的实际中，其生产组织形式主要有成组加工单机与单机封闭、成组加工单元和成组加工流水线三种形式。这三种基本形式是介于机群式和流水线之间的设备布置形式。

1. 成组加工单机与单机封闭

成组加工单机是成组技术中生产组织的最简单的形式，一般用于加工特征表面基本上可以在一台机床（如车削或铣削机床）上加工出来的零件。在采用成组加工单机进行组织生产时，若一个零件要经过数道工序，则按加工工序的相似性，将零件加工中相似的工序集中到一台机床上进行，其余工序则分散到其他单机上完成。也就是说，一个包含多个工序的零件，在其工艺过程中，并非始终与其他零件稳定地结合在一个零件组中。单机封闭是成组加工单机的特例，是指一组零件的全部工艺过程可以在一台机床上完成。单机封闭适用于单工序零件的组织生产，成组加工单机适用于多工序零件的组织生产。

图 5-18a 所示的一组零件，除磨削表面外，都可以在一台转塔车床上加工完成，采用成组加工单机的组织方式。而对于磨削表面，只要对机床加以改装，附加一个磨削装置，就可以在同一台车床上完成所有加工，这样就形成了单机封闭的组织方式。

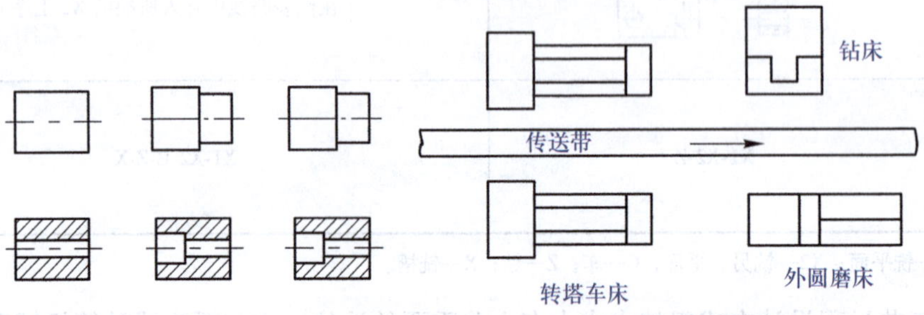

a) 零件组　　b) 成组加工流水线

图 5-18　一零件组及成组加工流水线

由此看出，采用成组加工单机与单机封闭这种方式进行零件加工，零件组中的每个零件（或某一工序）必须具有以下两个特点：第一，零件必须具有相同的装夹方式；第二，零件在空间位置和尺寸方面必须具有相同或相似的加工表面，但并不要求零件的形状相同，而是只考虑加工表面位置和尺寸的相似性。成组加工单机与单机封闭这种组织形式是成组技术的最初形式。由于相似零件集中加工，批量增大，减少了机床调整时间，因此获得了一定的经济效果。对于较复杂的零件，需要在多台机床上加工时，效果就不显著了。但随着数控机床和加工中心机床的应用，特别是柔性运输系统的发展，成组加工单机的组织形式又变得重要起来。

2. 成组加工单元

成组加工单元是指在车间的一定生产面积上，配置一组机床和一组工人，用以完成一组或几组在工艺上相似的零件的全部工艺过程。生产单元的设备可以按照加工组的成组工艺路线布置，允许某些零件在单元内作非单向流动或跳越某些工序机床。成组加工单元是成组技术在加工中应用的最典型形式，是高度自动化柔性制造系统的雏形，是一种新型的生产组织形式。图 5-19 所示为一个成组加工单元生产组织实例。

成组加工单元组织形式的优点是单元内零件可以逐件传送或几件一起传送，而不需要按“批”作工序间的顺序转移，但它不同于流水线，因为它不要求工序之间保持一定的节拍。成组加工单元可以缩短运输路线，减少在制品时间和数量，缩短生产周期。成组加工单元有其独立性，一般由一组工人负责，便于实行生产责任制，也有利于提高工人的工作责任感和生产积极性，同时可以实现一专多能的多机床看管，有利于提高劳动生产率，也便于成本核算、计划管理、质量控制和生产调度。

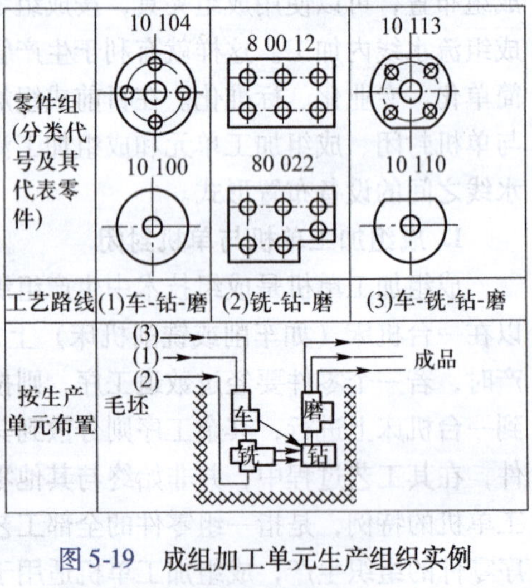

图 5-19　成组加工单元生产组织实例

3. 成组加工流水线

成组加工流水线是在机床单元的基础上，将各工作地的设备按照零件组的加工顺序固定布置。流水线是成组加工系统中实现加工过程合理化的高级形式，应用于成组批量更大、零件间相似性更高的场合。它与普通生产流水线的主要区别在于：流水线上流动的不是固定的一种零件，而是一组相似零件。成组加工流水线具有大批大量生产性质的合理性和优越性，能获得高的加工效率与低的生产成本。这种生产方式的确定使零件组内所有零件必须以相同的加工顺序通过各机床。某些加工步骤可以不同，但是工件在系统内的流动必须是同一方向。生产图5-18a所示零件组的成组加工流水线，可以采用图5-18b所示的布置形式。

在实际应用成组生产的组织过程中，一般需要根据零件与工艺相似性设计成组夹具。成组夹具为专用可调整夹具，针对一组相似零件的某道工序而设计制造。成组夹具的应用可缩短更换工件类型时的夹具更换调整时间，减少工装数目，降低生产成本。

5.2.5　成组技术在设计工作中的应用

成组技术在设计工作中的作用是根据零件分类编码系统，检索设计部门中现有产品和零件的设计图样及其构思方法，使现存图样或模型能得到最大限度的重复使用，或只经少量修改即可使用，并根据重复使用的程度进行同类零件的结构和尺寸的标准化，提供有助于设计人员使用的各种标准设计资料。另外，还能利用零件分类编码系统进行产品的计算机辅助设计，以达到减少绘画和建模工作，缩短新产品的设计周期和降低设计费用等。成组技术在设计工作中的应用有：

1）选择适合设计工作的零件分类编码系统。

2）图样的检索。

3）零件的标准化。

4）利用复合零件编制设计标准资料。

5）变形设计法。

在设计过程中，不仅对零件采用成组技术系统，而且对组件这一级引入成组技术系统也是必要的。它的优点是能重复使用结构合理、经过实践考验的组件，减少组件的类别，便于信息处理，使设计自动化。另外，采用成组技术系统便于将设计过程中所考虑的多种设计方案进行比较。

成组技术在设计检索系统和现代的计算机辅助工艺设计方案中的应用是十分重要的。它的另一个重要的优点可以从图5-20和图5-21中看到。图5-20所示为一个加工车间成批生产的加工过程布局。按机床的功用来布置各种机床，有车床、铣床、钻床等工段。对一个已知零件进行机械加工时，工件必须在这些工段间迁移，同一工段也许会遇到多次，这样就导致了大量的在制品搬运、在制品库存量大、不必要的调整、很长的制造时间及较高的成本。图5-21所示为一个假设具有同等生产能力的车间，但这里把机床划分为一些单元，每个单元专门负责一个特定零件组的制造。其优点是减少了工件搬运、缩短了调整时间、减少了在制品库存量和设备占地面积、缩短了制造时间。一些制造单元可以设计成生产流水线形式，并配有在单元内机床间传送工件的传输带。

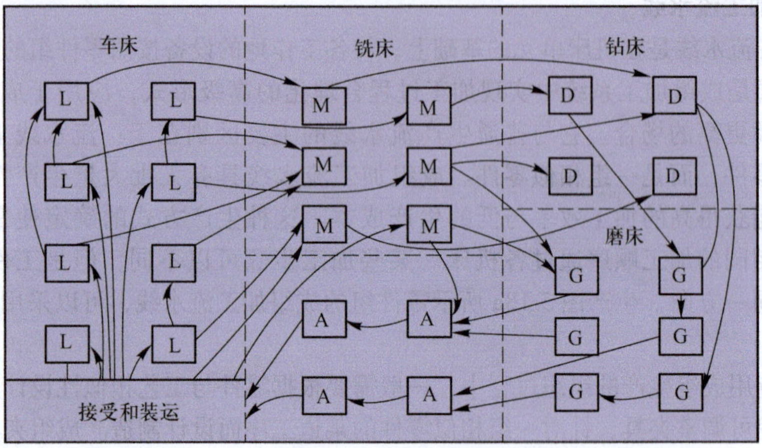

图 5-20　加工过程布局

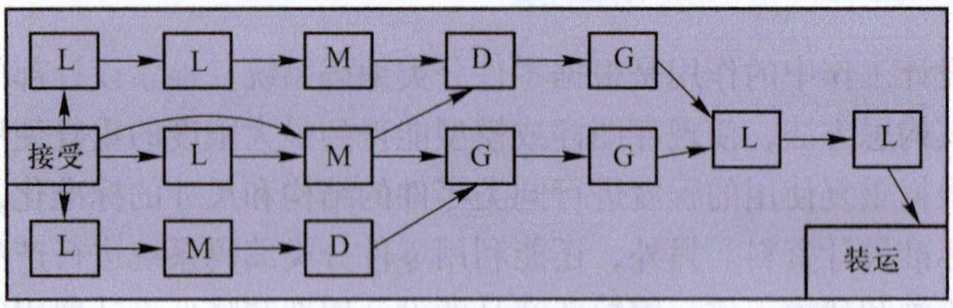

图 5-21　成组技术布局

5.3　计算机辅助工艺过程设计系统

5.3.1　计算机辅助工艺过程设计系统的组成

CAPP 经历了几十年发展，形成了不同的 CAPP 系统，其采用的技术手段、工作原理、应用领域和范围具有较大差别。下面通过总结一般 CAPP 系统的组成进行说明，其相关模块如图 5-22 所示。

数据库平台为整个 CAPP 系统的运行提供了数据支持。主要包括工程图库和模型库、产品（零部件）库、工艺参数库、工艺知识库、典型工艺库、术语、语句标准库、资源库等。这些库的存在形式可以是关系数据库，部分需要由文件系统来担任，以满足企业各类数据结构的需求。

CAPP 系统的应用功能模块可以划分为 4 个主要部分，即对象存储功能模块、支撑功能模块、工艺信息模型维护模块以及工艺设计功能模块。下面分别对这些模块进行介绍。

对象存储功能模块是将业务与数据分离设计而派生出的一个功能模块，其他三个功能模块在进行数据存储过程中均需要调用该功能模块中的相关操作来实现数据的存储。该功能模块不是每一个 CAPP 系统中都必须具备的，其他三个功能模块也可以直接进行数据交互存储。

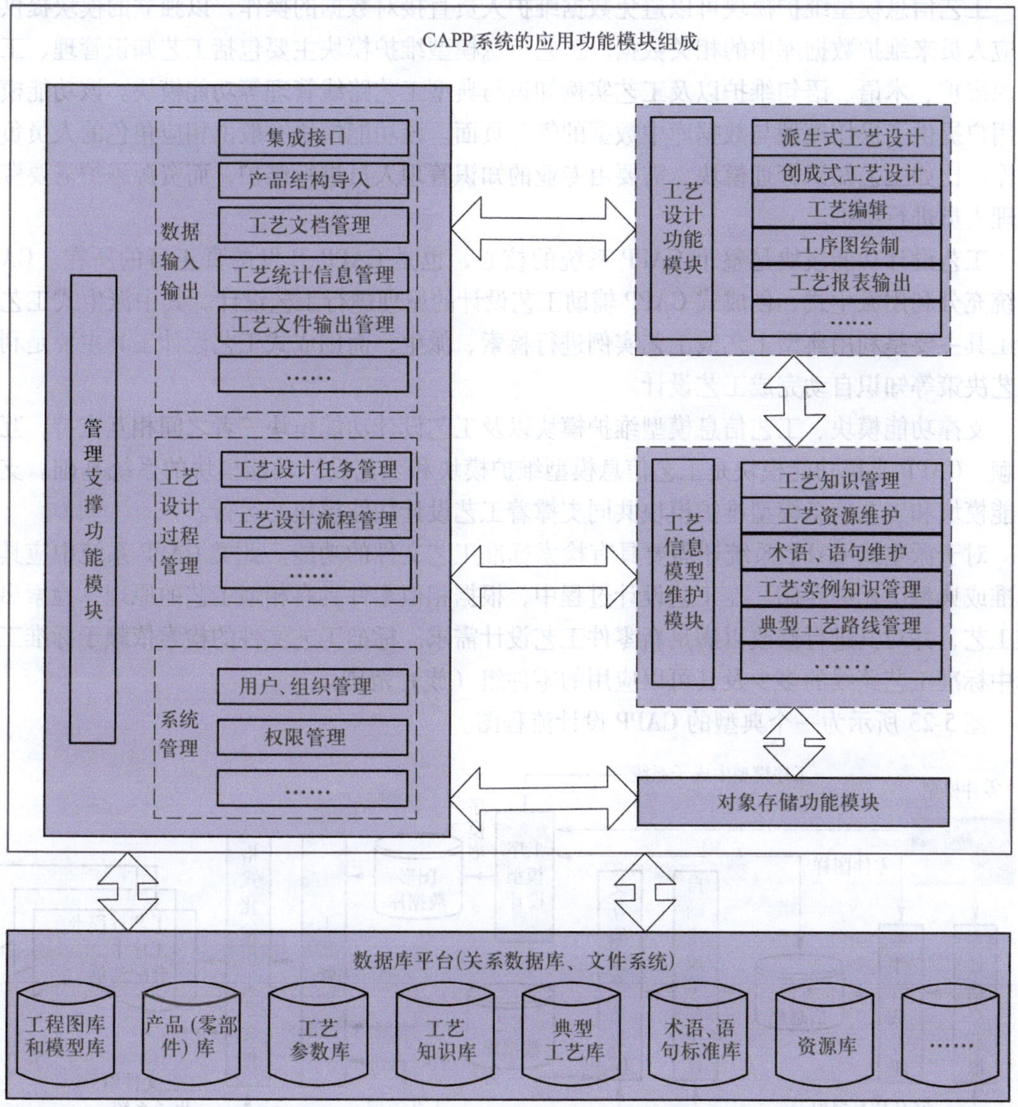

图5-22 CAPP系统组成

支撑功能模块是CAPP系统运行的基础模块，主要包括数据输入输出管理、系统管理、工艺设计过程管理等子模块。其中数据输入输出管理模块是主要负责系统的集成接口、产品结构导入、工艺统计信息管理以及工艺文件输出管理等。输入输出功能模块是所有CAPP系统均需具备的一个模块，但并不意味所有CAPP系统具备该模块中的所有子模块，比如有些系统中没有开发其与CAD系统接口，相关产品数据不能直接通过CAD的设计结果来自动产生。系统管理模块也是所有CAPP系统都必须具备的一个系统模块，涉及系统安全及权限配置功能等的管理。工艺设计过程管理模块主要是对工艺设计过程中所涉及的流程控制、任务分配等内容进行管理。工艺设计任务管理主要是工艺设计任务的分配，依据企业工艺分工基本原则，模拟企业实际任务分配过程，并实现工作量的计算和平衡。支撑模块中的功能组件在结构上是动态的，各个功能模块可以根据环境变化和不同需求进行配置组织。

工艺信息模型维护模块可以避免数据维护人员直接对数据的操作，以独立的模块提供给相应人员来维护数据库中的相关数据。工艺信息模型维护模块主要包括工艺知识管理、工艺资源维护、术语、语句维护以及工艺实例知识与典型工艺路线管理等功能模块。该功能模块给用户提供了操作模型与数据库中数据的管理页面。该功能模块一般由相应角色的人员负责操作，比如工艺知识管理模块，需要由专业的知识管理人员进行维护，而资源维护需要资源管理人员进行维护。

工艺设计功能模块是整个 CAPP 系统的核心，也是 CAPP 开发的真正目的所在。CAPP 系统充分利用派生式、创成式 CAPP 辅助工艺设计的原理进行工艺设计。其中派生式工艺设计工具主要是利用典型工艺或工艺实例进行检索、派生，而创成式工艺设计工具主要是利用工艺决策等知识自动完成工艺设计。

支撑功能模块、工艺信息模型维护模块以及工艺设计功能模块三者之间相互支持，互相依赖。CAPP 支撑功能模块是工艺信息模型维护模块和工艺设计功能模块的系统基础。支撑功能模块和工艺信息模型维护模块共同支撑着工艺设计功能模块的运行。

对于派生式 CAPP 系统还需要具有检索标准工艺文件的功能。此类 CAPP 系统中应具有标准或典型工艺的存储。在工艺设计过程中，根据相似零件具有相似工艺的原理，检索出标准工艺，并对其进行修改以满足新零件工艺设计需求。标准工艺文件的检索依赖于标准工艺库中标准工艺路线的多少及其可以应用的零件组（族）范围。

图 5-23 所示为一个典型的 CAPP 设计流程图。

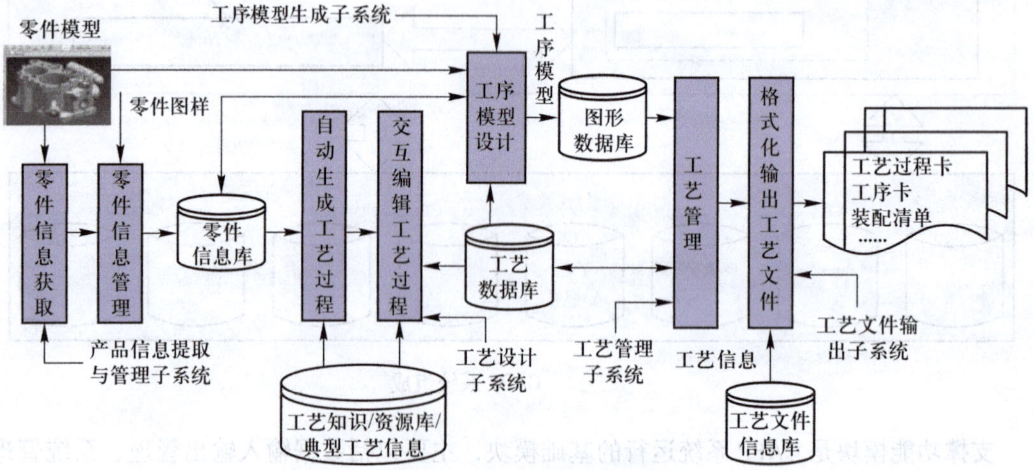

图 5-23　典型的 CAPP 设计流程

5.3.2 计算机辅助工艺过程设计中产品设计信息的获取

从产品设计数据中获取 CAPP 系统所需要的输入信息，是 CAPP 系统的重要基础。

1. 产品设计数据的内容

产品设计数据的内容非常丰富，其不仅包含产品及其零部件之间的层次结构关系，同时也包含产品、零件几何信息和面向制造的工艺要求信息。层次结构关系是产品及其部件、零件之间的装配和配置层次关系，设计阶段形成的层次关系一般称为 EBOM。几何信息是对几何形状的描述，包括产品、部件、零件的几何形状及其之间的几何拓扑关系等。产品设计数据中的工艺要求信息主要包括表面精度、几何公差、热处理要求、材料和毛坯类型等信息。

CAPP 系统对其产品设计输入信息描述的基本要求是：一方面要能描述产品的形状、尺寸、公差、精度等几何信息，同时也要能描述材料、热处理、管理以及技术要求等非几何信息。只有基于这些信息，CAPP 系统在决策过程中才能确定零件加工表面的加工方法及其相应的加工顺序。在理想的计算机集成制造系统中，从计算机辅助设计发送过来的产品设计数据直接包含了 CAPP 系统输入所需要的信息，并且有一致的描述方法和数据结构，这样可以直接应用到 CAPP 系统的工艺过程设计决策中。但是，由于之前各自独立的发展和简化考虑，这样一体化的集成目前还是一个尚未妥善解决的问题。

2. 产品设计信息的描述方法和获取方式

在当前主流的计算机辅助设计系统中，对于产品设计的各种信息，产品层次结构关系信息主要以 EBOM 的形式进行描述。EBOM 信息成为产品信息的主要构架。而对于产品零件的几何信息和工艺要求信息常用特征描述法描述。

对于当前的 CAPP 系统，产品零件的几何和工艺要求输入信息常用的描述方法有以下几种。

1）零件分类编码描述法。

2）形面元素描述法。

3）图论描述法。

4）面向零件特征元素法。

5）拓扑描述法。

6）基于特征的描述法。

零件分类编码描述法实质上就是利用分类编码方法对零件进行编码，用零件的编码来粗略描述零件的形状、尺寸、精度等信息，这是 CAPP 信息中采用得较多的一种方法。

形面元素描述法是将零件看作由若干基本几何元素组成，将这些基本几何元素分为主要形面元素、次要形面元素和辅助形面元素。将这些形面元素进行任意组合，并对零件的各个形面元素进行编号，以便能正确地输入零件各形面元素的尺寸、位置、精度、粗糙度等信息。利用这种方法虽然比较繁琐、费时，但是可以较完善、准确地输入零件的图形信息。

图论描述法主要是用节点表示零件的形状元素，并将这些形状元素赋以固定代码，用边表示两个相邻表面的连接情况，边上赋值表示两个相邻表面的夹角，若两表面完全无关时则无边。采用图论中的节点、边来描述特征元素及其关联关系，这样会导致信息输入繁琐、费时。当所要描述的零件比较复杂的时候，其描述关联关系困难且描述连接矩阵庞大。

面向零件特征元素法主要是用于描述比较复杂的非回转体零件。非回转体零件形状复杂，若要像描述回转体零件形状要素那样详细、准确是非常困难的。但是有些非回转体零件的制造工艺并不太复杂，对于这类零件，描述零件由哪些特征组成及这些特征的组织关系，一般就可以做出相应的工艺决策。

拓扑描述法主要是利用点、线、面等拓扑元素单元来描述零件。这些拓扑单元可以详尽描述零件结构形状，一般在 CAD 系统中应用。

为了便于 CAD 与 CAPP 系统的集成、保证信息之间的一致性，基于特征的描述法得到了广泛应用。特征是一个综合的概念，是产品设计、制造信息的载体。它不仅包含几何拓扑关系，同时还包含设计制造过程所需要的材料、尺寸、几何公差等信息。产品设计信息按照特征进行分类，可以分为管理特征、技术特征、材料特征、热处理特征、形状特征、精度特征。以特征为单元能够完整表达产品的设计信息，有助于实现产品设计、工艺过程设计等阶段之间的信息传递和集成，并能够支持工艺决策的实现。

为了便于支持CAPP系统的工艺决策，将特征从产品层、几何层进行分类，其中产品层是与产品的总体有关的信息，包括管理特征、技术特征、材料特征及热处理特征，而几何层的信息主要包括形状特征与精度特征。图5-24所示为一个面向工艺的特征信息分类。

各特征的相关内容分别说明如下。

（1）管理特征　与产品管理有关的信息集合，包括名称、设计者、设计日期等标题栏信息。

（2）技术特征　描述产品或零件的性能、技术要求、未注精度、未注倒角、未注的粗糙度、检查、清洗等技术要求信息的集合。

（3）材料特征　描述产品或零件的材料类型、材料牌号等信息的集合。

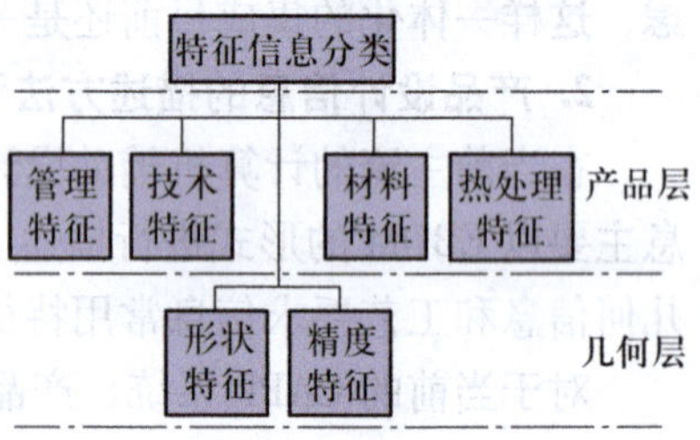

图5-24　面向工艺的特征信息分类

（4）热处理特征　描述产品的热处理、硬度等信息的集合。

（5）形状特征　描述产品或零件组成几何体形状相关信息的集合。

（6）精度特征　描述与产品或零件几何形状、尺寸相关的精度信息的集合，包括尺寸公差、几何公差和表面粗糙度。

上述特征信息中，尤其以精度特征最为复杂，该类信息也是特征信息模型中描述的重点内容。

在现有数字化环境下，为了全面准确地描述特征信息，并支持CAD与CAPP系统间的信息集成，以及加工方法选择与制造资源选择决策，需要构建面向工艺的产品特征信息模型。由于工艺过程设计决策通常是以几何形状整体作为决策条件，而不会关注细节的几何拓扑信息，比如面的边界线、边界点。因此，在构建面向工艺的产品特征信息模型过程时，可以只针对工艺过程设计关注的几何信息进行描述，而不用完整地描述CAD系统中的所有几何拓扑信息。

结合成组技术和零件的特征技术可以构建基于特征的零件分类编码系统。基于特征的零件分类编码系统用字符（数字、字母或其他符号）对零件各有关特征进行描述和标识，通过零件的特征编码对零件进行分组，找到零件工艺的共性，从而缩短工艺准备时间，提高工艺设计效率。基于特征的零件分类编码系统是实现设计工艺标准化的基础，其推广及应用有利于实现专业化生产。

实质上，特征技术是现有三维CAD技术和CAD/CAPP集成化发展需求的产物。现有三维数字化环境下，产品设计中大部分非几何信息与三维几何模型直接关联，所以产品特征提取、特征识别等是现有产品零件信息获取的重要手段。

特征提取是对产品的几何形状、尺寸、几何公差、精度等几何信息以及材料、热处理、技术条件等非几何信息进行统一表达、存储和利用的过程。而特征识别则是从产品的实体模型出发自动识别出其中有一定工程意义的几何形状即特征，进而生成产品的特征模型。特征识别的研究工作最早开始于20世纪70年代中期的英国剑桥CAD中心。特征识别从整体上可以分为两大类，一类是基于边界匹配的特征识别方法，另一类是基于立体分解的特征识别方法。基于边界匹配的特征识别方法是通过搜索零件的边界模型，寻找其中符合特征边界模式的区域，进而识别出零件中包含的所有特征。

基于立体分解的特征识别方法，其基本步骤是首先对实体模型进行分解，将其分解为凸体的集合，然后通过对分解的凸体进行重新组合产生对应于特征的体元，最后再对特征体元进行分类，确定出特征类型。

为了实现不同系统之间信息的交互与共享、保证信息的一致，现已有可以遵循的产品数据交换的相关标准，其典型代表为初始化图形交换规范IGES和产品模型数据转换标准STEP。对各标准的详细介绍见本书第3章3.7节。

5.3.3 工艺信息及过程的管理

作为一个CAPP系统，所需要实现的工艺设计功能包括：①毛坯的选择及毛坯图生成；②基准选择与夹紧方案确定；③加工方法选择；④加工顺序安排；⑤机床及工装选择；⑥工艺参数计算；⑦工艺文件输出。这一方面需要大量的包括产品、企业的实际生产资源环境及各种标准和基础数据信息，同时也需要生成多方面的工艺数据。另一方面，实现工艺设计的过程也是错综复杂的，各功能之间相互影响，直接影响了工艺信息的生成。因此，对工艺信息及过程进行有效的管理十分重要。

1. 工艺设计数据管理

工艺设计数据管理的目的就是帮助工艺设计相关人员快速、准确地获取到相关数据，并对其进行相关操作，保证工艺设计过程顺利进行。工艺设计数据主要是指图5-22中数据库平台所包含的相关数据，包括在工艺设计过程中所使用的数据和工艺设计过程中所产生的数据两类。前者主要包括加工材料数据、制造要求数据、设备数据、刀/夹/量具数据、工时定额数据、材料定额数据、已规范化的工艺术语及工艺规程等。这些数据一般能从工艺设计手册中得到，是相对比较稳定的数据。而后者主要是指在工艺设计过程中产生的相关数据，其中主要是在工艺设计中产生的工艺过程数据、工序图数据、工艺规程等。这种在工艺设计过程中动态产生的数据实质上是工艺设计的结果数据。

对于上述数据的管理，常采用数据库的形式。所以在进行CAPP系统开发之前，首先要进行的工作就是建立工艺数据库及其知识库。为了满足不同工艺过程设计的基本需求，工艺数据库应具备下面几个方面的要求。

(1) 完整性　工艺数据库是工艺数据的一个容器。工艺数据库是基于工艺数据抽象模型构建起来的，而其抽象模型应该能完整地反映工艺数据对象及其相关关系，从而支持工艺设计对数据的需求。

(2) 可扩展性　一方面，随着加工技术的不断变化，工艺过程设计中会出现新的加工方法、加工资源等，需要工艺数据库能根据需求扩展其存储内容；另一方面，由于企业工艺应用范围的扩展，业务需求的增加，可能需要对工艺数据进行扩展。所以工艺数据库应该具有良好的可扩展性。

(3) 安全性　工艺数据涉及企业核心技术的相关内容。有些工艺数据是企业竞争的关键数据，在网络化环境下，保证其数据的安全是最基本的要求。

一个完整的CAPP系统的工艺数据库应该包括产品/零部件库、资源库、工艺过程数据库、工艺参数库、术语库等。

资源库主要用于存储设备、刀具、量具、夹具以及辅具等资源对象与关系及资源能力。资源能力一般分为几何形状能力、加工精度能力以及工艺能力三个方面。图5-25所示为制造资源描述及其能力的三个方面。

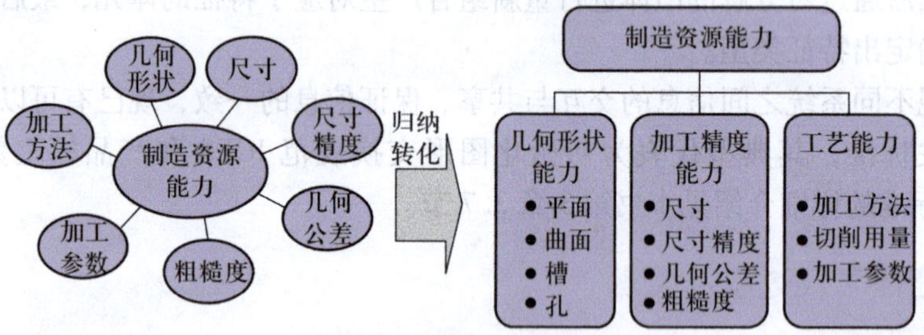

图5-25 制造资源描述及其能力的三个方面

产品/零部件库存储的是工艺设计的对象。产品/零部件库中应该存储零件对象、层次结构关系及其相关特征等信息。零件对象及层次结构关系是对象层面的描述。零件特征信息主要包括管理特征、技术特征、材料特征、热处理特征以及形状特征和精度特征六大类信息内容，其中管理特征、技术特征、材料特征和热处理特征属于非几何信息，形状特征和精度特征则属于几何信息。

工艺过程数据库中存储的是工艺设计过程中产生的工艺过程、工序、工步等过程、操作信息，同时应该将这些信息与其设备、刀、夹、量具等资源对象、产品、零件对象以及组织等进行关联。为了满足制造柔性化生产条件的需要，应该能维持零件与工艺的一对多的关系。

工艺参数库中存储的参数主要包括切削用量、加工余量和时间定额三种类型。切削用量（切削深度、进给量以及切削速度）参数是在工序设计过程中确定刀具切削用量的基础。加工余量参数是工序尺寸计算的参考，可以应用于每一个工序的加工余量、工序尺寸及公差。时间定额参数是用于指定某一工序所需要的时间。

术语库的形式是基于企业习惯用语、企业特色词汇的，通过总结企业工艺描述中常用的句型形成的。为了使标准化术语在工艺描述中发挥最大的指导作用，方便检索，一般需要建立对应的元术语和元句型标准库。从零件类型、工序类型、内容性质类型等方面可以进行划分，如图5-26所示。术语分类整理的目的是使术语能够在新的工艺设计中作为标准描述。

工艺知识数据库是CAPP系统用于存储工艺决策知识，进行工艺设计的基础。在工艺设计领域，涉及的经验知识非常广泛，从毛坯制造知识、产品工艺分工，到针对每个零件的加工方法选择，工序组合排序，再到工序尺寸计算，工序资源选择等过程都需要工艺知识的支持。早期的CAPP系统，工艺知识用程序的形式固化在系统中，使系统的适应性变差，也不便于系统发展。随着知识工程研究的进展，知识与推理程序脱离，利用知识库的形式存储知识成为软件设计的主流，也成为当前CAPP系统常见的知识管理模式。

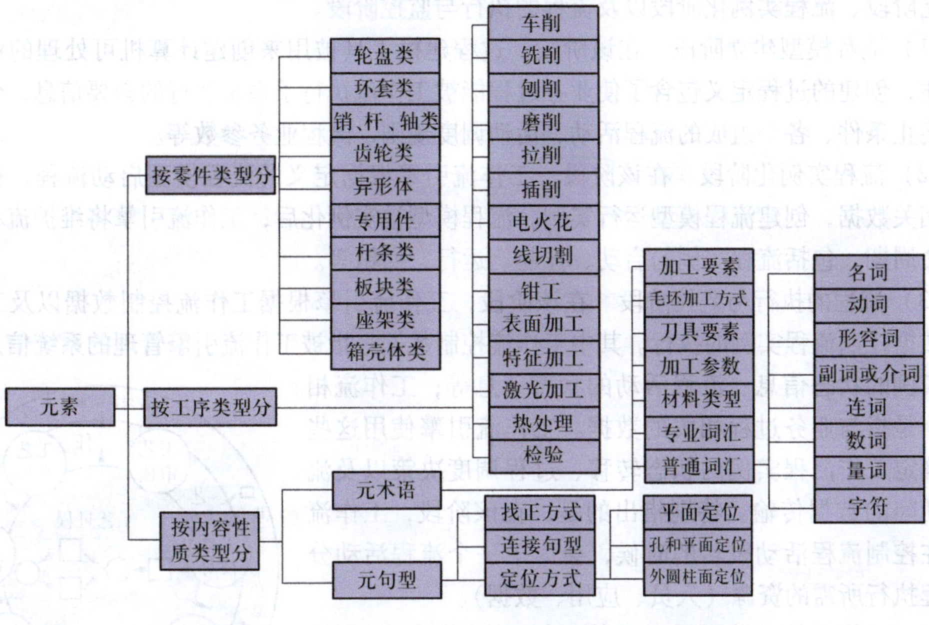

图 5-26　基本术语分类结构

2. 工艺设计过程管理

工艺设计过程管理主要是对工艺设计业务过程所涉及的流程控制、任务分配等内容进行管理，一般也称为工艺设计流程管理。工艺设计过程管理的主要任务是对整个工艺设计过程进行控制，并使过程在任何时候都可以追溯。

在以往的工艺设计与管理信息系统中，工艺设计与管理的主要工作是围绕着工艺文档的设计、生成、归档等方面开展的，在工艺过程和任务的管理方面是以口头工作指令或指令文件的形式跨组织进行的。为了支持工艺人员的协同工作，从整体上提高工作效率，在现有计算机辅助工艺设计的过程管理中，一般借用工作流技术来对工艺设计过程的流程进行控制。

工作流是一类能够完全或者部分自动执行的经营过程。它根据一系列过程规则，使文档、信息或任务能够在不同的执行者之间进行传递与执行。工作流能让多个参与者之间按照某种预定义的规则传递文档、信息或任务的过程自动进行，从而实现某个预期的业务目标。

工作流的定义、执行和管理通过工作流管理系统来实现。一个典型的工作流管理系统结构如图 5-27 所示。工作流管理系统与工作流执行者（组织、用户、应用系统）交互，推动工作流实例的进行，并监控工作流的运行状态。工作流管理系统对工作流的管理一般分为三个阶段：流程模

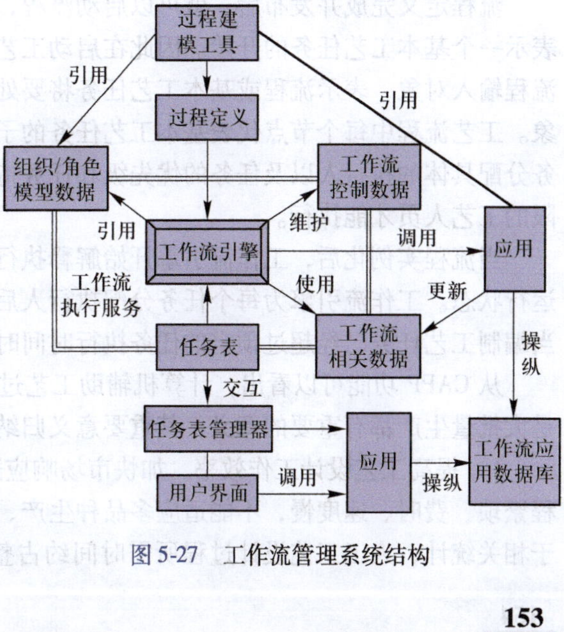

图 5-27　工作流管理系统结构

型建立阶段、流程实例化阶段以及流程的执行与监控阶段。

（1）流程模型建立阶段　在该阶段，过程建模工具被用来创建计算机可处理的业务过程描述，创建的过程定义包含了使业务过程能被工作流执行子系统执行的必要信息，包括起始和终止条件、各个组成的流程活动、活动调度规则、流程业务参数等。

（2）流程实例化阶段　在该阶段，工作流引擎根据定义的流程模型启动流程，初始化流程相关数据，创建流程模型运行实例。流程模型被实例化后，工作流引擎将维护流程实例的生命周期，包括流程实例的启动、挂起、运行、撤销等。

（3）流程的执行与监控阶段　在该阶段，工作流引擎根据工作流控制数据以及工作流相关数据控制流程实例的执行。其中工作流控制数据是指被工作流引擎管理的系统信息，如流程实例的状态信息、流程活动的状态信息等；工作流相关数据是指与业务过程相关的数据。工作流引擎使用这些数据确定工作流程实例的状态转移、过程调度决策以及流程活动间的数据传输。特别指出的是，在该阶段，工作流引擎在控制流程活动跳转的时候，会为下一个流程活动分配流程执行所需的资源（人员、应用、数据）。

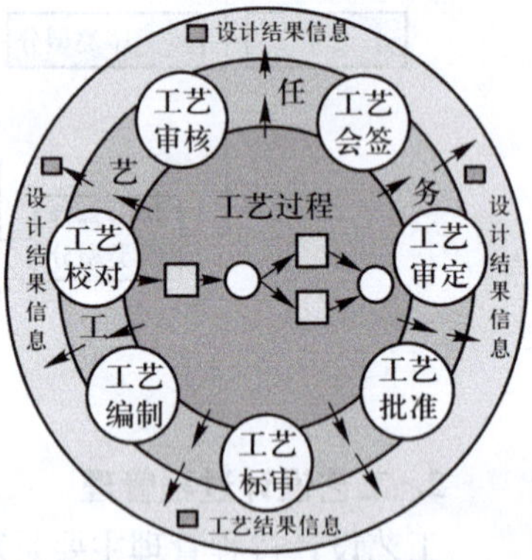

图 5-28　基于工作流的工艺设计过程管理模型

基于工作流的工艺设计过程管理模型如图 5-28 所示。以工艺过程为核心，以工艺任务为执行单元，协调处理工艺设计过程中的数据和信息是基于工作流的工艺设计过程管理的特点。过程、任务以及工艺信息是工作流管理的三个重要方面。以过程来驱动工艺任务执行，任务的分配、执行是工艺过程执行的前提，工艺结果信息是工艺业务表达、任务执行，过程控制的核心。

基于工作流的工艺设计过程中的流程模型建立阶段定义了流程中各个任务节点（如编制，校对，审核）以及各节点之间的连接情况。当流程定义完成后，需要将流程发布到工艺系统中，并通过工作流引擎进行统一自动控制。

流程定义完成并发布后，就可以启动流程，对流程实例化。启动一个工艺流程，实际上表示一个基本工艺任务的开始。因此在启动工艺流程时，需要为流程关联流程对象，也就是流程输入对象，表示流程或基本工艺任务将要处理的零件、部件、文档或者其他一些工艺对象。工艺流程中每个节点代表基本工艺任务的子任务，因此在启动流程时，可以为每个子任务分配具体的执行人以及任务的优先级和任务持续时间，流程的启动和任务分配只有特定权限的工艺人员才能执行。

当流程实例化后，工作流引擎开始解释执行工艺流程，控制流程的走向，并监控流程的运行状态。工作流引擎为每个任务分配执行人后形成用户任务表，并监控任务的运行状态。当编制工艺任务已经超过预定的任务执行时间时，系统会对超期的任务进行标识。

从 CAPP 功能可以看出，计算机辅助工艺过程设计系统的应用无论对单件小批量生产还是大批量生产都有重要的意义，其重要意义归纳总结如下。

1）提高工艺设计工作效率，加快市场响应速度，缩短技术准备周期。人工设计工艺过程繁琐、费时、速度慢，不能适应多品种生产、产品更新换代快、市场多变等生产要求。基于相关统计，人工工艺设计过程所需时间约占整个生产准备时间的 40%。计算机辅助工艺过程设计能大大缩短技术准备周期，从而缩短产品开发周期，提高产品对市场的响应速度与竞争能力。

2）提高工艺设计质量，减少产品退修费用。基于 CAPP 编制的工艺过程其一致性、准确性相对于手工来说要好。在人工编制工艺过程中，由于工艺工程师本身工艺知识、工艺经验以及工作态度等因素的不同，可能会编制出不同的工艺过程，影响下游的生产组织、制造执行。而基于 CAPP 的工艺过程设计可按照 CAPP 系统中设置的流程及其规范进行工艺设计，其精确性好，尽可能减少了因人而异的影响。

3）帮助工艺工程师从繁琐、重复的低层次劳动中解放出来。工艺过程设计需要由具有丰富生产实践工作经验的工艺工程师来完成，而培养一个具有丰富生产实践工作经验的工艺工程师需要一个漫长的时期。CAPP 系统的应用将工艺工程师从繁琐、重复的工艺知识积累与低层次劳动中解放出来，使得工艺人员有更多的精力投入工艺试验、工艺攻关，优化工艺设计，促进技术进步方面。

4）继承和共享工艺专家的经验和知识。CAPP 系统可以使一般的工艺人员设计出较好的工艺过程，从而解决缺乏经验丰富的工艺工程师的问题，同时能加快工艺工程师的培养，推进工艺标准化建设，提高工艺设计水平。

5）减少工艺过程设计费用及制造费用。一个先进的 CAPP 工艺过程设计系统可以大大减少工艺工程师的劳动，缩短产品开发周期，提高生产效率，减少在制品费用、降低产品成本。

6）CAPP 是连接计算机辅助设计与计算机辅助制造的桥梁。在现有的计算机集成制造环境中，CAPP 向上联系 CAD 系统，以 CAD 的产品零件信息为输入，而其设计出的结果又是计算机辅助编程、ERP、生产制造执行 MES 等生产管理的重要输入信息。在集成化的信息环境中，其对产品信息的一致性维护、信息流的传递、并行协同思想理念的实施等具有重要的作用。

5.4 基于模型定义技术的工艺过程设计

MBD 是一种面向计算机应用的产品数字化定义技术，其核心思想是用一个集成的三维实体模型完整地表达产品定义信息，实现面向制造的设计。将设计信息和制造信息（产品几何信息、三维尺寸标注及各种工艺信息等）共同定义到产品的三维数字化模型中，保证设计数据的唯一性。同时，MBD 使三维实体模型作为生产制造过程中的唯一依据，改变了传统以工程图样为主，而以三维实体模型为辅的制造信息表达方法。MBD 模型不仅描述设计几何信息，而且定义了三维产品制造信息和非几何的管理信息，是现有三维几何模型和二维工程图等设计制造信息的集成。使用人员仅需一个数模即可获取全部信息，使设计/ 制造之间的信息交换保持有效的连接。它通过一系列规范标准能够更好地表达设计思想，具有更强的表现力，能够有效解决设计/制造一体化的问题。

MBD 是产品设计技术的重大进步，体现在以下几个方面。

1）在三维模型上用简明直接的方式加入了产品的制造信息，进一步实现了 CAD 到 CAM（加工、装配、测量、检测）的集成，为彻底取消二维图样创造了可能。

2）定义了非几何信息（包括 BOM）。

3）MBD 表达的信息是数字化和结构化的，为制造管理系统的数字化创造了条件。

4）是并行工程创造信息并行和共享的基础。

5）使用 MBD 技术进行定义的部分零件可以直接进入 CAM，大大减少 NC 编程时间。

5.4.1 基于模型定义的产品开发技术

数字化产品定义方式取代传统产品定义方式已是必然的趋势。许多情况下，二维图样已经不是设计制造必需的，三维模型可以替代二维图样作为技术交流和信息传递的主要方式。但三维模型中不包括几何公差、尺寸公差、表面粗糙度、表面处理方法等制造信息，因此仅靠三维模型难以进行产品生产和检验。解决这一问题的关键是三维模型要能提供产品的制造信息，实现基于模型的产品定义。它是产品设计和工艺并行协同进行数字化设计的结果，使完整的产品定义模型成为连接设计和制造的桥梁。

从 1997 年 1 月起，美国机械工程师协会（ASME）联合制造业巨头共同发起关于三维模型标注标准的起草工作，以解决三维标注、尺寸和其他制造信息元素在三维模型中的表达问题，使它们成为三维模型中的一部分，弥补当前三维建模技术中需要通过二维工程图表达非几何信息的不足。这个标准使三维模型不仅表达了几何形状信息，也包含了三维产品制造信息 PMI。这些产品制造信息包含标准文本、尺寸以及材料规范、表面精度信息和详细几何公差。2003 年 7 月，该标准被美国机械工程师协会批准为三维建模新标准。随后，UG、PTC、Dassault 等公司将该标准应用于各自的 CAD 系统中，对三维标注进行了支持，使三维实体模型作为唯一制造依据成为现实。ISO 组织借鉴 ASME Y14.41 标准制定了 ISO16792 标准，为欧洲以及亚洲等国家的用户提供了支持。日本汽车工业协会也以 ASME Y14.41 标准以及 ISO16792 标准为蓝本，于 2006 年年底出台日本汽车工业的相关行业标准。与这些标准相比，2003 年颁布的相关国家标准以及 2006 年的英国军用标准，在数字化定义的内容上仍处在三维模型与工程图共存的状态。作为该项技术的发起者之一，波音公司在 B787 项目中应用该项新技术，命名为 MBD 技术，并在全球所有的合作伙伴中推广使用。

波音公司从 20 世纪 90 年代初的 B777 飞机开始，采用 CATIA 软件进行飞机产品的结构设计与预装配分析，开启了数字化设计的新技术体系。在 20 世纪 90 年代中后期开始的 737-x 改型飞机的设计制造过程中，逐步推广 CATIA 设计和 DCAC/MRM 的数据管理系统，把数字化设计和应用技术推向了一个新的高度。

在 737-x 项目中，波音公司将原有的 B737 产品图样全部模型化，并采用产品数据管理系统使数据纳入到构型管理的体系当中，使数据在设计、生产和检验维护环节保持一致性和唯一性。在 737-x 的数字化技术体系中就提出了 MBD 的思想，其核心要求是将 20 世纪 90 年代中期以前的基于图样的设计授权模式转变为以三维模型为主的设计授权模式，要求在波音公司及其供应商系统中，所有生产检验的依据要以三维模型为主、二维图样为辅。三维为主的技术体系使得产品的研制流程和生产检验过程都发生了改变。由于处在新技术的转型期间，大量的供应商设计、制造和检验的手段还没有完全达到 MBD 技术体系的要求，因此这一期间的 MBD 技术体系还允许图样的存在和应用。同时，由于产品数据的定义系统、数据管理系统和产品信息传递体系系统的约束和限制，在 737-x 项目开始的几年中，产品数字定义的内容框架仍处在离散的状态，产品定义仍包含二维工程图样，并通过产品数据管理系统的外部关系关联在一起。

MBD是产品数字化定义的先进方法。它将产品定义的各类信息按照模型的方式组织，其核心内容是产品的几何模型。所有相关的工艺描述信息、属性信息、管理信息（包括零件表）等都附着在产品的三维模型中，一般情况下不再有二维工程图样。MBD技术体系明确了产品数字化定义的内容框架，确定了产品定义内容的种类和管理组织形式。此外，它还确定了研制环境的应用功能体系和应用管理程序体系，使产品的数字化定义能够在脱离图样的情况下进行设计、制造和检验。

随着MBD技术的广泛应用和产品全生命周期管理技术的发展，为了进一步缩短产品开发时间，提高产品质量，降低产品开发成本，近几年来，美国各军工企业与NIST联同Dassault等商业伙伴提出了MBE（Model Based Enterprise）的概念，并开始对其进行研究。

MBE的定义如下：MBE是基于三维产品定义建立的、并能被整个企业所共享的全面集成和协作环境；MBE能够实现从概念设计到回收处理等整个全生命周期中的快速的、无缝的产品部署。MBD是MBE的核心基础。在MBE中，三维产品定义模型可以被所有下游用户所重用；此三维产品定义模型包含了产品定义所需要的所有信息，并且这些信息以非CAD用户容易理解且自动提取的方式进行组织，从而取代了传统的工程图。MBE的定义如图5-29所示。

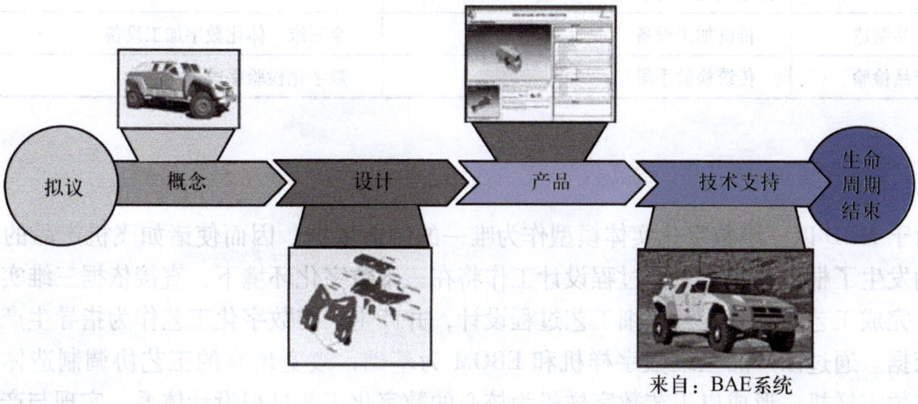

图5-29　MBE的定义

在MBE中，建模和仿真技术被用来集成和管理企业中所有与生产、维护和产品报废等有关的技术和业务过程。通过运用产品和过程模型来定义、执行、控制和管理所有企业过程，并通过运用科学仿真和分析工具来优化产品生命周期中的每一个过程。MBE可以很大程度地缩短产品开发周期，降低产品开发成本。MBE的核心原则在于，数据被创建一次，可以被所有数据用户直接使用。

在以MBD技术为核心的MBE制造体系中，其工作模式和技术应用等方面都发生了革命性的变化。在MBE中，MBD数据集是产品设计和产品制造集成的桥梁，为产品设计制造一体化的打通提供了技术条件和支撑。在MBD技术的发展和应用中，传统的生产模式必将会收到巨大冲击，给传统工作人员和企业带来巨大的挑战。由于基于MBD技术的制造模式是未来制造模式的必然趋势，这就要求传统制造企业需要全方位完善自身制造体系，因此，很有必要对 MBE 制造体系与传统制造体系进行对比，以明确传统制造体系应在哪些方面逐步完善发展，以保证 MBD 技术在未来的数字化制造中的贯通应用。经过总结、分析和归纳，得出传统制造体系和以 MBD 技术为核心的 MBE 制造体系的对比结果，见表 5-9。

表 5-9　传统制造体系与 MBE 制造体系的对比结果

比较对象	传统制造体系	MBE 制造体系
应用平台	二维 CAD 平台 + 三维 CAD 平台	全三维 CAD 平台
工作模式	串行工作方式为主，并行工作部分很少	并行工作方式为主
产品设计人员	只需掌握产品功能和产品设计标准	除了掌握产品功能和产品设计标准之外，还需掌握 MBD 技术
工艺数据的发放	纸质图样为主，三维模型为辅	MBD 产品模型数据集
工艺路线设计	人工干预较多，不能保证设计结果最优	可以有效利用特征技术，使用优化算法进行工艺规划，保证结果最优
工装设计人员	根据图样创建三维数模，需要花费大量精力验证三维数模的准确性	MBD 产品模型作为唯一制造依据，可直接利用其数据信息计算、设计和仿真
数据管理方式	数据由多个信息系统共同维护，容易导致数据格式不一致，语义分歧，数据冗余、孤立或缺失的后果	MBD 数据集由产品数据管理系统统一维护，数据的关联性和一致性得到保证
产品制造	传统加工设备	全三维一体化数字加工设备
产品检验	传统检验手段	数字化检验手段

5.4.2　基于模型定义的三维数字化工艺过程设计

由于 MBD 以三维数字化实体模型作为唯一的制造依据，因而使诸如飞机产品的工艺设计活动发生了根本变化。工艺过程设计工作将在三维数字化环境下，直接依据三维实体模型展开，完成工艺方案制定及详细工艺过程设计，并产生三维数字化工艺作为指导生产现场操作的依据。通过以产品三维数字样机和 EBOM 为基础，改变现有的工艺协调制造体系，建立工艺数字样机，形成以工艺数字样机为核心的数字化工艺过程设计体系，实现与产品设计并行的三维工艺过程设计和工艺仿真与三维数字化工艺现场应用，也将实现无图样三维设计制造技术，这能够提前发现可能的设计缺陷，保证研制质量，缩短产品研制周期，改善生产现场工作环境，提高产品质量和生产效率，这也必将推动我国飞机制造业的发展。

三维数字化工艺过程设计的显著特点是在三维数字化环境下，工艺开发人员利用各类三维数字化实体模型建立起三维数字化工艺模型，通过模拟仿真，确定出合理的、可行的制造工艺。同时生成工艺图解和操作动画等多媒体工艺数据，编制成三维数字化制造工艺。为了利用三维数字化实体模型建立三维数字化工艺模型，需要研究的关键技术是基于模型的工艺信息三维定义与标注技术，同时研究在工艺过程设计时需要在三维数字化工艺模型上定义和标注哪些工艺信息。

由于三维数字化工程、工装和工艺数据替代了二维工程图样和纸质工艺指令成为对工人进行技术培训的多媒体资料，以及在生产现场指导工人工作的技术依据，因此，需要建立面向三维产品数据的生产现场可视化应用系统。以工艺活动为中心，将三维产品工程数据、三维工装资源数据、操作过程工艺图解和操作动画组织起来，通过网络将三维数据传递到生产现场的数字化应用终端，实现无纸化生产现场的目标。通过数字化应用终端，操作人员能够浏览产品制造工艺数据和工艺图解，观看产品的制造过程动画。同时，通过工艺数据中建立的工程与工装数据链接，可以浏览三维工程和工装数据，并下载与操作相关的工艺参数。

统一定义和描述产品设计信息、工艺过程信息和制造资源信息等产品制造过程中所需要和产生的所有相关几何和非几何数据信息，是基于 MBD 技术的产品数据集成和共享的基础和依据。基于 MBD 的产品集成工艺信息模型除了具有一般集成信息模型的一致性、规范性、统一性等要求外，还具有其自身的一些特殊要求。

（1）信息完整性　一方面，根据 MBD 的定义，基于模型的产品集成工艺信息建模既要包含所有相关应用领域的非几何信息，同时也要充分考虑几何信息以及两者之间的关联关系。另一方面，产品集成工艺信息模型应最大限度地提供和表达丰富的产品信息，必须能满足各个相关应用领域（如产品设计、工艺过程设计和生产制造等）对产品信息的需求，并保证正确的人在正确的时间能够访问和使用正确的信息。

（2）数据一致性　一致性体现着集成模型对各个应用领域信息的一致存储、理解和操作。不同应用领域对同一产品应依据统一的标准规范进行一致的信息描述。在物理层上避免数据冗余，实现存储优化；在逻辑层上避免数据引用和理解混乱；在应用层上避免数据操作和更新不一致。数据的一致性保证数据具有通用性和规范性，方便信息集成与共享。

（3）动态可扩展性　一方面，产品开发及生产是一个复杂的过程，需要不同部门、不同角色的人员从不同的角度共同完成产品设计、定义和生产，其中设计到的集成对象、过程和应用都是动态变化的。另一方面，应充分利用已有资源，基于“一次定义，多次重构，多次重用”的思想，实现各应用模型基于集成模型的扩展和重构。因此，产品集成工艺信息模型对模型的动态可扩展性要求较高。

（4）分布式环境下的协同性　产品开发过程跨越了各个部门，其地理位置上具有分布性，各个相关人员需要在这种跨部门、分布式的环境下进行协同工作；同时，各异构系统之间也需要协同交互。因此，产品集成工艺信息模型应具有分布式环境下的协同性。

（5）模型一体化　理想的产品集成工艺信息模型应包含所有相关应用领域知识，并以合理的方式表达所有信息。虽然各个应用领域对信息的需求有差异，不同应用领域需要对同一产品对象从不同的角度进行描述，但为了避免信息冗余和理解混乱，产品集成工艺信息模型及所有子模型都应依据统一的建模思想和方法建立，从而保证信息模型的一体化。

（6）建模双向性　产品开发过程要求各个应用领域能够并行工作，在产品设计的同时进行工艺规划、数控指令生成及装配工艺规划等。在并行工作中，下游应用应能及时将修改建议直接返回设计阶段，同时任何新的设计方案也要及时发送到各下游应用领域。因此，产品集成工艺信息模型应体现一种双向映射机制。

产品制造过程中每个阶段对应的基于 MBD 的产品制造信息模型的框架，如图 5-30 所示，这些信息的集合构成了各个阶段对应的完整的产品定义数据集。工艺过程中每个阶段所对应的基于 MBD 的产品定义信息模型可以通过对此框架进行映射并具体化和实例化得到。

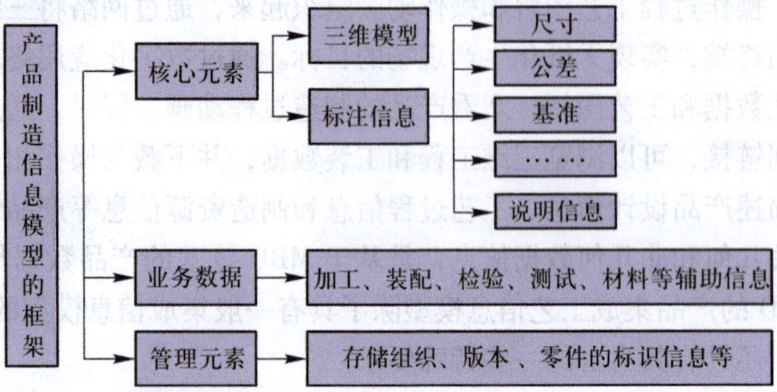

图 5-30　基于 MBD 的产品制造信息模型的框架

习　题

1. 对派生式和创成式 CAPP 系统的基本原理进行比较，并说明它们各自的应用特点。
2. 工艺决策的方法分为几种？简要论述其原理。
3. 计算机辅助装配工艺过程设计的内容是什么？
4. 装配 CAPP 的构成是什么？
5. 零件分类编码系统的作用是什么？
6. 对零件分类的方法有哪些？
7. 成组技术的基本概念是什么？
8. 成组技术在产品设计和工艺过程设计中有哪些应用？
9. CAPP 系统获得零件信息描述的方法有哪些？各有什么特点？
10. 如何进行工艺过程管理？有什么意义？
11. MBD 技术的含义是什么？
12. MBD 技术的特点是什么？
13. MBE 制造体系的含义是什么？
14. MBE 制造体系与传统制造体系有何区别？
15. 基于 MBD 的产品集成工艺信息模型有何要求？

第6章 数控系统与数控编程

6.1 机床数控系统

随着科学技术的发展，机械产品的形状和结构不断改进，对零件加工质量的要求也越来越高。由于产品改型频繁，在一般机械加工中，单件和中、小批量产品占的比重越来越大。为了保证产品质量、提高生产率和降低成本，要求机床不仅具有较好的通用性和灵活性，而且在加工过程中要具有较高的自动化程度。数控机床就是在这种环境下发展起来的一种用数字方式进行控制的机械加工机床。它适用于高精度、形状复杂零件的单件和中、小批量生产。

6.1.1 数控原理

数控（NC）是数字控制（Numerical Control）的简称，是用数字信息通过控制装置（或称控制机）来控制一台或多台机械设备的动作。数字信息根据机械设备的动作要求来确定，经过控制装置处理后来实现对机械设备动作的控制。机械设备是一台执行机构，例如机械手、测量机、电火花线切割机、电焊机和机床。通过机械设备来完成所需要的工作内容。

数控的工作方式是一种可编程序的自动控制方式。在工作过程中，通常为某一种工件或工艺过程编写一个专用指令程序。当加工工件或者工艺过程被更改后，指令程序就要作相应的变化。数控的灵活性就表现为当被加工工件或工艺过程发生变化时仅需对程序作相应的变化，而编制一个新程序要比改变生产设备容易得多。

6.1.2 机床数控系统的组成及作用

1. CNC 装置的组成

传统的数控系统（装置），即 NC 系统的核心数字控制装置（NC 装置），是由各种逻辑元件、记忆元件组成的随机逻辑电路，是采用固定接线的硬件结构。它是由硬件来实现数控功能的。这类数控系统也称为硬件数控。随着半导体技术、大规模集成电路技术、微处理器技术和计算机技术的快速发展，数字控制装置已经发展成为计算机数字控制装置，即 CNC 装置。这是一种采用存储程序的专用计算机，其由软件来实现部分或全部数控功能。也有把 CNC 装置称为存储程序数字控制装置。图 6-1 所示为 CNC 系统的部分实物图。

CNC 系统硬件结构可分为单微处理器和多微处理器两大类。目前常见的多为单微处理器结构。它只有一个微处理器，或虽有多个微处理器，但它们构成主从结构方式。只有一个微处理器能够控制系统总线，占有总线资源，而其他的微处理器不能控制系统总线，也不能

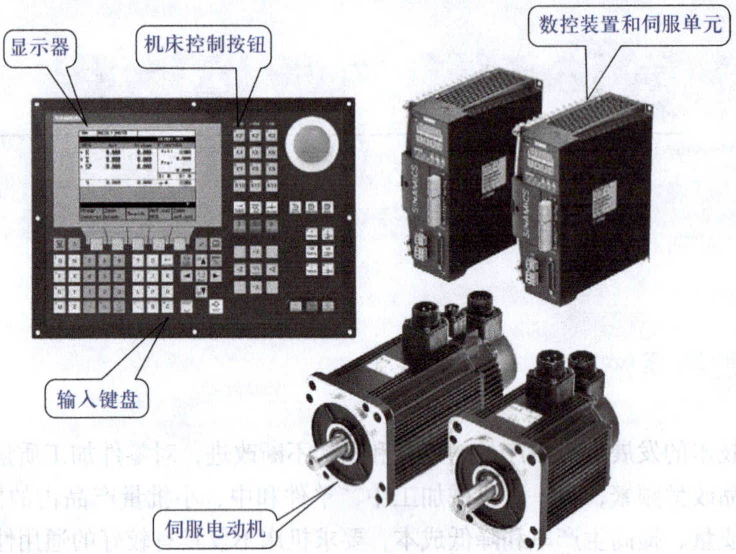

图 6-1　CNC 系统的部分实物图

访问主存储器。如图 6-2 所示，现以单微处理器结构为例来说明 CNC 装置的组成以及其每一部分的功能。

1）微处理器及其总线。微处理器是 CNC 装置的核心，由运算器及控制器两大部分组成。运算器能对数据进行算术运算和逻辑运算；而控制器则是将存储器中的程序指令进行译码并向 CNC 装置各部分按顺序发出执行操作的控制信号，且接收执行部件发回的反馈信息，从而决定下一步的命令操作。总线是由物理导线构成的，一般又分为数据线、地址线、控制线三组。

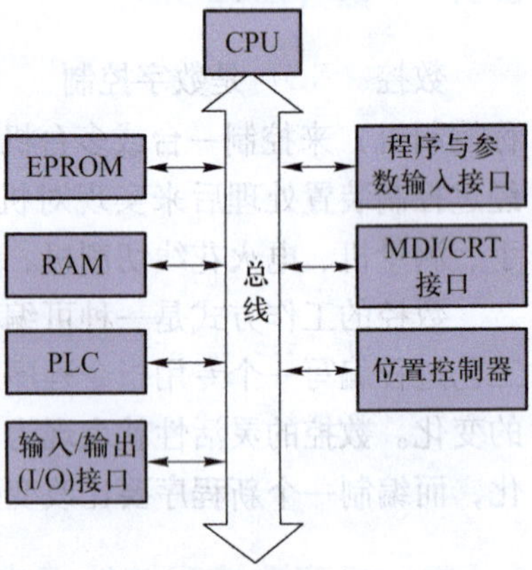

图 6-2　CNC 装置结构

2）存储器。存储器是用来存放 CNC 装置的数据、参数和程序的。一般它又由存放系统程序的只读存储器 EPROM、存放运算中间结果的随机存储器 RAM 以及存放加工零件程序、数据和参数的带有后备电池的 CMOS RAM 组成。

3）MDI/CRT 接口。MDI 接口即手动数据输入接口。数据通过数控操作面板上的键盘输入。CRT 接口是在 CNC 软件配合下在显示器上实现字符和图形显示的。早期的显示器多为电子射线显像的 CRT，但是现在已经被平板液晶显示器（LCD）所取代。

4）位置控制器。它是将插补后的坐标位置给定值与位置检测器测得的实际位置值进行比较，放大之后得到速度控制指令，去控制速度控制单元并驱动进给电动机。一般在位置控制器中还能对伺服系统的滞后进行监视和补偿。

5）程序与参数输入接口。数控机床的 CNC 装置通常可以通过外部接口与计算机通信。CNC 装置的通信接口有早期数控机床使用的纸带读入口或者是软盘驱动器接口，用于连接纸带阅读机或是软盘驱动器。但是现在纸带阅读机和软盘驱动器早已被淘汰。目前大多数数控类机床所使用的是 RS232C 串行接口和先进数控设备使用的以太网口接口。

CNC 装置与计算机的通信模式有：

① 单台计算机对一台数控设备的通信。使用并口与数控设备纸带读入口进行通信或使用 RS232C 与 CNC 装置的 RS232C 进行通信。

② 单台计算机对多台数控设备的通信。使用多串口卡或通过以太网络 + 智能终端（串口服务器）与多台数控设备的 CNC 装置的 RS232C 通信，也可直接通过以太网络与数控设备以太网接口进行通信。

③ 多台计算机对多台数控设备的通信。使用具有多台计算机通信管理功能软件，通过以太网络 + 智能终端（串口服务器）与多台数控设备的 CNC 装置的 RS232C 通信，也可直接通过以太网络与多台数控设备以太网接口进行通信。

目前数控机床与计算机通信使用较多的还是 RS232C 串行接口及其标准。RS-232C 标准是美国 EIA（电子工业联合会）与 BELL 等公司一起开发的 1969 年公布的通信协议。它适合于数据传输速率在 0 ~ 20000bit/s 范围内的通信。这个标准对串行通信接口的有关问题，如信号线功能、电器特性都作了明确规定。由于大多数设备厂商都生产与 RS-232C 制式兼容的通信设备，因此，它作为一种标准，目前已在计算机通信接口中广泛采用。

当前新型 CNC 数控系统还配有 USB 接口或 CF 卡接口。该接口用于接收存储卡传来的加工程序或参数等数据信息。新型的数控系统具有的以太网卡接口可用于车间内部局域网的连接。如果有需要，每台数控机床的数控系统都可以与因特网连接，接收或者发送数控程序和各种参数，并可以实现远程控制机床、远程诊断机床故障等功能。

6）输入/输出（I/O）接口。CNC 装置和机床之间的来往信号通过 I/O 接口电路来传送。输入接口是接收机床操作面板上的各种开关、按钮信号以及机床上各种限位开关等信号。因此输入接口电路一般分两类，有以触点输入的接收电路和以电压输入的接收电路。它们对输入信号的电平进行转换，变成 CNC 装置能够接收的电平信号。输出接口是将 CNC 装置发出的控制机床动作的信号送到强电柜以及将各种表示机床工作状态的指示灯信号送到机床操作面板等。

7）PLC 是一种专门为在工业环境下应用而设计的数字运算操作的电子装置。它采用可以编制程序的存储器，用来在其内部存储执行逻辑运算、顺序运算、计时、计数和算术运算等操作的指令，并能通过数字式或模拟式的输入和输出，控制各种类型的机械或生产过程。数字控制系统生产厂家一般把 PLC 与控制系统做在一起。

单微处理器结构的 CNC 装置结构简单，容易实现，价格便宜。但另一方面，由于只有一个微处理器对存储、插补运算、输入/输出控制、CRT 显示等功能实行集中控制分时处理，所以 CNC 功能就要受到微处理器的字长、数据宽度、寻址能力以及运算速度等因素限制。为了解决上述缺点，可采用多微处理器结构。最常用的方法是将 PC 机引入到 CNC 装置。采用总线共享方式，模块化结构，开放式系统，现在已经成为 CNC 装置的成熟技术。

上述内容介绍了 CNC 系统硬件结构，下面再简单介绍 CNC 系统的软件结构。CNC 系统的软件可分为管理软件和控制软件两个部分，其中管理软件用来管理以下几个方面内容。

1）零件程序的输入/输出。

2）显示。包括零件程序的显示、刀具位置的显示、系统参数显示、机床状态显示以及报警显示等。有些 CNC 装置还能显示刀具加工轨迹的静态和动态图形。

3）诊断。即用来自我检查CNC装置是否正常并能检查出故障的起因。

CNC装置的控制软件用来对输入的程序代码进行译码和插补运算。这是CNC装置软件的一个很重要部分，也是CNC装置实现的最重要的计算工作之一。所谓插补运算，实际上是对一条已知起点和终点的曲线进行数据点的“密化”工作。它可以分为直线插补、圆弧插补和螺旋线插补。有的CNC装置甚至还可以完成椭圆、抛物线、正弦曲线以及一些专用曲线的插补运算。控制软件也用于位置控制和速度控制。它们的任务是在每个采样周期内完成位置计算、每个轴的速度计算以及位置回路和速度回路的增益调整、螺距误差补偿、反向间隙补偿、自动加/减速、机床允许的最低速度和最高速度限制等功能。

在软件总体结构上多采用中断型结构模型。将中断级别分为多个级别，一般来说，将外设输入、软件定时、插补运算、报警等放在较高级别，而键盘、CRT显示、各种工作方式以及系统开机后的初始化程序等则放在较低级别。

总而言之，硬件和软件的关系是非常密切的。硬件是基础，软件对硬件有很大的依赖性。如果硬件性能不高，如计算机的字长较短、指令系统不丰富、内存容量小、运行速度慢，那么该装置的软件也不可能很齐全。反之，即使有高性能的硬件，若软件系统的水平不高，则整个CNC装置的性能也是很低的。高水平的软件能够弥补硬件的某些不足，使整个CNC装置的性能达到相当的水平。

2. CNC装置的工作过程

CNC装置的工作过程是一系列控制程序的执行过程。它是按指令的地址顺序进行控制的。但为了能使CNC装置根据内部或外部条件变更而改变对控制程序的执行处理，还需要有转移指令和中断功能。其工作过程通常分为以下几步。

（1）输入　把要加工的零件程序，机床控制参数以及各种补偿数据从数据接口、键盘或者通过DNC接口从上级计算机输入。对于零件加工程序，输入方式可以是一次把整个加工程序全部读入计算机内部存储器，加工时再由存储器一段一段往外调出；另一种输入方式是边读入边加工的在线（ON-LINE）加工方式。

（2）译码　CNC装置把输入的零件程序以一个程序段为单位进行译码和处理，把其中的各种零件轮廓信息（如轮廓的起点、终点和轮廓的形状等）、加工速度信息（F代码）和其他辅助信息（如M、S、T代码等）按照一定的语法规则翻译成计算机能够识别的数据形式，并以一定格式存放在指定的内存专用区间，这一过程称为译码。在译码过程中还要完成对程序段的语法检查，一旦发现错误，立即报警。

（3）数据处理　数据处理程序一般包括刀具半径补偿、速度计算以及辅助功能的处理。刀具半径补偿是把零件轮廓轨迹转化成刀具中心轨迹。这是因为轮廓轨迹的出现是靠刀具的运动来实现的缘故。速度计算是解决该加工数据段以什么样的速度运动的问题。加工速度的确定是一个工艺问题，CNC装置仅仅是保证这个编程速度的可靠实现。另外，辅助功能（例如换刀、换挡等）也在这个程序中处理。

（4）插补　插补即知道了一个曲线的种类、起点、终点以及速度后，在起点和终点之间进行“数据点的密化”工作。CNC装置中有一个采样周期，即处理周期。一次处理周期形成一个微小的数据段。若干次处理周期后完成一个数据段的加工，即从数据段的起点走到终点。CNC装置是一边插补一边加工的。本次处理周期内插补程序的作用是计算下一个处理周期的位置增量。一个数据段正式插补加工前，必须完成如换刀、换挡等功能，即只有辅助功能完成之后才能进行插补。

当操作者按下机床操作面板上的“循环启动”按钮后，就向 CNC 装置发出中断请求。一旦 CNC 装置所处状态符合启动条件，则 CNC 装置就响应中断，控制程序转入相应的控制机床运动的中断服务程序，进行插补运算，逐段计算出各轴的进给速度、插补轨迹等，并将结果输出到进给伺服控制接口和其他输出接口，控制机床工作台（或刀具）的位移或其他辅助动作。

如果在加工过程中有更高中断级别提出中断请求时（如超程开关信号、急停按钮信号），CNC 装置立即响应这些中断。此时，将中断现行程序而转入处理“超程”、“急停”中断服务程序。在这些中断服务程序中，把“超程”、“急停”等状态标志置“1”，并将此标志通过输出接口送入 CRT 和控制面板上的指示灯，使 CRT 上显示相应的报警状态并点亮相应的指示灯。

（5）伺服控制　插补的结果是产生一个周期内的位置增量。该位置增量于上一周期内已计算出来。伺服控制程序的功能是一开始就读取上一个周期内的跟随滞后，再和本次位置增量相加形成本次的跟随误差发到伺服驱动接口中去。

（6）管理　当一个数据段开始插补加工时，管理程序即着手准备下一个数据段的读入、译码、数据处理。即由它调用各个功能子程序，且保证在一个数据段加工过程中将下一数据段准备完毕。一旦本数据段加工完毕立即开始下一数据段的插补加工。整个零件加工就是在这种周而复始的过程中完成的，这样数控机床就会自动地按照加工程序的要求进行切削运动。

3. CNC 装置的功能

由于 CNC 装置中采用大量软件来实现数控功能，因此 CNC 装置的功能比早期简单数控装置的功能更加丰富，更适合于数控机床的各种复杂的控制要求。但无论何种数控装置，它们的功能通常包括基本功能和选择功能两大类。基本功能是指数控装置必备的功能，而选择功能则是可根据具体机床的要求，供用户选择的功能。一般来说，每台数控装置的功能有十几项甚至有上百项之多，但大致可分为以下几类。

（1）控制轴功能　这类功能包括控制轴数和同时控制轴数。在控制轴中又有移动轴和回转轴、基本轴和附加轴之分。其内容有轴的名称、最小输入增量、轴的互锁、软件行程极限、间隙补偿、逻辑误差补偿等。

（2）操作功能　如自动运行、DNC 运行、MDI 运行、程序号检索、程序再启动、空运行、程序单步运行、手动进给、手动返回基准点、手轮进给、手轮中断等。

（3）插补功能　它可分为定位、单方向定位、准确停止、直线插补、多象限圆弧插补、极坐标插补、圆柱插补、螺旋线插补、渐开线插补以及螺纹切削、同步切削、变螺纹切削、多边形车削等。

（4）进给功能　如快速移动速度、快速移动速度倍率、每分钟进给速度、每转进给速度、切削进给速度、自动加/减速、切削进给插补后加/减速、进给倍率等。

（5）程序输入功能　EIC/ISO 代码自动识别、最大可编程尺寸、绝对/增量编程、蓝图编程、直径/半径编程、小数点输入、平面选择、坐标系设定、极坐标指令、坐标系偏移、G 代码、子程序调用、用户宏程序、固定循环、坐标系旋转、缩放功能等都属于本功能。

（6）辅助功能/主轴功能　这类功能包括 M、S、T 等辅助功能，包括主轴倍率、主轴准停、主轴同步控制、主轴定位等主轴功能。

(7) 刀具功能/刀具补偿　这类功能包括刀具代码、刀具偏置存储个数、刀具长度补偿、刀具偏置、刀具半径补偿、刀尖圆弧半径补偿、刀具几何形状/磨损补偿、刀具寿命管理、偏置测量值输入等。

(8) 编辑功能　它可分为零件程序存储长度、可寄存的程序个数、零件程序编辑、后台编辑、录返功能等多种。

(9) 设定和显示功能　一般包括状态显示、当前位置显示、程序显示、参数设定和显示、自诊断功能显示、报警显示、运行时间和加工零件数显示、主轴速度显示、实际切削速度显示、图形显示、软操作面板显示等。

(10) 数据输入/输出　CNC 装置可以通过磁盘驱动器接口、USB 接口、CF 卡接口、各种串/并行接口等输入或输出外部刀具偏置量和外部信息等。

4. 开放式数控系统和数字伺服通信技术

近年来随着 CNC 系统的技术成熟和普及应用，数控技术的发展出现了如下特点：从传统的应用领域（如车床、铣床、加工中心、磨床和线切割机、齿轮加工机床、板料加工机床等）扩展到各种专用机床和其他机械设备上。如果直接用通用的 CNC 系统去控制这些专用机床，一方面不能完全满足这些机床的控制要求，另一方面还会有大量的多余功能。如果分别针对特定的机床或设备开发专用数控系统（包括硬件和软件），其开发费用十分昂贵，开发周期长，质量不易保证，最终将影响产品的市场竞争能力。此外，在传统的数控机床领域，很多机床制造厂也希望自己能够在标准数控系统上扩充某些特殊功能，开发出能最佳满足产品要求的控制系统。

针对数控技术的这种发展趋势，20 世纪 90 年代初出现了开放式数控系统的概念。开放式数控系统，具有以下重要技术特征：①用户可以在较大范围内根据需要选择和配置硬件，如主轴轴数、伺服轴数和 PLC I/O 点数等；②用户可以在开放式环境下扩充系统的功能，例如开发最适合自己用途的人机界面，或者利用标准 NC 控制功能开发自己的专有控制功能；③系统能够直接运行其他标准的应用软件，例如 CAD、数据库等，利用现有软件开发出能最佳满足自己产品要求的控制系统。为了满足上述第一项要求，最好采用数字伺服系统并用数字通信技术连接 CNC 平台和机床驱动部分。数字伺服系统具有高速、高精度和无漂移等特点，现在已经在数控机床上获得广泛应用。由于数字伺服系统本身具有位置反馈和位置控制功能，CNC 系统可以直接将位置指令传递给数字伺服系统，独立完成位置控制。开放式数控系统通常通过数字通信接口（同轴电缆或光缆）和通信协议控制伺服轴、主轴 PLC I/O 接口。开放式数控系统具有以下技术优越性：①CNC 与伺服之间采用光缆或同轴电缆连接，大大减少电缆布线，便于系统安装，提高可靠性；②系统扩充和精简方便，在同一硬件平台上可以开发多种控制系统；③系统控制和诊断功能丰富，如控制方式切换和伺服参数设定等，便于系统安装和维护。

开放式数控系统的通信协议——SERCOS 协议。

数字通信协议通常由各伺服系统和 CNC 制造厂制定，各厂家产品一般不具备互换性。为了解决互换性问题，1990 年由德国主要 CNC 系统制造商、伺服系统制造商和研究机构共同发起成立了 SERCOS（Serial Real Time Communication Specification）协会，其目的是制定一个 CNC 系统与数字伺服系统之间的统一数据交换接口，提供产品的互换可能性。目前该协议已经被欧洲主要 CNC 和伺服系统制造商所接受，引起国际同行业重视，1995 年成为 IEC1491 国际标准。

SERCOS 接口由一个主站（Master，CNC 或 FMC）和若干个从站（Slave，伺服、主轴或 PLC-I/O）组成，各站之间采用光缆连接，构成环形网，如图 6-3 所示。

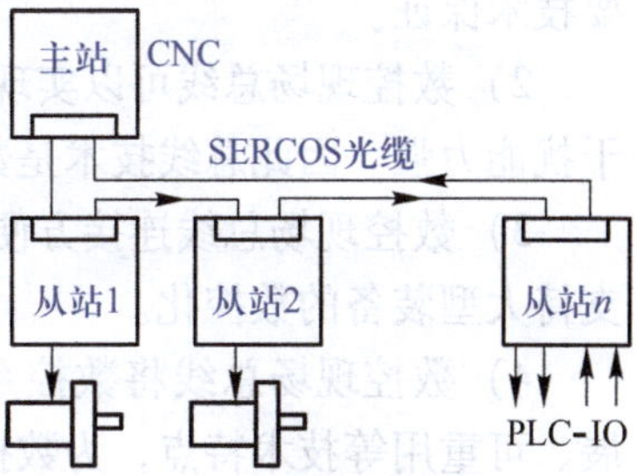

图 6-3　SERCOS 接口的组成

站间的最大距离为 40 m，最大从站数为 254，通信速度为 2M bit/s，主站与从站之间可以传送如下信息：位置、速度和扭矩指令值；位置、速度和扭矩实际值，伺服和电动机参数，伺服状态和报警，控制方式命令，PLC-I/O 开关量信号。SERCOS 协议通信数据包采用高级数据链路控制规程国际标准（HDLC），其格式如图 6-4 所示。数据包边界标志之间的数据为有效数据，地址段内容和数据段长度取决于数据包类型。SERCOS 协议共定义了 3 种数据类型。

数据边界标志8bit	地址段8bit	数据段 $n\times 8$bit	校验段16bit	数据边界标志8bit

图 6-4　SERCOS 协议通信数据包格式

（1）主站同步数据 MST　由主站以固定周期发向所有从站，表示一次数据通信周期的开始，所有从站都将接收到本数据，主站通过 MST 数据控制 SERCOS 接口环网的同步运行。

（2）伺服数据 AT　由各个伺服从站发往主站，可将多种伺服信息实时反馈给主站，如伺服轴实际位置、转速、扭矩、报警信号、诊断信号、状态应答信号、伺服参数和 PLC 输入等。

（3）指令数据 MDT　由主站发给从站，向从站发出控制指令，如伺服轴指令位置、转速、扭矩、工作方式选择、行程极限、速度极限、扭矩极限、电动机参数、伺服参数和 PLC 输出等。

图 6-5 所示为 SERCOS 工作时序，系统工作周期 Tscyc 可以从 0.062ms，0.125ms，0.25ms，0.5ms，1ms，2ms，…，65ms 中选择，主要取决于控制方式和从站数量。在一个工作周期中，SERCOS 接口顺序完成以下工作：①主站发出主站同步数据 MST，所有从站都收到此同步数据；②从站 1 向主站发伺服数据 AT_1，从站 2 向主站发伺服数据 AT_2，……，从站 n 向主站发伺服数据 AT_n；③主站发出指令数据 MDT，每个从站从 MDT 数据段中读取各自的指令数据。

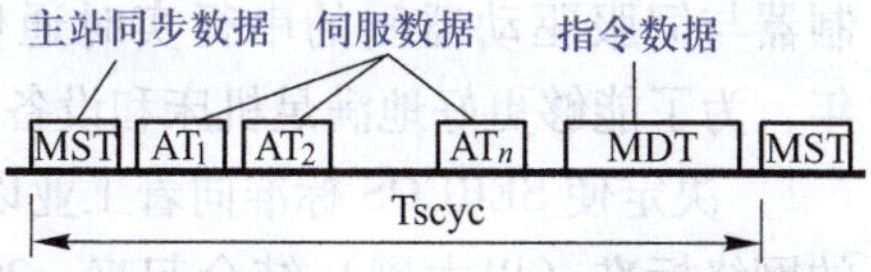

图 6-5　SERCOS 工作时序

SERCOS 通信协议由 SERCOSAS IC 芯片或 SERCOS 通信卡完成。作为 SERCOS 用户只需按芯片的要求开发驱动程序即可实现控制系统对伺服的控制。

5. 总线式数控系统

传统数控系统与伺服驱动之间的控制接口，一种方式采用模拟接口（传统闭环控制的手段），其存在精度差、易受干扰、信息单向传送、难于分布式控制等一系列问题，另一种方式采用脉冲串接口，其又只能实现开环控制、更难于开发出下一代数控系统。因此接口控制总线已成为下一代数控系统的关键技术。国外著名的数控厂商纷纷开展现场总线的研制，并制定了相应的标准。例如，FANUC 公司建立了 FSSB 总线，西门子公司推出了 PROFI-

BUS、PROFINET，欧盟制定了 SERCOS 等。现场总线技术在数控系统上的应用体现出较强的优越性。

1）数控现场总线实现数控系统与伺服执行装置的数字化通信，信息带宽大。在数控现场总线的支持下，实现多轴伺服系统的高精度同步为实现数控机床的高速高精度控制提供重要技术保证。

2）数控现场总线可以实现数控系统与伺服间信息的可靠的、强实时高速信息传输，抗干扰能力强。因此总线技术是数控系统提高可靠性的有力保障。

3）数控现场总线连接方便，节省导线，简化电气设计，成本低。因此，总线技术适于支持大型装备的数控化。

4）数控现场总线将数控系统与伺服驱动装置组成网络，具有柔性化、可重构、易扩展、可重用等技术特点，为数控系统实现复合加工等复杂工艺提供了有力技术支持。

正是因为上述优越性，目前国外的主流控制器厂商的各档产品大多采用数控现场总线技术。目前国际流行的部分现场总线技术有以下几种。

（1）PROFIBUS　PROFIBUS 是 1987 年，德国联邦科技部集中了 13 家公司的 5 个研究所的力量，按 ISO/OSI 参考模型制定的现场总线的德国国家标准。应用领域包括加工制造、过程控制、建筑自动化等。到目前为止，PROFIBUS 已经发展得比较完善，并已生产出用于系统结构的专用集成电路。PROFIBUS 在西门子数控与伺服产品中，已得到广泛的应用，并成为高档数控系统西门子 840D 的标准配置。

（2）PROFINET　PROFINET 是 Profibus International 组织提出的基于以太网的自动化标准。根据响应时间，分为三种通信方式：TCP/IP 标准通信、实时（RT）通信、等时同步实时（IRT）通信。PROFINET IRT 可以应用于运动控制。作为国际标准 IEC61158 的重要组成部分，PROFINET 是完全开放的协议。

（3）SERCOS　1990 年，德国一些著名的数控系统和伺服系统制造商，包括 SIEMENS、INDRAMAT、BOSCH、AMK 以及一些重要科研机构，成立了 SERCOS 协会。SERCOS 是控制器与伺服驱动器间的串行实时通信总线（Serial Real-time Communication System）。2003 年，为了能够更好地满足机床和设备自动化未来发展的要求，用户组织 SERCOS International（SI）决定使 SERCOS 标准向着工业以太网的方向发展，并且将经过市场检验的机制与流行的网络标准（以太网）结合起来。2005 年 SERCOS III 推出第一批具有互可操作性演示样机。SERCOS II 版本采用光纤传输最小通信周期为 62.5μs，SERCOS III 采用以太网传输最小通信周期为 31.25μs。SERCOS III 已进入现场总线国际标准 IEC61158。

我国自 1997 年开始从德国 Indramat 公司购入带有 SERCOS 接口的控制器和启动器。全国工业机械电气系统标准化技术委员会制定了与 SERCOS 国际标准 IEC61491 相对应的国家标准，即 GB/T 18473—2001《工业机械电气设备　控制与驱动装置间实时串行通讯数据链路》，由国家质量监督检验检疫总局于 2001 年 10 月 24 日发布，2002 年 4 月 1 日开始执行。

（4）CC-Link　1996 年 11 月，CC-Link 总线由以三菱电机为主导的多家公司开发。2000 年 11 月，CC-Link 协会在日本成立，负责 CC-Link 在全球的普及和推进工作。2003 年初，CC-Link 开始了中国国家标准的推进工作。2005 年 5 月底，中国国家标准化管理委员会正式发布了 GB/Z 19760—2005《控制与通信总线 CC-Link 规范》。

（5）ETHERCAT　ETHERCAT 是基于以太网的现场总线。德国 EtherCAT 技术组于 2003

年 11 月创立，目前已发展成为全球最大的工业以太网组织，也是发展最快的现场总线组织，现已成为国际 IEC 规范—IEC/PAS62407。EtherCAT 现场总线非常适合于数控机床、机器人、嵌入式系统、设备控制、楼宇自动化、运输系统等。支持过程数据和参数数据的周期与非周期服务。各种流行现场总线部分性能对照见表 6-1。

表 6-1　各种流行现场总线部分性能对照

	ETHERCAT	SERCOS III	PROFINET	POWERLINK	SYNQNET
物理层	以太网	以太网	以太网	以太网	以太网
实现	RTOS + NIC	硬件	硬件	硬件或 RTOS + 特殊 NIC	硬件
EMI 抑制	变压器隔离	变压器隔离	变压器隔离	变压器隔离	变压器隔离
节点间距离	100m	40m	100m	100m	100m
最小周期	125 ~ 250μs	125 ~ 250μs	1ms	400μs	25μs
带宽	2 × 100Mbit/s	100Mbit/s	100Mbit/s	100Mbit/s	2 × 100Mbit/s
传送方式	全双工	全双工	全双工	全双工	全双工
抖动	1μs	1μs	1μs	1μs	1μs
容错	无	有	无	无	有
定时	周期	周期	周期	周期	周期
是否需要 RTOS	需要	不需要	不需要	需要	不需要
是否需要网络编程	需要	需要	不需要	需要	不需要
成熟性	已推广	正在推广	已推广	已推广	已推广
高性能运控	适合	适合	适合	适合	适合

6. CNC 装置的主要优点

CNC 装置与早期传统的数控装置相比具有下述优点。

（1）灵活性　早期的数控装置，是以固定接线的逻辑电路的硬件结构来实现特定的功能。一旦提供了某些控制功能之后就难以改变。而 CNC 装置则不然，尤其是采用模块化结构方式的 CNC 装置。如果它的硬件和软件功能都采用模块结构，那么只要改变相应的硬件模块，改变相应的控制软件就可以改变、缩小或者扩充它的功能，从而满足用户使用上的不同要求。

（2）可靠性　在现代 CNC 装置中，内存量很大，加工前可把很大的程序读入到内存中，通过加工轨迹仿真和模拟运行，可以检查程序的正确性和发现程序缺陷，从而减少因程序而引起的加工错误。另外，由于许多功能均由软件实现，硬件系统所需元器件数目就大为减少，因此整个 CNC 装置的可靠性就大为改善。特别是随着大规模集成电路、超大规模集成电路的应用，装置的可靠性得到了更大的提高。

（3）通用性　当硬件结构采用模块化结构之后，易于扩展而且可以依靠软件变化来满足各种机床的不同要求。因此，用一种 CNC 装置的硬件就有可能满足多种数控机床的要求。这不但有利于降低 CNC 装置的生产成本，也有利于用户对 CNC 装置的维护保养和操作人员的培训。

（4）数控功能丰富　CNC 装置可以利用计算机很强的计算能力来实现一些高级和复杂

的数控功能。例如，坐标变换、刀具半径补偿、刀尖圆弧半径补偿、图形显示、空间插补、固定循环等，都可以用适当的软件程序来实现。大量的辅助功能都可以被编程，子程序和宏程序概念的引入更加大大地简化了程序的编制。

（5）使用方便　CNC 装置具有零件程序编制功能，有的甚至有菜单式对话编程功能、蓝图编程功能，这使程序编制非常简便。编完的程序运行时，还可以将刀具轨迹显示出来，用来检验程序是否正确。

（6）易于实现机电一体化　由于采用了大规模集成电路，电子元件和印制电路板大大减少，使装置机柜结构非常紧凑，体积也大为缩小，并有可能与机床紧密结合在一起，使数控机床操作更加方便，也减少了占地面积。

6.1.3　数控机床的分类

数控机床的种类有很多，现在有很多传统的普通机床都已经数控化了。例如，数控铣床和加工中心、数控车床、数控磨床、数控电火花机床、数控压力机、数控水切割机床和数控等离子切割机床等。在本小节中只对数控铣床和加工中心、数控车床以及数控磨床的分类作简单介绍。

1. 数控铣床和加工中心的分类

（1）按功能特征分类

1）镗铣加工中心。以镗铣加工为主，适用于箱体、壳体以及各种复杂零件的特殊曲线和曲面轮廓的多工序加工。适用于多品种小批量的生产方式。图 6-6 所示为立式镗铣加工中心，图 6-7 所示为卧式镗铣加工中心。

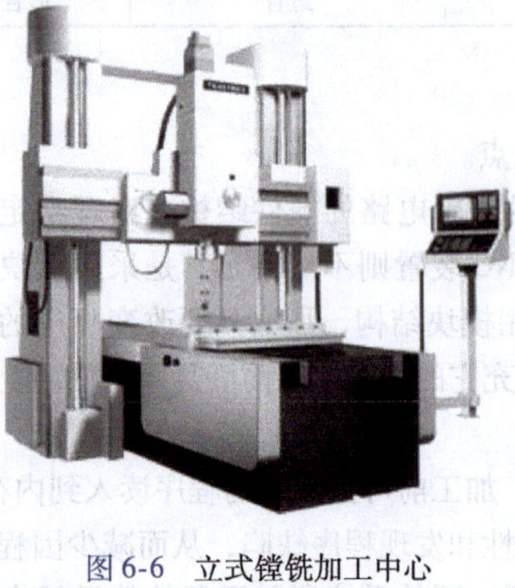

图 6-6　立式镗铣加工中心

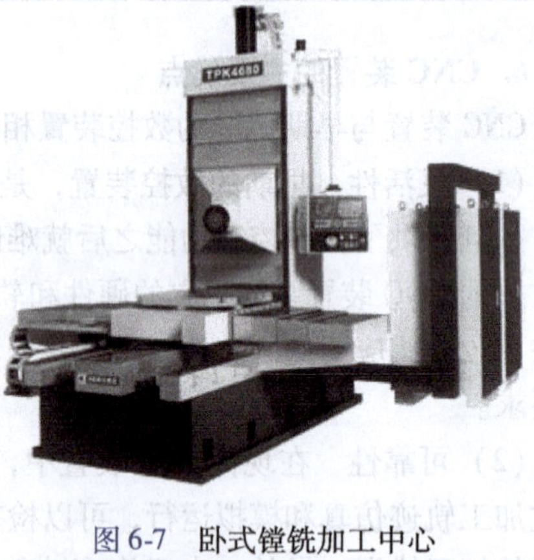

图 6-7　卧式镗铣加工中心

2）钻削加工中心。以钻削加工为主，刀库形式以转塔头形式为主。适用于中小零件的钻孔、扩孔、铰孔、攻螺纹以及连续轮廓铣削等多工序加工。图 6-8 所示为钻削加工中心的外观。图 6-9 所示为钻削加工中心的内部结构。

3）复合加工中心。复合加工中心主要指五面复合加工，可自动回转主轴头，进行立卧加工。在主轴自动回转后，在水平和垂直面实现刀具自动交换。图 6-10 所示为主轴可立卧转换的复合加工中心的外观与内部结构透视。

图 6-8　钻削加工中心外观

图 6-9　钻削加工中心的内部结构

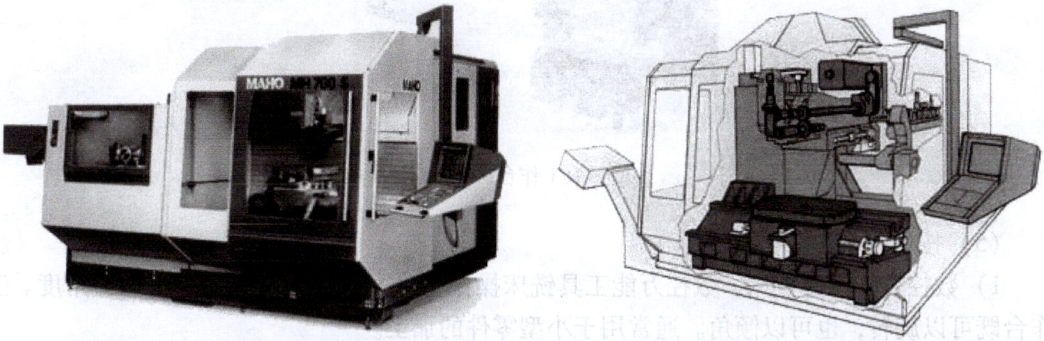

图 6-10　主轴可立卧转换的复合加工中心的外观和内部结构透视

（2）按结构特征分类　加工中心工作台有各种结构。最常见的是单工作台加工中心和双工作台加工中心，也有用于柔性单元的多工作台加工中心。设置工作台的目的是为了缩短零件的辅助准备时间，提高生产效率和机床自动化程度。

（3）按主轴种类分类　如果按主轴种类分类，则可分为单主轴、双主轴、三主轴和可换主轴箱的加工中心。

（4）按自动换刀装置分类

1）刀库＋主轴换刀加工中心。这种加工中心特点是无机械手式主轴换刀。利用工作台运动以及刀库的转动，并由主轴箱上下运动进行选刀和换刀。由于节省了机械手装置，所以机床成本减少。这类机床常采用盘式刀库。刀库容量通常在 20 把左右。图 6-11 所示为国产无机械手立式加工中心的内部结构，其刀库容量是 16 把。

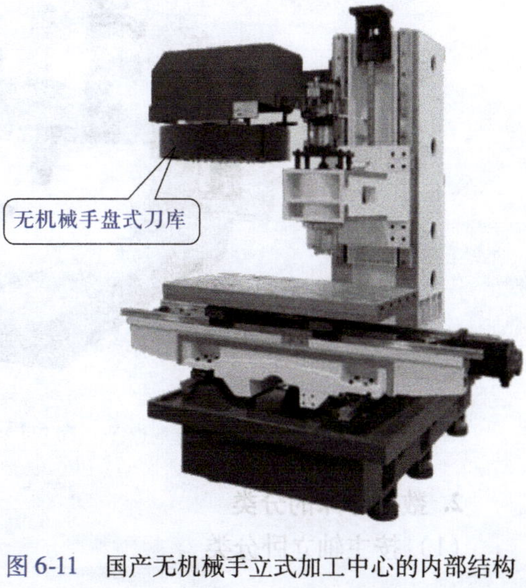

图 6-11　国产无机械手立式加工中心的内部结构

2）刀库＋机械手＋主轴换刀加工中心。这种加工中心的刀库选刀与主轴切削加工可以同时进行。换刀时机械手卡爪可同时分别抓住刀库上所选的刀和主轴上的刀，所以换刀时间短，因此得到广泛应用。这类机床常采用链式刀库，刀库容量较大，通常在 30 把以上。图 6-12所示为双工作台卧式加工中心，其刀库容量为 30 把，使用机械手换刀。

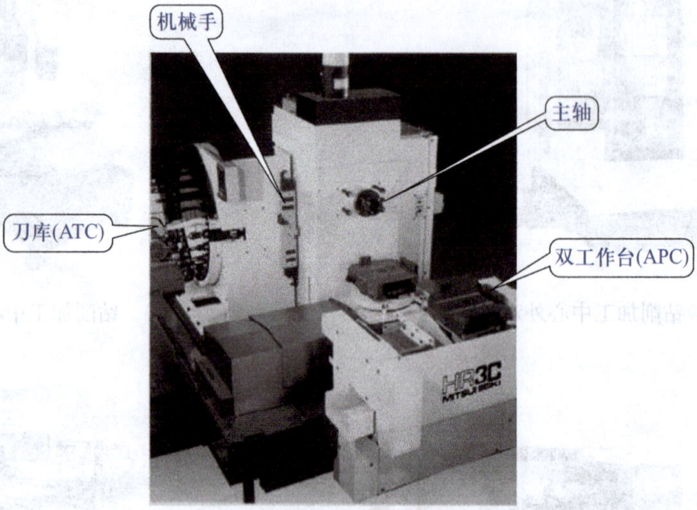

图 6-12　双工作台卧式加工中心

（5）按行程大小分类

1）数控万能工具铣床。数控万能工具铣床操作十分方便。机床主轴可以倾斜角度。工作台既可以旋转，也可以倾角。通常用于小型零件的加工。

2）数控龙门铣床。数控龙门铣床一般规格比较大，如图 6-13 所示。它能够加工大型零件，如机床的床身、飞机上的梁、汽车覆盖件的模具和船用结构件等。

图 6-13　数控龙门铣床

2. 数控车床的分类

（1）按主轴立卧分类

1）卧式水平床身数控车床。图6-14所示为卧式水平床身数控车床。这类数控车床一般采用前置刀架正面操作方式，可使操作者易于调整刀具和接近工件。

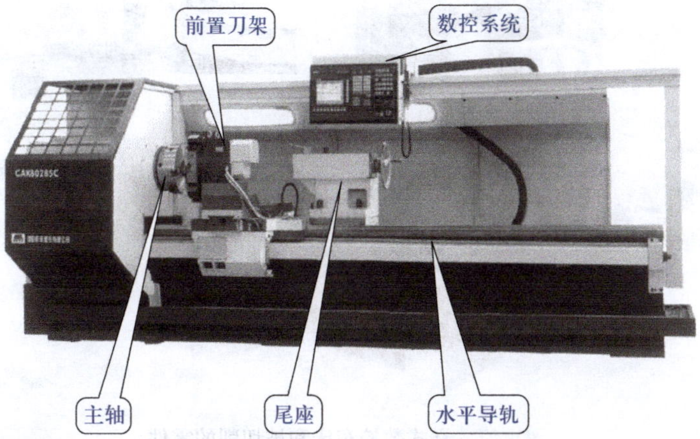

图6-14 卧式水平床身数控车床

2）卧式倾斜床身数控车床。这种车床是在水平导轨床身上布置三角形截面的床鞍。由于横滑板导轨为倾斜型，所以便于排屑和接近。通常这种车床采用后置刀架，机床刚性好。图6-15所示为卧式倾斜床身车床的内部结构。卧式倾斜床身数控车床还可分为单轴型和双轴型。双轴型数控车床前后有两个主轴。车床可利用第二主轴加工零件的反面。车床夹盘为自动液压夹盘。零件的转换无需机械手臂。在数控系统控制下，第一主轴与第二主轴之间可自动交换零件。图6-16所示为某卧式倾斜床身数控车床外观。

图6-15 卧式倾斜床身数控车床的内部结构

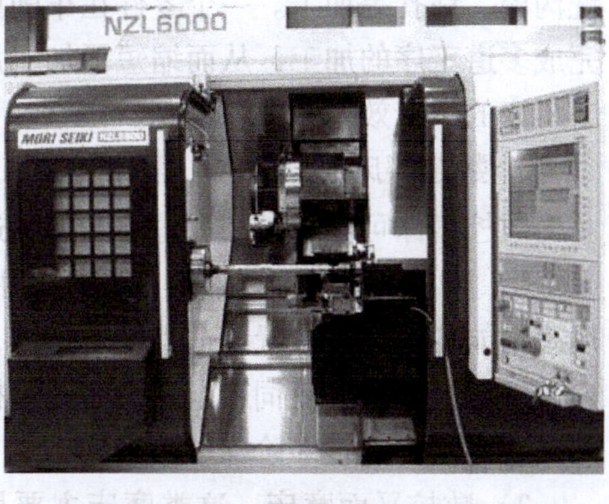

图6-16 某卧式倾斜床身数控车床外观

3）立式数控车床。这种车床分为单柱立式数控车床和双柱立式数控车床。机床采用主轴立置方式，适用于加工中等尺寸盘形或壳体形零件，并便于装卸工件，如图6-17所示。

（2）以加工功能分类

1）普通数控车床。这类车床有一类是平床身数控车床。一般配有4工位或6工位的前置刀架。还有一类是斜床身数控车床，一般配有6～12工位的后置刀架。普通数控车床因其价格适中、操作简便、适用性强，所以在加工制造业中应用极其广泛。

2）高精度数控车床。这种车床分为中规格和小规格。最小设定单位为0.00025mm，适

图 6-17　立式数控车床和被切削的零件

用于精密仪器、航天以及电子工业部门加工精密零件。

3）车削中心。车削中心的主轴为伺服主轴，其 C 轴可控。主轴除具有一般数控车床的功能以外，还可以准确定位与角度分度。车削中心的刀架上装有动力装置，可以安放铣削动力头，如图 6-18 所示。因此在装夹上铣刀后可以对零件进行铣削加工，可以在回转体零件的端面和侧面进行铣平面、铣沟槽、钻孔等加工。一个零件在车削中心上可以完成多道工序的加工，从而缩短了加工周期，提高了机床的生产效率和加工精度。

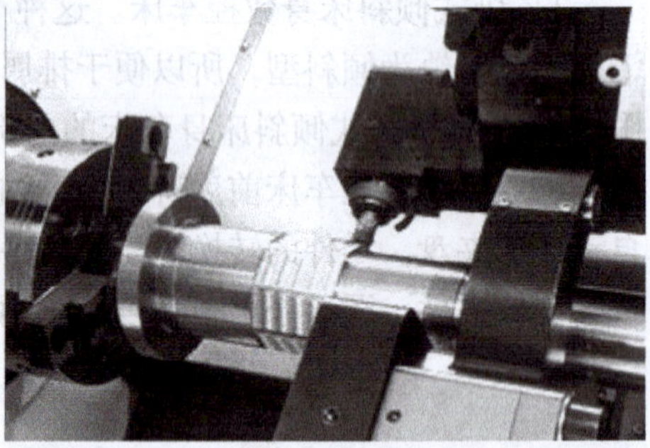

图 6-18　车削中心的铣削动力头

3. 数控磨床的分类

数控磨床可以按被加工零件的形状进行以下分类。

1）数控外圆磨床。这类磨床主要用于外圆面、圆锥面以及内孔面的磨削加工。磨床采用多功能专用数控装置，适用于多品种，小批量的自动化加工。采用自动化变频式砂轮恒线速装置和直流或交流伺服电动机的进给机构可提高加工效率。数控外圆磨床砂轮架有直置式和斜置式，可进行多阶梯轴的磨削。

2）数控平面磨床。这类磨床主要用于零件的平面磨削加工。随着平面磨削工艺的发展，平面磨削分为缓进给磨削、全切削磨削、全深度磨削三种。为了提高磨床自动化程度，数控磨床控制系统分为三种：手工操作数字显示、可编程序控制或固定循环和数字控制。

采用数控方式磨削复杂工件轮廓，就是用数控方法对砂轮直接进行成形修整后，再磨出复杂工件轮廓。在磨削过程中，自动测量工件尺寸。现在的数控磨床已经采用了计算机控制自动装卸工件、自动装夹工件、自动测量工件尺寸和自动更换砂轮的磨削中心，数控平磨精度可达 0.1μm。

3）数控坐标磨床。由于数控坐标磨床的砂轮可以像数控铣床的铣刀一样根据数控程序运行轨迹，所以这类磨床可以磨削非圆零件上的内孔和内外轮廓，如箱体零件上的内孔和凸轮零件。

4）数控无心磨床。数控无心磨床的数控系统可处理砂轮修整的两个坐标。该数控装置除了可以编程以外，还可以用作人机对话，显示磨削参数的测量值、加工程序号和机床故障等。

5）数控工具磨床。数控工具磨床主要用于刃磨各种刀具，例如，麻花钻、立铣刀、球头铣刀、各种成形铣刀等。数控工具磨床可以在一次调整以后，全自动地完成几个工序的磨削。两轴控制的工具磨床主要是控制工件头架运动和纵向工作台运动，以保证高精度螺旋磨削。伺服电动机通过高精度的蜗轮驱动装置完成工件头架的回转、分度、圆周进给运动，实现螺旋运动。具有三轴控制的工具磨床，第三轴用于磨头横向运动，磨削刀具的主副后角和端面。如果有第四轴，则该轴用来加工形状复杂的刀具。

6）数控磨削中心。数控磨削中心配有砂轮库。在磨削加工过程中可以更换砂轮种类以及大小不同的砂轮，以便加工不同的部位。磨削中心涵盖了内外圆磨床和坐标磨床的特点，可以磨削复杂零件上大部分表面。采用激光表面测量技术的磨削中心，磨削精度可达0.025μm。图6-19所示为磨削中心的外圆磨砂轮正在磨削长方形外表面。图6-20所示为磨削中心的内圆磨砂轮正在磨削长方形零件上的内孔。

图6-19 磨削中心磨削外轮廓

图6-20 磨削中心磨削内孔

7）数控专用磨床。数控专用磨床包括数控螺纹磨床、数控齿轮磨床、叶片砂带磨床等，在此不再赘述。

6.2 零件加工的数控编程

6.2.1 插补原理

在介绍零件的数控编程之前，有必要先了解数控系统的插补原理。

数控机床在实际工作中，通常要加工各种各样的轮廓形状，然而要使刀具中心的运动轨迹完全符合工件轮廓形状是做不到的。原因是为了完成复杂轨迹控制，相应的计算方法就会复杂，计算机的负担也就相应大大增加。另外，在工程应用中也没有必要达到如此高的精度。目前的数控系统在实际应用中为了简化运算和提高速度，常常采用一小段直线或圆弧去进行逼近。所谓插补是指数据密化的过程。插补计算的宗旨是通过给定的基点坐标，以一定的速度连续定出一系列中间点，而这些中间点的值以一定的精度逼近给定线段。从理论上讲，插补的形式可以用任意函数形式，但是常用的是直线插补和圆弧插补两种形式。所谓直线插补是指在给定的两个基点之间用一条近似直线来逼近，也就是由此法定出的中间点连成的折线近似于一条直线，但并不是真正的直线。所谓圆弧插补是指在给定的两个基点之间用一段近似的圆弧来逼近。也就是说，实际的中间点连线是一条近似于圆弧的折线弧。

在数控机床上，刀具相对工件的最小位移量是一个脉冲当量。数控装置控制伺服系统以脉冲当量为步长带动刀具"一步"、"一步"地达到插补运算过程中定出的各中间点，最终达到线段的终点。

图 6-21 所示为一段用折线逼近直线的直线插补线段，其中 $O(X_O, Y_O)$ 代表该线段的起始坐标值，$E(X_E, Y_E)$ 代表终点坐标值，坐标的单位为步长，则 X 方向及 Y 方向应移动的总步数 N_X 和 N_Y 为

$$N_X = (X_E - X_O)/\Delta X$$

$$N_Y = (Y_E - Y_O)/\Delta Y$$

式中，ΔX, ΔY 为脉冲当量，也称为步长，并且 $\Delta X = \Delta Y$。插补运算就是正确地分配这两个方向上的脉冲数，使实际的中间点轨迹尽可能地逼近理想轨迹。由图 6-21 可知，实际的中间点连接线是一条由 ΔX 和 ΔY 增量值组成的折线（图中以"→"代表 ΔX 或 ΔY），这是因为实际脉冲当量非常小，眼睛分辨不出来，看起来似乎和直线一样而已。由此而见，脉冲当量越小，数控机床的加工精度也就越高。插补运算是数控装置中最复杂的计算，插补精度的高低对数控装置的性能有举足轻重的意义，插补运算的速度决定了机床运行的速度。

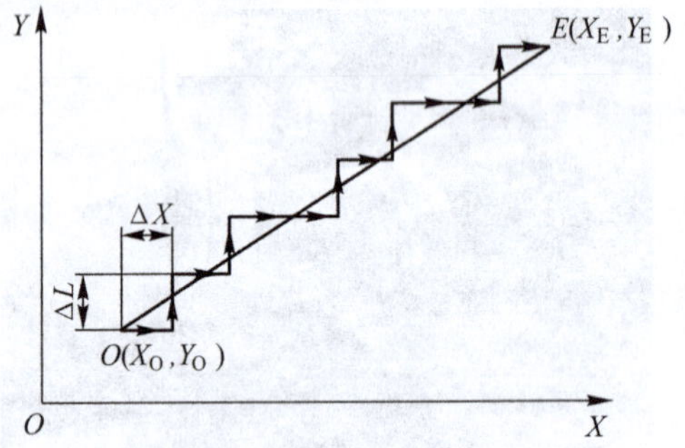

图 6-21　插补线段

适于数控机床的插补运算有多种方式，常用的有数字积分插补法和逐点比较插补法，其中逐点比较插补法简便易行。下面仅对逐点比较法直线插补作简要介绍。

逐点比较插补法是每进给一步都要将加工点的瞬时坐标与规定图形的轨迹相比较，并根据比较了的偏离情况决定下一步应该取的前进方向，使刀具始终紧靠理想曲线运动，保证加工的最大偏差不超过一个脉冲当量。为了便于进行加工点的偏差判别，首先要根据被加工的曲线构造一个判别函数，根据判别函数的极性来确定加工点的位置。

插补第一象限的一条直线 OE。它的起点定为坐标原点 O，终点 E 的坐标值为 (X_E, Y_E)，如图 6-22 所示，开始加工点为直线起点 O。

直线 OE 的解析方程为

$$Y = \frac{Y_E}{X_E}X$$

式中，直线终点坐标值之比 Y_E/X_E，表示直线 OE 的斜率。

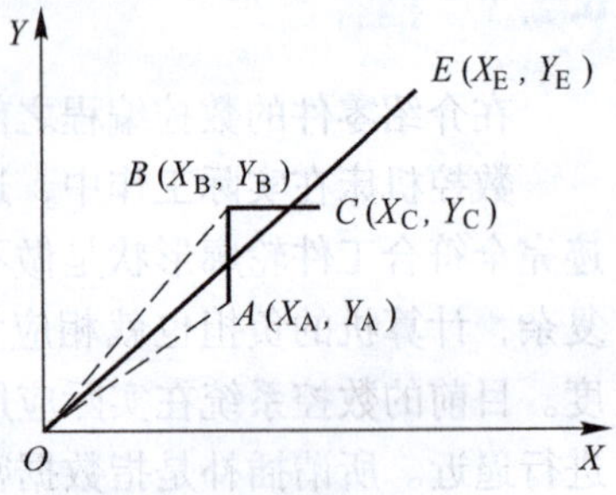

图 6-22　第一象限的直线插补

在加工直线 OE 的过程中，加工点可能在直线的下方，也可能在直线的上方，或者正好在直线上。刀具移动的要求是每下一步的走向应该是减小与直线 OE 的偏差，也就是说加工点在直线下方时应沿 $+Y$ 方向走，在直线上方时应沿

$+X$ 方向走，这样才能减小偏差。因此判别加工点处于直线 OE 的上方还是下方是首先要解决的问题。

（1）加工点位置的判别　位于直线 OE 下方的任何点，如 $A(X_A, Y_A)$ 点，其与原点所连直线的斜率必然小于 Y_E/X_E，对 A 点有 $Y_A/X_A < Y_E/X_E$；而处于直线上方的任何点，如 $B(X_B, Y_B)$ 点，其与原点所连直线的斜率一定大于 Y_E/X_E，即有 $Y_B/X_B > Y_E/X_E$。如果某一点正好处于直线 OE 上，则有 $Y_i/X_i = Y_E/X_E$。判断处于第一象限的任意点究竟位于直线 OE 的上方还是下方，也就是判断 $Y_i/X_i - Y_E/X_E$ 是大于零还是小于零。若大于零，说明在直线 OE 的上方；若小于零，则在直线 OE 的下方；若等于零，那么该点正处于直线 OE 上。判断式为

$$\frac{Y_i}{X_i} - \frac{Y_E}{X_E} = \frac{X_E Y_i - Y_E X_i}{X_i X_E} \tag{6-1}$$

因为只需要利用式（6-1）判别出差值的正负，所以不需要求差值的大小。又因同在第一象限，X_i 与 X_E、Y_i 与 Y_E 的符号一致，X_i、X_E 为正值，所以差值的符号仅决定于分子。我们定义 $F_i = X_E Y_i - Y_E X_i$ 为判别函数。这样只要将每个加工点的坐标值代入判别函数公式即可计算出判别函数的正负，从而确定该加工点所在位置，进而决定下一步走向。

刀具在每个加工点上都可能有 $+X$、$+Y$、$-X$、$-Y$ 四种走向，但是在实际加工时是有方向的。此例的加工是从起点 O 向终点 E 切削，因此，这时实际上只可能有两个方向。如在 A 点，只有 $+X$ 和 $+Y$ 两个方向是沿直线 OE 方向的，但是若沿 $+X$ 方向移动，则远离直线 OE，所以只有沿 $+Y$ 方向移动是合适的。同理，在 B 点则有沿 $+X$ 方向移动是合适的。而 $+X$、$+Y$ 的方向正好与直线终点坐标值 X_E、Y_E 的符号一致，所以当加工点在直线的下方，即 $F_i < 0$ 时，数控装置应向 Y 轴伺服发出一个脉冲，加工点沿 Y_E 方向移动；若加工点在直线上方，即 $F_i > 0$ 时，加工点应沿 X_E 方向移动；当加工点在直线 OE 上时，即 $F_i = 0$ 时，刀具的移动既可以沿 Y_E 方向，也可以沿 X_E 方向，我们人为决定它与加工点在直线上方一样处理。这样，对于 $F_i \geqslant 0$ 时，均应使加工点沿 X_E 方向移动。

（2）判别函数计算的简化　在直接利用前面所述的 F_i 公式计算判别函数时，要进行坐标值相乘。对于计算机而言做乘法运算不如做加减法运算来得方便。为了减少计算量和运算时间，提高插补速度，可采用递推法把乘法运算简化为加减运算。

对于处在直线下面的加工点，如 A 点，$F_i < 0$，应沿 $+Y$ 方向移动至 B 点，B 点的判别函值为

$$F_{i+1} = X_E Y_B - Y_E X_B$$

因为

$$Y_B = Y_A + 1 \quad X_B = X_A$$

所以

$$F_{i+1} = X_E(Y_A + 1) - Y_E X_A = X_E Y_A + X_E - Y_E X_A$$

得出

$$F_{i+1} = F_i + X_E$$

同样可以推得 $F_i \geqslant 0$ 时的判别函数计算公式。加工点由 B 点移至 C 点时，判别函数值的计算应为

$$F_{i+2} = X_E Y_C - Y_E X_C$$

而

$$X_C = X_B + 1 \quad Y_C = Y_B$$

所以

$$F_{i+2} = X_E Y_B - Y_E(X_B + 1) = X_E Y_B - Y_E X_B - Y_E$$

得到

$$F_{i+2} = F_{i+1} - Y_E$$

由此可以总结出判别函数的递推公式：$F_i < 0$ 时，沿 $+Y$ 方向走一步，走一步后新点的判别函数值 $F_{i+1} = F_i + X_E$；$F_i \geqslant 0$ 时，沿 $+X$ 方向走一步，走一步后新点的判别函数值 $F_{i+1} = F_i - Y_E$。

(3) 终点判断　加工直线 OE 时，应该在加工到终点 E 时停止加工，因此要求能够自动判断是否到达终点。总步数法是判断终点的办法之一。

按照逐点比较法插补，加工从起点 O 到终点 E，在 X 方向应走 X_E 步，在 Y 方向应走 Y_E 步，两个方向总共应走的总步数 $\Sigma = X_E + Y_E$，走够了这一总步数就认为到达了终点。在数控装置中，可利用一个总步数计数器，开始加工时设置的数值为 Σ，即总步数，加工时不论在 X 方向还是 Y 方向每走一步则该计数器减 1，一直减到 0，则表明加工已达终点。

以上简要介绍的是第一象限中直线插补的情况。在其他三个象限内其插补原理完全相同，所不同的是某些进给方向与第一象限的直线插补方向相反。四个象限的直线插补进给及插补公式见表 6-2。

表 6-2　四个象限的直线插补进给及插补公式

直线所在象限	当 $F_i \geqslant 0$ 时的进给	当 $F_i < 0$ 时的进给
Ⅰ	$+\Delta X$	$+\Delta Y$
Ⅱ	$-\Delta X$	$+\Delta Y$
Ⅲ	$-\Delta X$	$-\Delta Y$
Ⅳ	$+\Delta X$	$-\Delta Y$
插补公式	$F_{i+1} = F_i - Y_E$	$F_{i+1} = F_i + X_E$

表 6-2 中，$+\Delta X$ 和 $-\Delta X$ 分别表示刀具沿 $+X$ 方向或沿 $-X$ 方向进给一个脉冲当量，$+\Delta Y$ 和 $-\Delta Y$ 则分别表示沿 $+Y$ 或 $-Y$ 方向进给一个脉冲当量。

6.2.2　数控机床的坐标系

数控机床的坐标系、坐标原点和运动方向，对于数控加工及编程来说是十分重要的概念。每一个数控编程员和数控机床的操作者，都必须对数控机床的坐标系有一个完整、正确的理解，否则，程序编制将发生混乱，操作时更容易发生事故。为了使数控系统规范化（标准化、开放化）及简化数控编程，ISO 对数控机床坐标系的建立做了具体规定。

1）坐标系建立的原则。数控机床的坐标系采用右手直角笛卡尔坐标系，如图 6-23 所示。它规定直角坐标系中 X、Y、Z 三轴正方向用右手定则判定，围绕 X、Y、Z 各轴的回转运动及其正方向 $+A$、$+B$、$+C$ 用右螺旋法则判定。与 $+X$、$+Y$、$+Z$、$+A$、$+B$、$+C$ 相反的方向相应用带“′”的 $+X'$、$+Y'$、$+Z'$、$+A'$、$+B'$、$+C'$表示。图 6-24 所示为立式铣床的标准坐标系。

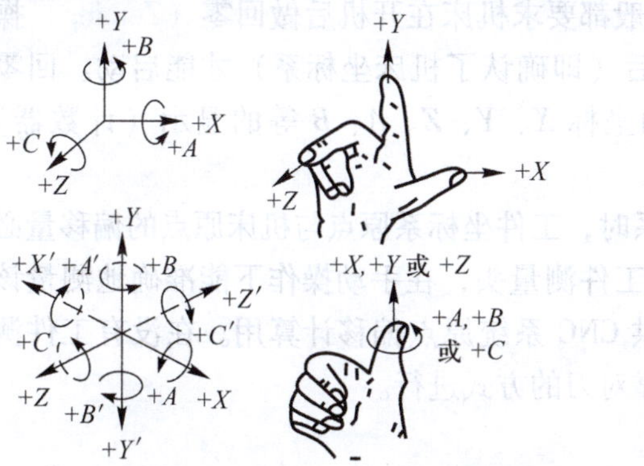

图 6-23　右手直角笛卡尔坐标系

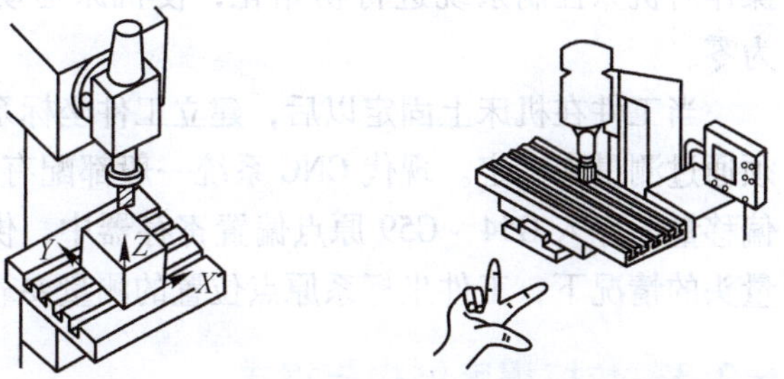

图 6-24　立式铣床坐标系

直角坐标 X、Y、Z 又称为主坐标系或第一坐标系。如有第二组坐标和第三组坐标平行于 X、Y、Z，则分别指定为 U、V、W 和 P、Q、R。

2）刀具相对于静止零件而运动的原则。由于机床的结构不同，在加工时有的机床是刀具运动、零件固定，有的机床是刀具固定、零件运动。无论怎样，一律规定为零件固定、刀具运动，即刀具相对于工件运动。

（1）机床坐标系及其机床原点　数控机床坐标系是为了确定工件在机床中的位置、机床运动部件的特殊位置（如换刀点、参考点等）以及运动范围（如行程范围）等而建立的几何坐标系。

现代数控机床一般都有一个基准位置，称为机床原点（Machine Origin 或 Home Position）或机床绝对原点（Machine Absolute Origin），是机床制造商设置在机床上的一个物理位置，其作用是使机床与控制系统同步，建立测量机床运动坐标的起始点。机床坐标系建立在机床原点上，是机床上固有的坐标系。机床坐标系的原点位置是在各坐标轴的正向最大极限处，用 M 表示，如图 6-25 所示。

与机床原点相对应的还有一个机床参考点（Reference Point），用 R 表示。它是机床制造商在机床上设置的一个物理位置，与机床原点的相对位置是固定的，机床出厂之前由机床制造商精密测量确定。机床参考点一般不同于机床原点。例如，一台配有 ATC（自动刀库）和 APC（自动托盘交换器）的卧式加工中心就有自动换刀位置参考点、自动交换托盘位置参考点等。

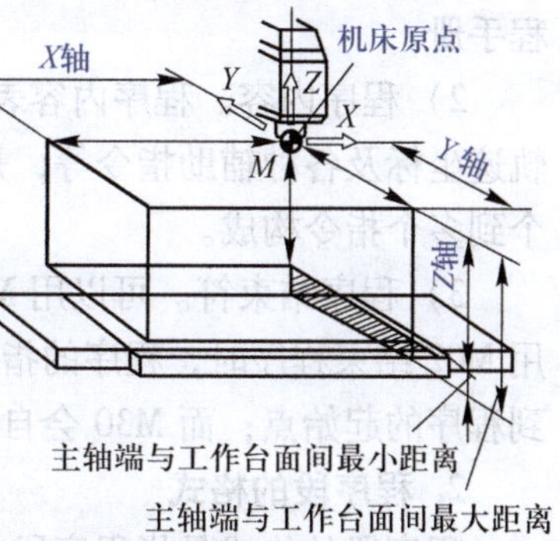

图 6-25　立式机床原点

（2）工件坐标系及其程序原点　对于数控编程和数控加工来说，还有一个重要的坐标系需要建立，这就是工件坐标系，其坐标系的原点就是程序原点（Program Origin），用 W 表示。工件坐标系的原点是编程员在数控编程过程中定义在工件上的几何基准点，有时也称为工件原点（Part Origin）。编程时以这个原点作为坐标系的原点，建立工件坐标系（编程坐标系）。加工开始就要设置工件坐标系原点位置，其方法可以用 G92 指令设定刀具起点相对于工件坐标系原点的位置，从而建立坐标系，也可以使用 G54 ~ G59 指令设置工件坐标系原点相对机床坐标系原点偏置量的方法而建立工件坐标系。

（3）原点的设置与偏移　现代 CNC 系统一般都要求机床在开机后做回零（Zeroing）操作。机床回到机床原点或机床坐标系参考点之后（即确认了机床坐标系）才能启动。回零操作后机床控制系统进行初始化，使机床运动坐标 *X*、*Y*、*Z*、*A*、*B* 等的显示（计数器）为零。

当工件在机床上固定以后，建立工件坐标系时，工件坐标系原点与机床原点的偏移量必须通过测量来确定。现代 CNC 系统一般都配有工件测量头，在手动操作下能准确地测量该偏移量，存入 G54 ~ G59 原点偏置寄存器中，供 CNC 系统原点偏移计算用。在没有工件测量头的情况下，工件坐标系原点位置的测量要靠对刀的方式进行。

6.2.3　数控程序结构与格式

国际标准化组织（ISO）对数控机床的数控程序的编码字符和程序段格式、准备功能和辅助功能等制定了若干标准和规范。不同的数控系统，其加工程序的结构及程序段格式有所不同，编程者应根据数控机床编程手册正确地加以编制。但基本的编码字符、准备功能和辅助功能代码，对于大多数数控系统来说均是相同的，且符合 ISO 标准。

1. 数控加工程序的结构

一个完整的程序应从程序名开始、后接程序的内容并由程序结束符结束。例如

```
O1000                                      程序名
N10 G00 G54 X50 Y30 M03 S3000；
N20 G01 X88.1 Y30.2 F500 T02 M08 ；        程序内容
N30 X90；
N40 M30 ；                                 程序结束符
```

1）程序名。程序名是程序的开始符，其由编号地址后接数字组成。为了区分存储器中的多个程序，每个程序都需要有各自的程序名。程序名一般由 O、P、% 或：等作为编号地址，后接数字。随各数控机床的控制器不同，所采用的编号地址会有不同，可参考机床的编程手册。

2）程序内容。程序内容表达了被加工零件的加工过程指令，包括准备功能、刀具运动轨迹坐标及各种辅助指令等，是程序的主要部分。它由若干个程序段组成，每个程序段由一个到多个指令构成。

3）程序结束符。可以用 M02 或 M30 来表示程序的结束。M02 与 M30 的主要区别在于：用 M02 结束程序时，程序的指针停留在结束的地方。如果要重新运行程序，需要人工返回到程序的起始点；而 M30 会自动返回到程序的起点。

2. 程序段的格式

程序段的格式是指程序段中的字、字符和数据的安排形式。现在一般使用字地址可变程序段格式，每个字长不固定，各个程序段中的长度和功能字的个数都是可变的。字地址可变程序段格式中，在上一程序段中写明的、本程序段里又不变化的那些字仍然有效，可以不再重写。这种功能字称为续效字，这种指令称为模态指令。

程序段格式举例：

N30	G01 X88. 1 Y30. 2 F500 S3000 T02 M08；	
N40	X90；	本程序段省略了续效字“G01，Y30. 2，F500，S3000，T02，M08”，但它们的功能仍然有效。

一个程序段是由顺序号字、功能字、尺寸字和结束符号组成。

字地址程序段的一般格式如图 6-26 所示。

N	G	XYZ UVW QPR	IJK R	F	S	T	M	LF
顺序号字	准备功能字	尺寸字		进给速度功能字	主轴转速功能字	刀具功能字	辅助功能字	结束符号

图 6-26　字地址程序段的一般格式

1）顺序号字。顺序号字又称程序段号。它位于程序段之首，由地址符 N 和若干个数字组成。大多数的数控系统都可以省略程序段顺序号字。数控加工中的顺序号字与程序执行的先后次序无关，但有了程序段顺序号字就可以方便程序的阅读，所以手工编程时建议采用有间隔的顺序号字。

2）准备功能字 G。G 功能的作用是建立机床或控制系统工作方式，为数控系统的插补运算做好准备。它由地址符 G 后接两位数字组成，标准化制定了从 G00 ~ G99 共 100 种指令，有的数控系统 G 指令的位数已达到三位。

3）尺寸字。用于确定机床上刀具运动终点的坐标位置。由坐标地址符及数字表示，数字可为正负数，其正号可以省略。有的数控系统的数据输入有常用型小数点输入和计算器型小数点输入两种。常用型小数点输入在省略小数点时为最小输入单位，一般为 μm。计算器型小数点输入在省略时为 mm。常用型小数点输入若疏漏了小数点，数值将变为 1/1000。例如，输入的值为 X1，在常用型小数点时，表示移动距离为 0. 001mm，与有无小数点大不相同。

4）进给速度功能字 F。用来指定刀具相对于工件运动的速度，由地址符 F 后接若干位数字构成。在数控铣床和加工中心的数控系统中，F 的单位通常为 mm/min（毫米/分钟）。在数控车床的数控系统中，F 的单位通常为 mm/r（毫米/转）。现在一般都能使用直接指定方式，即可以用 F 后的数字直接指定进给速度。例如：在数控铣床和加工中心的数控系统中，F200 表示进给速度为 200mm/min；在数控车床的数控系统中 F0. 1 表示进给速度为 0. 1mm/r。

5）主轴转速功能字 S。用来指定主轴速度，由地址符 S 后接若干位数字构成，单位一般为 r/min（转/分钟）。现在的数控机床都采用直接指定方式，即可以用 S 后的数字直接指定主轴转速。例如，S600 表示主轴转速为 600r/min。

在编程时除用 S 代码指令主轴转速外，还要用 M 代码指令主轴旋转方向。例如：S1500 M03 表示主轴正转，转速为 1500r/min；S800 M04 表示主轴反转，转速为 800r/min。

6）刀具功能字 T。用于指定刀具，由地址符 T 及若干位数字组成，数字为刀具号，位数由系统决定。例如，T3 表示第 3 号刀具。

7）辅助功能字 M。用来指令机床辅助动作及状态的功能，由地址符 M 后接若干位数字组成。标准化制定了从 M00 ~ M99 共有 100 种指令。

8）结束符号“LF”。列在程序段的最后一个有用的字符后面，表示程序段的结束。不同型号的数控系统，结束符号也不相同。当用 EIA 标准代码时，结束符号为“CR”；当用 ISO 标准时，结束符号为“LF”。有些结束符号用“；”，还有用“＊”等。

6.2.4 准备功能（G 代码）

准备功能因其地址符规定为 G，故又称为 G 功能或 G 指令。我国依据国际标准制定了 JB 3208—83，规定了 100 个 G 代码，从 G00 ~ G99 与国际标准一致。

G 代码有模态代码（又称续效代码）和非模态代码之分。所谓非模态代码只在所规定的程序段中有效，而模态代码一经指定就一直有效，直到同一组的 G 代码出现或被取消为止。在同一程序段中可以指定不同组的几个 G 代码，而且与顺序无关。若在同一程序段内指定同一组的 G 代码，则后一个 G 代码有效。

由于 G 代码标准化程度不高，不同数控系统 G 代码会有差别，因此，编程时一定要按照所用数控系统的具体规定使用。表 6-3 给出了 FAUNC-0M 系统常用 G 指令表。下面以该表中的常用 G 功能代码为例，介绍 G 指令的含义及编程方法。

表 6-3 FAUNC-0M 系统常用 G 指令表

代码	组别	功能	代码	组别	功能
G00	01	快速点定位（快速进给）	G65	00	程序宏调用
G01		直线插补（切削进给）	G73	09	高速深孔钻循环
G02		圆弧/螺旋线插补（顺时针）	G74		左旋攻螺纹循环
G03		圆弧/螺旋线插补（逆时针）	G76		精镗循环
G04	00	暂停，准停	G80		取消固定循环
G17	02	选择 *XY* 平面	G81		钻孔循环
G18		选择 *XZ* 平面	G82		锪孔循环
G19		选择 *YZ* 平面	G83		深孔钻循环
G40	07	取消刀具半径补偿	G84		右旋攻螺纹循环
G41		左侧刀具半径补偿	G85		镗削循环
G42		右侧刀具半径补偿	G86		镗削循环
G43	08	刀具长度正向补偿	G87		反镗循环
G44		刀具长度反向补偿	G88		镗削循环
G49		取消刀具长度补偿			
G54	14	选择工件坐标系 1	G89		镗削循环
G55		选择工件坐标系 2	G90	03	绝对值尺寸
G56		选择工件坐标系 3	G91		增量值尺寸
G57		选择工件坐标系 4	G92	00	绝对坐标系设定
G58		选择工件坐标系 5	G98	10	返回到初始平面
G59		选择工件坐标系 6	G99		返回到 *R* 点平面

1. 绝对值尺寸和增量值尺寸指令 G90、G91

（1）绝对值尺寸指令 G90　指机床运动部件的坐标尺寸值相对于坐标原点给出，如图 6-27a所示。

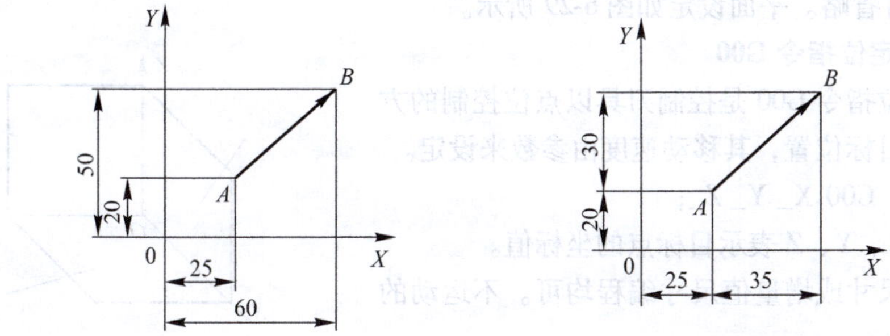

a) 绝对值尺寸编程　　b) 增量值尺寸编程

图 6-27　绝对值尺寸和增量值尺寸编程

图 6-27a 中：$X_A=25$，$Y_A=20$，$X_B=60$，$Y_B=50$。

程序表达为：G90 G00 X25 Y20；

X60 Y50；

（2）增量值尺寸指令 G91　指机床运动部件的坐标尺寸值相对于前一位置给出。其正负可根据移动方向来判断，沿坐标轴正方向移动为正，沿坐标轴负方向移动为负，如图 6-27b所示。

图 6-27b 中：$X_A=25$，$Y_A=20$，$X_B=35$，$Y_B=30$。

程序表达为：G91 G00 X25 Y20；

X35 Y30；

注意：编程时注意 G90、G91 模式间的转换。使用 G90、G91 时无混合编程。

2. 工件坐标系选择指令 G54 ~ G59

在一些数控系统中，除可以用 G92 指令设定工件坐标系外，还可以用 G54 ~ G59 指令来选择六个工件坐标系。六个工件坐标系皆以机床原点为参考点，分别测出工件原点相对于机床原点的偏差值，并通过机床操作面板输入到零点偏置数据区，在程序中通过选择相应的 G54 ~ G59 指令，刀具就会向预定坐标系中指定目标移动，如图 6-28 所示。

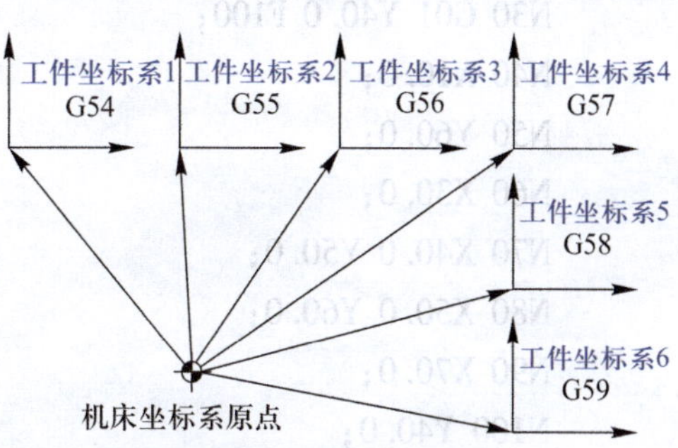

图 6-28　工件坐标系及其设定

用 G54 ~ G59 设定工件坐标系的格式如下：

G54 G90 G00 X_　Y_　Z_；

…

用 G54 ~ G59 指令设定的工件坐标系，在系统断电后不被破坏，并与刀具的当前位置无关。在使用 G54 ~ G59 工件坐标系时，就不再用 G92 指令，否则，原来的坐标系统和工件坐标系将平移，产生一个新的工件坐标系。

3. 坐标平面选择指令 G17、G18、G19

平面选择指令是分别用来指定程序段中刀具的圆弧插补平面和刀具半径补偿平面的。其中，G17 指定为 *XY* 平面，G18 指定为 *XZ* 平面，G19 指定为 *YZ* 平面。数控系统初始状态为 G17，故 G17 可省略。平面设定如图 6-29 所示。

4. 快速点定位指令 G00

快速点定位指令 G00 是控制刀具以点位控制的方式快速移动到目标位置，其移动速度由参数来设定。

程序格式：G00 X_ Y_ Z_;

格式中，X、Y、Z 表示目标点的坐标值。

用绝对值尺寸或增量值尺寸编程均可。不运动的坐标可以不写。

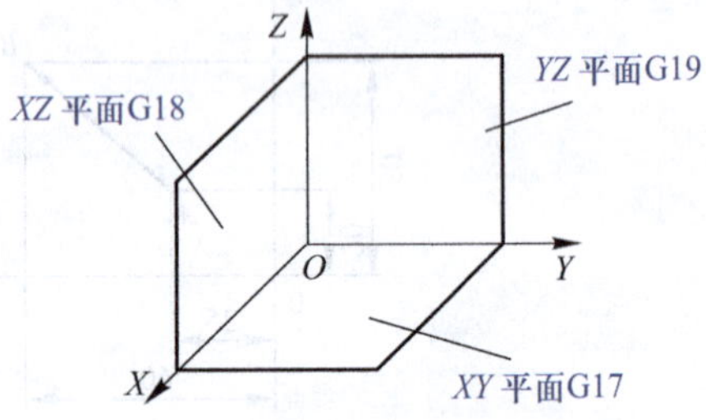

图 6-29　平面设定

注意：在各坐标方向上有可能不是同时到达终点。刀具移动轨迹是几条线段的组合，不是一条直线。了解数控系统的刀具移动轨迹情况，以避免加工中可能出现的碰撞。

5. 直线插补指令 G01

G01 指令用于产生按指定进给速度 F 实现的空间直线运动。

程序格式：G01 X_ Y_ Z_ F_;

格式中，X、Y、Z 表示目标位置的坐标值。用绝对值尺寸或增量值尺寸编程均可。

注意：G01 与 F 都是续效指令，可以用 G00 取消。如果在 G01 程序段之前的程序段中无 F 指令，同时在当前包含有 G01 指令的程序段中又没有 F 指令，则数控系统会发出报警。

例 6-1　G00 和 G01 指令的应用。编制如图 6-30 所示的图形程序。刀具首先从原点出发，最后回到原点，虚线部分表示用 G00 指令移动。刀具的进给速度为 100mm/min。

```
O0001
N10 G90 G54 G00 X20.0Y10.0;
N20 S1000 M03;
N30 G01 Y40.0 F100;
N40 X10.0;
N50 Y60.0;
N60 X30.0;
N70 X40.0 Y50.0;
N80 X50.0 Y60.0;
N90 X70.0;
N100 Y40.0;
N110 X60.0;
N120 Y10.0;
N130 X20.0;
N140 G00 X0 Y0;
N150 M30;
```

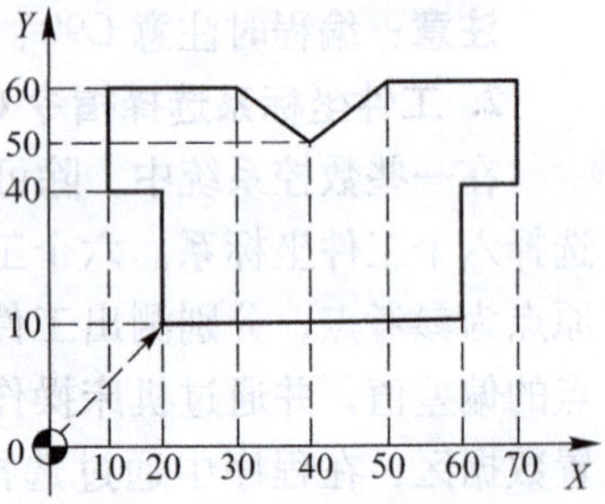

图 6-30　G00 和 G01 指令的应用

6. 圆弧插补指令 G02、G03

G02 表示按指定速度进给的顺时针圆弧插补指令，G03 表示按指定速度进给的逆时针圆弧插补指令。

顺圆、逆圆的判别方法是：沿垂直于要加工圆弧所在平面的坐标轴由正方向向负方向看去，刀具相对于工件的转动为顺时针方向时为 G02，逆时针方向时则为 G03，如图 6-31 所示。

在 *XY* 平面内的圆弧插补，如图 6-32a 所示，程序格式：

G17 G02(G03)G90(G91)X_Y_I_J_（R_）F_;

在 *XZ* 平面内的圆弧插补，如图 6-32b 所示，程序格式：

G18 G02(G03)G90(G91)X_Z_I_K_（R_）F_;

在 *YZ* 平面内的圆弧插补，如图 6-32c 所示，程序格式：

G19 G02(G03)G90(G91)Y_Z_J_K_（R_）F_;

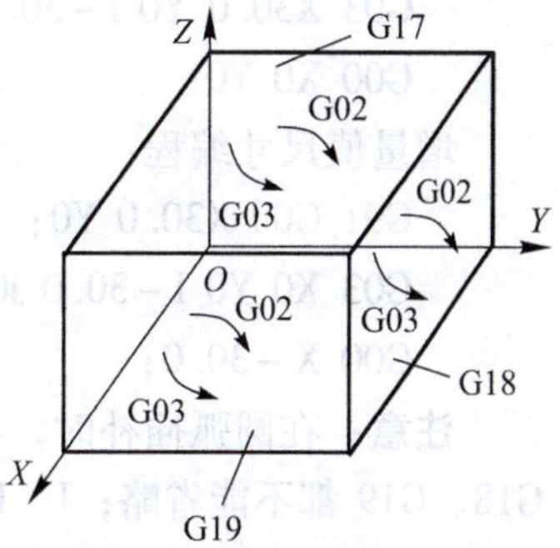

图 6-31　圆弧顺逆的区分

格式中，X、Y、Z 为圆弧终点的坐标值，可用绝对值尺寸或增量值尺寸编程。在增量值方式下，圆弧终点坐标是相对于圆弧起点的增量值。

I、J、K 表示圆弧圆心的坐标，是圆心相对圆弧起点在 *X*、*Y*、*Z* 轴方向上的增量值，与 G90、G91 无关。当 I、J、K 为零时可以省略。

R 为指定圆弧半径。对于圆弧所对应的圆心角 α 存在：当 $0<\alpha\leqslant180°$ 时，R 值为正值；当 $180°\leqslant\alpha<360°$ 时，R 值为负值。

封闭圆（整圆）只能用 I、J、K 来编程。

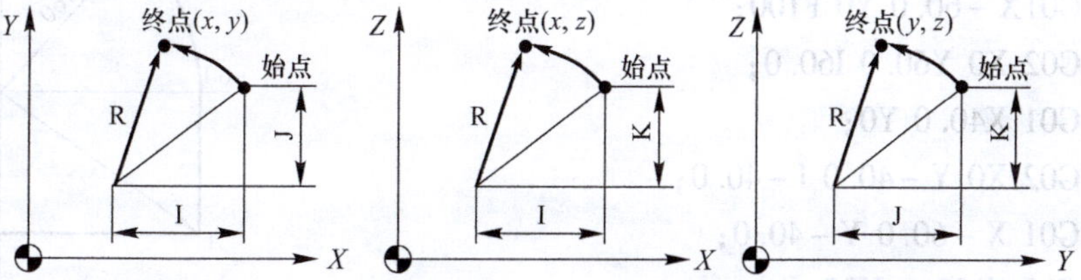

a) 在 *XY* 平面内的圆弧　　b) 在 *XZ* 平面内的圆弧　　c) 在 *YZ* 平面内的圆弧

图 6-32　圆弧插补指令

例 6-2　图 6-33 所示为一段圆弧。加工时，设刀具从 *A* 点开始沿 *A*→*B*→*C*→*D* 切削，其程序如下：

绝对值尺寸编程：

G90 G01 X0 Y18.0;

G90 G02 X18.0 Y0 I0 J－18.0（或 R18.0）F100;

G03 X68.0 Y0 I25.0 J0（或 R25.0）;

G02 X88.0 Y20 I0 J20.0（或 R－20）。

增量值尺寸编程：

G91 G01 X0 Y18.0　（起点在原点上）

G91 G02 X18.0 Y－18.0 I0 J－18.0（或 R18.0）F100;

G03 X50.0 Y0 I25.0 J0（或 R25.0）;

G02 X20.0 Y20.0 I0 J20.0（或 R－20）。

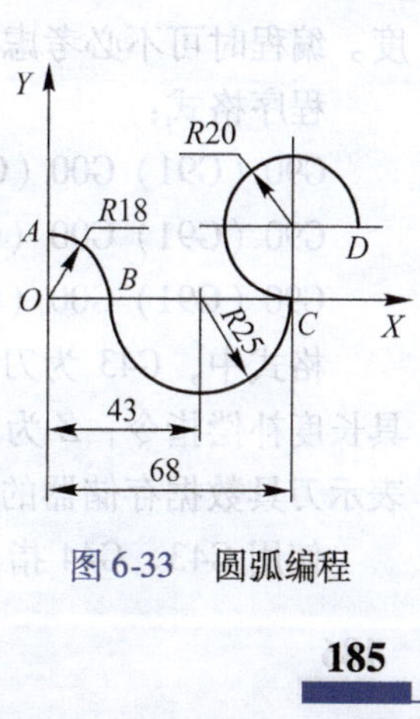

图 6-33　圆弧编程

例 6-3 图 6-34 所示为一封闭圆。现设起刀点在坐标系原点 *O* 处。加工时从 *O* 点快速移动至 *A* 点，逆时针加工整圆。

绝对值尺寸编程：

```
G92 X0 Y0 Z0;
G00 X30.0 Y0;
G03 X30.0 Y0 I-30.0 J0 F100;
G00 X0 Y0;
```

增量值尺寸编程：

```
G91 G00 X30.0 Y0;
G03 X0 Y0 I-30.0 J0 F100;
G00 X-30.0;
```

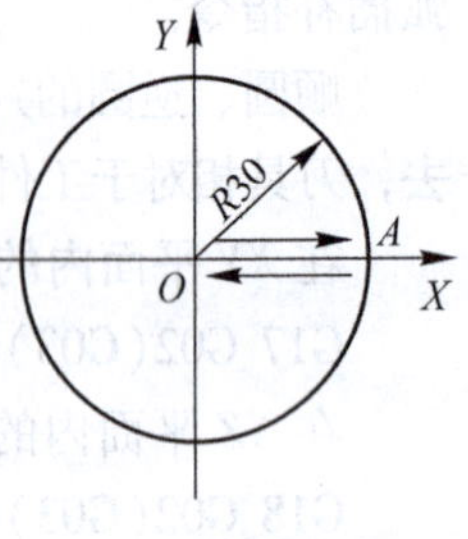

图 6-34 整圆编程

注意：在圆弧插补时，必须有平面选择指令，平面选择指令中除了 G17 可以省略外，G18、G19 都不能省略；I、J、K 的数值永远是增量值；如果在同一个程序段中同时指定了 I、J、K 和 R，只有 R 有效，I、J、K 指令被忽略。

例 6-4 G02 和 G03 指令的应用。编制如图 6-35 所示零件的程序。刀具起始点为坐标原点，其终点也是坐标原点，走刀方向为顺时针，进给速度为 F100。

```
O0002
N10 G90 G54 G00 X0 Y0 S1000 M03;
N20 X-60.0Y-40.0;
N30 G01X-60.0 Y0 F100;
N40 G02 X0 Y60.0 I60.0;
N50 G01 X40.0 Y0;
N60 G02 X0 Y-40.0 I-40.0;
N70 G01 X-60.0 Y-40.0;
N80 G00 Z100.0 M05;
N90 G00 X0 Y0;
N100 M30;
```

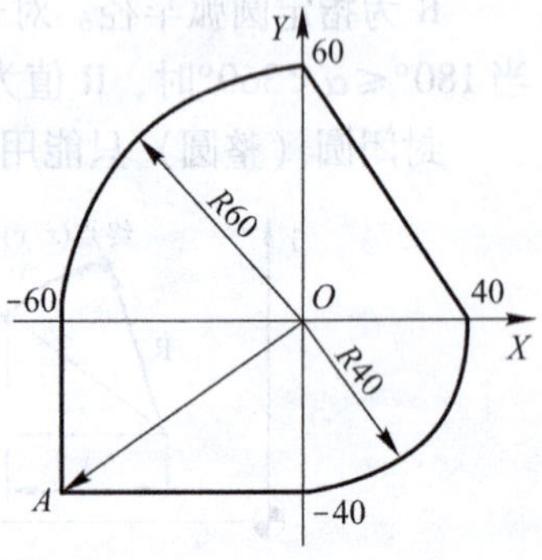

图 6-35 G02 和 G03 指令的应用

7. 刀具长度补偿指令 G43、G44、G49

刀具长度补偿指令一般用于刀具轴向（*Z* 方向）的补偿。它使刀具在 *Z* 方向上的实际位移量比程序给定值增加或减少一个偏置量。在使用每一把刀时，可使刀尖处于同一个高度。编程时可不必考虑刀具的实际长度。

程序格式：

G90（G91）G00（G01）G43 Z_ H_;

G90（G91）G00（G01）G44 Z_ H_;

G90（G91）G00（G01）G49 Z_;

格式中，G43 为刀具长度正向补偿指令；G44 为刀具长度反向补偿指令；G49 为取消刀具长度补偿指令；*Z* 为目标点的编程坐标点；*H* 为刀具长度补偿代号，后面一般用两位数字表示刀具数据存储器的地址号，在此地址中存储着刀具长度补偿量 $\Delta_{刀长}$。

使用 G43、G44 指令时，无论用绝对值尺寸编程还是增量值尺寸编程，程序中指定的 *Z*

轴移动点的终点坐标值，都要与 H 地址中所对应的补偿量 $\Delta_{刀长}$ 进行计算，G43 时相加，G44 时相减，然后把运算结果作为终点坐标值进行加工。

刀具长度补偿如图 6-36a 所示。

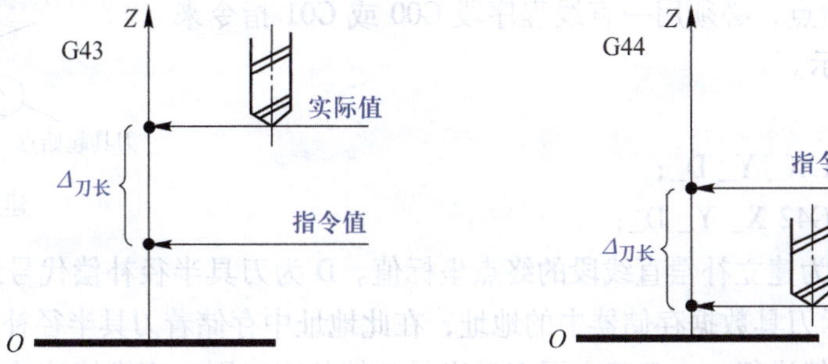

a) 刀具长度正向补偿　　b) 刀具长度反向补偿

图 6-36　刀具长度补偿

执行程序段 G43 Z_H_；时，Z 实际值 = Z 指令值 + $\Delta_{刀长}$；如图 6-36b 所示，执行程序段 G44 Z_H_；时，Z 实际值 = Z 指令值 − $\Delta_{刀长}$。$\Delta_{刀长}$ 为补偿量，其可以是正值，也可以是负值。在图 6-36 中的 $\Delta_{刀长}$ 均为正值。

注意：

① 刀具长度补偿指令 G43 和 G44 均属模态指令，一旦被指定之后，如无同组的 G 代码重新指令，则 G43 和 G44 一直有效。

② G49 是取消刀具长度补偿指令。当程序中调用 G49 时，则 G43 和 G44 均从该程序段起被取消。除了采用 G49 指令外，用 H00 也可取消刀具长度补偿指令。

③ 在同一程序段中如果既有运动指令，又有刀具长度补偿指令时，机床首先执行的是刀具长度补偿指令，然后再执行运动指令。

8. 刀具半径补偿指令 G41、G42、G40

编程时，编程者无需考虑刀具半径，可以直接根据被加工工件轮廓曲线进行编程，同时在程序中给出刀具半径的补偿指令，并将刀具补偿参数单独输入到补偿存储器中，就可加工出零件的轮廓曲线。

G41 为左侧刀具半径补偿指令，即沿着刀具运动方向看（假设工件不动），刀具位于工件左侧的刀具半径补偿，如图 6-37a、d 所示。

G42 为右侧刀具半径补偿指令，即沿着刀具运动方向看（假设工件不动），刀具位于工件右侧的刀具半径补偿，如图 6-37b、c 所示。

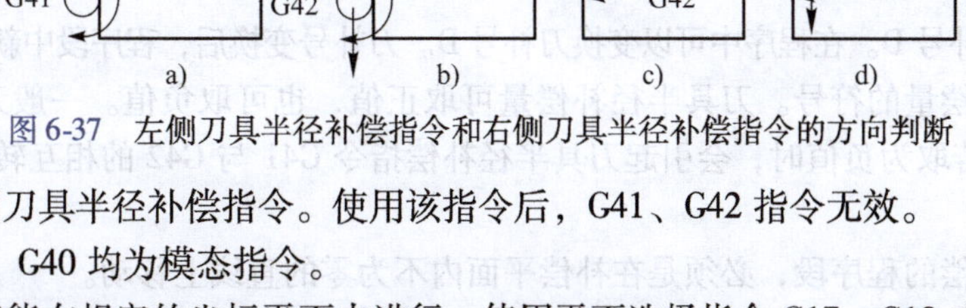

图 6-37　左侧刀具半径补偿指令和右侧刀具半径补偿指令的方向判断

G40 为取消刀具半径补偿指令。使用该指令后，G41、G42 指令无效。

G41、G42、G40 均为模态指令。

半径补偿仅能在规定的坐标平面内进行，使用平面选择指令 G17、G18 或 G19 可分别选

择 *XY*、*XZ* 或 *YZ* 平面为补偿平面。

刀具半径补偿的执行过程一般可分为 3 步：

1）刀具补偿建立。为了保证刀具从无半径补偿运动到所希望的刀具半径补偿起始点，必须用一直线程序段 G00 或 G01 指令来建立，如图 6-38 所示。

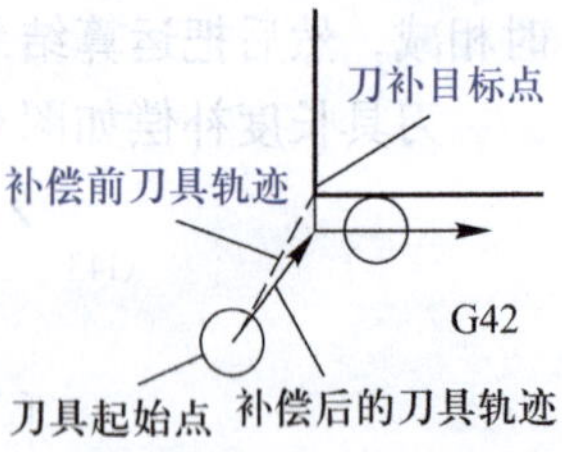

图 6-38　建立刀具半径补偿

程序格式：

G01（G00）G41 X_ Y_ D_;

或 G01（G00）G42 X_ Y_ D_;

格式中，X、Y 为建立补偿直线段的终点坐标值。D 为刀具半径补偿代号地址字，后面一般用两位数字表示刀具数据存储器中的地址，在此地址中存储着刀具半径补偿值 $\Delta_{半径}$。

2）刀具半径补偿进行。一旦建立了刀具半径补偿状态，则一直维持该状态，直到取消刀具半径补偿为止。在刀具补偿进行期间，刀具中心轨迹始终偏离工件轮廓一个刀具半径值的距离。G00、G01、G02、G03 指令均有效。

3）刀具半径补偿取消。最后一段刀具半径补偿轨迹加工完成后，也应有一直线程序段 G00 或 G01 指令来取消刀具半径补偿，如图 6-39 所示。

程序格式：

G01（G00）G40 X_ Y_;

格式中，X、Y 为取消补偿直线段的终点坐标值。

刀具半径补偿的作用除了使编程方便外，其还可以利用改变刀补大小的方法实现同一程序的粗、精加工，如图 6-40 所示。

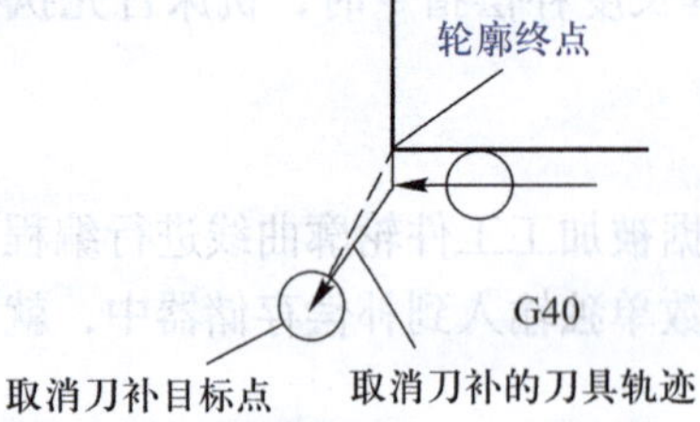

图 6-39　取消刀具半径补偿

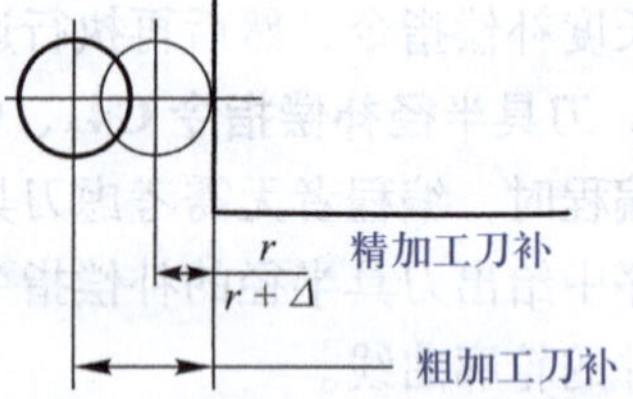

图 6-40　刀具半径补偿的作用

粗加工刀补 = 刀具半径 + 精加工余量

精加工刀补 = 刀具半径

刀具半径补偿中有以下几种特殊情况。

① 变换补偿方向。在 G00/G01 状态下，G41 和 G42 可以互相转换，无需在其中写入 G40 指令。

② 变换刀补号 D。在程序中可以变换刀补号 D。刀补号变换后，程序段中新刀具半径生效。

③ 变换补偿量的符号。刀具半径补偿量可取正值，也可取负值。一般刀具半径补偿量的符号为正。若取为负值时，会引起刀具半径补偿指令 G41 与 G42 的相互转化。

注意：

① 建立补偿的程序段，必须是在补偿平面内不为零的直线上移动。

② 建立补偿的程序段，一般应在切入工件之前完成。取消补偿的程序段一般应在切出

工件之后完成。

③ 在启动开始后的刀补状态中，若存在两段以上的没有移动指令或存在非指定平面轴的移动指令段，则可能产生进刀不足或进刀超差。

例6-5 刀具半径补偿的应用。如图6-41所示的工件，刀具从S点出发，在O点建立刀具半径补偿后，对轮廓进行铣削，最后再从O点回到S点，并取消刀具半径补偿。其加工程序如下：

```
N10 G55 G00 X-20.0 Y-20.0 Z50.0 S800 M03;
N20 Z10.0;
N30 G01 Z-10.0 F100;
N40 G41 X0 Y0 D01 F200;   (S→O)
N50 Y50.0;                (O→A)
N60 X50.0;                (A→B)
N70 Y0;                   (B→C)
N80 X0;                   (C→O)
N90 G40 X-20.0 Y-20.0     (O→S)
N100 G00 Z50;
N110 M30;
```

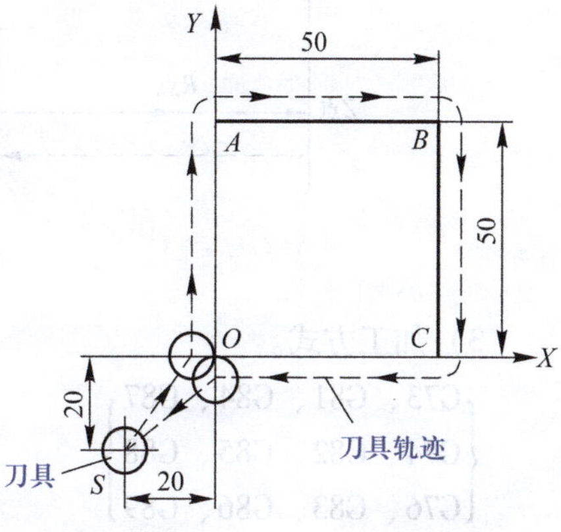

图6-41 刀具半径补偿的应用

6.2.5 固定循环指令

在数控铣床的数控系统中配备的固定循环功能，主要用于钻孔、镗孔、攻螺纹等。使用一个程序段就可以完成一个孔加工的全部动作。如果孔加工的动作无须变更，则程序中只需给出孔的中心点坐标，其他数据都可以不写，因此可以大大简化编程。

1. 固定循环的动作

通常固定循环有以下6种动作，如图6-42所示。

1）动作1。X轴和Y轴的定位。

2）动作2。快速运动到R点（参考平面）。

3）动作3。钻孔。

4）动作4。在孔底作相应的动作。

5）动作5。回退到R点。

6）动作6。快速运动到初始点位置。

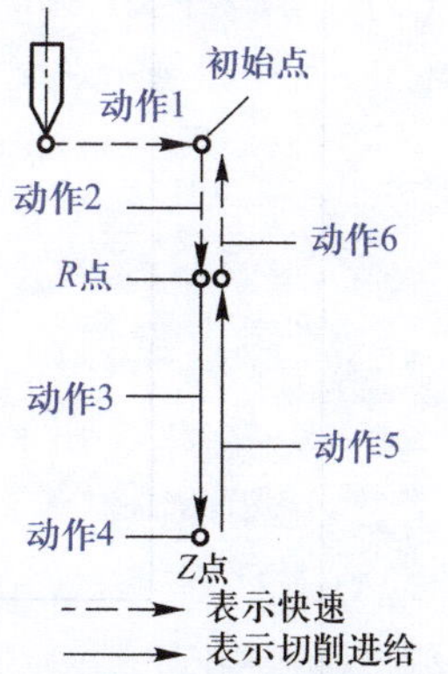

图6-42 固定循环的动作

2. 固定循环G代码的组成

固定循环的G代码是由数据形式、返回点平面和加工方式三种G代码组合而成。固定循环的基本格式为：

数据形式	返回点平面	加工方式	坐标数据	加工数据
G90 G91	G99 G98	G_	X_Y_	Z_R_Q_P_F_

1）数据形式。固定循环指令中地址 R 与地址 Z 的数据与 G90 或 G91 的方式选择有关。如果使用 G90 指令，*R* 和 *Z* 的数值均是绝对坐标值。如果使用 G91 指令，*R* 和 *Z* 的数值均是相对刀尖点的增量数值。

2）返回点平面。G98 指令是返回到初始平面，G99 指令是返回到 *R* 点平面，如图 6-43 所示。

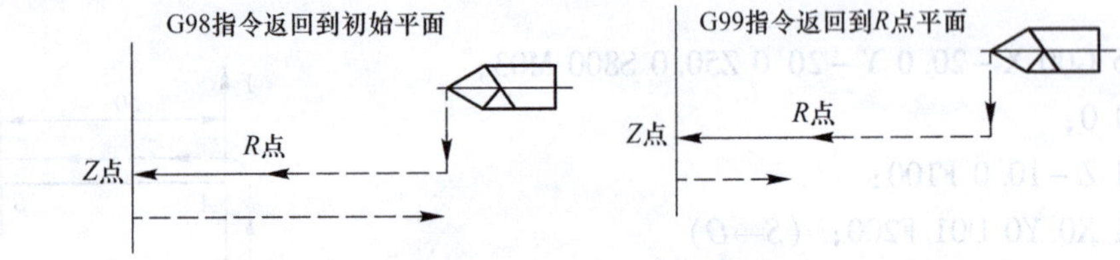

图 6-43　返回点平面选择

3）加工方式。

G73、G81、G84、G87
G74、G82、G85、G88
G76、G83、G86、G89

根据加工情况选择一种。每个指令都代表一种加工方法。

4）坐标数据。即孔中心点坐标。

5）加工数据。孔加工数据含义如下：

Z　R　Q　P　F

- F：进给速度，单位为mm/min。
- P：刀具在孔底暂停时间，整数，单位为ms。
- Q：每次进给深度（G73、G83）；指定刀具位移量（G76、G87）——均为增量值
- R：R值为*R*点的绝对坐标值（G90）；初始点到*R*点的距离（G91）
- Z：Z值为孔底的绝对坐标值（G90）；*R*点到孔底的距离(G91)

上述孔加工数据，不一定全部都写，根据需要可省略若干地址和数据。

固定循环指令以及 Z、R、Q、P 等指令均为模态的，直到用 G80 取消指令为止。

下面简要介绍几种常用的固定循环指令。

(1）G81 钻孔循环　指令格式：G81 X_ Y_ Z_ R_ F_；

G81 钻孔循环动作如图 6-44 所示。

(2）G83 深孔钻循环　指令格式：G83 X_ Y_ Z_ R_ Q_ F_；

指令中的 Q 表示每次进给的深度。如图 6-45 所示，第一次钻削切入 q 值，然后快速退回到 R 点平面，从第二次后切入时，先快速进给到距上次加工到达的底部位置的 d 值后，变为切削进给，切入 q 值后快速退回到 R 点平面，反复钻削，直到孔底。引入量 d 值由参数设定。

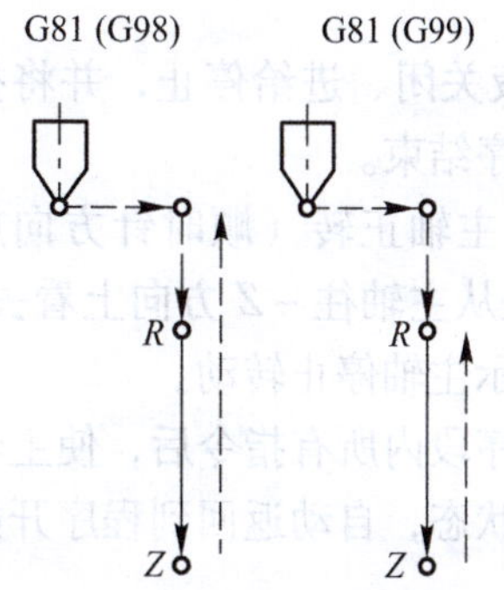

图 6-44　G81 钻孔循环动作

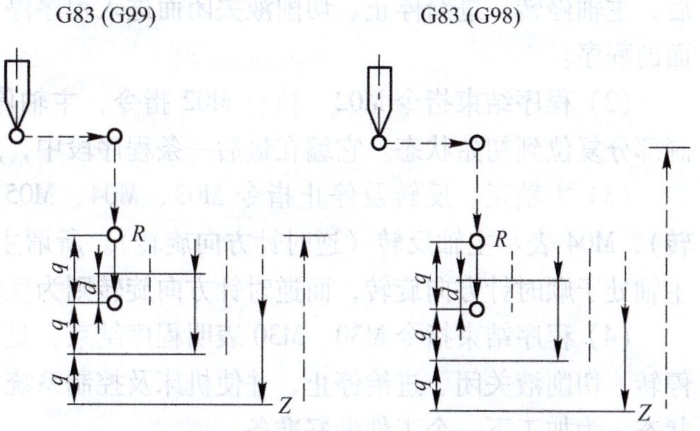

图 6-45　G83 深孔钻循环动作

例 6-6　加工图 6-46 所示的零件。

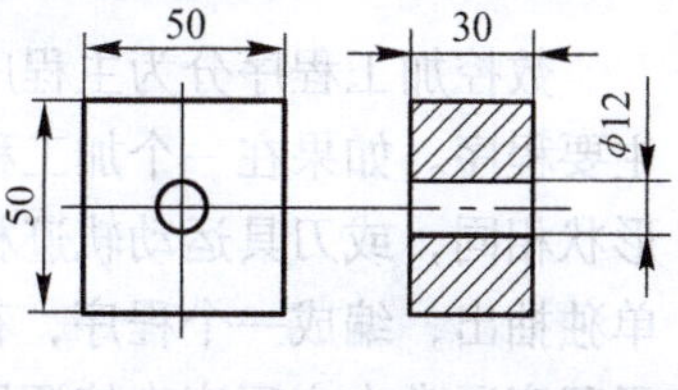

图 6-46　例 6-6 零件图

程序：	注释：
N05 M06 T1；	换 ϕ12 钻头。
N10 G90 G55 G00 X0 Y0；	调用 G55 工件坐标系。
N20 M03 S600；	
N30 G43 Z50.0 H1。	调用长度补偿。
N40 G98 G83 Z－35.0 R1.0Q8.0 F200；	深孔钻削，离工件表面 1mm 处开始进给，每次切削 8mm。
N50 G80 G00 Z50.0；	取消固定循环。
N60 M30；	

6.2.6　辅助功能（M 代码）

辅助功能也叫 M 功能，它由地址符 M 和其后的两位数字组成，从 M00～M99 共 100 种，已标准化。主要用于控制零件程序的走向，以及机床各种辅助功能的开关动作。M 功能也因机床结构的差异和规格的不同而有所差别，表 6-4 给出了一些通用的 M 代码功能。

表 6-4　M 代码及其功能

代　码	功　能	代　码	功　能
M00	程序停止	M06	换刀
M01	选择停止	M07、M08	切削液打开
M02	程序结束	M09	切削液停止
M03	主轴正转启动	M30	程序结束
M04	主轴反转启动	M98	调用子程序
M05	主轴停止转动	M99	子程序结束

M 功能有非模态 M 功能和模态 M 功能两种形式。非模态 M 功能（当段有效代码）即只在书写了该代码的程序段中有效。模态 M 功能（续效代码）即一组可相互注销的 M 功能，这些功能在被同一组的另一个功能注销前一直有效。

（1）程序停止指令 M00　M00 指令实际是一个暂停指令。当执行由 M00 指令的程序段后，主轴停转、进给停止、切削液关闭而进入程序停止状态。按启动按钮后，可继续执行下面的程序。

（2）程序结束指令 M02　执行 M02 指令，主轴停转、切削液关闭、进给停止，并将控制部分复位到初始状态。它编在最后一条程序段中，用以表示程序结束。

（3）主轴正、反转及停止指令 M03、M04、M05　M03 表示主轴正转（顺时针方向旋转），M04 表示主轴反转（逆时针方向旋转）。所谓主轴正转，是从主轴往 $-Z$ 方向上看去，主轴处于顺时针方向旋转，而逆时针方向旋转则为反转。M05 表示主轴停止转动。

（4）程序结束指令 M30　M30 表明程序结束，是在执行完程序段内所有指令后，使主轴停转、切削液关闭、进给停止，并使机床及控制系统复位到初始状态，自动返回到程序开始状态，为加工下一个工件做好准备。

6.2.7　子程序的应用

数控加工程序分为主程序和子程序两种。主程序有时又称为工作程序，是数控加工中的主要程序。如果在一个加工程序中有几个一连串的程序段完全相同（即一个零件中有几处形状相同，或刀具运动轨迹相同），为了简化程序的编制，缩短程序量，可把重复的程序段单独抽出，编成一个程序，存储在 CNC 系统内，反复调用。这段程序就称为“子程序”。子程序通常由主程序直接调用。

子程序编程是计算机程序设计语言中的基本功能。现代 CNC 系统一般都提供调用子程序功能。但子程序调用不是数控系统的标准功能，不同的数控系统所用的指令和格式均不相同。以 FANUC 数控系统为例，主程序与子程序的运行关系如图 6-47 所示。

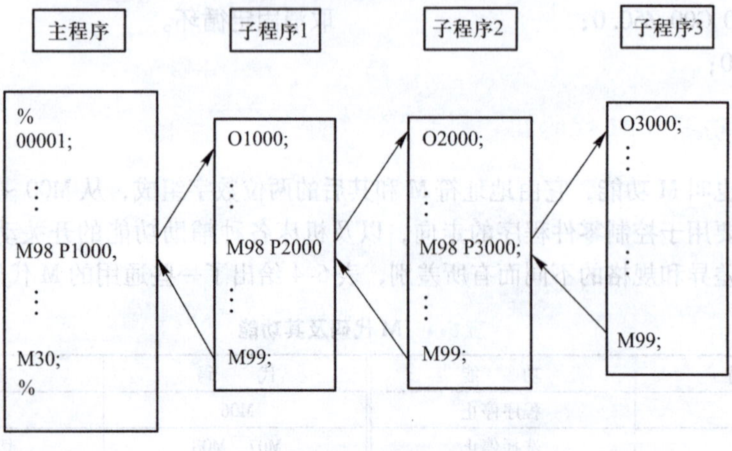

图 6-47　主程序与子程序的运行关系

调用子程序的程序格式为：M98 PXXXX　LXX ；

其中，PXXXX 是子程序的程序号；LXX 是调用子程序的次数。

从子程序返回主程序的指令为：M99；

在正常情况下，数控机床是按主程序的指令工作的。当主程序中有调用子程序的指令 M98 时，数控机床就停止主程序的顺序工作，而按指令调用子程序工作。当子程序执行完毕后，按返回主程序的指令 M99 回到主程序中，从调用子程序语句的下一条语句开始继续运行主程序。一个子程序又可调用另一个子程序，这称为子程序嵌套。

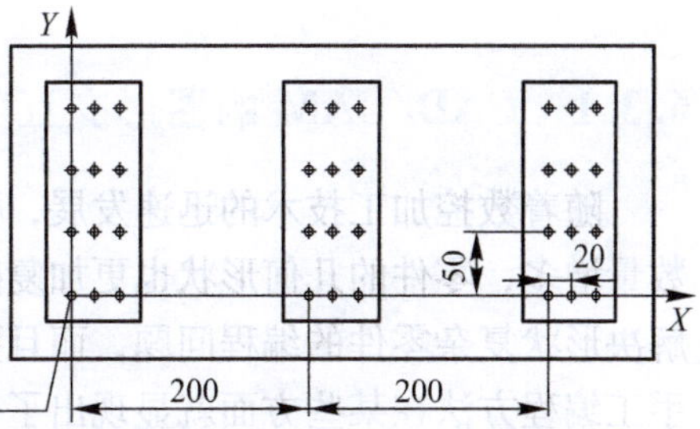

图 6-48　钻孔加工实例

图 6-48 所示为一个编号为 1000 的主程序调用子程序 1001，而子程序 1001 又分别调用子程序 1002 和子程序 1003 的钻孔加工实例。

```
%
O1000 ;………………………………………………主程序 1000
G90 G00 G54 G43 X0 Y0 Z200.000 H30 ;
S500 M03 ;
Z3.000;
G91 G81 Z-25.000 R0 F100.000 ;
M98 P1001 L3 ;
G90 G80 Z200.000 M05;
M02 ;
O1001 ;………………………………………………子程序 1001
M98 P1002 L3 ;
X20.000 ;
M98 P1003 L3 ;
X20.000 ;
M98 P1002 L3 ;
X160.000 Y-150.000 ;
M99 ;
O1002 ;………………………………………………子程序 1002
G91 Y50.000 ;
M99 ;
O1003 ;………………………………………………子程序 1003
G91 Y-50.000 ;
M99 ;
%
```

6.3 计算机辅助编程基础

6.3.1 CAD/CAM 的图形交互自动编程软件概述

随着数控加工技术的迅速发展，数控加工设备种类的增多，需要数控加工的零件品种和数量增多，零件的几何形状也更加复杂，因而对编程技术的要求也相应地提高，不仅要求能解决形状复杂零件的编程问题，而且要求编程速度快，精度高，并便于直观地检查，这样，手工编程方法在某些方面就显现出了一些缺陷和不足。手工编程要用人工方法对零件的几何信息进行必要的数学处理，用手工方法编写加工程序，制备数控介质，因而编程速度慢，精度低，对所编程序的检查也很困难，特别对某些形状复杂零件的编程问题，如曲面零件的三轴联动、五轴联动加工编程问题，用手工编程非常困难甚至无法解决。当今，由于计算机技术发展十分迅速，计算机的图形处理功能有了很大的增强，因而一种可以直接将零件的几何图形信息自动转化为数控加工程序的全新的计算机辅助编程技术——“图形交互自动编程”便应运而生。

“图形交互自动编程”是一种计算机辅助编程技术。它是通过专用的计算机软件来实现的。这种软件通常以计算机辅助设计（CAD）软件为基础，利用 CAD 软件的图形编辑功能将零件的几何图形绘制到计算机上，形成零件的图形文件，然后调用数控编程模块，采用人机交互的方式在计算机屏幕上指定被加工的部位，再输入相应的加工参数，计算机便可自动进行必要的数学处理并编制出数控加工程序，同时在计算机屏幕上动态地显示出刀具的加工轨迹。很显然这种编程方法与手工编程相比，具有速度快、精度高、直观性好、使用简便、便于检查等优点。因此“图形交互自动编程”已经成为目前国内外先进的 CAD/CAM（计算机辅助设计/辅助制造）软件所普遍采用的数控编程方法。

从 20 世纪 80 年代以后，各种不同的 CAD/CAM 集成数控图形交互自动编程系统如雨后春笋般地迅速发展起来，如法国的 Euclid；美国的 UG，MasterCAM，SurfCAM，Pro/Engineer；以色列的 Cimatron；英国的 Powermill；我国的 CAXA-ME 制造工程师、金银花（Lonicera）系统等。20 世纪 90 年代中期以后，CAD/CAM 集成数控图形自动编程向集成化、智能化、网络化、并行化和虚拟化方向迅速发展。

6.3.2 图形交互自动编程的方法

目前，国内外图形交互自动编程软件的种类很多，其软件功能和面向用户的接口方式有所不同，所以编程的具体过程以及编程过程中所使用的指令也不尽相同。但是从总体上讲，其编程的基本原理和方法大体上是一致的。归纳起来可分为七大步骤：

1）零件图样及加工工艺分析。

2）几何造型即加工部位建模。

3）工艺参数输入。

4）刀位轨迹计算、生成与编辑。

5）刀位轨迹的验证与仿真。

6）后置处理。

7）加工程序输出。

目前，基于 CAD/CAM 的图形交互自动编程的基本步骤如图 6-49 所示。

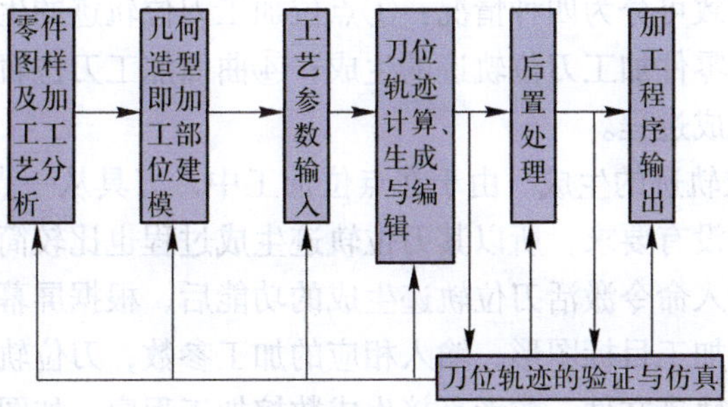

图 6-49　基于 CAD/CAM 的图形交互自动编程的基本步骤

1. 零件图样及加工工艺分析

零件图样及加工工艺分析是数控编程的基础。图形交互自动编程和手工编程一样，首先也要进行这项工作。因为图形交互自动编程需要将零件被加工部位的图形准确地绘制在计算机上，并需要确定有关工件的装夹位置、工件坐标系、刀具尺寸、加工路线以及加工工艺参数等数据之后才能进行编程，所以作为编程前期工作的零件图样及加工工艺分析的主要任务为：

1）核准零件的几何尺寸、公差和精度要求。

2）确定零件相对机床坐标系的装夹位置以及被加工部位所处的坐标平面。

3）选择刀具并准确测定刀具有关尺寸。

4）确定工件坐标系、编程零点、找正基准面及对刀点。

5）确定加工路线。

6）选择合理的工艺参数。

实际上述加工工艺分析的工作可以利用计算机辅助工艺过程设计（CAPP）来完成，但目前仍有一部分工作还需要人工干预和决定。但随着经验数据的不断积累，计算机智能化程度的不断提高，这项工作最终必然会被计算机所取代。

2. 工艺参数的输入

利用编程系统的相关菜单与对话框等，将第一步分析的一些与工艺有关的参数输入到系统中。这些工艺参数有：刀具类型、尺寸与材料；切削用量（主轴转速、进给速度、切削深度、加工余量和加工精度）；毛坯信息（尺寸、材料等）；其他信息（安全平面、线性逼近误差、刀位轨迹间的残留高度、进退刀方式、走刀方式、冷却方式等）。对于某一加工方式而言，可能只要求其中的部分工艺参数。

3. 刀位轨迹的计算、生成与编辑

图形交互自动编程的刀位轨迹的生成是面向屏幕上的图形交互进行的。其基本过程是这样的：首先在刀位轨迹生成菜单中选择所需的菜单项，然后根据屏幕提示，用光标选择相应的图形目标，指定相应的坐标点，输入所需的各种参数。软件将自动从图形文件中提取编程所需的信息，进行分析判断，计算出节点数据，并将其转换成刀位数据，存入指定的刀位文件中或直接进行后置处理生成数控加工程序，同时在屏幕上显示出刀位轨迹图形。刀位轨迹生成后，对于具备刀位轨迹显示及交互编辑功能的系统，还可以将刀位轨迹显示出来，如果有不太合适的地方，可以在人工交互方式下对刀位轨迹进行适当编辑与修改。

刀位轨迹的生成大致可分为四种情况：①点位加工刀位轨迹的生成；②平面轮廓加工刀位轨迹的生成；③槽腔零件加工刀位轨迹的生成；④曲面加工刀位轨迹的生成。下面就分别介绍各种刀位轨迹的生成过程。

（1）点位加工刀位轨迹的生成　由于在点位加工中，刀具从一点到一点运动时不切削，各点的加工顺序一般也没有要求，所以其刀位轨迹生成过程也比较简单。一般在单击点位刀位轨迹生成菜单或者输入命令激活刀位轨迹生成的功能后，根据屏幕提示在图形上用光标指点出编程原点、选择好加工目标图形、输入相应的加工参数，刀位轨迹将自动生成并显示在屏幕上，同时生成刀位轨迹文件，或者直接生成数控加工程序，如图 6-50 所示。

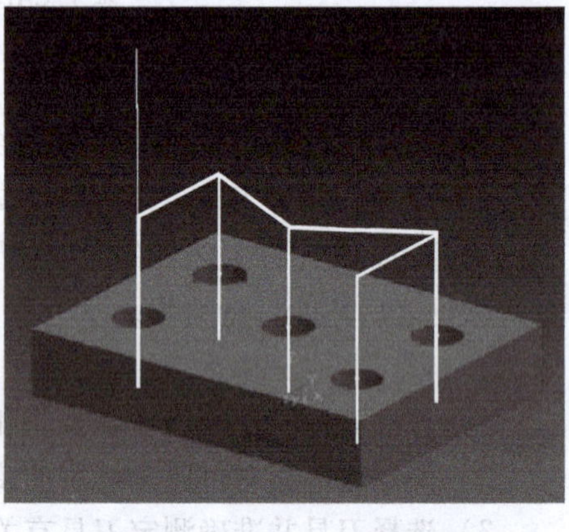

图 6-50　点位加工刀位轨迹

（2）平面轮廓加工刀位轨迹的生成　平面轮廓加工刀位轨迹的生成有两种方式。一种是采用交互绘图的方法，使用造等距线的指令，将加工轮廓线按实际情况左偏或者右偏一刀具半径，直接在屏幕上生成加工刀位轨迹，然后按此刀位轨迹交互编程。同样在交互过程中要根据提示输入相应的加工参数，并用光标指定编程原点、起刀点、切入线或走刀方向以及退刀点，并选择前面生成的刀位轨迹作为加工目标，软件将按此刀位轨迹编制出加工程序。这种方式在编程中已经考虑了刀补问题，所以加工程序中的数据就是刀位轨迹的数据，如图 6-51 所示。另一种是直接对零件的轮廓图形进行编程。这种方法在交互编程过程中除了要根据提示输入相应的加工参数，并用光标指定编程原点、起刀点、切入线或走刀方向以及退刀点之外，还要根据提示指定刀补方式并选择零件轮廓作为加工目标，软件将按此轮廓编制出加工程序，并在程序中自动加入刀补指令。这种方式编制的程序的数据是零件轮廓的数据，同时要求机床的控制系统必须具备刀具半径补偿功能。

（3）槽腔零件加工刀位轨迹的生成　槽腔零件加工刀位轨迹的生成也有两种方式。一种是在激活刀位轨迹生成命令后，对照图形用光标交互地指定槽腔的边界图形及中间的孤岛图形，并指定编程原点、起刀点、退刀点，交互地输入加工参数、刀具半径、走刀方式，软件将自动生成加工刀位轨迹，如图 6-52 所示的环形刀位轨迹或之字形刀位轨迹。另一种方式是把槽腔加工作为平面轮廓加工的一种特例来处理。采用交互绘图的方法，使用造等距线的

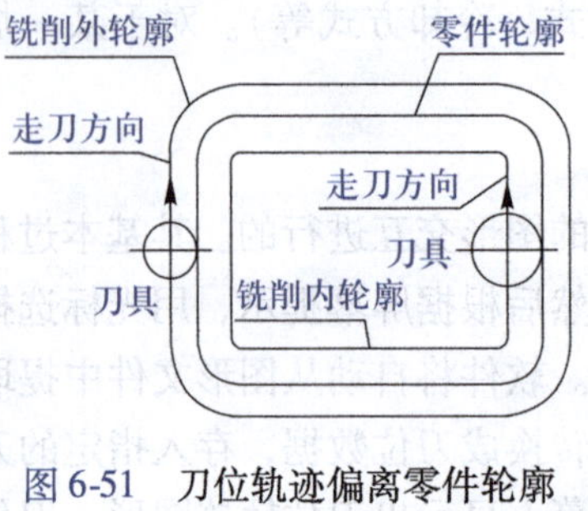

图 6-51　刀位轨迹偏离零件轮廓

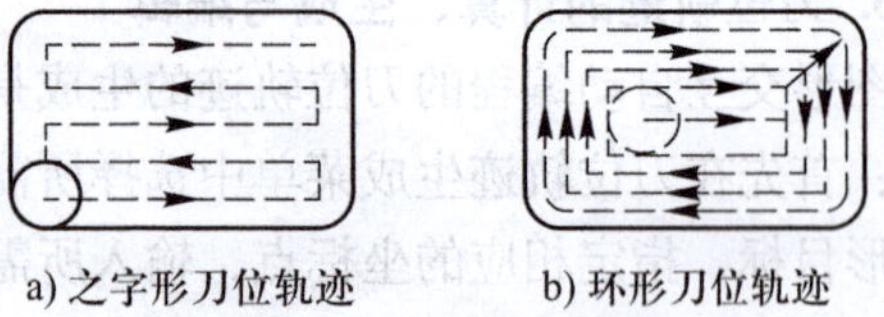

a) 之字形刀位轨迹　b) 环形刀位轨迹

图 6-52　槽腔零件加工刀位轨迹

指令及其他图形编辑修改指令交互绘制生成环形或之字形刀位轨迹，然后按此刀位轨迹进行交互编程，其交互过程和平面轮廓加工一样。

（4）曲面加工刀位轨迹的生成　曲面加工比较复杂，所以具有曲面加工编程功能的软件，其交互编程过程通常采用多重菜单的方式进行。在曲面造型完成之后，进入刀位轨迹生成分菜单，编程人员根据所需的刀位轨迹生成方式，选择相应的菜单项，并根据屏幕提示输入相应的参数，软件便自动生成刀位轨迹文件，如图 6-53 所示。

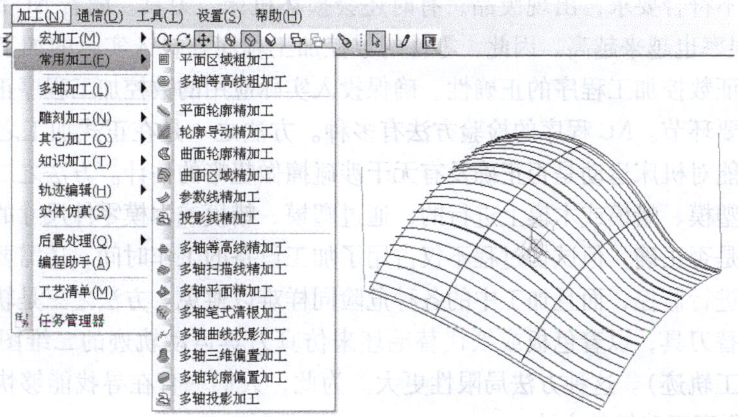

图 6-53　曲面加工刀位轨迹

4. 刀位轨迹的验证与仿真

对于生成的刀位轨迹数据，可以利用系统的验证与仿真功能检查其正确性与合理性。所谓刀位轨迹验证是指利用计算机图形显示器把加工过程中的零件模型、刀位轨迹、刀具外形一起显示出来，以模拟零件的加工过程，检查刀位轨迹是否正确、加工过程是否发生过切，所选择的刀具、走刀路线、进退刀方式是否合理，刀具与约束面是否发生干涉与碰撞。

5. 后置处理

后置处理的目的是形成数控指令文件。由于各种机床使用的数控系统不同，所以所用的数控指令文件的代码及格式也有所不同。为了解决这个问题，软件通常设置一个后置处理文件。在进行后置处理前，编程人员需对该文件进行编辑，按文件规定的格式定义数控指令文件所使用的代码、程序格式、圆整化方式等内容。软件在执行后置处理命令时将自动按照设计文件定义的内容，输出所需要的数控指令文件。另外，由于某些软件采用固定的模块化结构，其功能模块和控制系统是一一对应的，后置处理过程已固化在模块中，所以在生成刀位轨迹的同时便自动进行后置处理生成数控指令文件，而无需再单独进行后置处理。

6. 加工程序的输出

由于图形交互自动编程软件在编程过程中可在计算机内自动生成刀位轨迹图形文件和数控指令文件，所以程序的输出可通过计算机的各种外部设备进行。使用打印机可以打印出数控加工程序单供人工阅读。对于有标准通用接口的机床控制系统，可以和计算机直接联机，由计算机将加工程序直接传输给机床控制系统。

6.3.3 数控程序的检验

1. 数控仿真技术概述

无论是采用语言自动编程方法还是采用图形自动编程方法生成的数控加工程序，在加工过程中是否发生过切或欠切，所选择的刀具、走刀路线、进退刀方式是否合理，零件与刀具、刀具与夹具、刀具与工作台是否干涉和碰撞等，编程人员往往事先很难预料，结果可能导致工件形状不符合要求，出现废品，有时还会损坏机床、刀具。随着 NC 编程的复杂化，NC 代码的错误率也越来越高。因此，零件的数控加工程序在投入实际的加工之前，如何有效地检验和验证数控加工程序的正确性、确保投入实际应用的数控加工程序正确，是数控加工编程中的重要环节。NC 程序的检验方法有多种。方法之一是在正式加工之前让机床空运行，空运行只能对机床运动是否正确及有无干涉碰撞做粗略的估计。方法之二是试切法。传统的试切是在塑模、蜡模或木模上进行的，通过塑模、蜡模或木模零件尺寸的正确性来判断数控加工程序是否正确。但试切过程不仅占用了加工设备的工作时间，还需要操作人员在整个加工周期内进行监控，而且加工中的各种危险同样难以避免。方法之三是轨迹显示法，即以划针或笔代替刀具，以着色板或纸代替毛坯来仿真刀具运动轨迹的二维图形（也可以显示二维半的加工轨迹）。这种方法局限性更大。为此，人们一直在寻找能够快速、安全、有效地验证 NC 程序正确性的方法。

用计算机仿真模拟系统，从软件上实现零件的试切过程，将数控程序的执行过程在计算机屏幕上显示出来，是数控加工程序检验的有效方法。在动态模拟时，刀具可以实时在屏幕上移动，刀具与工件接触之处，工件的形状就会按刀具移动的轨迹发生相应的变化。观察者可在屏幕上看到连续的、逼真的加工过程。利用这种视觉检验装置，就可以很容易发现刀具和工件之间的碰撞及其他错误的程序指令。

数控仿真技术主要分为几何仿真和物理仿真两个方面。

（1）数控加工的几何仿真　几何仿真方法的发展是随着几何模型的发展而发展的。几何仿真不考虑切削参数、切削力及其他物理因素的影响，只仿真数控机床-刀具-工件几何体的相对运动。几何仿真的关键是构建数控机床的三维几何模型和确定有效的仿真算法。通过几何仿真可以检验数控程序控制的刀位轨迹是否符合加工要求，有无过切或欠切，又可检验干涉和碰撞，以减少或消除因程序错误而导致的机床损坏、夹具或刀具折断、零件报废等问题。

（2）数控加工的物理仿真　数控加工的几何仿真是将数控机床、刀具、工件和夹具组成的工艺系统当作一个刚性系统，不考虑系统的各种物理因素而进行的仿真，解决了对加工过程直观的动态图形描述和精度检验。数控加工的物理仿真则是考虑整个工艺系统的动态特性对实际切削过程的仿真。由于产品的可制造性与切削过程中的物理条件密切相关，通过切削过程的物理仿真可以模拟切削过程的动态力学特性，优化切削参数，确保获得好的加工表面质量。单纯的几何仿真不能满足实际的数控加工要求，物理仿真对现代制造业更具有意义。

目前物理仿真主要有以下几种形式。

1）预测刀具切削性能的物理仿真。它可较准确地预测出刀具正常及非正常磨损，并可预测出由于刀面磨损、切削振动及冲击力所引起的刀具断裂。

2）预测切屑的大小及形状。由于切屑形态对工件表面粗糙度有一定影响，若其形态不好，也会缠绕在工件或刀具上，造成拉伤工件表面或打坏切削刃甚至伤人的事故，因此，对它预测也很有意义。

3）预测机床或工件热变形对工件加工精度的影响。

4）预测切削力。切削力不仅可使刀具和工件产生弹性变形，而且过大的切削力还会破坏机床的执行机构引起生产事故。

5）预测表面加工质量，优化加工参数。

物理仿真的基础和核心是物理建模，物理仿真建立的模型主要有切削力模型、振动模型、表面粗糙度模型、切削温度场模型、刀具磨损模型等。在传统的加工过程中，解析、实验、机械和数值方法是常用的物理建模方法。

2. 刀位轨迹仿真

刀位轨迹仿真一般在后置处理之前进行。通过读取刀位数据文件检查刀具位置计算是否正确，加工过程中是否发生过切，所选刀具、走刀路线、进退刀方式是否合理，刀位轨迹是否正确，刀具与约束面是否发生干涉与碰撞。这种仿真一般可以采用动画显示的方法，效果逼真。由于该方法是在后置处理之前进行的，所以可以脱离具体的数控系统环境进行。刀位轨迹仿真法是目前比较成熟有效的仿真方法，应用比较普遍。它主要有刀位轨迹显示验证、截面法验证等方式。

（1）刀位轨迹显示验证　刀位轨迹显示验证的基本方法是：当待加工零件的刀位轨迹计算完成以后，将刀位轨迹在图形显示器上显示出来，从而判断刀位轨迹是否连续，检查刀位计算是否正确。图 6-54 所示为采用球刀加工模具型面的显示验证图，型面上的横向线条是刀位轨迹。从图 6-54 中可以看出刀位轨迹与模具型面的相对位置是合理的。

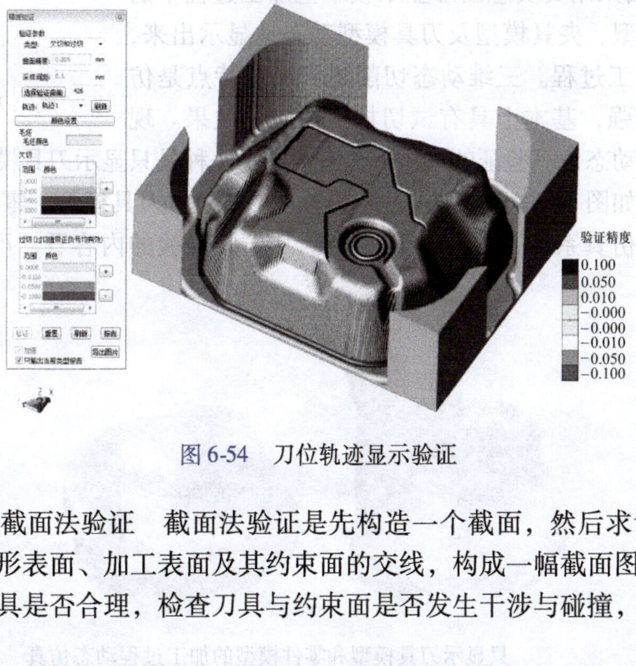

图 6-54　刀位轨迹显示验证

（2）刀位轨迹截面法验证　截面法验证是先构造一个截面，然后求该截面与待验证的刀位点上的刀具外形表面、加工表面及其约束面的交线，构成一幅截面图显示在屏幕上，从而判断所选择的刀具是否合理，检查刀具与约束面是否发生干涉与碰撞，加工过程中是否存在过切。

截面法验证主要应用于侧铣加工、型腔加工及通道加工的刀位轨迹验证。截面形式可以采用横截面和纵截面。

1）采用横截面形式时，构造一个与走刀路线上刀具的刀轴方向大致垂直的平面，然后用该平面去剖截待验证的刀位点上的刀具表面、加工表面及其约束面，从而得到一张所选刀位点上刀具与加工表面及其约束面的截面图。该截面图能反映出加工过程中刀杆与加工表面及其约束面的接触情况。图 6-55 所示为采用二坐标侧铣加工轮廓及二坐标端铣加工型腔时的横截面法验证。

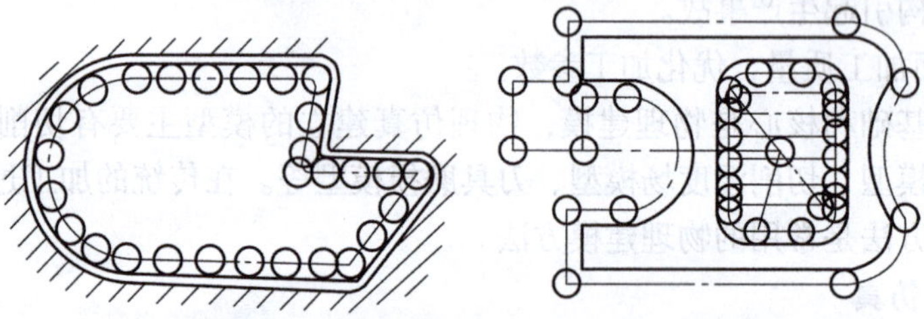

a) 加工轮廓的横截面法验证　　b) 加工型腔的横截面法验证

图 6-55　刀位轨迹横截面法验证

2）纵截面验证不仅可以得到一张反映刀杆与加工表面、刀尖与导动面的接触情况的定性验证图，还可以得到一个定量的干涉分析结果表。如图 6-56 所示，在用球形刀加工自由曲面时，若选择的刀具半径大于曲面的最小曲率半径，则可能出现过切干涉或加工不到位。

3. 三维动态切削仿真法

三维动态切削仿真法是采用实体造型技术建立加工零件毛坯、机床、夹具及刀具在加工过程中的实体几何模型，然后将加工零件毛坯及刀具的几何模型进行快速布尔运算（一般为减运算），最后采用真实感图形显示技术把加工过程中的零件模型、机床模型、夹具模型及刀具模型动态地显示出来，模拟零件的实际加工过程。三维动态切削仿真法的特点是仿真过程的真实感较强，基本上具有试切加工的验证效果。现代数控加工过程的动态仿真验证的典型方法有两种：一种是只显示刀具模型和零件模型的加工过程动态仿真，如图 6-57 所示；另一种是同时动态显示刀具模型、零件模型、夹具模型和机床模型的机床仿真系统，如图 6-58 所示。从仿真检验的内容看，可以仿真刀位文件，也可仿真 NC 代码。

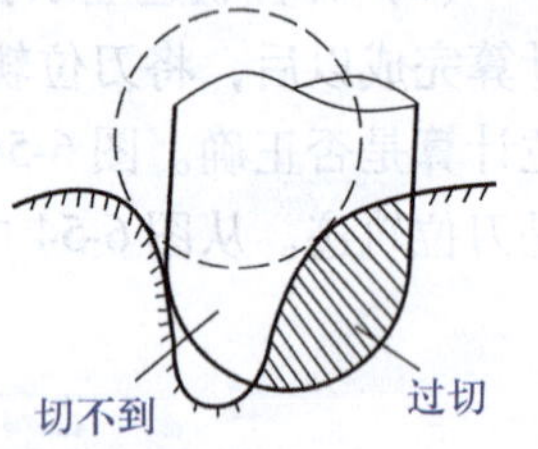

图 6-56　刀位轨迹纵截面法验证

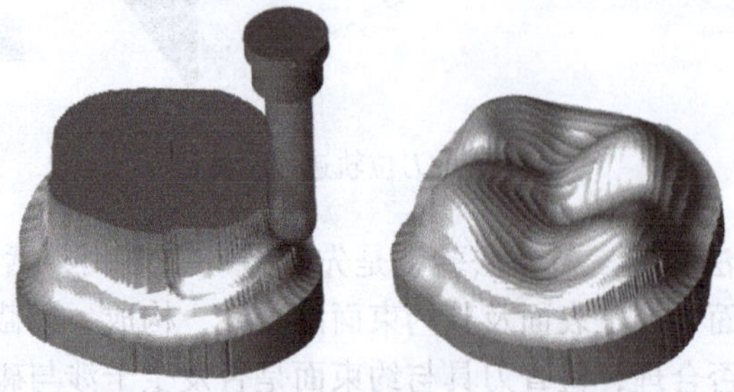

图 6-57　只显示刀具模型和零件模型的加工过程动态仿真

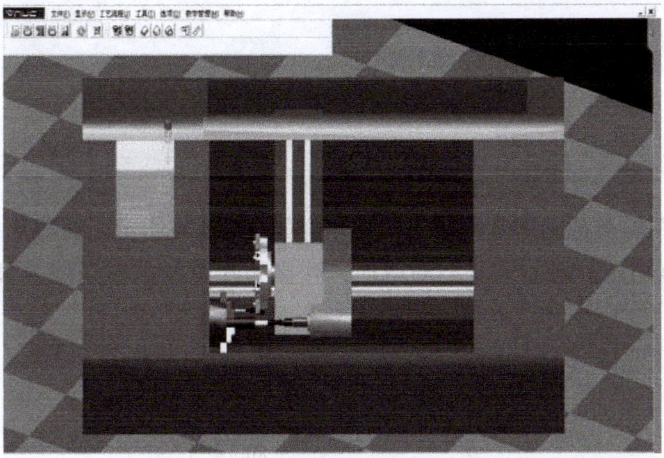

图 6-58 同时动态显示刀具模型、零件模型、夹具模型和机床模型的机床仿真系统

4. 虚拟加工仿真法

虚拟加工仿真法是应用虚拟现实技术实现加工过程的仿真技术。虚拟加工仿真法主要要解决加工过程和实际加工环境中，工艺系统间的干涉碰撞问题和运动关系。由于加工过程是一个动态的过程，刀具与工件、夹具、机床之间的相对位置是变化的，工件从毛坯开始经过若干道工序的加工，在形状和尺寸上均在不断变化，因此虚拟加工仿真法是在各组成环节确定的工艺系统上进行动态仿真。

虚拟加工仿真法与刀位轨迹仿真方法不同，虚拟加工仿真法能够利用多媒体技术实现虚拟加工，不只能解决刀具与工件之间的相对运动仿真，更重视对整个工艺系统的仿真。虚拟加工软件一般直接读取数控程序，模仿数控系统逐段翻译，并模拟执行，利用三维真实感图形显示技术模拟整个工艺系统的状态，还可以在一定程度上模拟加工过程中的声音等，提供更加逼真的加工环境效果。

虚拟加工过程仿真主要包括几何仿真和物理仿真，如图 6-59 所示。几何仿真不考虑切削参数、切削力及其他物理因素的影响，只仿真刀具和工件几何体的运动。通过翻译数控代码以模拟车削加工能够完成的各种工作（如加工外圆、端面、倒角、螺纹、曲线等）来验证数控代码的合理性和正确性并检查是否有碰撞、干涉，从而减少或者消除因程序错误而导致的机床损伤、夹具破坏及刀具损坏等现象。目前的仿真系统大多只进行几何仿真，即对刀位轨迹、工件与刀具的干涉进行校验等，将几何仿真与物理仿真相结合的仿真还比较少。

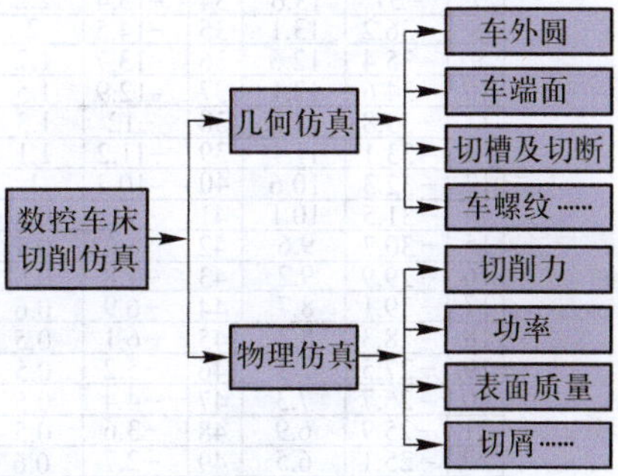

图 6-59 虚拟加工过程仿真的组成

切削过程的力学仿真属于物理仿真的一种。切削力是计算切削功率、选择刀具、设计夹具和制定工艺等环节中不可少的数据，对确定合理的金属切削用量，优化刀具的几何参数，都具有非常重要的意义；它直接影响着切削热的产生，并进一步影响着刀具磨损、刀具耐用度和已加工表面质量。将工件的受力分析实时应用在虚拟加工过程当中，不仅能模拟演示由于工件、刀具等的参数改变所带来的受力改变，还能进行及时调整，帮助选择最合适的加工参数。

6.4 计算机辅助自动编程实例

6.4.1 UG NX4.0 编程实例——叶片零件的编程与加工

（1）叶片的图样及截面数据列表　叶片图样如图 6-60a 所示。该叶片主要型面为单截面形状，如图 6-60b 所示。对于叶片型面截面，叶盆和叶背截面样条线 A 和样条线 B 数据如图 6-61所示。

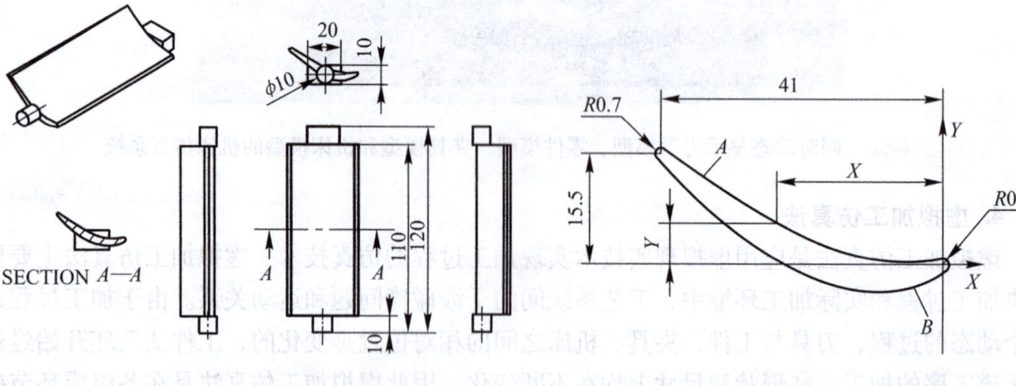

a) 叶片图样　　b) 叶片截面

图 6-60　叶片简图

A	X	Y	A	X	Y
1	−40.6	16	28	−20.3	4.1
2	−40.3	15.8	29	−19.5	3.8
3	−40.1	15.7	30	−18.7	3.4
4	−39.3	15.1	31	−17.8	3.1
5	−38.5	14.6	32	−17	2.8
6	−37.7	14.1	33	−16.2	2.5
7	−37	13.6	34	−15.4	2.2
8	−36.2	13.1	35	−14.5	2
9	−35.4	12.6	36	−13.7	1.7
10	−34.6	12.1	37	−12.9	1.5
11	−33.8	11.6	38	−12	1.3
12	−33.1	11.1	39	−11.2	1.1
13	−32.3	10.6	40	−10.3	1
14	−31.5	10.1	41	−9.5	0.8
15	−30.7	9.6	42	−8.6	0.7
16	−29.9	9.2	43	−7.8	0.6
17	−29.1	8.7	44	−6.9	0.6
18	−28.3	8.2	45	−6.1	0.5
19	−27.5	7.8	46	−5.2	0.5
20	−26.7	7.3	47	−4.4	0.5
21	−25.9	6.9	48	−3.6	0.5
22	−25.1	6.5	49	−2.7	0.6
23	−24.3	6.1	50	−1.9	0.6
24	−23.5	5.6	51	−1	0.7
25	−22.7	5.2	52	−0.5	0.8
26	−21.9	4.9	53	−0.1	0.8
27	−21.1	4.5			

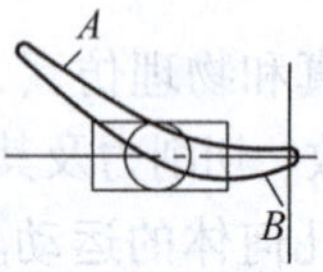

B	X	Y	B	X	Y
1	−41.5	15	28	−21.7	−0.4
2	−41.3	14.8	29	−20.8	−0.8
3	−41	14.5	30	−20	−1.2
4	−40.6	14.1	31	−19.1	−1.6
5	−39.8	13.4	32	−18.3	−1.9
6	−39.1	12.7	33	−17.4	−2.2
7	−38.3	12	34	−16.6	−2.5
8	−37.5	11.3	35	−15.7	−2.8
9	−36.8	10.6	36	−14.8	−3
10	−36	10	37	−13.9	−3.2
11	−35.3	9.3	38	−13.1	−3.4
12	−34.5	8.6	39	−12.2	−3.5
13	−33.7	8	40	−11.3	−3.6
14	−32.9	7.3	41	−10.4	−3.6
15	−32.2	6.7	42	−9.5	−3.6
16	−31.4	6.1	43	−8.6	−3.6
17	−30.6	5.4	44	−7.8	−3.5
18	−29.8	4.8	45	−6.9	−3.4
19	−29	4.2	46	−6	−3.2
20	−28.2	3.7	47	−5.1	−3
21	−27.4	3.1	48	−4.3	−2.7
22	−26.6	2.5	49	−3.4	−2.4
23	−25.8	2	50	−2.6	−2.1
24	−25	1.5	51	−1.7	−1.7
25	−24.2	1	52	−0.9	−1.3
26	−23.3	0.5	53	−0.3	−1
27	−22.5	0.1	54	0.3	−0.7

图 6-61　叶片截面作图数表

应用 UG NX4.0 的三维建模功能按照叶片图样和截面数表创建的三维叶片模型如图 6-62所示。

(2) 叶片的程序编制和加工

1) 工艺分析。为了保证叶片的加工质量、生产率、经济性和加工可行性，可按照基准先行、先粗后精、先主后次工序工艺原则进行加工。总体来说叶片的加工可分为三个阶段，即粗加工阶段，半精加工阶段和精加工阶段。叶片的毛坯是二级锻件，在粗加工时，主要是去除各个表面上的大余量，去除锻造淤块，加工出榫根及叶尖工艺台基准面。叶片加工的关键阶段是半精加工阶段和精加工阶段。这两个阶段主要保证叶片的尺寸精度、形状精度、位置精度和表面粗糙度。叶片在半精加工后基本成形。精加工阶段主要是精铣和精磨。光整加工夹杂在精铣阶段的工序之间完成。因为加工技术受限，不能达到设计要求和定位精度要求时，需要钳工做一定的修整。

图 6-62 三维叶片模型

对于本例的叶片加工，采用普通设备及辅助夹具来进行准备工序的加工，最终型面的粗、精加工采用四坐标加工中心进行加工。具体如下：叶片毛坯为叶片锻件，单边留量为 2 ~ 3mm。首先使用普通车床 + 辅助夹具对圆端头进行粗、精加工，并在此端头加工顶尖孔；然后使用普通立铣机床 + 辅助夹具对方端头（定位基准）进行粗、精加工。

2) 刀具选择。叶片加工中的刀具选择比较严格。选择刀具时应考虑毛坯材料、机床、允许的切削用量、刚性和耐用度、精度要求、加工阶段。叶片数控铣削过程中常用的刀具有球头刀和面铣刀。表 6-5 给出了这两种刀具的比较结果。

表 6-5 球头刀和面铣刀的比较结果

刀具种类	球 头 刀	面 铣 刀
优点	1. 加工表面粗糙度小 2. 刀位点计算简单 3. 刀具成本低，装夹方便	1. 切削速度稳定，切削效率高 2. 刀具磨损小 3. 便于计算 4. 包络的曲率分布可大幅度变化
缺点	1. 切削速度差别过大 2. 在回转轴线处，切削线速度为零、容屑空间小、切削角度差	1. 刀身结构比较复杂，由三部分组成，即圆柱面、四分之一外圆环和底圆平面 2. 活动范围小
使用范围	主要用于成形加工	主要用于切除余量

3) 叶片的定位与装夹。不同的加工阶段需要使用不同的装夹方案，以保证加工的精度与效率。由于叶片通常比较薄，刚性差，易发生加工变形，采用通用夹具时生产质量和效率较低，故采用数控转台附带专用夹具。对于叶片型面，在前面辅助工序完成后，借助夹具，采用一夹一顶的方式，在带有旋转轴的立式加工中心进行四轴粗、精加工。对于单个叶片型面，可以采用以上方法，在带有数控转盘的立式铣床上进行加工。考虑到叶片在数控铣床上的装夹，在工艺安排时，需要设计装夹的辅助夹具。在带有数控转盘的立式铣床上加工叶片时，采用圆盘夹紧、尾座顶住的方式装夹。粗加工时，刀具切深相对比较大。使用这种过定位的夹具，其优点是支撑面积大，刚性好，能减少叶片受力变形。缺点是增加了叶片的夹紧变形。对定位面和基准面的精度要求高，往往需要预先进行磨加工。

同时需要注意在设计夹具时考虑定位基准，防止角向位置产生窜动。带有夹具和顶尖孔的装配工件，如图 6-63 所示。

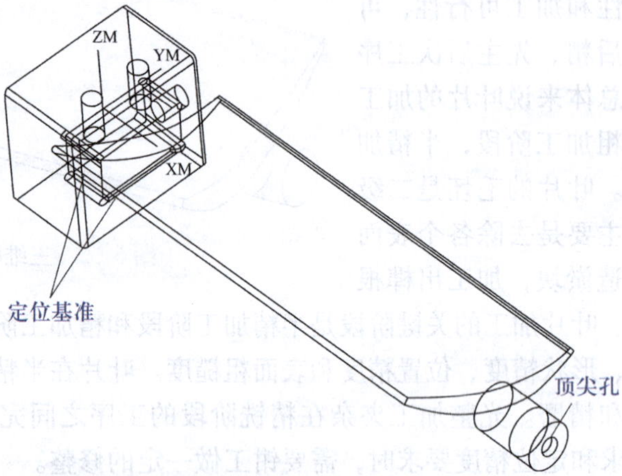

图 6-63　叶片夹具的装配图

4）UG／CAM 程序编制。选择“标准”工具栏中的→“加工（N）”应用模块，进入加工应用模块，弹出“加工环境”对话框，如图 6-64a 所示。在该对话框中的 CAM 会话配置列表框中选择“cam_ general”选项，CAM 设置列表框中选择“cam_ general”会话配置包含的“mill_ multi-axis”选项，然后单击“初始化”按钮，则系统将在初始化设置后进入 UG CAM 应用模块。

进入 UG CAM 应用模块后，工作坐标系 WCS 也相应地变化为 MCS，也就是系统首先创建了一个默认的加工坐标系 MCS，默认状态下 MCS 与 WCS 是重合的，如图 6-64b 所示。

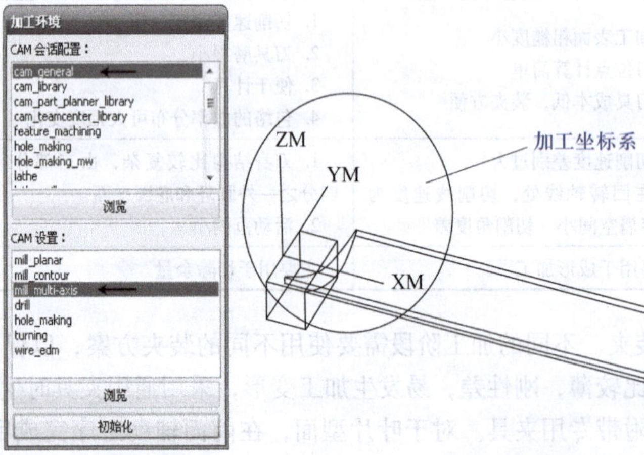

a) 加工环境初始化　　　　b) MCS坐标系

图 6-64　加工环境初始化及坐标系的变化

在 CAM 应用模块下，主要操作的工具栏如图 6-65a 所示。分别选择“加工创建”工具栏中各创建选项，分别创建相应的刀具，（图 6-65b）、工件、方法父节点组等。在选择程序节点组时应选用默认的“NC_ program”。由于叶片型面粗加工和精加工可以使用 D10R5 的球头铣刀，所以刀具参数的设置可在图 6-65c 所示的刀具参数对话框中进行。

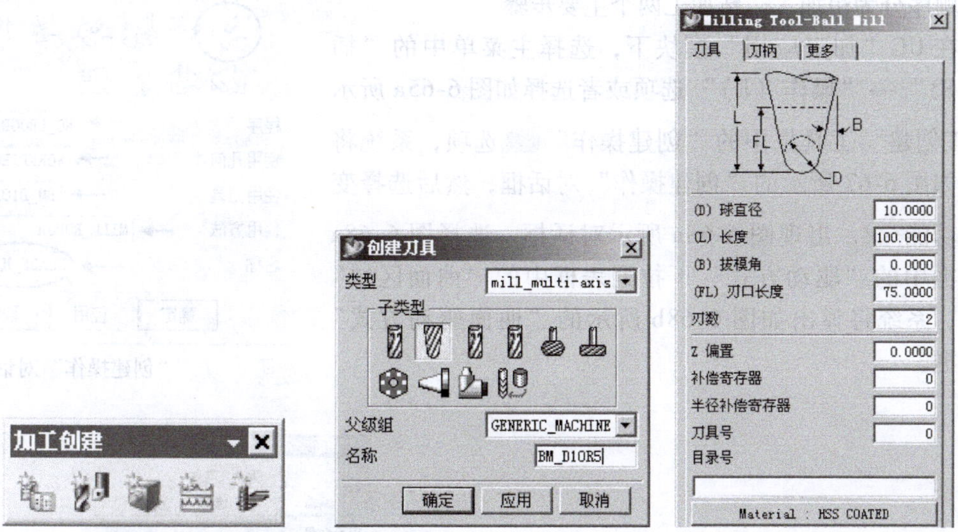

a) 创建操作　　b) 创建刀具　　c) 刀具参数

图 6-65　创建刀具参数

“创建加工毛坯”：通过已经生成的零件实体模型，再增加 2mm 的厚度偏置增量，即可得到加工毛坯，如图 6-66 所示。

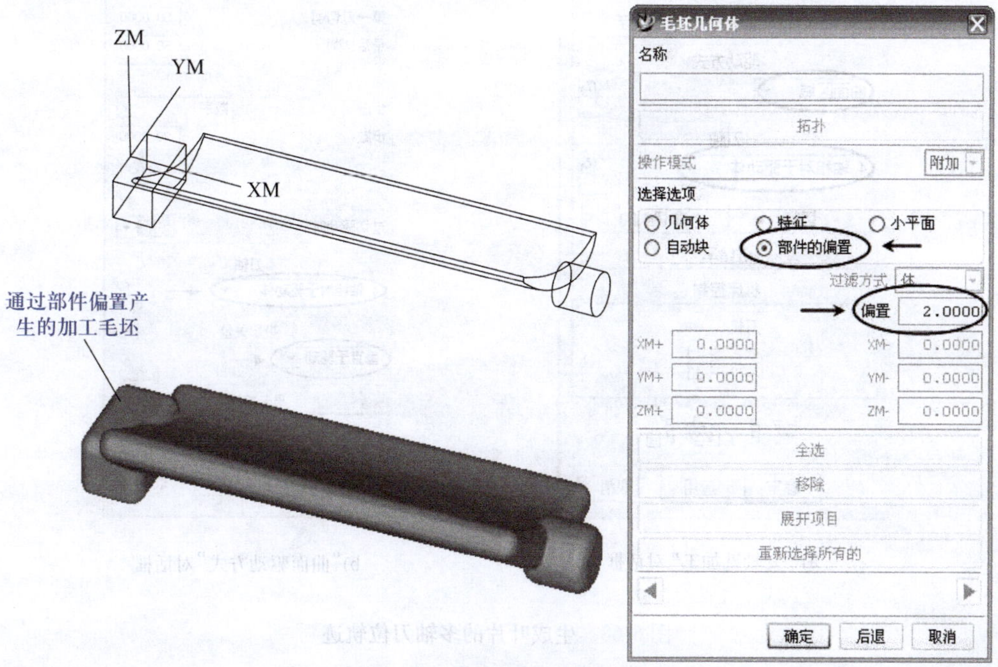

图 6-66　加工毛坯的建立

通过以上的操作，创建刀位轨迹的准备工作已经全部完成，下面就着手刀位轨迹的创建。从数控加工工艺考虑，顺序分为粗加工、精加工两个主要步骤。

在UG“加工应用”模块下，选择主菜单中的“插入（S）”→“操作（E）”选项或者选择如图6-65a所示“加工创建”工具栏中的“创建操作”选项，系统将打开如图6-67所示的“创建操作”对话框，然后选择变轴铣功能，出现图6-68a所示对话框。选择图6-68a对话框中的“驱动方式”下拉列表框中的“曲面区域”选项，系统将弹出如图6-68b所示的“曲面驱动方式”对话框。

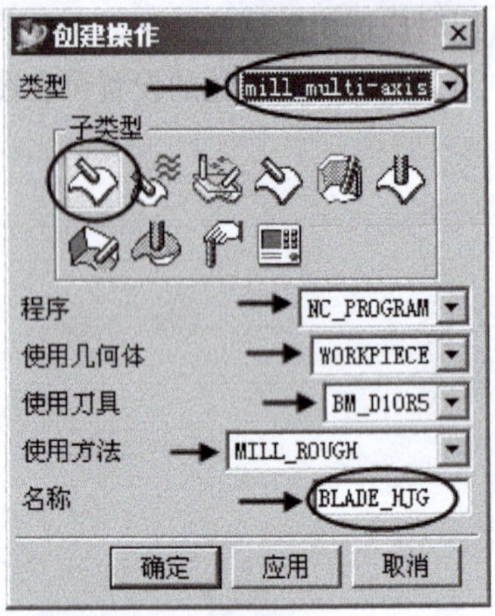

图6-67　“创建操作”对话框

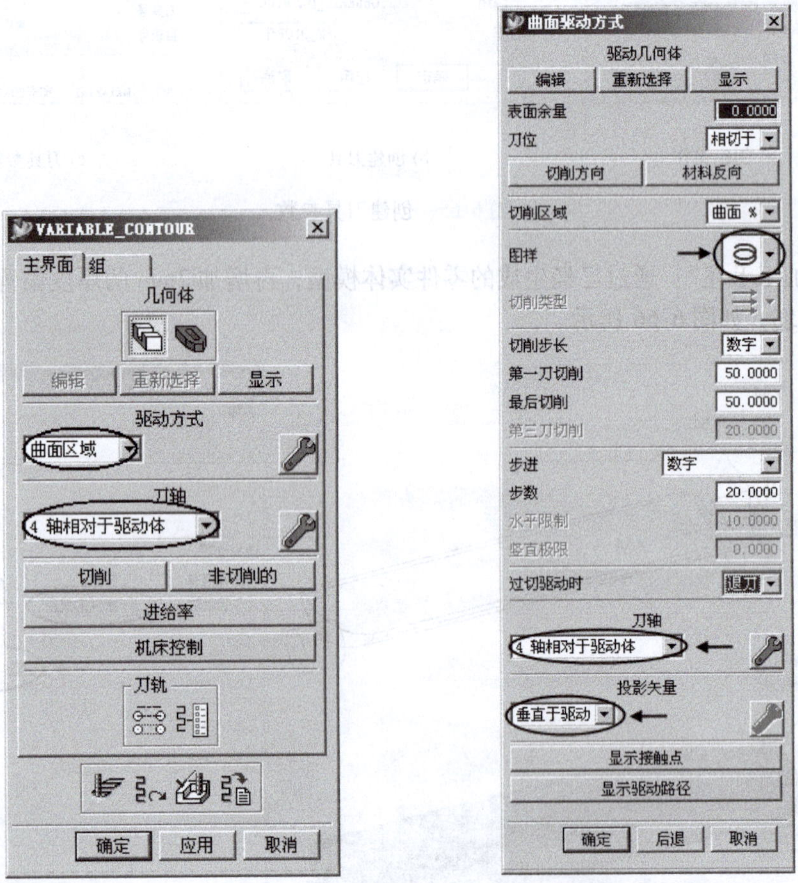

a)“变轴铣加工”对话框　　b)“曲面驱动方式”对话框

图6-68　生成叶片的多轴刀位轨迹

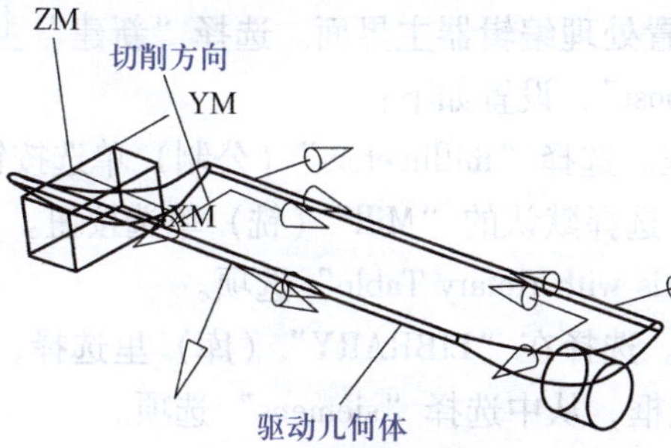

c) 驱动曲面及切削方向

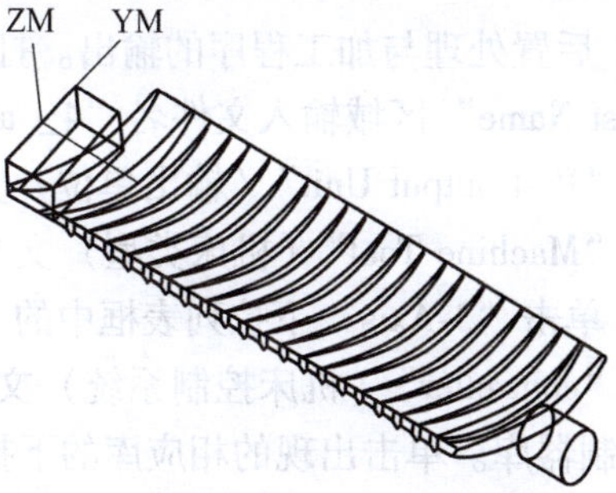

d) 刀位轨迹的预显

图 6-68 生成叶片的多轴刀位轨迹（续）

① 选择如图 6-68c 中蓝色所示的曲面作为驱动几何体。
② 单击“切削方向”按钮，选择如图 6-68c 所示的切削方向。
③“图样”下拉列表框。选择“⊜”选项。
④“步进”下拉列表框。选择“数字”选项。
⑤“步数”文本框。输入“20.0000”。
⑥“过切驱动时”下拉列表框。选择“退刀”选项。
⑦“刀轴”下拉列表框。选择“4 轴相对于驱动体”选项。
⑧“投影矢量”下拉列表框。选择“垂直于驱动”选项。

在生成刀位轨迹之前，可以单击“曲面驱动方式”对话框中的“显示驱动路径”按钮，预先显示可能产生的刀位轨迹，如图 6-68d 所示。可以根据轨迹显示的状况，直接对上述参数进行重新调整。

在设置完相应的加工参数，选择图 6-68a 所示对话框中的“轨迹生成”选项，生成“BLADE_ HJG”粗加工刀位轨迹，如图 6-69a 所示。粗加工刀位轨迹单边留量 1.0mm，精加工刀位轨迹单边留量 0.0mm，其仿真结果如图 6-69b 所示。

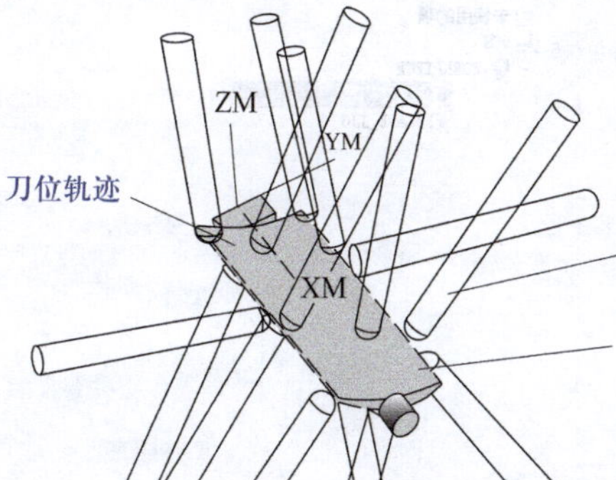

a) 变轴铣粗加工刀位轨迹

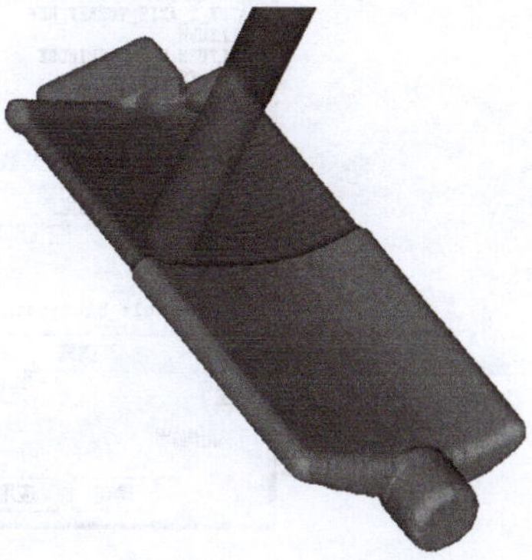

b) 仿真结果

图 6-69 生成的变轴铣粗加工刀位轨迹及仿真结果

5）后置处理与加工程序的输出。打开后置处理编辑器主界面。选择“新建”按钮，在“Post Name”区域输入文件名“4_ axis_ post”，设置如下：

①“Post output Unit”（输出单位）文本框。选择“millimeters”（公制）单选按钮。

②“Machine Tool”（机床类型）文本框。选择默认的“Mill”（铣）单选按钮。

③ 单击“3-Axis”下拉列表框中的“4-Axis with Rotary Table”选项。

④“controller”（机床控制系统）文本框。选择在“LIBRARY”（库）里选择，系统将激活控制器库。单击出现的相应库的下拉列表框，从中选择“siemens”选项。

⑤ 单击 OK 按钮，系统将弹出主编辑对话框，按照图 6-70 所示设置第 4 轴相应的参数。

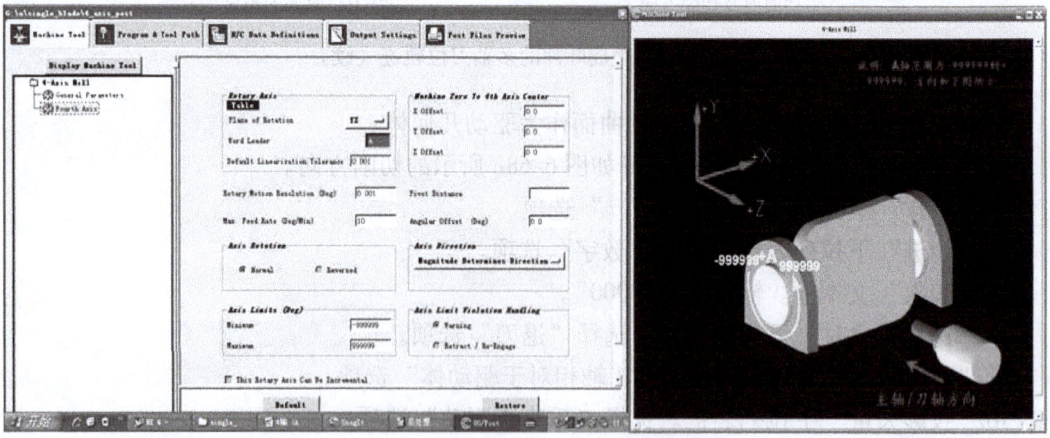

图 6-70　带有旋转台的 4 轴机床后置设置

在 UG CAM 应用模块下，选择“加工操作”工具栏中的图标，系统将打开“后处理”对话框，如图 6-71 所示。在此对话框中的可用机床列表框中，可以看到安装的“4_ axis_ post”的处理器。

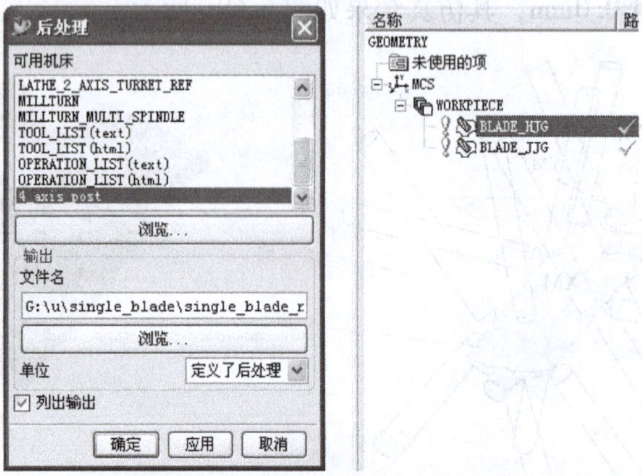

图 6-71　“后处理”对话框

粗加工程序如下（代码采用省略写法，小数点前的零被省掉了，机床识别此代码格式）。

```
%
N0010 G40 G17 G94 G90 G71;
N0020 T00 M06;
N0030 G01 X18. Y19.466 Z-4.943 A5.187 S5000 M03 M08 F250;
N0040 Y16.319 Z-4.123 A2.475;
N0050 Y13.361 Z-2.595 A-3.448;
N0060 Y10.266 Z-1.344 A-9.509;
N0070 Y7.05 Z-.462 A-15.329;
N0080 Y3.744 Z.004 A-20.149;
N0090 Y.387 Z.12 A-23.332;
N0100 Y-2.976 Z.057 A-26.269;
…
N9640 Y17.843 Z12.171 A18315.905;
N9650 Y19.635 Z8.126 A18328.225;
N9660 Y20.523 Z3.792 A18340.546;
N9670 Y20.466 Z-.632 A18352.866;
N9680 Y19.466 Z-4.943 A18365.187;
N9690 M02;
%
```

6.4.2 CAXA 制造工程师——简单平面轮廓线的绘图和编程实例

图 6-72 所示为一个左右对称图形，绘图时大部分形状可先画出一半然后用镜像功能完成另一半。绘图过程如下：

1）步骤一。打开 CAXA 制造工程师，单击“曲线工具栏”中的“直线”按钮，然后在“立即菜单”中找到“水平/铅垂”选项，选择“水平+铅垂”选项，输入长度“100”按“Enter”键确定，将鼠标移到绘图区的坐标原点上（系统的智能捕捉功能会自动捕捉到该点），单击鼠标左键，完成十字线的绘制，如图 6-73所示。

注意：每次输入数据后都要按“Enter”键，下同；鼠标移向绘图区时，要看“状态栏”的提示以时时指导绘图步骤。

2）步骤二。单击“曲线工具栏”中的“等距”按钮，在“立即菜单”中选择“等距”选项，输入距离“15”，鼠标单击水平线，选择向上的箭头，再输入距离“25”，重复操作完成两条水平线的绘制，如图 6-74 所示。

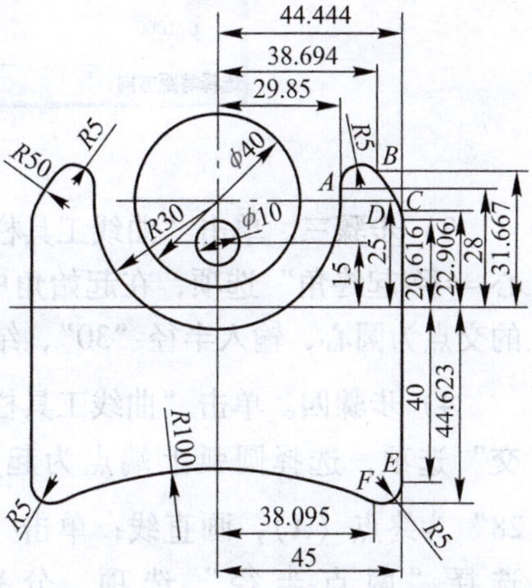

图 6-72 平面轮廓图

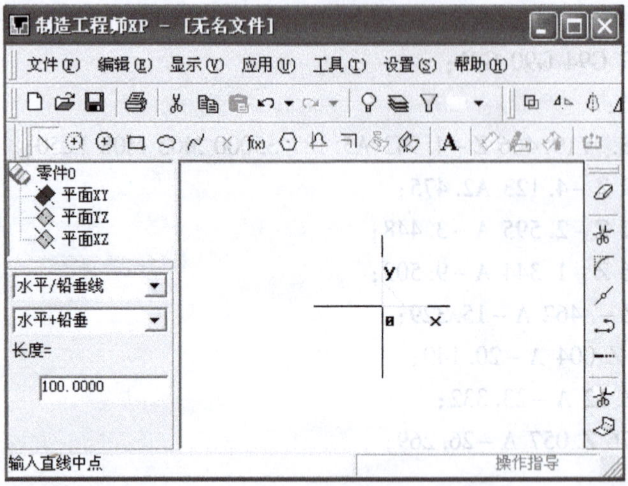

图 6-73　绘制十字线

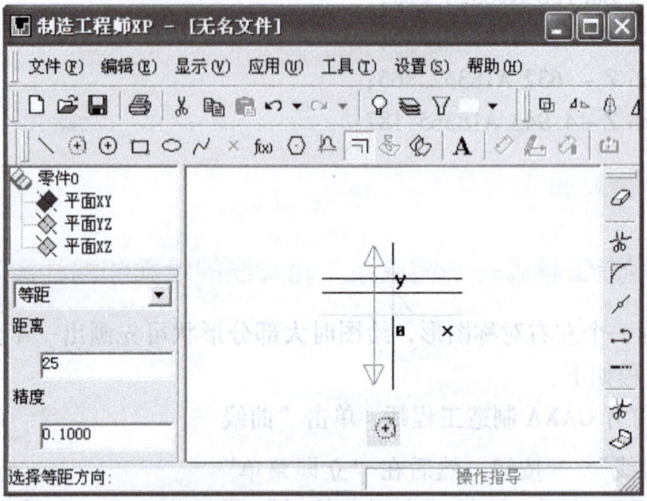

图 6-74　绘制等距线

3）步骤三。单击“曲线工具栏”中的“圆弧”按钮，在“立即菜单”中选择“圆心-半径-起终角”选项，在起始角中输入“270”，终止角中输入“360”，以最上两条直线的交点为圆心，输入半径“30”，结果如图 6-75 所示。

4）步骤四。单击“曲线工具栏”中的“直线”按钮，并选择“两点线”和“非正交”选项，选择圆弧上端点为起点，输入“29.85，28”为终点（A），画直线；单击“圆弧”按钮并选择“两点-半径”选项，分别输入“38.694，31.667”（B 点）和半径“5”，选择上面直线的 A 点为另一点，画圆弧；以圆弧 B 点为起点，输入“44.444，22.906”（C 点）和半径“50”画出另一圆弧；单击“直线”按钮并选择“两点线”和“非

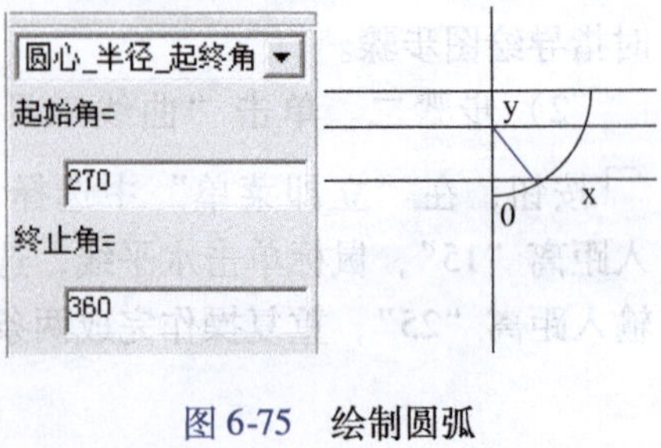

图 6-75　绘制圆弧

正交”选项，以圆弧 C 点为起点，输入“45，20.616”为末（D）点画出一段直线；以 D 点为起点，输入“45，－40”（E 点）画出铅垂线；单击“圆弧”按钮并选择“两点-半径”选项，选择垂直线端点 E 为起点，分别输入“38.095，－44.623”（F 点）和半径“5”完成最后一个圆弧，如图 6-76 所示。

5）步骤五。选择“几何变换”→“平面镜像”→“拷贝”选项，分别单击 y 轴铅垂线的两个端点为起点和末点，然后依次选择图 6-76 中所画的各个直线和圆弧，单击鼠标右键得到图 6-77 所示的图形。

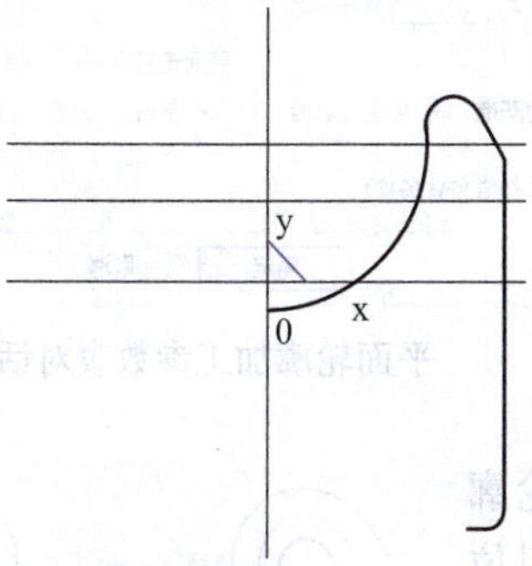

图 6-76　轮廓的右半部分

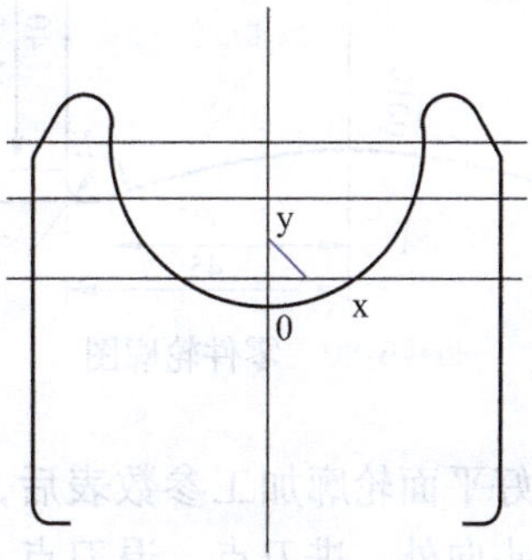

图 6-77　镜像后的图形

6）步骤六。单击“曲线工具栏”中的“圆弧”按钮并选择“两点-半径”选项，分别单击图形下方圆弧的两个端点，输入半径“100”，将图形轮廓封闭，如图 6-78 所示。

7）步骤七。单击“曲线工具栏”中的“圆”按钮并选择“两点-半径”选项，单击上面的水平线和铅垂线的交点为圆心，输入半径“20”画出大圆；单击中间的水平线和铅垂线的交点为圆心，输入半径“5”画出小圆；如图 6-79 所示。

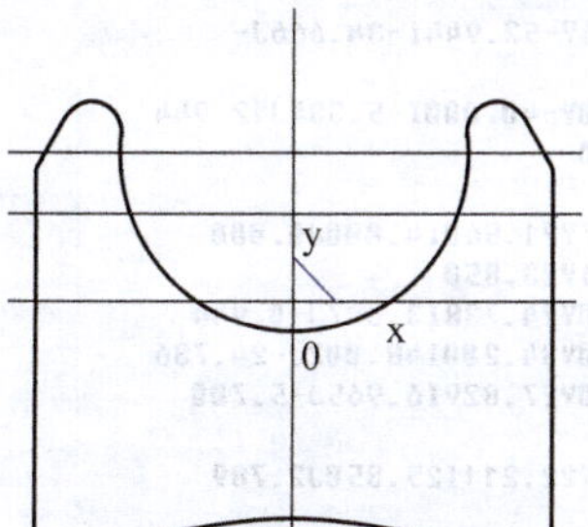

图 6-78　封闭图形轮廓

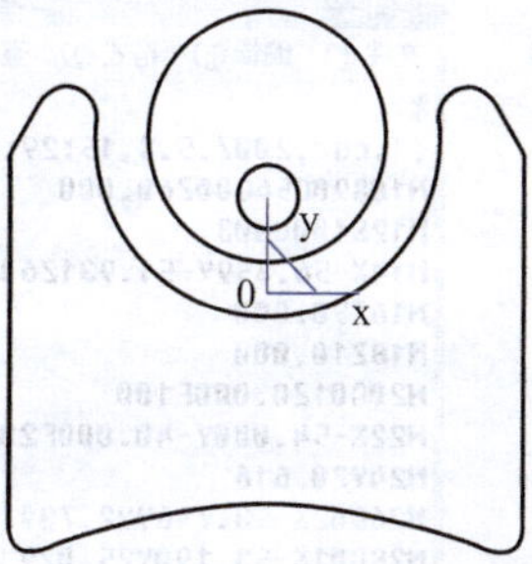

图 6-79　完成的图形

8）步骤八。最后单击“线面编辑”里的“删除”按钮，将所有的辅助水平线和铅垂线删除，如图 6-80 所示。

9）步骤九。生成平面轮廓的铣削刀位轨迹。对图 6-80 所示轮廓生成刀位轨迹。选择主菜单中的“应用”→“轨迹生成”→“刀具库管理”→“铣刀”→“D20”选项；然后选择主菜单中的“应用”→“轨迹生成”→“平面轮廓加工”选项，弹出平面轮廓加工参数表对话框，如图 6-81 所示。

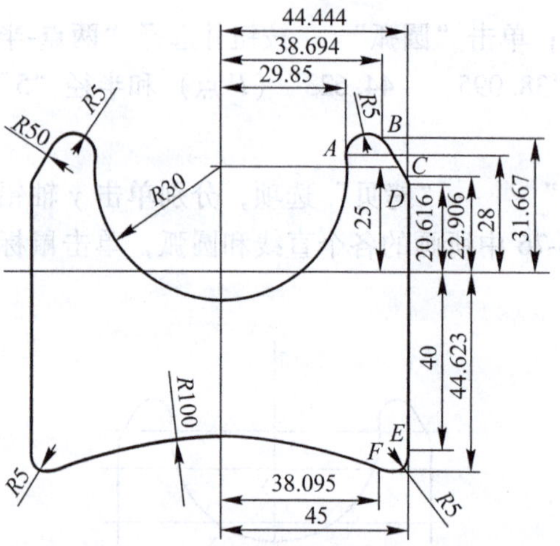

图 6-80　零件轮廓图

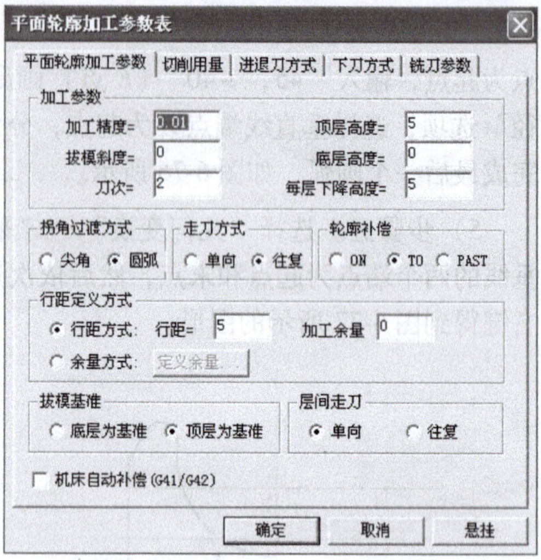

图 6-81　平面轮廓加工参数表对话框

填好平面轮廓加工参数表后，按系统提示依次拾取轮廓线、箭头向外、进刀点、退刀点、完成，系统自动生成刀位轨迹，如图 6-82 所示。

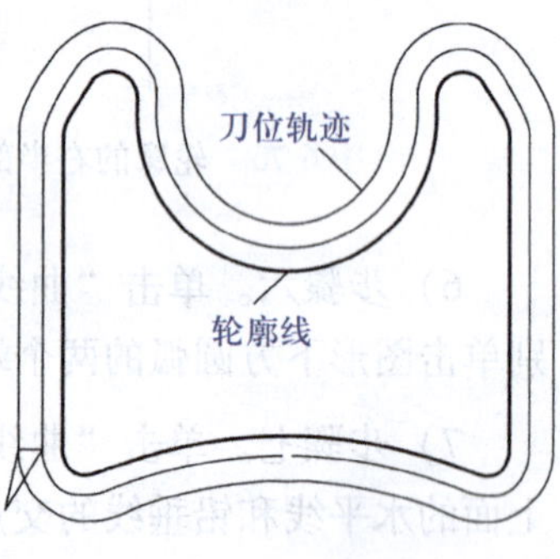

图 6-82　生成刀位轨迹

10）步骤十。根据加工轨迹生成加工代码。选择主菜单中的“应用”→“后置处理”→“后置设置”→“当前机床”选项（选择数控系统→“确定”）；进一步选择主菜单中的“应用”→“生成 G 代码”选项，在弹出的对话框中写出保存加工代码的文件名，单击“确定”按钮→按系统提示拾取加工轨迹，单击鼠标右键确定，立刻生成 G 代码，如图 6-83 所示。

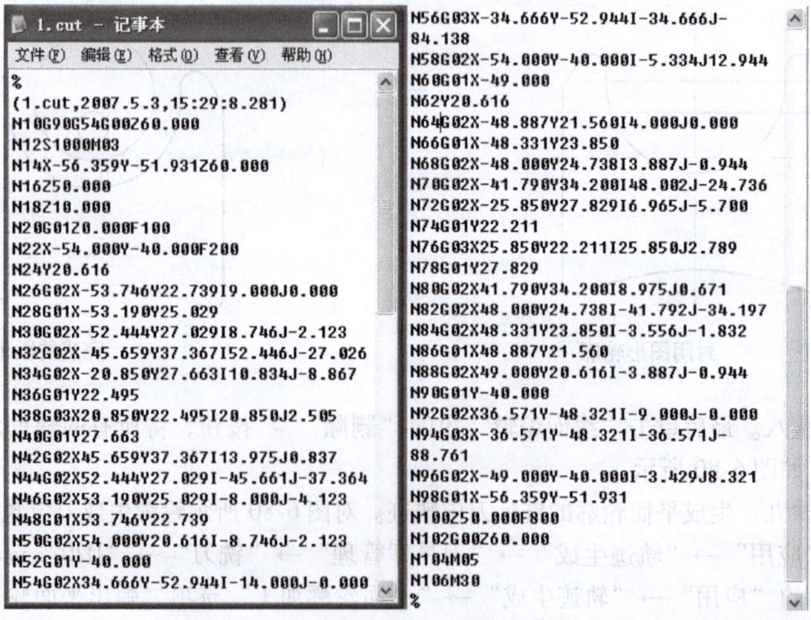
1.cut - 记事本

文件(F)　编辑(E)　格式(O)　查看(V)　帮助(H)

```
%
(1.cut,2007.5.3,15:29:8.281)
N10G90G54G00Z60.000
N12S1000M03
N14X-56.359Y-51.931Z60.000
N16Z50.000
N18Z10.000
N20G01Z0.000F100
N22X-54.000Y-40.000F200
N24Y20.616
N26G02X-53.746Y22.739I9.000J0.000
N28G01X-53.190Y25.029
N30G02X-52.444Y27.029I8.746J-2.123
N32G02X-45.659Y37.367I52.446J-27.026
N34G02X-20.850Y27.663I10.834J-8.867
N36G01Y22.495
N38G03X20.850Y22.495I20.850J2.505
N40G01Y27.663
N42G02X45.659Y37.367I13.975J0.837
N44G02X52.444Y27.029I-45.661J-37.364
N46G02X53.190Y25.029I-8.000J-4.123
N48G01X53.746Y22.739
N50G02X54.000Y20.616I-8.746J-2.123
N52G01Y-40.000
N54G02X34.666Y-52.944I-14.000J-0.000
N56G03X-34.666Y-52.944I-34.666J-
84.138
N58G02X-54.000Y-40.000I-5.334J12.944
N60G01X-49.000
N62Y20.616
N64G02X-48.887Y21.560I4.000J0.000
N66G01X-48.331Y23.850
N68G02X-48.000Y24.738I3.887J-0.944
N70G02X-41.790Y34.200I48.002J-24.736
N72G02X-25.850Y27.829I6.965J-5.700
N74G01Y22.211
N76G03X25.850Y22.211I25.850J2.789
N78G01Y27.829
N80G02X41.790Y34.200I8.975J0.671
N82G02X48.000Y24.738I-41.792J-34.197
N84G02X48.331Y23.850I-3.556J-1.832
N86G01X48.887Y21.560
N88G02X49.000Y20.616I-3.887J-0.944
N90G01Y-40.000
N92G02X36.571Y-48.321I-9.000J-0.000
N94G03X-36.571Y-48.321I-36.571J-
88.761
N96G02X-49.000Y-40.000I-3.429J8.321
N98G01X-56.359Y-51.931
N100Z50.000F800
N102G00Z60.000
N104M05
N106M30
%
```

图 6-83　生成的 G 代码

注意：在使用 CAXA 绘图过程中，时刻注意：立即菜单、提示栏、状态栏、“Space”键（切换点的状态、拾取状态和输入方向）及功能键的使用和操作提示。

习　题

1. 简述数控系统的组成和功能。

2. 数控机床的 CNC 装置有哪些主要优点？

3. 请简述逐点比较法的插补原理。

4. 请简述总线式数控系统的优点。

5. 数控机床的坐标系以及其正负方向如何确定？

6. 什么是工件坐标系？如何在数控机床上设置工件坐标系？

7. 如何建立刀具半径补偿，其程序格式是什么？为何不能用圆弧指令建立刀具半径补偿？

8. 什么是固定循环指令？在深孔钻循环指令 G83 语句中，参数 Q 代表什么含义，它的作用是什么？参数 P 代表什么含义，为什么要用到参数 P？

9. 请简述 M00 和 M01 的区别，在数控加工中什么情况下用到 M00，什么情况下用到 M01？

10. 如图 6-84 所示，零件材料是 45 钢，拟采用硬质合金 ϕ20mm 三刃立铣刀加工 ϕ100mm 圆凹槽，深度 3mm。请根据已给出的图形和刀位轨迹方向，采用正确的切削参数编制数控程序，然后为每一条语句加以正确的注释。

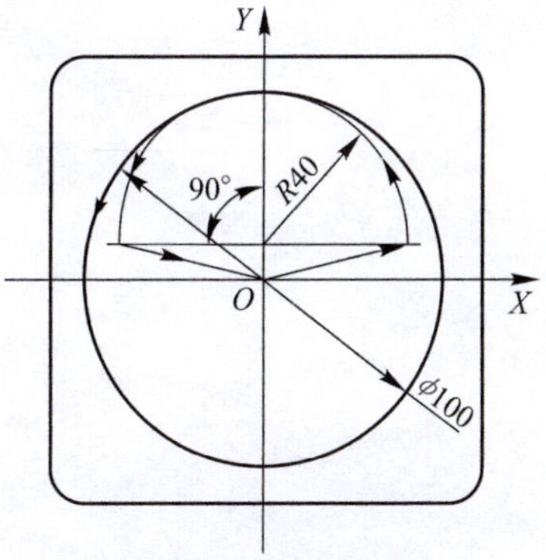

图 6-84　刀位轨迹

11. 已知零件的程序如下所示，零件厚度 10mm，精铣其轮廓。采用 ϕ10mm 的立式铣刀。请根据已有的语句：①用实线画出零件轮廓并标明各交、切点的坐标；②用虚线画出刀具中心轨迹图并标明刀具运行的方向；③用箭头和文字说明刀具偏移方向和距离。

```
%
N001 G90 G00 G54 X-20.0 Y0 Z100.0 ;
N002 S1000 M03 ;
N003 G43 Z-10.0 H01 ;
N004 G01 G41 X0 Y0 D02 F300.0 ;
```

```
N005 G01 X0 Y15.0 ;
N006 G02 X10.0 Y25.0 R10.0 ;
N007 G01 X58.775 ;
N008 G02 X58.775 Y -25.0 R -40.0 ;
N009 G01 X10.0 ;
N010 G02 X0 Y -15.0 I0 J10.0 ;
N011 G01 X0 Y0 ;
N012 G01 G40 X -20.0 Y0 ;
N013 G00 Z100.0 M05 ;
N014 M30 ;
%
```

12. 简述 CAD/CAM 软件后处理模块的作用。

13. 简述 CAD/CAM 软件几何仿真和物理仿真的区别和它们的作用。

第7章 计算机辅助数控测量技术

7.1 数控测量的基本概念

7.1.1 计算机辅助质量系统

产品质量是企业追求的永恒目标，是企业生存的根基，是企业在激烈的市场竞争中立于不败之地的重要因素。按现代质量控制的观点，为了使产品达到高质量，企业需要将“管理”和“技术”两个方面综合起来，形成有效的质量系统。前者通常是指全面质量管理（Total Quality Management，TQM），而后者是指与现代测量和检测技术相结合的统计过程控制（Statistical Process Control，SPC）。TQM 是企业管理的一个重要组成部分，其追求三个目标，即客户满意、连续改进和全员参与。良好的质量技术在形成高质量产品中也具有重要作用，主要包括田口（Taguchi）方法、质量功能配置（Quality Function Deployment，QFD）、统计过程控制、自动检测等。

日趋复杂的产品质量需求，使得必须将信息技术、计算机技术引入到企业质量管理与控制中，才能真正有效地实现企业现代化质量保证。近年来，以计算机应用技术为基础，以先进的质量控制技术、信息处理手段和现代质量管理方法紧密结合为特点的计算机辅助质量系统（Computer Aided Quality System，CAQ）已经成为企业的有机组成部分。CAQ 系统运用计算机实现质量数据采集、分析、处理和传递的自动化，从而实现质量控制和质量管理的自动化。

目前，在西方工业发达国家，无论是飞机、汽车制造等大型企业，还是小型加工企业，都已经在质量管理与控制中引入信息技术，建立了 CAQ 系统。我国在计算机辅助设计/制造（CAD/CAM）、计算机辅助工艺过程设计（CAPP）、管理信息系统（MIS）、制造资源计划（MRP）、企业资源计划（ERP）、车间自动化（FA）等技术与系统得到广泛应用之后，CAQ 系统的应用也已经成为企业实现管理现代化目标的组成部分，也是现代集成制造系统（CIMS）和企业信息化的重要内容。

一般认为 CAQ 系统应当包括如下功能：质量计划、检测与质量数据采集、质量评价与控制、质量综合管理。因此，一个完整的 CAQ 系统主要应由以下几部分构成。

1）质量计划系统是根据质量目标制定产品质量计划、产品检验计划和产品制造过程监控计划的工具，将用户需求和质量目标直接反映到产品开发与制造过程中，并能够对计划执行情况进行监督与管理。

2）质量信息系统实现对企业范围内的各类质量数据和信息的采集、汇总、统计、分析，实现质量数据与信息的自动化处理，及时准确地向企业各部门提供产品及其制造过程的质量信息。

3）过程质量控制系统对产品质量形成全过程的监控，保证产品质量和过程工作质量。

4）质量评估系统提供对产品及其过程质量的质量评估工具与技术，为质量的持续性改进提供依据。

在CAQ系统被提出的同时，美国的Kapoor等人提出了集成质量管理系统（Integrated Quality System，IQS）的概念。IQS系统就是把相互分离的质量保证单元、质量控制系统通过计算机网络和数据库形成有机的整体，及时采集、处理与传递质量信息，使涉及产品整个生命周期的质量活动协调进行，保证产品质量并提高对多变的质量要求的适应能力。

Kapoor等人认为集成质量管理系统具有以下四个特点。

1）覆盖产品的整个生命周期，包括企业的各个层次。

2）强调以企业长远质量目标为基础的质量计划。

3）强调从质量计划和质量控制观点出发的人的资源的开发。

4）通过闭环的质量控制器实现企业中与质量有关的过程和资源的控制。

IQS是CAQ系统在过程和范围上的延伸，即由制造过程延伸到设计开发过程，由企业内部扩展到企业外部的其他合作方。

本章主要讲述制造过程中以数控测量技术为基础的计算机辅助检测技术，主要包括广泛应用的三坐标测量机、关节臂测量机及激光跟踪仪等数控测量设备的工作原理与组成，测量编程及数据处理技术等知识，最后介绍在机测量技术。

7.1.2 数控测量的基本概念和系统组成

在自动化制造系统中，加工的产品一般通过测量来验证其质量，因此测量是制造过程进行质量控制的条件，也是CAQ系统获取质量信息的重要手段。同时，随着计算机辅助检测技术研究与应用的深入，测量、检测的目的已从单纯解决产品精度评定问题发展到解决产品几何形状的建模、逆向制造等一系列问题上。

随着现代计算机辅助制造（CAM）等技术的发展，如何在企业信息集成和计算机管控条件下满足测量的需求？这是计算机辅助质量管理技术发展的一个重要课题。数控测量技术正是应上述要求而发展起来的，融合计算机、智能传感器、信息处理和人工智能等领域的专门技术。

同数控加工类似，数控测量就是在计算机控制下，测量机按照预先编制的测量步骤、方式顺序地进行测量，并把测量数据记录在存储设备中或直接打印输出测量结果。

现代制造系统强调产品的设计、加工和检测三者相互促进而共同发展，所以数控测量技术是现代制造系统中的重要一环。目前不仅在国外，而且国内各主要的飞机和汽车制造厂中都已广泛使用了数控测量技术。

在制造业中所使用的数控测量系统各种各样（图7-1），包括坐标测量机、关节臂测量机（Portable CMM）、激光跟踪仪（Laser Tracker）、经纬仪（Theodolites）、激光扫描（Laser Scanner）系统和数字照相（摄影）测量（Photogrammetry）系统、室内全球定位系统（Indoor GPS）等。这些数控测量系统可以从不同的角度进行分类，最常见的是按测量系统的传感器是否与被测对象接触进行分类，大体分为接触式测量系统和非接触式测量系统两大类。上述测量系统中，坐标测量机、关节臂测量机（Portable CMM）、激光跟踪仪（Laser Tracker）属于接触式测量系统，而经纬仪、激光扫描系统和数字照相（摄影）测量系统属于非接触式测量系统。一般来讲，接触式测量系统精度高但效率较低，对测量现场的温度控制有较高要求，另外被测对象可能因接触力而产生变形或损伤。而非接触式测量系统效率高但精度较低，而且对被测对象的材质、表面光学特性及现场光照条件都有较高要求。

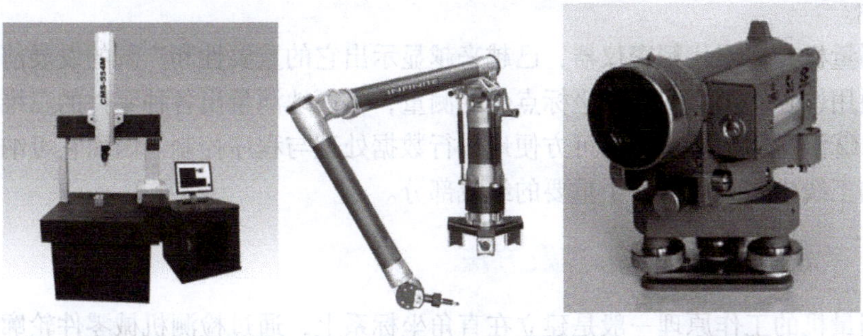

坐标测量机　　关节臂测量机　　经纬仪

图 7-1　常见数控测量系统

按测量系统是否需要协同工作分为集中式测量系统和分布式测量系统两类。集中式测量系统本质上是一个独立工作单元，能够独立采集被测对象表面的空间点坐标。在某些情况下，为了提高测量精度，多个集中式测量系统可以同时使用，如激光跟踪仪。分布式测量系统需要多个测量站协同工作从而确定被测对象表面的空间点坐标。一般情况下，其中的单个测量站不能独立地测得点的坐标，如数字照相（摄影）测量系统、室内全球定位系统（Indoor GPS）。

按测量系统每次测量采样的数目可分为单点测量系统和多点测量系统两类。单点测量系统每次采样只能测取一个点，如坐标测量机，激光跟踪仪。而多点测量系统每次采样可以测取多个点，如数字照相（摄影）测量系统、激光扫描系统。

上述数控测量系统中，无论属哪种类型，本质上是一个机电一体化系统，一般都是由硬件部分、控制系统和测量软件组成，如图 7-2 所示。其中硬件部分是基础，包括主机传感器（如测头）及附件等，是执行测量的机构。控制系统主要功能是读取空间坐标值、对传感器信号进行实时响应和处理、驱动主机（机械系统）实现测量所必需的运动，实时监测测量系统的状态以保证整个系统的安全性和可靠性，有的还包括对测量系统进行几何误差和温度误差补偿等。测量软件完成测量规划、测量程序生成及数据处理等工作，目前已成为决定测量系统性能的主要因素之一。

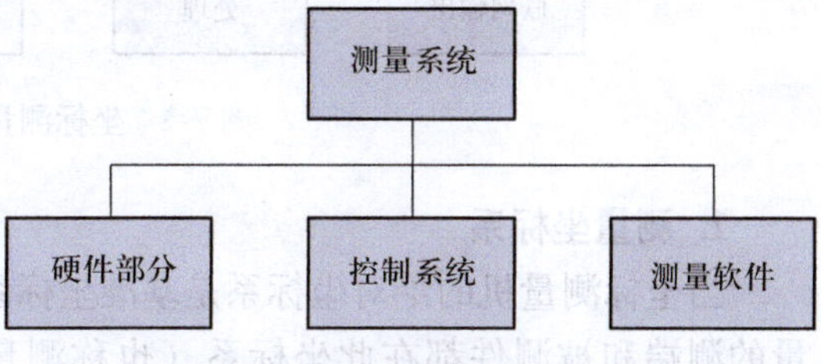

图 7-2　数控测量系统的组成

下面重点介绍工业测量中常见的几种接触式测量系统的原理、组成及应用。

7.2　坐标测量机

坐标测量机（Coordinate Measuring Machine，CMM）是近 30 年来发展起来的一种高效的新型精密测量仪器。它广泛地用于机械制造、电子、汽车和航空航天等领域中，可以进行零件和部件的尺寸、形状及相互位置的检测。例如，箱体、导轨、涡轮和叶片、缸体、凸轮、齿轮、形体等空间型面的测量。此外，还可用于划线、定中心孔、雕刻集成线路等，并可对连续曲面进行扫描及制备数控机床的加工程序等。由于它的通用性强、测量范围大、精度高、效率高、性能好、能与柔性制造系统相连接，已成为一类大型精密仪器，故有“测量中心”之称。

坐标测量机作为现代精密仪器，已越来越显示出它的重要性和广阔的发展前景。它的优点是：①通用性强，可实现空间坐标点位的测量，方便地测量出各种零件的三维轮廓尺寸和位置精度；②测量精确可靠；③可方便地进行数据处理与程序控制。因而它可纳入自动化生产和柔性加工线中，并成为一个重要的组成部分。

7.2.1 坐标测量机的工作原理及方法

坐标测量机的工作原理一般是建立在直角坐标系上，通过检测机械零件轮廓上各被测点的坐标值，并对其数据进行处理，求得零件各几何元素的形状、位置和尺寸精度的信息。所依据的理论基础是任何形状都是由空间点组成的，所有的几何量测量都可以归结为空间点的测量，因此精确进行空间点坐标的采集是评定任何几何形状的基础。坐标测量数据处理流程如图 7-3 所示。

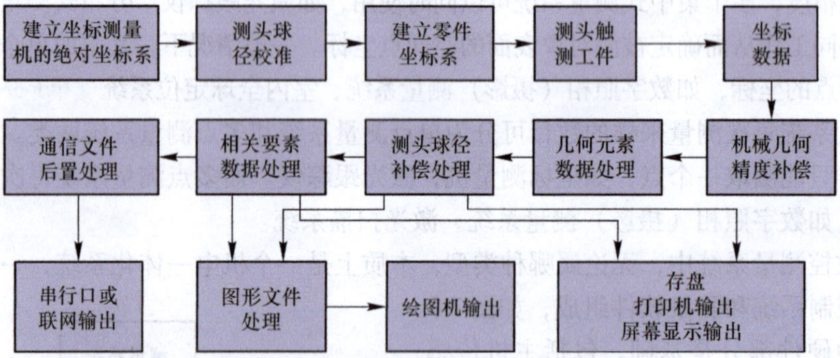

图 7-3 坐标测量数据处理流程框图

1. 测量坐标系

当坐标测量机的绝对坐标系是基准坐标系时，该绝对坐标系由坐标测量机本身构成，测量的测端和被测件都在此坐标系（也称测量空间）内。绝对坐标系是在坐标测量机 3 个轴的某一行程终点处设置一个绝对零点作为原点，以 3 个轴的方向作为坐标轴的方向所建立的空间直角坐标系，如图 7-4 所示。在测量程序重复使用时，或停电、停机后恢复运行时，均以此坐标系为基准自动寻找（数控测量机）测量空间内固定位置上的被测零件。测量零件时，由于被测件的尺寸标准及安装位置等各不相同，因此测量时还要对零件进行找正，建立零件坐标系。现代坐标测量机的测量软件能够建立多个坐标系，并自动进行坐标系之间的变换。

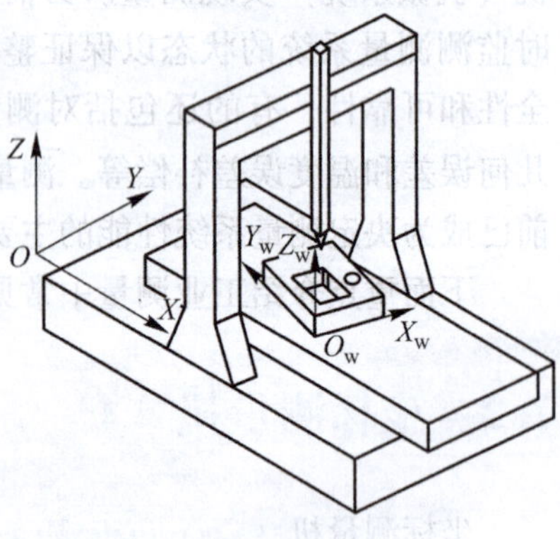

图 7-4 测量坐标系示意图

2. 测头球径校准

一般的坐标测量机都使用接触式测头检测零件轮廓的坐标值。直接接触被测零件表面的测头部分一般为球形测端，数据处理时必须进行补偿。由于球形测端的实际球径会有所不同，每台坐标测量机都需对测头球径作校准测量，常用的方法如图 7-5 所示，在坐标测量机上用标准方块或标准球（都是已知尺寸的高精度校准量块）作为假想零件进行测量，通过测量数据与标准量块的值进行比较，从而反求出测头球径的实际补偿值，即

$$d = L - A$$

式中，d 是测头球径的实际补偿值；L 是测量值；A 是标准量块的标准尺寸值。

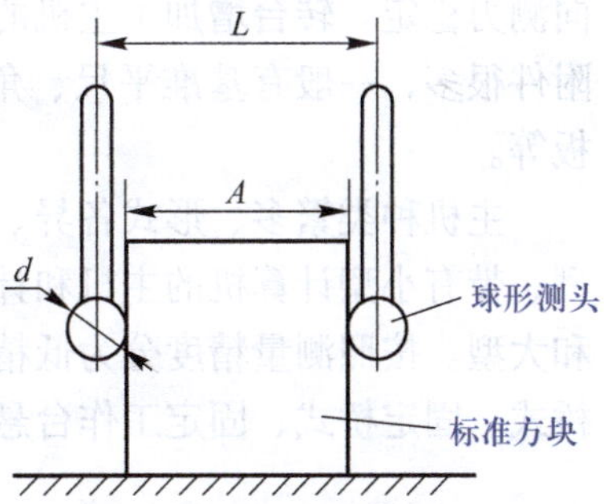

图 7-5　测头球径校准测量

3. 机械几何精度补偿

坐标测量机在坐标测量时有运动误差，这就会直接影响测量的精确度和稳定性。对于机械几何误差，可采用直接测量或间接测量的方法获得误差值，然后建立补偿数学模型，利用此模型对坐标测量的原始数据进行补偿，可获得正确的坐标测量值。这种误差补偿方法可使坐标测量误差（由几何误差引起）降低 40% ~70% 。

4. 坐标检测的数据处理

几何元素数据处理主要是对单个几何元素项目进行数据处理，如平面、孔、圆等。

形状公差测量项目数据处理过程与一般几何元素数据处理过程类似。但在几何元素上采集到的坐标点很多，所以在算法上有差异（如用最小二乘法回归计算等）。

位置公差测量项目数据处理过程是以一个已知的几何元素为基准，在被测元素的坐标点数值采集后，再作与两个几何元素相关的计算。

空间曲面测量时，一般是固定一个坐标系，然后按截面测量曲线。例如，若固定 X 坐标，Y 轴方向作进给（按等距或不等距），Z 轴方向即可采集轮廓表面坐标值。

这些数据处理可用测量机提供的专门的测量软件包实现。

7.2.2　坐标测量机的组成

坐标测量机一般由主机（机械系统）、测头系统、控制系统和测量软件组成，如图 7-6 所示。

1. 主机（机械系统）

坐标测量机的主机包括框架、标尺系统、导轨、驱动装置、平衡部件和转台及其附件。框架是指主机的主体机械结构架子，它是工作台、立柱、桥框和壳体等机械结构的集合体。标尺系统是主机的重要组成部分，是决定仪器精度的一个重要环节。导轨是主机实现三维运动的重要部件，测量机多采用滑动导轨、滚动轴承导轨和气浮导轨等多种形式，现以气浮静压导轨居多。驱动装

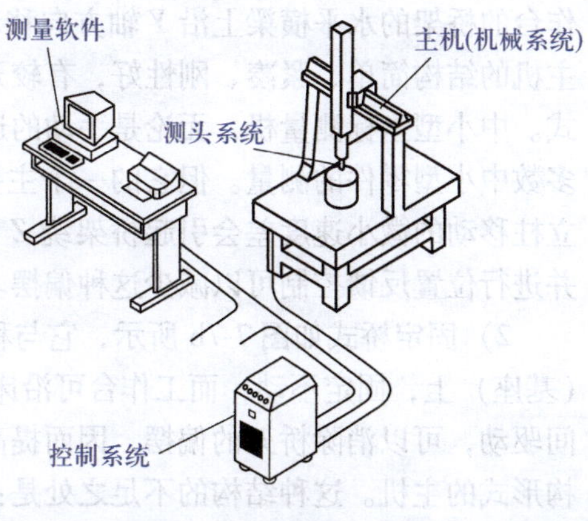

图 7-6　坐标测量机的组成

置是主机的重要运动机构，可实现机动和程序控制伺服运动的功能。平衡部件主要用于 Z 轴框架结构中，其功能是平衡 Z 轴的重量，以使 Z 轴上下运动时无偏重干扰，使检测时 Z 向测力稳定。转台增加了主机的一个转动运动的自由度，便于某些种类零件的测量。主机的附件很多，一般有基准平尺、角尺、步距规、标准球体、测微仪及用于自检的精度检测样板等。

主机种类繁多、形式各异、性能不同。按照自动化程度的高低可分为数字显示及打印型、带有小型计算机的主机和计算机数字控制（CNC）型。按照测量范围分为小型、中型和大型。按照测量精度分为低精度、中等精度和高精度。按照结构形式与运动关系分为移动桥式、固定桥式、固定工作台悬臂式、水平悬臂式、龙门式和立柱式等，如图 7-7 所示。

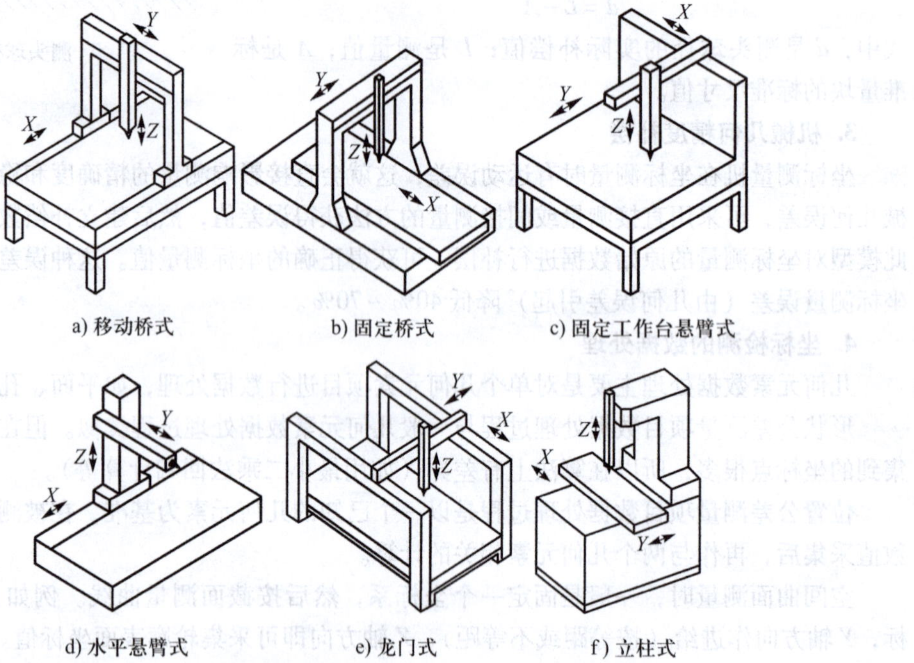

a) 移动桥式　　b) 固定桥式　　c) 固定工作台悬臂式

d) 水平悬臂式　　e) 龙门式　　f) 立柱式

图 7-7　主机的结构形式

1）移动桥式如图 7-7a 所示，测头安装在沿 Z 轴方向运动的垂直主轴上，主轴在静止工作台的桥架的水平横梁上沿 Y 轴方向移动，桥架可沿工作台作 X 轴方向移动。这种形式的主机的结构简单、紧凑、刚性好，有较开阔的工作空间，是目前应用最为广泛的一种结构形式。中小型坐标测量机，无论是手动的还是数控的多数采用这种结构形式的主机，适用于大多数中小型零件的测量。但它的一个主要缺点是，当 X 轴方向驱动仅从一侧进行时，两侧立柱移动的微小速度差会引起桥架绕 Z 轴的偏摆，从而降低测量精度。同时驱动两侧立柱并进行位置反馈控制可以减少这种偏摆。

2）固定桥式如图 7-7b 所示，它与移动桥式主机的区别是，桥架直接安装在主机的床身（基座）上，固定不动，而工作台可沿床身（基座）作 X 轴方向移动。这种结构形式采用中间驱动，可以消除桥架的偏摆，因而提高了刚性和精度。精密型坐标测量机大多采用这种结构形式的主机。这种结构的不足之处是：工作台负载能力小，要求被测件重量不能太大；同样测量范围下，占据的空间比移动桥式大；桥架位于坐标测量机中部，不能移开，因此操作空间的敞开性不够好。

3）固定工作台悬臂式如图 7-7c 所示，工作台固定，测头安装在沿 Z 轴方向运动的垂直主轴（悬臂）上，主轴在横臂上沿 Y 轴方向移动，而横臂可沿固定工作台作 X 轴方向移动。这种结构的优点是结构简单，有很好的敞开性，占地面积小。其缺点是横臂因为主轴移动会产生变形。因此，适用于手动驱动的较低精度的小型坐标测量机。

4）水平悬臂式如图 7-7d 所示，水平悬臂安装在垂直立柱上，水平悬臂上下和进出移动分别实现 Z 轴方向和 Y 轴方向运动。立柱在工作台上的移动（移动立柱）或者工作台移动通过立柱（移动工作台）可以实现主机的 X 轴方向运动。这种结构的优点是结构简单，敞开性好，工作台可以没有（仅保留导向机构并且可以延长），尺寸可以较大。其局限性是因为水平悬臂前后伸出，会产生不同程度的变形，结构刚性较差。因此，适用于精度要求不高的中大型坐标测量机。大型水平悬臂式主机的一个典型应用是汽车车体的测量，并且通常配置双水平悬臂以便在车体的两侧同时独立地进行测量。

5）龙门式如图 7-7e 所示，立柱落地与地基相连，高架长平行梁，龙门移动，一般无工作台。水平横梁在两根长平行梁上形成 X 轴方向移动，主轴（Z 轴）在水平横梁上沿 Y 轴方向在两根长平行梁之间移动。这种结构的优点是，平行梁长度方向可任意延长，高度、宽度尺寸较大，敞开性极好，工作空间可达 26m × 8m × 6m。缺点是运动部件尺寸大、运动速度低，X 轴方向驱动仅从一侧进行时会引起水平横梁绕 Z 轴的偏摆，驱动也不易平稳。因此，它适用于中等偏低精度的大型坐标测量机。

6）立柱式如图 7-7f 所示，其结构类似于立式铣床，三轴独立导向运动，即工作台分别沿 X、Y 轴方向移动，主轴在固定立柱上作 Z 轴方向运动。这种结构的优点是结构牢靠、运动精度高、敞开性好。其局限在于尺寸不能太大、零件的重量对工作台运动有影响。因此，适用于高精度的中小型坐标测量机。

图 7-8 所示为一些典型结构形式的主机产品。

为了保证主机运动部件的精度，三个坐标轴多采用高精度、无摩擦的空气静压导轨支承，并由精密计量元件（如光栅尺、感应同步器、双频激光等）检测各轴位移以实现闭环控制。为了保证尺寸稳定性，主机的工作台、导轨、横梁等都采用高质量的花岗岩制成。主机在驱动方式上与数控机床有较大差别，一般采用轻型齿轮齿条或同步带等传动方式。驱动电动机采用直流伺服电动机，少数采用力矩电动机。

2. 测头系统

测头系统是坐标测量机的关键部件，其精度的高低很大程度决定了坐标测量机的测量重复性及精度。不同的零件需要选

a) 移动桥式主机

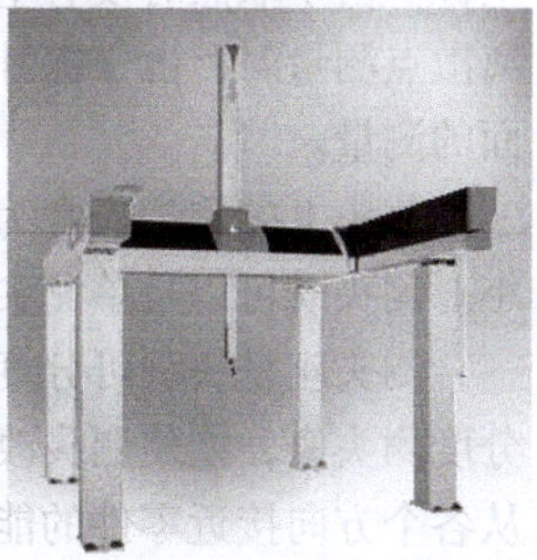

b) 龙门式主机

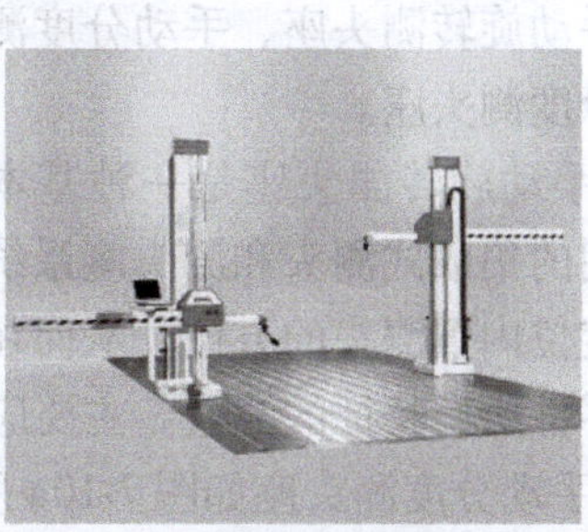

c) 水平悬臂式主机

图 7-8　典型结构形式的主机产品

择不同功能的测头系统进行测量。测头系统主要由测头、测头座及附件三部分组成。

测头是测头系统的主体，它是坐标测量机探测时发送信号的装置，其种类繁多、形式各异。测头按照结构原理不同可分为机械式测头、电气式测头和光学式测头等。机械式测头又称“刚性测头”或“硬测头”，常用的有球形测头、盘形测头、锥形测头和回转 1/4 柱面测头，主要用于手动测量。由于手动测量操作时测量力不易控制，如测量力过大会引起测头和被测件变形，而测量力过小又不能保持测头与被测件的正常接触，因此机械式测头目前已很少应用。电气式测头多用于接触式的自动测量，是目前使用最多、应用范围最广的测头。电气式测头多采用电触、电感、电容、压电晶体、应变片等作为传感器来接收测量信号，可以达到很高的测量精度，其中最常用的是电感式测头。光学式测头（如激光测头）多用于非接触式测量。由于光学测头无需接触被测零件，故不存在测量力，更不会划伤被测零件，同时可以测量软质介质的表面形貌。但该类测头受外界影响因素较多，如被测物体的形貌特征、辐射特性以及表面反射情况都会影响测量结果。到目前为止，非接触式测头的测量精度还不是很高，还无法取代接触式测头在精密量仪中的位置。由于坐标测量机的自动化要求，新型测头主要采用电学与光学原理进行信号转换。

测头按照功能应用的不同分为触发式测头（Trigger Probe）和扫描式测头（Scanning Probe）。触发式测头又称为开关测头，主要任务是探测零件并发出锁存（瞄准）信号，实时锁存被测表面坐标点的三维坐标值。扫描式测头又称为比例测头或模拟测头，它既可以作触发式测头使用，也能输出与测杆的偏转成比例的信号（模拟电压或数字信号）。该类测头的测量原理是测头测端在接触被测零件后，连续测得接触位移，测头的转换装置输出与测杆微小偏移成正比的信号，该信号和精密量仪的相应坐标值叠加便可得到被测零件上点的精确坐标。由于取点时没有坐标测量机的机械往复运动，因此采点率大大提高。扫描式测头用于离散点测量时，由于探针的三维运动可以确定该点所在表面的法向矢量方向，因此更适于曲面的测量。

测头上的测尖通常为球状红宝石，是一种硬度高、密度小的刚玉，特别耐磨且惯性矩小。测头既可以是单测尖也可以是多测尖，如图 7-9 所示。

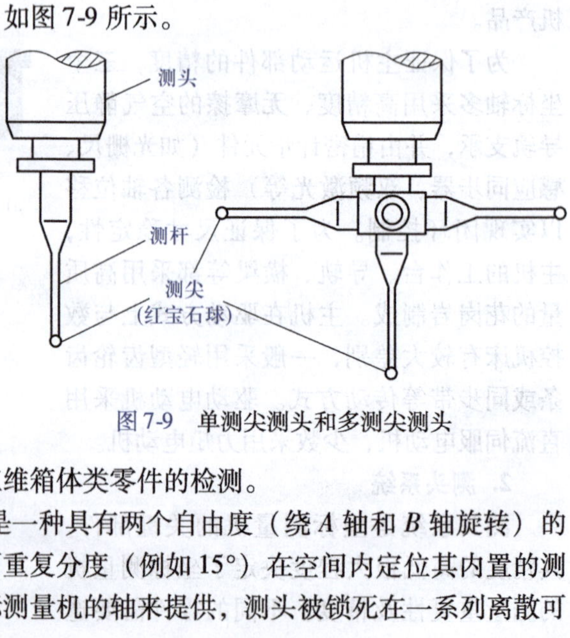

图 7-9　单测尖测头和多测尖测头

测头座是一种可分度的旋转头，又称分度测头座，能使测头改变姿态，以扩展从各个方向接近零件的能力。把测头座和具有可重复性的测头集成起来，就可以对复杂零件进行自动测量。测头座主要有三种，即手动旋转测头座、手动分度测头座和自动分度测头座。

1）手动旋转测头座是一种基本型的经济实用的集成式测头和测头座系统，可以手动定位内置测头的方位，从而在空间内完成零件所有特征的测量。主要应用于三维箱体类零件的检测。

2）手动分度测头座如图 7-10a 所示，是一种具有两个自由度（绕 *A* 轴和 *B* 轴旋转）的集成式测头和测头座系统，允许以设定的可重复分度（例如 15°）在空间内定位其内置的测头。分度的动力可以由人提供也可以由坐标测量机的轴来提供，测头被锁死在一系列离散可重复的位置上，提高了手动和机动测量机的灵活性。主要用于三维箱体类零件的检测。

3）自动分度测头座如图7-10b所示，是一种具有两个自由度（绕A轴和B轴旋转）的分度测头座，可在空间以良好的重复性自动定位测头，其动力由测头系统自己提供。能够自动更换测量传感器，旋转后不用重新校准测头，因此针对零件的表面可以选择最适合的角度测量。例如，图7-10b所示的自动分度测头座的分度增量为7.5°，在A轴和B轴上分别有27个和48个可重复位置，因此，通过该测头座，测头在水平和垂直两个方向上共有多达1296个测头角度组合。这种自动分度测头座广泛应用于多表面箱体类零件的检测。

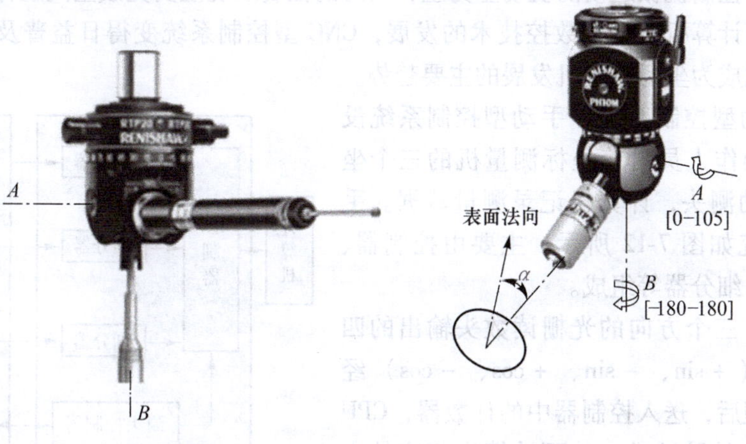

a) 手动分度测头座　　b) 自动分度测头座

图7-10　测头座

测头系统的附件包括更换架、加长杆和探针等。更换架对坐标测量机测头座上的测头/加长杆/探针组合进行快速、可重复的更换，从而使得在同一个测量系统下对不同的零件能够进行完全自动化的检测。图7-11所示为测头更换架及存放的多种测头。加长杆和探针也是大多数测量所需要的附件，能够确保测头不受限制的对零件所有特征元素进行测量，且具有测量较深位置特征（如深孔）的能力。

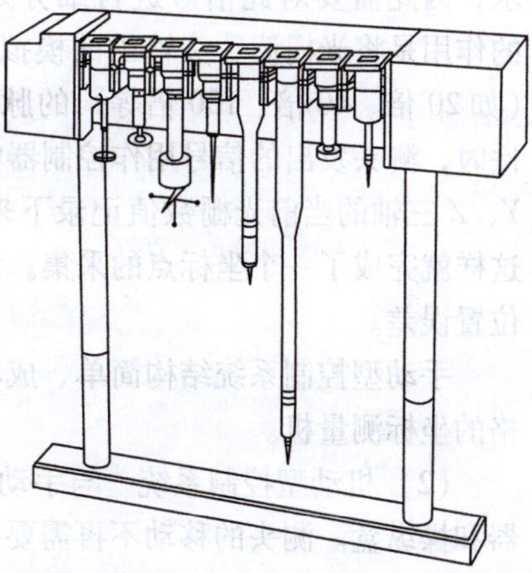

图7-11　测头更换架及存放的多种测头

考虑到精度要求和经济性，测头选用的一般原则如下：

① 在可以应用接触式测头的情况下，慎选非接触式测头。

② 在只测尺寸、位置要素的情况下，尽量选接触式触发测头。

③ 对形状及轮廓精度要求较高的情况下，选用扫描式触发测头。

④ 易变形零件、精度不高零件、要求超大量数据零件的测量，可以考虑采用非接触式测头。

⑤ 要考虑软件和附加硬件（如测头控制器、电缆等）的配套。

3. 控制系统

控制系统是坐标测量机的四大组成部分之一。其主要功能是读取空间坐标值，对测头信号进行实时响应与处理，控制机械系统实现测量所必需的运动，实时监测坐标测量机的状态以保证整个系统的安全性和可靠性。有的还包括对坐标测量机进行几何误差与温度误差补偿，以提高坐标测量机的测量精度。

控制系统可分为手动型、机动型及 CNC 数控型三种模式。早期的坐标测量机以手动型和通过操纵杆控制机械运动的机动型为主，当时的控制系统主要完成空间坐标值的监控与实时采样。随着计算机技术及数控技术的发展，CNC 型控制系统变得日益普及，高精度、高速度、智能化成为坐标测量机发展的主要趋势。

（1）手动型控制系统　手动型控制系统没有驱动器，操作人员沿着坐标测量机的三个坐标轴手工移动测头，计算机记录测量数据。手动型控制系统如图 7-12 所示，主要由控制器、测头控制器、细分器等组成。

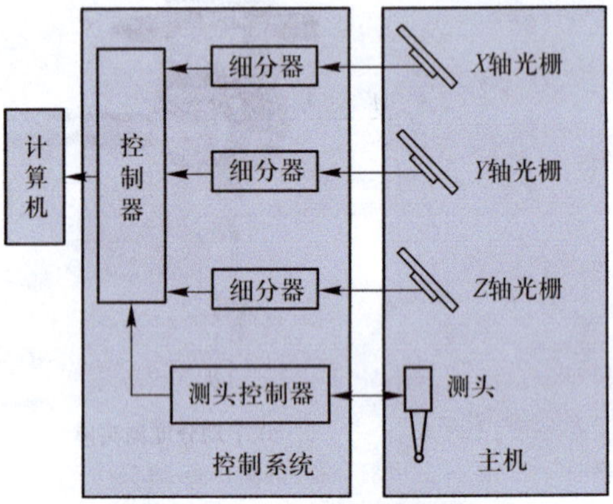

图 7-12　手动型控制系统框图

X、*Y*、*Z* 三个方向的光栅读数头输出的四路模拟信号（+sin、-sin、+cos、-cos）经过细分器处理后，送入控制器中的计数器，CPU 读取计数器中的脉冲数，从而计算出相应的空间位移量。由于光栅的栅距为 10～100μm，这样的坐标分辨力不能满足坐标测量机的精度要求，因此需要对此信号进行细分处理。细分器的作用是将光栅读数头输出的模拟信号光经放大、移相、比较，产生细分倍数为 5 的倍数（如 20 倍、40 倍、100 倍等）的脉冲信号。测头控制器的作用是当手动移动测头并接触零件时，测头发出的信号用作控制器中计数器的锁存信号和 CPU 的中断信号。锁存信号将 *X*、*Y*、*Z* 三轴的当前光栅数值记录下来，CPU 执行中断服务程序时，读取计数器中的锁存值，这样就完成了一个坐标点的采集。计算机对这些坐标点数据分析计算出零件的尺寸、形状和位置误差。

手动型控制系统结构简单、成本低，适合于对精度和效率要求不是太高，而且要求低价格的坐标测量机。

（2）机动型控制系统　与手动型控制系统相比，机动型控制系统增加了电动机、驱动器和操纵盒。测头的移动不再需要手动，而是用操纵盒通过电动机来驱动。电动机运转的速度和方向都通过操纵盒上手操杆偏摆的角度和方向来控制。

机动型控制系统主要是减轻了操作人员的体力劳动强度，是一种过渡型，随着 CNC 系统成本的降低，机动型控制系统目前采用得很少。

（3）CNC 数控型控制系统　CNC 数控型控制系统的测量过程是由计算机控制的。它不仅可以实现自动测量、自学习测量、扫描测量，也可通过操纵杆进行机动测量。

CNC 数控型控制系统如图 7-13 所示，主要由控制器、测头控制器、细分器、驱动器、电动机等几部分组成。与手动型控制系统相比，主要增加了驱动器和电动机，而控制器的功能也更加强大和完善。控制器由控制卡和控制软件组成，是整个控制系统的核心。现代先进的控制卡大多采用数字信号处理器（Digital Signal Processor，DSP）代替以前的CPU。DSP所具有的高速运算功能，使得控制周期缩短，大大提高了系统的轨迹控制能力，测量动作更快、测量效率更高。控制软件与控制卡的硬件结构和功能密切相关，主要功能包括精确、实时地读取空间坐标值、运动轨迹控制、坐标测量机状态监控、测头系统管理、系统参数初始化与管理、与测量软件进行通信等。

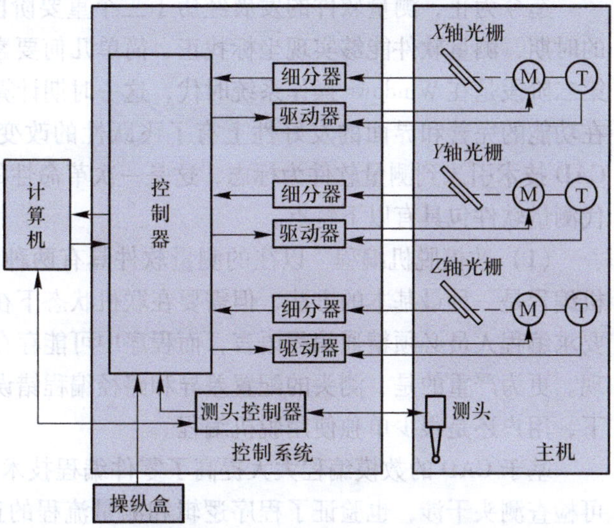

图7-13 CNC数控型控制系统框图

绝大多数的坐标测量机采用的是直流电动机/测速机伺服机组，也有少数采用直线电动机和步进电动机。由于坐标测量机精度高，在测量时又经常高速地正反向切换，若每分钟采集100个点，则电动机就必须每分钟正反向切换200次，且要求运行平稳。因此，对坐标测量机所选用的电动机性能要求是起动扭矩大、起动电压低、时间响应快。

驱动器的性能直接影响坐标测量机的运行特性。在20世纪80年代，一般采用的是晶体管线性放大驱动系统。进入20世纪90年代，脉宽调制（Pulse Width Modulation，PWM）系统驱动器在高精度伺服控制领域得到了广泛应用。PWM按一个固定频率来接通和断开直流电源，并根据输入信号的大小来改变一个周期内的“接通”和“断开”时间的长短，这样通过改变电动机电压的“占空比”来改变平均电压的大小，从而控制电动机的转速。它的调速比高、响应速度快、起动性能好。驱动器不仅要具有良好的控制性能，还具有过电压、过电流、过速、过热等多种保护功能。

操纵盒由操纵杆和功能键组成。操纵杆偏移的方向即是机器运动的方向，偏移的角度控制机器的运行速度。功能键一般包括急停键、速度控制键、快慢转换键、单轴锁定键、电动机加电键、虚点记录键、删除键等。比较好的操纵盒都以单片机为核心，不但功能键比较丰富，且具有调试和自检功能，为使用和维护提供了极大的方便。

CNC数控型控制系统由于实现了自动测量，大大地提高了工作效率，特别适合于生产线和批量零件的检测。由于排除了人为因素，可以保证每次都以同样的速度和法向矢量方向进行触测，从而使测量精度得到很大提高。

随着坐标测量机应用的普及及现代制造业的发展，高精度、高速度、多功能、集成化、无线传输将成为坐标测量机CNC数控型数控系统的发展方向。

4. 测量软件

测量软件是坐标测量机的一个重要组成部分，是用于操作坐标测量机及相关装置的一组程序。随着几何量测试技术和计算技术研究的不断深入，先进的数学模型和算法不断涌现，完善和充实坐标测量机的测量软件是坐标测量技术的一个重要努力方向。

迄今为止，测量软件的发展经历了三个重要阶段：第一阶段是DOS操作系统及其以前的时期，测量软件能够实现坐标找正、简单几何要素的测量、几何公差和相关尺寸的计算；第二阶段是在Windows操作系统时代，这一时期计算机的配置都有了极大的改善，测量软件在功能的完善和界面的友好性上有了飞跃性的改变；第三阶段从20世纪末开始，它以将CAD技术引入到测量软件为标志，这是一次革命性的改变。以三维CAD环境为中心的新一代测量软件包具有以下特点。

（1）数模脱机编程　以往的测量软件具有两种编程方式，即联机编程和脱机编程。联机编程是一种最基本的方法，但需要在联机状态下在实际零件上完成且功能有限。脱机编程要求编程人员必须精通编程语言，而程序中可能存在的逻辑错误则只有在实际测量时才能发现。更为严重的是，测头的配置差异和路径编程错误会造成严重的事故，所以在大多数情况下，用户还是很少单独使用脱机编程。

基于CAD的数模编程大大提高了零件编程技术。它的极大优势是可以做仿真模拟，既可检查测头干涉，也验证了程序逻辑和测量流程的正确性。CAD数模编程既不需要坐标测量机也不需要实际的零件，这极大地提高了坐标测量机的使用效率或有效利用时间。对于生产线上使用的坐标测量机，这就意味着投资成本的降低，因为占测量准备工作主要部分的编程，是在测量室以外完成的，甚至在零件还未制造出来就已经完成了。此外，编程中需要的理论数值也将从数模上直接自动得到，而不需从图样上查找再由键盘输入，这一改变在提高效率的同时也避免了输入错误的发生。

（2）图形操作环境　即使在没有CAD数模的情况下，测量软件的图形环境也使用户的操作方式大为改观。首先，测量元素是以三维图形显示的，而不是像传统软件那样，仅显示数据列表，从而实现了“所见即所得”。其次，在进行相关计算和分析过程中选择元素时，可以从显示窗口上直观地选取图形，而不是查找数据库列表里的元素标号。图形操作环境使用户的工作具有轻松感，提高了效率，也使得测量的中间结果判断十分容易，可以避免许多显而易见的测量错误。

（3）图形报告　图形报告就是在测量结果上直接绘制图形，同时将测量数据和理论值及误差等信息直接标注在图形上。在有CAD数模时，输出的图形即为数模图形；在无CAD数模情况下，输出的图形为测量元素。无论在哪一种情况下，都可以自由选择视图方向，以最合理的投影方向来表达测量结果。

目前，比较著名的测量软件有PC-DMIS、RationalDMIS、PowerINSPECT、QUINDOS、TUTOR等。虽然测量软件形式多样，但从功能上可以分成以下几类或几组。

1）核心或通用测量软件。它实现整个测量系统的最基本的功能，通常包括测头校准、坐标系建立、几何特征测量、几何公差分析与评价等。其中，测头校准用于定义/设定测头的参数（如测尖半径、多向测头的位置等），以便测尖接触零件表面时坐标测量机能够对测头尺寸自动进行补偿。校准通常通过测头测量已知尺寸的标准量块或标准球来完成。坐标系建立与转换软件使得零件测量过程中不需要费时地在测量工作台上找正零件，方便零件坐标系的建立。基本几何特征包括平面、圆柱、孔、槽等，要测得这些几何特征的几何参数，需要采集多个测量点并进行拟合（如采用最小二乘算法）计算。几何公差分析与评价能够完成测量结果与图样或数模中规定的尺寸和公差规范值的分析比较。

2）专用测量软件。它是指在核心测量软件基础上开发的针对某种具有特殊用途的零、部件测量与评价软件，主要包括齿轮检测、叶片检测、螺纹检测、凸轮检测、汽车车体检测等软件，以代替一些专用的测量仪器，拓展了坐标测量机的应用领域。

3）统计分析软件。统计分析在生产过程及工艺设备的状况和能力分析中有着重要作用。此类软件可以根据坐标测量机收集的数据进行各种统计分析。例如，通过测量得到零件的尺寸数据，可用来评价工艺过程的工序能力（以工序能力指数 *Cp* 表征）或进行统计过程控制。常用的统计分析指标有平均值、标准差、变化趋势、分散范围、概率分布、工序能力指数等，还可以对各种因素进行相关性分析。

4）图形报告输出软件。它以图形或图画方式显示测量数据，为用户提供直观、可视化的误差展示和报告输出功能。

5）补偿、驱动软件。为了增强坐标测量机的功能，利用软件补偿的方法提高坐标测量机的精度，坐标测量机生产厂还提供了附加功能软件，如误差补偿软件、激光测头驱动软件以及驱动其他厂家坐标测量机的驱动软件。

7.3　数控测量编程

7.3.1　测量编程模式

要使坐标测量机实现自动测量，必须要有相应的自动测量程序。测量程序可以通过三种模式编制，即联机编程、脱机编程和自动编程或CAD数模编程。

1. 联机编程

联机编程又叫“自学习编程”，现代的坐标测量机软件一般都具备“自学习”功能。所谓“自学习”，指的是为了精确测量某一零件或是为了能自动测量相同的一批零件，计算机把操作者手动操作的过程及相关信息记录下来，并存储在文件中的一种功能。重复测量时，只需调用该文件，便可自动完成记录的全部测量过程。联机编程模式适合于多个几何特征的综合测量及批量检测，其优点是简单易学，缺点是编程时会占用太多的坐标测量机时间。

2. 脱机编程

脱机编程是在与坐标测量机分离的任意一台计算机上，使用其他编辑工具或配套的测量软件，根据零件图样，按照坐标测量机的专用语言的指令编制零件测量程序。所编制的测量程序包括运动指令、测量指令和报告生成指令等。运动指令定位测头到指定位置，测量指令控制坐标测量机的触测。为了降低操作者对专用语言熟练程度的要求，测量软件往往采用提示指令菜单及用于计算机辅助编程的多级菜单。脱机编程的优点是编程不占用坐标测量机的时间，缺点是编程员必须精通测量编程语言，否则容易出错，故必须试运行和多次修改。

3. CAD 数模编程

脱机编程的进一步发展就产生了CAD数模编程，有的称为自动编程，是测量行业追求的目标。顾名思义，它基于待测零、部件的CAD模型，自动或半自动地进行检测规划并生成测量程序，并通过尺寸测量接口标准（Dimensional Measurement Interface Standard，DMIS）格式文件传输到坐标测量机系统的计算机上。CAD数模编程可以在独立的测量软件（如PC-DMIS、PowerINSPECT）中进行，首先读取CAD模型数据文件，自动构建虚拟零件，并根据虚拟零件自动建立检测工艺过程，自动生成测量路径，自动完成检测，并将实际零件的检测结果反馈给主控计算机。CAD 数模编程也可以直接在集成的 CAD/CAM 系统（如 CATIA，Pro/E 等）中进行，但无需读取和转换 CAD 模型。CAD 数模编程的优点有：可仿真模拟测量过程，事先验证测量程序正确性；无需坐标测量机和实际零件就可进行，极大提高坐标测量机效率和利用率。因此 CAD 数模编程是当前最流行的编程方法。

CAD 数模编程模式的实现需要在测量软件或 CAD/CAM 系统与坐标测量机之间建立一种测量程序及结果的通信协议，目前流行的通信协议有 DIMS 和 I++尺寸测量设备接口（Inspection plus plus Dimensional Measurement Equipment Interface，I++DME）。后面将分别予以介绍。

7.3.2 测量规划与编程

一个完整的测量活动包括产品信息定义/获取、测量过程定义、测量过程执行和测量结果分析四大环节。核心环节是测量过程定义，就是在获取产品几何、特征、尺寸和公差等信息的基础上，完成测量过程规划和编程，生成相应的测量程序。过去常采用脱机编程和联机编程模式编制测量程序。也就是说，在测量软件支持下，针对二维零件图样要求编写，或是由人按照测量规划控制测头运动，边测量边生成测量程序。这些人工编程方法的效率低并且主要依赖二维零件图样，在实际应用中目前多采用 CAD 数模编程的方法，由坐标测量机软件半自动或自动生成测量程序。测量规划与编程的一般流程如图 7-14 所示，主要包括选择坐标测量机、确定零件定位及装夹方案、选择测头及组件、设置坐标系和零件找正、规划测量点及路径、碰撞检查及规避、测量过程仿真及输出测量程序和检测工艺规程。

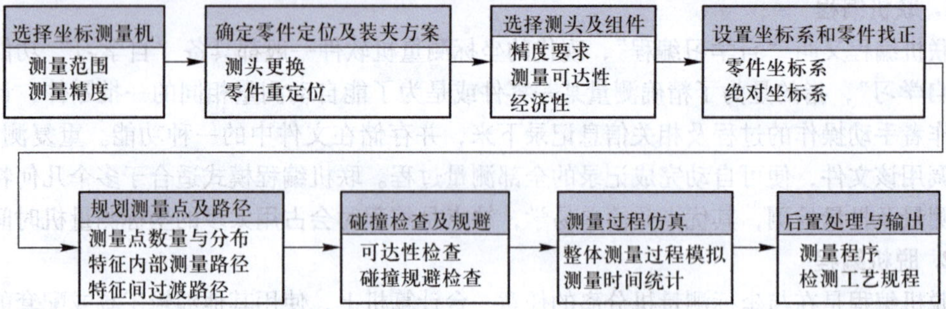

图 7-14　测量规划与编程的一般流程

1. 选择坐标测量机

坐标测量机的选择主要考虑两个方面的内容，一个是测量范围，另一个是测量精度，要使得所选择的坐标测量机的 X、Y、Z 行程范围和测量精度能够满足零件的最大轮廓尺寸和最高精度要求。

2. 确定零件定位及装夹方案

当零件被放在测量工作台上后，它的定位也就确定了。由于测头具有一定的体积，且它在空间的位置不是任意的，故在某种定位方式下，可能只有一部分特征能被测量，而其他一些特征则需通过改换测头或对零件进行重定位来测量。为了减少测头改换或零件重定位的次数，提高检验效率，零件定位时在首先满足基准面可测的情况下，应尽可能照顾到其他被测面。通常做法是对所有特征的可测性（即可达性）进行检查，然后以测头的定位和零件的装夹为基础，将零件的特征进行分组检测，每一组检测构成一道检测工序。

在坐标测量机上测量时，零件的装夹并不是必需的，要依据具体零件进行分析。一般而言，箱体类零件有较大的定位平面和一定的重量，并不需要进行装夹。只有在其重量较轻，为了避免探测时零件移动才用装夹固定。而轴类、盘类等零件自身无规则的定位平面，通常需要用专门的测量夹具予以固定。

对基准特征的检验必须在以其为基准的其他特征检验之前进行。因此，零件初次定位和装夹后，有关的基准特征应该进行分组。

3. 选择测头及组件

测量规划与编程过程中的一个重要的内容就是根据被测件特征类型和尺寸选择合适的测头类型及其组件（如测杆和加长杆等）。选择测头时应考虑被测件精度要求、可测量性和经济性。测头精度的选择并不是越高越好，对于一般等级的公差，选择精度很高的测头，会造成不必要的浪费，增加测量成本，而且对于测头的维护和保养不利。同时，使用高精度的测头，在测量时间上也会相应增加。

由于接触式测头的“可达即可测”，故实际中利用可达性分析确定可测量性要求。可达性（Accessibility）是指在特定的被测件定位和测头方位下，测头能够接触到待测特征，并且不与被测件其他部分发生碰撞干涉。对被测件的可达性分析，即是确定测头接近零件表面被测特征的方向。可达性分析是测量规划中的重要问题，是判断测量方案是否可行或是否优化的基础工作。

4. 设置坐标系和零件找正

在坐标测量机上对零件进行测量时，有两种坐标系，即坐标测量机的绝对坐标系和零件坐标系，默认为绝对坐标系。在实际测量过程中，一般以零件坐标系应用为主。所以在测量中需要将坐标测量机的绝对坐标系转换为零件坐标系。该坐标系随零件的位置改变而变化，始终与零件位置相对应，故称为柔性坐标系。建立零件坐标系的方法有很多种，常用的有由三个平面建立坐标系，由一个平面、两条轴线建立坐标系及由三条正交轴线建立坐标系等方法。

零件测点及其路径的生成通常是在CAD中的零件坐标系（数控加工中称为工件坐标系）进行的，但在实际测量过程中，对零件进行装夹固定后，应首先对被测件进行找正，即确定零件坐标系在坐标测量机的绝对坐标系中的位置。因此设置的坐标系要便于测量时测头对零件找正，而且每个测量工序都要进行坐标系设置。

5. 规划测量点及路径

不同的测量点数量和分布往往会产生不同的测量结果。测量点数量的确定主要权衡测量精度和成本。测量点越多，分析所依据的信息就越多，同时测量可信度也就越高。因此，对于精度要求较高、需要重点关注和曲率较大的表面特征应当安排较多的测量点。但是，测量点越多相应地增加了测量时间和操作成本，而且当测量点数量增加到一定程度后，再增加更多的测量点对进一步提高测量精度的贡献很有限，而测量成本却大大提高。

测量点的分布主要是由被测特征表面的几何类型和形状决定的，同时不同的检测项（即几何公差类型）要求也对测量点的分布有着不同的要求，最后还必须注意测量点的可达性。表7-1给出了不同几何公差类型对平面和圆柱面基本测量点的要求。在实际测量点规划中虽然有多种测量点分布方法，但均匀分布仍不失为一种简单有效的测量点布置方式。

图7-15所示为平面、圆柱面以及球面测量点均匀分布的典型情况。

表7-1　不同几何公差类型对平面和圆柱面基本测量点的要求

几何公差	平　面	圆 柱 面
直线度	3×2	6×2
平面度	3×3	—
圆度	—	6×2
圆柱度	—	4×3
轮廓度	3×2	—
同轴度	—	6×2
平行度	4×2	6×2
垂直度	4×2	—
倾斜度	3×2	—

测量路径规划是确定测头在测量空间的运动轨迹，要求在整个过程中经过所有的测量点位置，对测量点进行探测。坐标测量机是对零件表面的接触式测量。在实际测量过程中，通常要求须在前一个特征表面的全部测量点都已经测完的情况下才转到下一个特征表面进行测量，尽量避免对不同被测面上的测量点交替进行采样的做法。因此，测量路径规划涉及两个层次，即特征面内的测量点路径规划和特征面间的测量点路径规划。

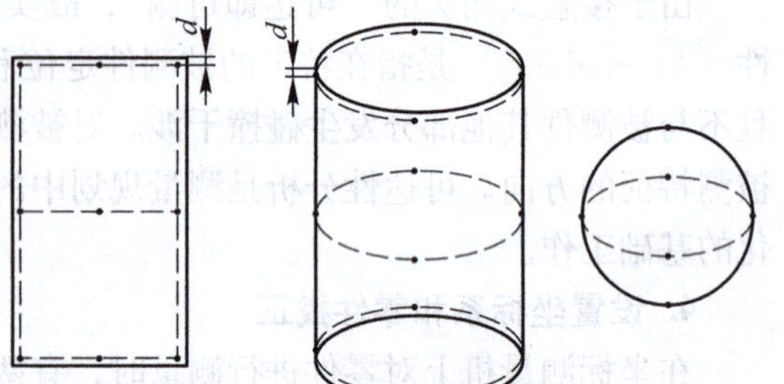

图7-15　平面、圆柱面以及球面测量点均匀分布的典型情况

特征面内的测量点路径规划就是确定同一个被测量表面内的所有测量点的测量顺序，属于局部测量路径优化问题；特征面间的测量点路径规划本质上是确定特征面的测量顺序，这是路径连接优化，属于全局优化问题。这两层次的路径规划都是对若干个分布在空间不同位置的测量点进行排序，目标是使得测量路径最短。

测量路径规划是一个十分复杂的优化问题，因为它不仅要顺序地通过所有的测量点完成探测，还要在移动的过程中避免测头与零件发生碰撞，同时还要考虑测头更换和测头角度或方向改变的次数最少。虽然国内外学者在这方面开展了很多有关运用智能优化算法自动求解测量路径的研究，但对于具体测量任务很难获得满意的效果。目前较为普遍的做法是将基本被测特征如平面、圆孔、圆柱、凹槽、台阶等都单独设置一套测量路径程序模板，存储在专家知识库中。在实际路径规划时，只需确定特征的测量顺序即可，系统自动从专家知识库中调用相应程序并根据具体特征的参数生成测量路径。图7-16所示为一种典型的平面测量路径。平面的测量点分布采用U/V向均匀分布。对于完整矩形面，一般采用3×3布点，测量路径采用S形顺序连接各测点。当$\Delta V<\Delta U$时，采用V向优先，即首先连接V向点，如图7-16所示情况。当$\Delta V>\Delta U$时，则采用U向优先。图7-17所示为一种典型的内孔柱面测量路径。对于完整的内圆柱面，一般采用4×3布点，路径连接以轴向优先，从上至下依次测量三个轴向截面圆内的四个点。

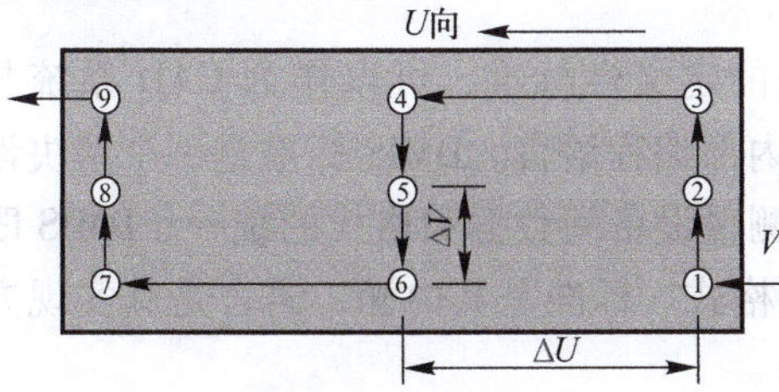

图 7-16　平面测量路径

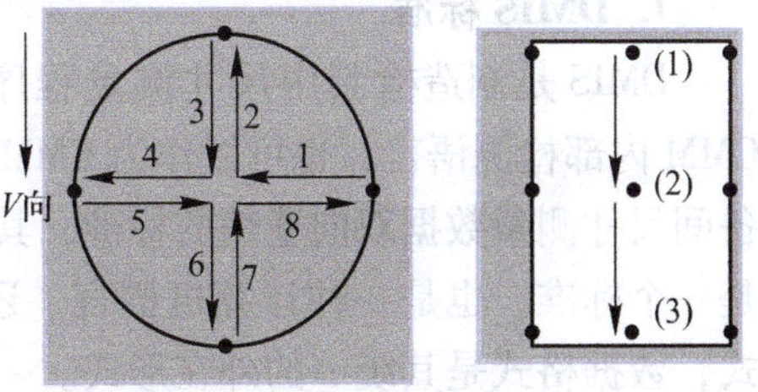

图 7-17　内孔柱面测量路径

6. 碰撞检查及规避

在测量规划过程中要严格防止测头与零件的碰撞。对于简单的零件，可以较容易发现碰撞情况的发生。而对于复杂的零件，则有时很难检查出来。当前主要有两类方法用于碰撞检查。第一类方法是将测头运动轨迹划分为很多时间步，在测头移动过程中的每一个时间步都进行静态干涉检测，来判定测头与零件之间是否发生碰撞，称为“单步检查”的方法。对于这种检查方法，时间步的个数将影响到检测结果的正确性和算法的效率。如果利用过多的时间步，将会耗费大量的计算时间；如果时间步过少，则会发生漏判或错判现象。第二类方法是基于产生称为“扫描实体”的空间占位实体。产生的空间占位实体代表测头按给定轨迹移动过程中所占有的全部空间体积，如果空间占位实体与零件发生干涉，则测头即会与零件发生碰撞。这种检查方法的处理效率更高。

当发生碰撞干涉时，通常有消极规避和积极规避两种排除方法。消极规避是指重新指定测量点，直到不再发生碰撞为止。积极规避则是通过改变测头行动路径来排除测头与零件的干涉。积极规避一般有添加避障点和使用安全区域两种方法相比。当某一段路径与零件发生干涉时，可在此路径上添加一个避障点，改变测头运行轨迹，从而将障碍“跨越”过去，这种方法会增加测头运行时间，但代价较小。缺点是如何添加避障点，目前还没有固定的规则，具体操作时应根据零件的几何形状来选取。安全区域法就是设置安全平面来规避碰撞，类似于数控加工中设置安全平面。与添加避障点法相比，这种方法在测头运行时间上所付出的代价较大，但其方法统一简单，便于实现自动化。

7. 测量过程仿真

当测量规划工作全部完成后，就可以对整个过程进行模拟仿真。通过模拟进行仿真测量，可以预知实际测量过程，及时发现当前存在的问题，修改测量规划，提高规划效率和质量。

8. 后置处理与输出

当所有被测特征都在检测工步中定义并进行碰撞检查及仿真确认无误后，就可以将测量规划结果进行后置处理，输出供坐标测量机执行的测量程序，也可以输出相应的检测工艺规程。

7.3.3　测量程序标准与协议

测量规划完成以后，通过后置处理产生坐标测量机可以执行的测量程序，把测量程序输入到坐标测量机之后即可进行实际测量。目前通用的测量程序是 DMIS 程序，各厂家生产的坐标测量机基本都支持 DMIS 标准。测量程序的执行还有一种方式，就是通过在测量软件系统和坐标测量机的控制系统之间建立一种通信协议——I＋＋DME，通过该协议可以把测量程序实时地传输到坐标测量机上进行实际测量。

1. DMIS 标准

DMIS 是制造检测中尺寸测量程序和数据通信的定义性标准，可以作为 CAD 系统与 CMM 内部检测语言，也可以作为 CMM 直接控制的内部编程语言。DMIS 标准是一个解决设备间尺寸测量数据双向通信的标准，其目的是规范测量设备间数据和格式的统一。DMIS 既是一个标准，也是一种计算机语言，还是一种数据格式。标准是其内涵，语言是其实现方式，数据格式是其统一的外在形式。

（1）DMIS 的应用环境　DMIS 标准的开发目的是实现测量设备间双向信息交流，构建高度集成的测量信息系统。它提供了一种测量程序和测量数据的标准格式，具有测量规划和分析测量结果的作用，有助于实现测量设备的信息交换、自动化操作和系统集成。通过 DMIS 可以设计出便于人类识别的测量程序，并分析测量结果。DMIS 标准的应用环境如图 7-18 所示，图中一台测量设备可以通过使用 DMIS 数据标准直接通过接口与其他支持 DMIS 格式的设备相连，或者通过一个前置处理器进行连接，将 DMIS 格式转换成自己的数据结构。测量程序可以通过各种不同的方法来生成，例如 CAD 图形编程系统、非图形脱机编程系统、自动编程系统或者手动编程均可实现测量程序的生成。一个编程系统需要一个前置处理器（Preprocessor）将程序转化为 DMIS 格式，DMIS 格式的测量程序就可以在不同的尺寸测量设备上运行。尺寸测量设备Ⅰ拥有一个前置处理器和一个后置处理器，它们把 DMIS 格式数据转化为设备自己特有的数据格式。而尺寸测量设备Ⅳ将 DMIS 格式作为自己内部数据格式，因此该设备不需要前置和后置处理器接口。同样，一台控制两台尺寸测量设备Ⅱ和Ⅲ的工作站计算机，也拥有一个前置处理器和一个后置处理器，由它负责 DMIS 程序的格式转换并驱动这两台测量设备。

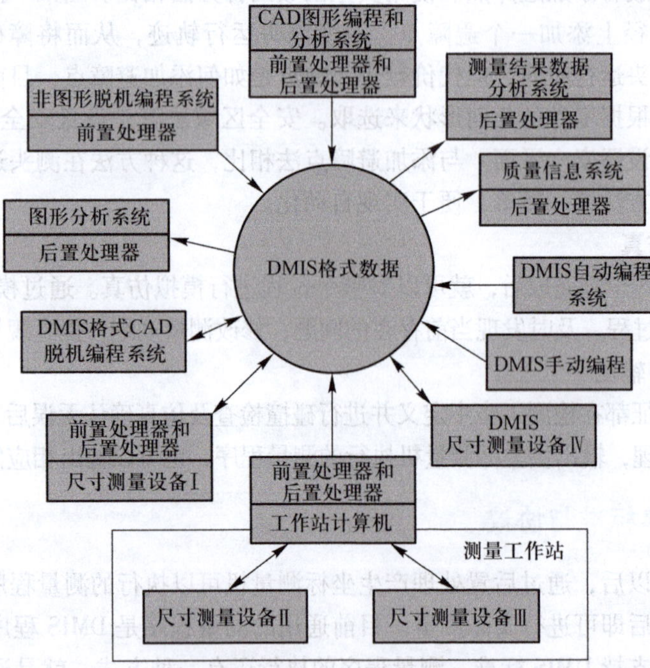

图 7-18　DMIS 标准的应用环境

DMIS标准的诞生，改变了传统设计、制造和检测之间信息交流的方式，为CMM供应商和用户带来了极大的便利。首先，通过在CAD系统和CMM之间提供双向通信标准，DMIS更加方便了系统的自动化和集成化。其次，CMM和CAD公司只需编写唯一的DMIS接口程序。最后，用户不必再局限于单一的CAD系统和CMM设备的来源。

（2）DMIS的程序格式　DMIS程序由ASCII码组成，除在文本串内部之外，其余位置字母不区分大小写。DMIS词法体系主要由关键字、标识符名称、文本串、变量、表达式、分界符等组成。

DMIS语句类别由DMIS主关键字确定。主关键字、次关键字、参数、标识符、变量、表达式、分界符等构成了DMIS语句。DMIS语句按功能分为命令语句和定义语句两类。命令语句指挥DME和接收系统执行某些功能。通常，命令语句包含一条预先的定义语句。此时，命令语句执行过程中使用定义语句。主关键字指出了命令语句的类型。定义语句用来描述专门的几何意义、公差、机床特性和其他的关于检测零件程序条件的细节信息。除了主关键字的前面有一个主关键字和一个等号，定义语句的基本结构和命令语句相同。定义语句描述了一组条件，给标识符名称赋一个简单的基准，然后标识符名称用于另一个语句来指出已定义的对象。

下面是一个典型的DMIS程序段。

```
FINPOS/ON
F（CIRCLE_1） =FEAT/CIRCLE，INNER，CART，10，10，5，0，0，1，40
MEAS/CIRCLE，F（CIRCLE_1），3
GOTO/10，10，5
PTMEAS/CRAT，30，10，5，-1，0，0
PTMEAS/CRAT，-10，10，5，1，0，0
PTMEAS/CRAT，10，30，5，0，-1，0
ENDMES
```

该程序段含义如下：

第一行是命令语句，指定尺寸测量设备（DME）的精确定位机构工作。

第二行定义一个圆的特征。名称是CIRCLE_1；INNER说明测量圆的内部，即一个孔；CART说明是直角坐标系，坐标是（10，10，5）；后面的数字说明圆特征所在平面的方向向量为（0，0，1）；最后定义圆的直径是40。

第三行是命令语句。DME测量该圆特征，取点数为3。

第四行的GOTO语句是运动语句，说明测头运动到坐标为（10，10，5）的位置。

接下来三行的PTMEAS语句说明在三个测量点上取测量值。每行后部的6个数字的意义是：前三个数字表示测量点X、Y、Z的坐标值；后三个数字表示方向向量，其指向是远离特征表面。

最后一行表示测量程序结束。

2. I++DME协议

I++DME（Inspection Plus Plus；Dimensional Measurement Equipment Interface）是由I++工作组于2001年提出的针对尺寸测量设备的通用接口标准。该工作组主要由欧洲的汽车制造协会的汽车生产商（奥迪、宝马、戴姆勒-克莱斯勒、通用、保时捷、大众和沃尔沃）联合发起，目的是在测量软件和测量设备之间建立一套统一的标准，以解决公司内部众多尺寸测量设备的兼容问题。

I++DME 适用于坐标测量机、形状检测仪、凸轮轴测量仪等尺寸测量设备。由于是由用户直接发起的，因而得到了比较好的推广，得到了包括 ZEISS、HEXGAON、RENISHAW 等行业著名测量技术公司的支持，目前已经发展到 1.7 版本。

(1) I++DME 系统的物理布局　I++DME 系统的物理布局有黑盒式（Black Box DME Interface Physical Layout）和 PC 式（PC Based DME Interface Physical Layout）两种，如图 7-19 所示。二者的共同点是都由客户端（Client）即测量软件、尺寸测量设备接口（DME-Interface）和服务器端（Server）即坐标测量机的控制系统组成。尺寸测量设备接口（DME-Interface）是运行在基于 PC 或黑盒上的软件。客户端与尺寸测量设备接口通过局域网连接起来，使用 TCP/IP 端口进行通信。客户端运行测量软件，提出测量任务，尺寸测量设备接口控制所有的坐标测量机子系统（如测头、测头座、手持盒和回转工作台等），执行相应的测量功能。例如，我们要旋转 PH10 测头座，客户端只需要通知尺寸测量设备接口，然后该接口就会控制 PH10 测头座，去完成旋转动作。客户端和服务器端可以在不同的计算机上运行，也可以在同一台计算机上运行。

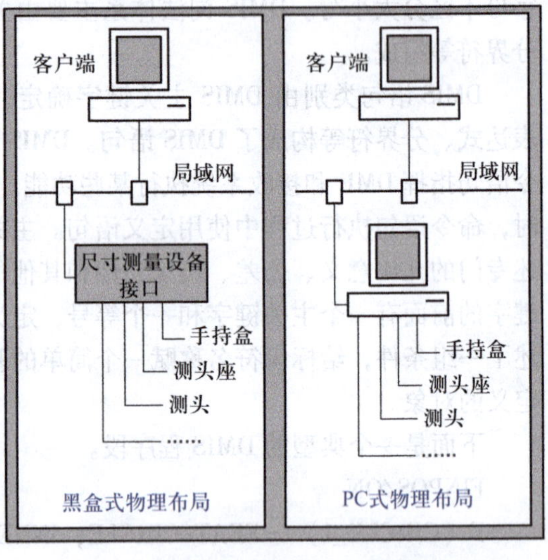

图 7-19　I++DME 系统的物理布局

二者的不同点在于尺寸测量设备接口的实现方式。黑盒式主要通过设计的电器盒来实现，不提供直接的用户界面，具有可靠性高及成本优势等特点。PC 式依靠计算机来实现，用户可利用键盘、显示器等直接交互，提供了底层用户接口，以便用户监控设备。

(2) I++DME 系统的逻辑布局　系统的逻辑组成通常包括尺寸测量设备接口及子系统、测量软件、监测软件和诊断程序等，如图 7-20 所示。当硬件启动，尺寸测量设备接口开启时，它将会创建 4 个 TCP/IP 端口，即测量软件端口、监测端口、诊断端口和信息端口。其中最重要的是测量软件端口，国际上统一规定端口号为 1294。通过该端口建立连接，即可以根据 I++标准，实现测量软件与尺寸测量设备接口的通信，再通过尺寸测量设备接口来实现对硬件系统的控制，执行测量任务。

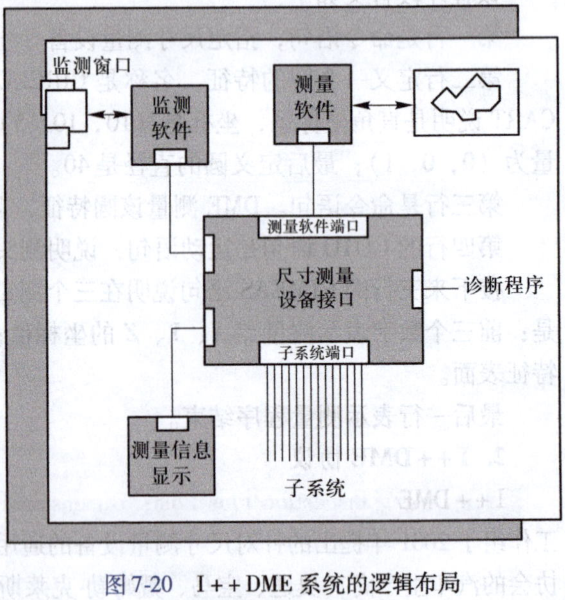

图 7-20　I++DME 系统的逻辑布局

（3）I++DME系统的通信　传输层按照传输协议，在服务器端和客户端传输ASCII字符，完成系统的通信。以一个查询为例来说明这一关系。在TCP/IP端口建立后，客户端如果想要查询当前零件（Part）的温度，则需要用到零件类函数：GetProp（Part. Temperature（）），该函数可以返回零件的温度值。客户端通过传输层，通过TCP/IP端口，将该命令字符串按照规定的格式，发给服务器端，服务器端接收到后执行该函数，然后将获得的温度信息再传回客户端，客户端获得零件的温度值，完成一次查询任务。表7-2给出了一个I++DME通信过程的例子，说明了坐标测量机运动到某点并返回实际坐标值的完整通信步骤。

表7-2　I++DME通信过程示例

客户端到服务器端	服务器端到客户端	注　释
00001 StartSession（）		任务开始
	00001 &	确认收到命令
	00001 %	命令处理完毕
00002 Home（）		回零
	00002 &	确认收到命令
	00002 %	命令处理完毕
00003 GoTo（X（10），Y（10），Z（0））		运动到点（10，10，0）
	00003 &	确认收到命令
	00003 %	命令处理完毕
00004 Get（X（），Y（），Z（））		获取当前的坐标值
	00004 &	确认收到命令
	00004 # X（9.98），Y（9.97），Z（0.01）	当前坐标值
	00004 %	命令处理完毕
00005 EndSession（）		任务结束
	00005 &	确认收到命令
	00005 %	命令处理完毕

7.4　大尺寸测量系统

7.4.1　大尺寸测量系统的产生及其特点

随着科学技术的不断发展，工业生产的不断变革，使得工业测量的内容和手段也发生了很大的变化。尤其是进入20世纪90年代以来，工业发达国家对大尺寸测量的需求越来越多，特别是在汽车、船舶、航空、航天、核工业、能源及水力电力工业中，大型部件的测量比比皆是。"大尺寸测量"一词源于"大尺寸工程测量"。早在1961年英国的D. W. Berry就给了有关"大尺寸测量"的描述。他认为大尺寸测量是一种关于几何量的测量，它将大测量技术与工程测量技术结合起来，以解决工程中大型装备的测量问题。大尺寸测量已经演变成一种精密的工程测量，使用激光跟踪仪测量点到点距离的不确定度能达到 2 ~ 70μm，测量要素也从单一的角度、长度测量扩展到坐标测量和形状测量。

除了传统的光学测量仪器以外，大型坐标测量机对那些方便移动的零件来说，是最有效的测量工具，然而固定式坐标测量系统最大的问题是测量空间有限、测量方式被动。20 世纪 80 年代初，面向现场的便携式坐标测量系统不断出现，解决了各种工业现场测量的难题。这些系统不再是简单的直角坐标测量体系，而是通过测角、测长及相应的计算方法求解出物体的空间坐标。系统结构紧凑、携带方便、测量空间开放，是面向测量对象的主动式测量。人们越来越多地使用这些高精度、可移动式空间大尺寸坐标测量系统，如激光跟踪仪、激光雷达扫描仪、三维扫描仪和经纬仪等。这些仪器可以快速、准确、高效地完成定位、放样、检查和校准等测量任务。

传统的模拟直角坐标的框架式坐标测量机具有精度高、功能完善等优势，因而在中小尺寸工业零件的几何量检测中至今占有绝对统治地位。但是不便于携带和框架尺寸的限制（目前世界最长的框架式坐标测量机行程为 40m，最宽为 6m），对于大尺寸的测量、现场的零件测量、较隐蔽部位的测量，以及大型飞机、航天飞机、火箭的测量，建筑和山川的测量等，它的应用受到了限制。因此在坐标测量概念的基础上，人们力争有所突破。大尺寸测量系统的出现，就迎合了这种需求。它有如下特点：

1）在结构上突破直角框架的形式。

2）在坐标系的建立上更多地应用矢量坐标系或球坐标系。

3）在探测系统方面除了传统的接触式探测系统，更多地采用非接触式探测系统（光学或激光甚至雷达系统）。

4）由于计时系统的精确性大大提高，现在常常把距离的测量转化为时间间隔的测量。

5）重量轻且便于携带。

目前广泛应用的大尺寸测量系统主要有关节臂测量机、激光跟踪仪、经纬仪、数字照相（摄影/测量）系统和室内全球定位系统（Indoor GPS）等。下面重点介绍关节臂测量机和激光跟踪仪的工作原理及应用。

7.4.2 关节臂测量机

1. 关节臂测量机的定义及结构形式

关节臂测量机是由几根固定长度的臂通过绕互相垂直轴线转动的关节（分别称为肩、肘和腕关节）互相连接，在最后的转轴上装有探测系统的坐标测量装置，如图 7-21 所示。很明显，关节臂测量机不是一个直角坐标测量系统，每个臂的转动轴或者与臂轴线垂直，或者绕臂自身轴线转动（自转），一般用三个“-”隔开的数来表示肩、肘和腕的转动自由度。例如，图 7-21、图 7-22 分别所示为 2-1-2，2-2-3 配置，可以有 a°- b°- d°- e°- f°和 a°- b°- c°- d°- e°- f°- g°角度转动的关节臂测量机。为了适应当前情况，关节数一般小于 7，目前一般为手动测量机。

2. 关节臂测量机的工作特点

在检测空间内一固定点的坐标时，关节臂测量机与直角坐标系测量机完全不同。在测头确定情况下，直角坐标系测量机各轴的位置 X，Y，Z 对固定空间点是唯一的、完全确定的，因此测量误差也是确定的和已知的。而关节臂测量机各臂对测头测量一个固定空间点时却有不同的组合，即各臂在空间的角度和位置不是唯一的，相对于各转轴轴线的矩长不同，测量误差也不相同。

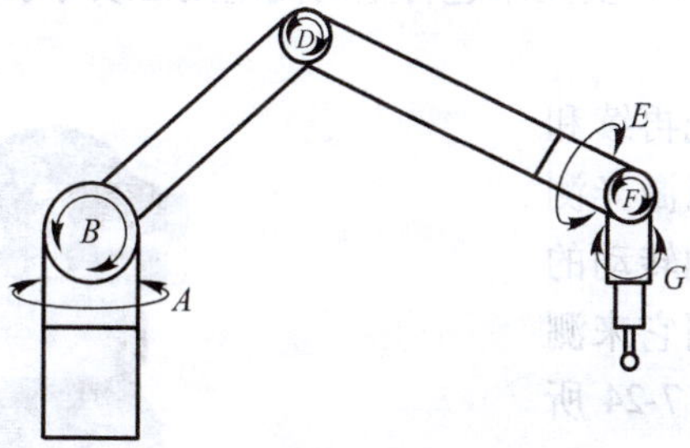

图 7-21　配置为 2-1-2 的关节臂测量机

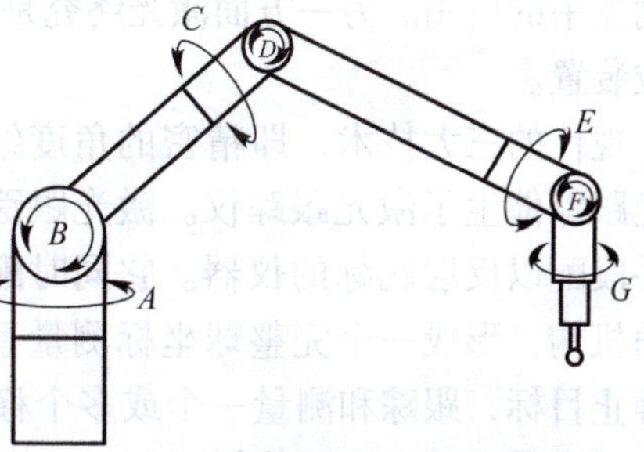

图 7-22　配置为 2-2-3 的关节臂测量机

由于关节臂测量机的各臂长度固定，引起误差的主要因素在于各转角的误差，因此转角误差的测量和补偿对提高关节臂测量机的精度至关重要。探测系统距各关节的距离不同，根据试验和理论推导，不同级的转角误差对测量结果的影响是不同的，越靠近基座处关节的转角误差对测量结果的影响越大。由于关节臂测量机是固定于基座上，基座的固定方式及刚性对测量精度及重复性的影响也不能忽略。

另外，关节臂测量机可能有测量死角或精度特别差的区域，供应商一般会加以说明。关节臂测量机是便携式的，工作环境条件变化很大，因此应注意环境条件。

一般来说关节臂测量机的精度比传统的框架式坐标测量机精度要低，精度一般为 10μm 级以上，加上只能手动，所以选用时要注意应用场合。

3. 关节臂测量机的典型应用

图 7-23 所示为关节臂测量机的几种常见的典型应用。

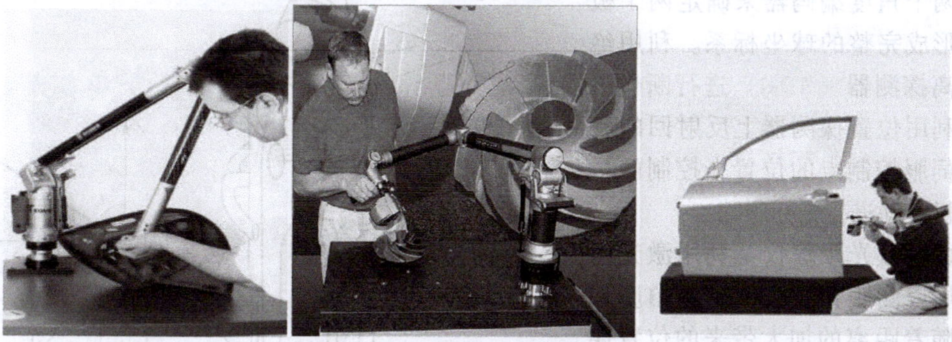

a) 自由曲面的检测　　b) 发动机叶片的检测　　c) 汽车车门的检测

图 7-23　关节臂测量机的典型应用

7.4.3　激光跟踪仪

1. 激光跟踪仪的产生和定义

由于激光的发散性很小，测距精度高，人们在几十年前就开始用激光干涉仪来测距离，进而用它测直线度和角度，特别在较长距离（60m 左右）的测量中发挥了它的优势。但是激光干涉仪使用时要求找好准直，如果干涉镜或反射镜偏离了激光光轴，那么就会出错而且不能断光再续，必须重新再来，甚至中间有东西挡一下光也是如此。这些限制了它在空间坐标测量中的应用。另一方面激光终究是一个测长工具，要用来进行空间测量则必须寻求其他定位装置。

现代的三大技术，即精密的角度编码器、断光再续和激光跟踪催生了激光跟踪仪。激光跟踪仪是一台以激光测距手段配以反射靶标的仪器。它同时配有绕两个轴转动的测角机构，形成一个完整球坐标测量系统。可以用它来测量静止目标，跟踪和测量一个或多个移动目标。图7-24所示为一个典型的激光跟踪仪。

图7-24　激光跟踪仪

2. 激光跟踪仪的工作原理和工作特点

激光跟踪仪是典型的球坐标系的坐标测量系统，它的靶标或测头与主体无机械的联系，可以工作在40m的甚至更大的测量半径范围内。由于应用了角度编码器、断光再续和激光跟踪技术，因而可以在工业环境下动态跟踪靶标进行空间坐标测量。

由于空间坐标点对应于一定的矢径及确定的两个极角，保证了它的唯一性，相对于关节臂测量机对空间点有任意多的组合而言，跟踪仪的精度及误差补偿比关节臂更好。

P 点在空间的坐标由矢径 *d* 及极角 *hz* 及 *vt* 决定，如图7-25所示，通过数学变换也可以进行直角坐标系运算。

激光跟踪仪利用激光干涉系统（IFM）及由反射镜组成的测距系统，两个角度编码器来确定两个极角，形成完整的球坐标系。利用绝对距离探测器（ADM）进行断光再续。利用位置探测器上反射回的激光与伺服控制点的位置来控制两个电动机转动进行靶标跟踪。

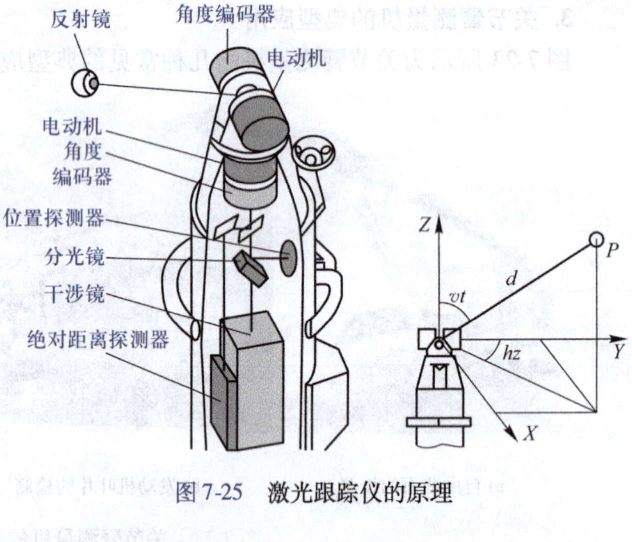

图7-25　激光跟踪仪的原理

由于激光跟踪仪是利用激光测距，所以测距精度很高，但角度编码器随着距离的加大带来的位置误差也加大，所以激光跟踪仪本身主要是角度误差。在激光跟踪仪的应用中，靶标对测量精度的影响也不可忽视，常用靶标外形为球形，内部为3个相互垂直的反射镜，若3个反射镜的角度与外球的中心不重合或3个反射镜面相互不垂直都会引起误差，因此在同一次测量中推荐使用同一个反射镜，同时反射镜不要绕自身光轴转动。

激光本身受大气温度、压力、湿度及气流流动的影响，所以大气参数的补偿对此仪器的正常使用十分关键。激光跟踪仪一般可在如下环境条件中正常工作：工作温度0～40℃；工作湿度10%～90%，无冷凝；工作海拔0～5000m。

3. 使用激光跟踪仪时要注意的问题

1）在应用时要保持前述的环境条件，其中温度始终是影响测量设备精度的一个主要问题。激光管是激光跟踪仪的主要器件，其周围环境温度的稳定性对激光跟踪仪的精度有着很大的影响。

2）由于激光跟踪仪是大尺寸的测量设备，而且角度编码器是影响设备精度的主要器件，所以要尽可能在大尺寸范围内进行检测。

3）根据实际的应用情况，必要时进行转站检测（目标不动，移动激光跟踪仪进行对比检测）。

4）由于激光跟踪仪是动态检测仪器，必要时需进行动态检测（以一定速度旋转装在球棒上的靶标）。

5）注意激光跟踪仪的补偿软件是否在全空间有效。

6）在使用时要防止反射镜跌落，以免丧失精度。

7）镜头及发射发光二极管等光学器件最好用气囊吹及细毛刷清洁，必要时可用浸有异丙醇的棉球去污。

8）要定期更换空气过滤纸。

4. 典型激光跟踪仪的性能指标

表7-3给出了典型激光跟踪仪的性能指标。

表7-3 典型激光跟踪仪的性能指标

Leica 激光跟踪仪		LT640	LTD640	LTD706	LTD709	LTD840
兼容性	匹配 Leica T-Cam	否	否	T—Cam706	T—Cam709	T—Cam800
	匹配 Leica T-Probe	否	否	是	是	是
	匹配 Leica T-Scan	否	否	是	是	是
有效测量范围	最大测量半径	40m	40m	6m	25m	40m
	水平方向最大旋转角度	360°				
	垂直方向最大旋转角度	±45°				
测量与跟踪性能	数据采集速度	3000 点/s				
	数据输出速度	1000 点/s				
	横向跟踪速度	>4m/s				
	径向跟踪速度	>6m/s				
	横向加速度	>2*g*				
	径向加速度	无限大				
尺寸		220mm/280mm/875mm				
跟踪仪主机重量		34.1kg				
角度测量分辨力		0.14 arc sec				0.14 arc sec
角度测量重复性		±7.5μm+3μm/m				±7.5μm+4μm/m
角度测量精度(全量程范围)		±15.μm+6μm/m				±15μm+8μm/m
角度测量精度(2.5m×5m×10m 范围内)		±10μm+5μm/m				±10μm+6.5μm/m

5. 激光跟踪仪的应用

激光跟踪仪在汽车、航空航天和通用制造领域工装设置、检测和机床控制与校准应用中得到普遍认可。空中客车公司使用 Leica 激光跟踪仪来辅助进行巨型夹具中机翼的装配，40m 范围内误差不超过 0.25mm。目前国外著名的大型飞机和汽车生产商都广泛采用激光跟踪仪来进行工装的设置、测量及校准，如空客、波音、宝马、丰田、大众和福特等。激光跟踪仪的应用，如图 7-26 ~ 图 7-29 所示。

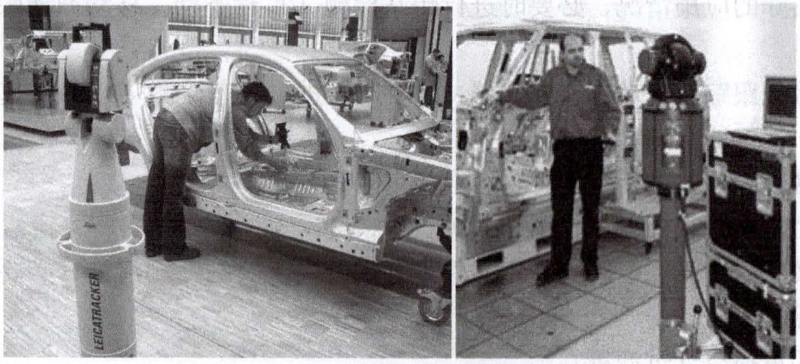

图 7-26　激光跟踪仪应用于汽车制造

图 7-27　激光跟踪仪应用于飞机部件的对接

图 7-28　激光跟踪仪应用于飞机装配

图 7-29　激光跟踪仪应用于飞机表面的检测

7.5　在机测量系统

坐标测量机能用来评定质量要求很高的零件。为了避免振动、环境温度变化等引起的测量误差，坐标测量机必须安置在专门的地基上，在环境变化最小的条件下工作。这个要求使坐标测量机难以直接用于制造系统中。克服上述问题的一个办法是将坐标测量机上用的三维测头直接安置于数控机床上，用测头测量工件的几何精度或标定工件零点和刀具尺寸，测量结果直接进入机床数控系统，修正机床运动参数，保证工件质量。这种技术称为在机测量（On-Machine Measurement，OMM）。

在机测量技术作为一种特殊的测量技术，以其独特的优势和特点为数控机床加工过程的质量检验提供了一套行之有效的方法。在机测量技术将加工和测量集成在一起，实现了加工过程中的自动测量，大大地减少了测量时间，同时避免了因多次装夹而产生的误差，对保证加工精度和降低废品率都有着重要的意义。而且在机测量广泛采用机械触发式测头，价格低、可靠性强、自身精度高，因而经济性能好，性价比也很高。

7.5.1　在机测量系统的组成

数控机床的在机测量系统包括数控机床、计算机和测头系统，其组成如图 7-30 所示。

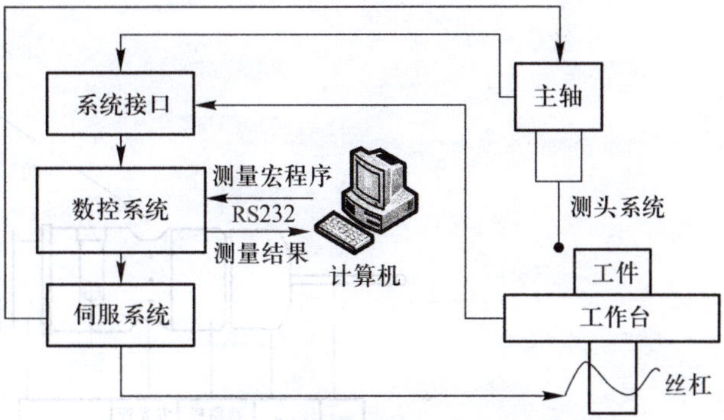

图 7-30　在机测量系统的组成

在机测量的工作原理是：首先在计算机上生成测量宏程序，并将测量宏程序由 RS232 通信接口传输给数控系统，从而使机床伺服系统驱动工作部件，带动测头及被测件按测量宏程序的要求产生测量动作；其次测头对工件进行测量时发出触发信号，通过测头与数控系统的专用接口转变为数控系统可识别的信号，并由数控系统立刻记录测量点的坐标，同时按宏程序执行下一步动作；最后在计算机软件系统控制下，可对系统测量结果进行计算、补偿、数据库链接及可视化等各项数据处理工作，直至完成全部测量工作。

数控机床和计算机不再赘述，下面重点介绍数控机床在机测量所用的测头系统。

7.5.2　数控机床的测头系统

测头在机床上的安装有两种方式。

1）测头安装在主轴上（镗铣加工中心）或刀架上（车削中心），通过触点直接对已加工表面进行测量，测量数据经过实时处理后，得到测量工件上加工表面的尺寸和形状误差，也可用于标定工件坐标系零点在机床坐标系中的位置。

2）测头安装在机床工作台（镗铣加工中心）或床身上（车削中心），机床坐标轴运动使刀具与测头接触，通过测出刀具在各方向的偏置量，在机床数控系统中来补偿可能的加工误差；也可利用切削前后测量的差值来计算刀具的磨损量，监测刀具使用状态。

图 7-31 所示为数控机床上用于在机测量的三维测头系统。该测头是英国 Renishaw 公司生产的 OMP40-2 测头，其尾部结构与普通刀具锥柄相同，放置于机床刀库中，对工件进行测量时由换刀机械手将其安装在机床主轴上。测头光学单元和固定在机床上的光学单元利用红外光束进行通信，传递控制信号和测头触发信号。在测尖接触工件的一瞬间，测头光学单元发出触发信号，机床光学单元接受该触发信号后通过 OMI-2 接口单元将其送到机床控制

系统，此时记录下各轴坐标位置。对多个测量点数据可调用数控宏程序进行拟合处理，计算出直线距离、孔径和圆心等。为了扩大三维测头的应用范围，测头的量杆有多种，可根据不同测量对象选用。

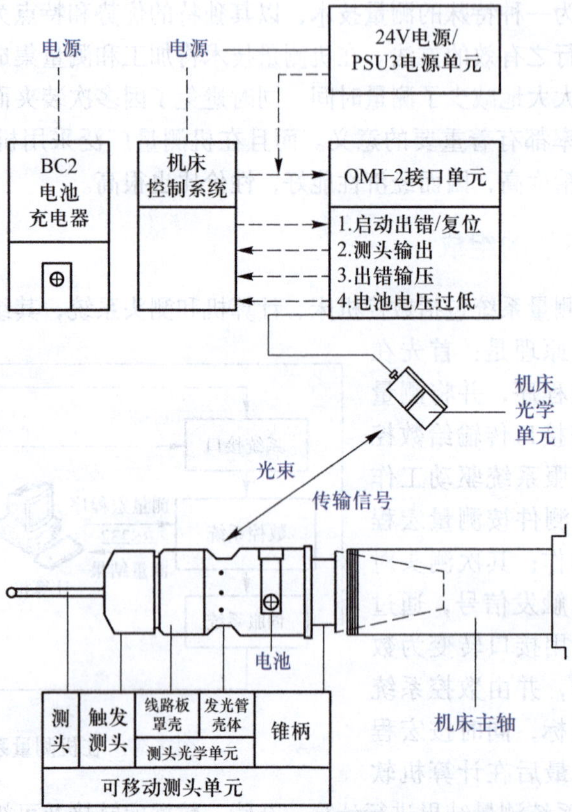

图 7-31　数控机床上用于在机测量的三维测头系统

在制造系统中使用三维测头，最主要的效益是提高测量精度和节省工时。此外，三维测头还可以用于加工过程中的自适应控制系统。由于刀具磨损、夹具问题或其他因素引起的与工件规定尺寸的偏差，通过测量可作为系统控制的过程变量，控制刀具的轨迹做出必要的调整来校正这些误差。

7.5.3　在机测量的应用场合

1. 刀具状态的测量

对刀具状态的测量也称为“对刀”，如图 7-32 所示。此时，是利用设置在机床工作台面上的测量装置（测头），对刀库中的刀具按事先设定的程序进行对刀测量，然后与既定值进行比较后作出判断。同时，通过对刀具的测量也能实现对刀具磨损、破损或安装型号正确与否的识别。图 7-32 所示为对刀测量的几个示例。图 7-32a 所示为进行刀具的长（高）度测量，图 7-32b 所示为进行刀具半径

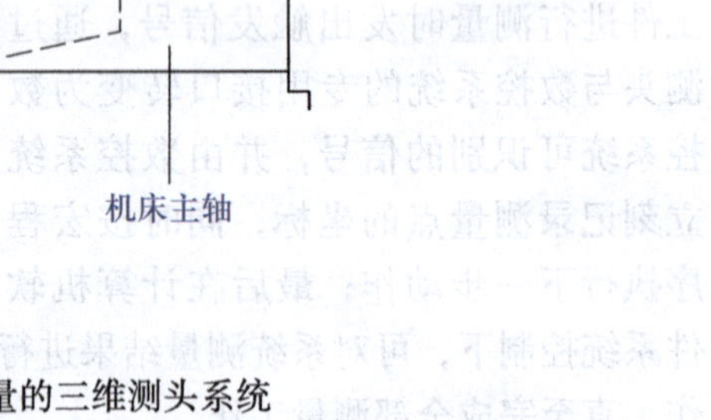

图 7-32　随机量仪的对刀测量

方向的测量，图7-32c所示为测量的刀具此时已破损，通过对刀测量能及时发现并报警。利用随机量仪进行机内对刀，不仅节约了机外对刀时的人力、物力，提高了工效，而且对刀所处的环境与加工状态一致，能最大限度地减少由刀具夹紧力和温度变化带来的影响。

在“刀具状态测量”这种应用场合，测量信号采用的是电缆传送方式输入接口装置，也可直接与机床数控系统连接。对刀测量装置有接触式和非接触（光学）式两种，图7-32所示为较为常用的接触式示例。

2. 机床加工参数的设定

通过在机测量，间接或直接地获取加工中心在执行下道工序时的最佳加工参数，从而可大大提高工件的制造质量。这种有针对性的、智能化的工作方式在那些有配合关系或特殊要求的场合应用较多，如带缸套的缸体上的平面加工、缸盖燃烧面的加工等场合。

图7-33中的铝质缸体需内嵌缸套。缸套是外购件，其安装平面（图7-33中蓝色箭头所指）低于缸体上平面（图7-33中黑色箭头所指）。这台加工中心的一道工序即是加工该缸套安装平面，为了确保缸体上平面至安装平面的轴向距离 h 能控制在规定公差范围内，机床内设置了在机测量系统。

这道工序需控制的 h 值是由缸体的底平面到上平面的高度 H_i 和缸套的高度 L 决定的，即 $h = H_i - L$。由于缸体底平面固定于机床夹具的支承面，后者是加工的基准面，而 L 是定值，因此为了确保得到一致的 h 值，就必须通过在线测量获取每个工件的 H_i 值后，再来确定对应的切削量 m，即 $m = H_i - (h + L)$。具体做法是图7-33中的触发式测头顺序在缸体的上平面测量4个点，并按得到的数据取平均值，然后由之前的已设定值来求出相对应的切削量，作为下道工序加工缸套安装平面时的依据。

图7-33　在机测量用于确定机床加工参数

3. 确保正确的加工状态：工件、夹具的找正和补偿

所谓“找正”，是指为了保证工件的正确安装、定位而采取的相应措施。至于存在“不正”，则既有夹具方面的原因，也受工件自身因素的影响。无疑，加工状态的找正是确保工件加工质量的基础。另外，对于夹具“找正”过程中测得的偏差，以及由于受到温度变化和刀具磨损等渐变因素的作用，加工状态的稳定性所发生的会影响到制成品质量的变化，在必要时还需采取一些补偿措施。在机测量系统在期间也发挥了重要的作用。

4. 工件的自动测量

在一道工序完毕后或者在所有工序都已完成后再对工件进行自动测量，即直接在机床上实施对制成品的检验，是在机测量的又一种功能。此时，相当于把一台坐标测量机移到了机床上，显然，这能大大减少脱机测量的辅助时间，降低质量成本。事实上，现今这种在机测量功能已经十分强大，除了可进行各种几何元素的快速测量外，还可以利用专门开发的软件完成脱机编程；通过在计算机中模拟，还可避免在机测量中可能发生的干涉、碰撞等现象。工件自动测量将省去卸下工件、运送到测量仪器调整后进行测量、再卸下、转送回机床重新安装调整这一循环过程，大大减少了测量过程中产生误差的可能性。

习　题

1. 试述数控测量系统的组成与分类。
2. 试说明坐标测量机的工作原理及主要流程。
3. 试论述坐标测量机的组成及各部分的作用。
4. 坐标测量机主机的结构形式有哪几种？它们各有何特点及适用场合？
5. 试述坐标测量机测头系统的组成、各部分作用及选用原则。
6. 坐标测量机的控制系统有哪几种？试述它们的组成、工作原理及适用场合。
7. 试述数控测量编程的主要步骤和内容。
8. 什么是DIMS？试说明DIMS的应用场合及其效果。
9. 什么是I++DME？应用I++DME有何作用？试说明I++DME的实现原理。
10. 试述关节臂测量机的工作原理及特点。
11. 试述激光跟踪仪的工作原理及特点。
12. 试述在机测量系统的组成、工作原理及主要应用场合。

第8章 自动化制造系统

自动化制造是人类在长期的生产活动中不断追求的主要目标之一。随着科学技术的进步，自动化制造的水平也越来越高，先后经历了单机自动化、自动线、数控机床、加工中心、柔性制造和集成制造等几个阶段，并进一步向柔性化、集成化、智能化方向发展。自动化制造不仅可以提高生产效率和改善劳动条件，而且可以保证和改善产品质量，同时还可以提高制造系统对市场变化的响应速度，从而提升企业的市场竞争能力。

本章所涉及的制造系统是指狭义的通过机器进行产品制作或生产的工艺过程（包括机械加工、装配、焊接、冲压等）所涉及的系统。将介绍面向机械制造业的自动化制造系统的概念、组成及类型，重点讲述其中多品种、中小批量生产的柔性制造系统或单元的组成、工作原理、管理与控制以及建模与仿真，因为这类制造系统是机械制造柔性自动化的主要发展方向。

8.1 自动化制造系统概述

8.1.1 制造系统的概念、组成及分类

1. 制造系统的组成

概括地说，制造系统是一个由设备、工具、人等组成的，把原材料转换为成品的复杂动态系统。制造系统可大可小，根据其规模或涵盖的范围，它可以是单机、单元、车间和工厂等几个层次的制造系统。例如，数控机床或加工中心属于单机级的制造系统，而柔性制造系统和自动线属于车间级的制造系统。

广义地讲，一个制造系统通常由以下几个部分组成。

1）生产设备及其工艺装备。生产设备是指完成实际加工、装配、测量、清洗、排屑工作的设备与装置，包括切削机床、加工中心、坐标测量机、工业机器人设备以及清洗机、排屑机等辅助设备。与生产设备配套的工艺装备包括刀具、夹具、量具、辅具等。根据自动化水平，生产设备可以分为手工、半自动化和全自动化三类。对于手工设备，机器提供动力，由人进行控制。普通车床、铣床、钻床等属于这类设备。半自动化设备在某种形式的程序控制下完成一个工作循环的部分工作，人工完成工作循环中的剩余工作。例如，CNC 车床通过数控程序完成大部分加工任务，但需要工人在程序结束时卸下成品并安装下一个工件。与半自动化设备相比，全自动化设备在更长时间内（多个工作循环）无需人工干预，也就是说工人不需要在每个工作循环中照料设备的工作，而只需要在工作循环中监管设备。

2）物料运储系统（物流系统）。完成制造系统中物料（包括毛坯、工件、成品、工夹

具等）输送、存储、装卸、交换等的运储装置，实现物流系统自动化。物料运储系统包括输料器、传送带、随行夹具返回装置、运输小车、工业机器人、托盘交换器、自动化立体仓库、堆垛机、中央刀库等。物流系统自动化是在全面信息集成环境下，以制造工艺过程的知识为依据，高效、合理地利用上述全部运储装置将物料准时、准确和保证地运送到位。

3）管理与控制系统。完成对制造过程的调度、监控、管理和协调，保证制造系统的高效、可靠运行。对于自动化制造系统，必须借助计算机及相关软件和信息系统来实现制造系统的管理和控制。即使对于非自动化制造系统，例如手工装配生产线，现在也往往需要借助计算机来进行决策支持。管理与控制系统主要职能包括下达工作指令、数控程序管理与传输、生产进度计划、工件和刀具的管理与控制、故障诊断、安全监控和系统工况报告等。

4）人力。在大多数制造系统中，需要具有一定技术水平和决策能力的人对零件或产品完成部分甚至全部增值工作。制造系统中的人分为直接劳动力和间接劳动力。直接劳动力通过手工或操作机器完成加工或装配工作，实现产品增值。在半自动化制造系统中，依然需要直接劳动力完成零件装卸、刀具更换、刀具刃磨等物流过程工作。在全自动化制造系统中，人的作用主要体现在对物料的准备和对信息流的控制和监视上，是一种间接劳动力。总之，现在的制造系统还离不开人的参与，是人机一体化的制造系统。

2. 制造系统的分类

可以从不同的角度对制造系统进行分类，其依据因素主要包括工艺类型、工位（序）数目、产品品种和批量及自动化程度，见表8-1。

表8-1　制造系统分类的因素

因　　素	类　　型
工艺类型	加工工艺、装配工艺
工位（序）数目	单工位、多工位（固定流转路径、可变流转路径）
产品品种和批量	单品种、多品种 大批量、中小批量、单件
自动化程度	手工、半自动化、全自动化

按工艺类型可把制造系统分为加工制造系统和装配制造系统两类。此外，产品其他参数对制造系统的构成具有重要影响。这些参数包括材料类型、产品的尺寸和重量、产品的几何形状。例如，机械加工的零件可以分为回转体和非回转体两大类，回转体零件需要车削和磨削等加工工序，而非回转体需要铣削、钻削等加工工序。两类零件的装夹及输送装置等也有根本性的不同。

按工位（序）数目可把制造系统分为单工位制造系统和多工位制造系统两类。而多工位制造系统又可分为流转路径固定和可变两类。工位（序）数目以及流转路径的选择对生产率、单件成本、可靠性等制造系统性能指标具有重要影响。例如，刚性自动线就是一种多工位的流转路径固定的制造系统，而柔性制造系统是一种多工位的流转路径可变的制造系统。

按产品品种和批量一般可把制造系统分为单品种大批量制造系统和多品种中小批量制造系统。自动线适用于前者，而柔性制造系统适用于后者。对于这两类制造系统的自动化，通常分别称为刚性自动化和柔性自动化，它们采取的是不同的自动化技术或措施。

按自动化程度可把制造系统分为手工、半自动化和全自动化制造系统。手工制造系统以普通机床为主，制造过程靠工人手工完成，极少包含自动化成分。半自动化制造系统中，一部分工作由人完成，另一部分工作由机器完成，但在系统的设计和运行方式上与手工制造系统有本质区别。全自动化制造系统中，全部工作由机器自动完成，只需人工周期性检查看管，这类制造系统在工业生产中目前并不多见，是今后的发展方向。

上述各种因素下不同类型的组合，可以形成不同类型的制造系统。

8.1.2　自动化制造系统的类型及特点

自动化制造系统是指在较少的人工直接或间接干预下，将原材料加工成零件或将零件组装成产品，在制造过程中实现管理过程和工艺过程自动化。管理过程包括设备的组织及协调，作业计划与调度，工件和刀具的分配与管理，制造系统环境和工况的监控等。工艺过程涉及范围很广，包括工件的装卸、储存和输送，刀具的装配、调整、输送和更换，工件的切削加工、排屑、清洗和测量，切屑的输送、切削液的净化处理以及零件装配成产品等。

自动化制造系统包括刚性制造系统和柔性制造系统。“刚性”的含义是指该生产线只能生产某种或生产工艺相近的某类产品，表现为生产产品的单一性。刚性制造系统包括组合机床、专用机床、刚性自动化生产线等。“柔性”是指生产组织形式和生产产品及工艺的多样性和可变性，具体表现为机床的柔性、产品的柔性、加工的柔性、批量的柔性等。柔性制造系统包括数控机床、加工中心、柔性制造单元（FMC）、柔性制造系统（FMS）、柔性制造线（FML）、柔性装配线（FAL）、计算机集成制造系统（CIMS）等。

不同的自动化制造系统具有不同的性能特点和不同的适用范围或场合，因此应根据需要选择不同的自动化制造系统。依据制造系统的自动化水平和规模，可以将自动化制造系统分成以下主要类型。

1. 刚性半自动化单机

除上下料外，机床可以自动地完成单个工艺过程的加工循环，这样的机床称为刚性半自动化单机。这种机床一般是机械或电液复合控制式组合机床和专用机床，可以进行多面、多轴、多刀同时加工。其特点是：加工设备按工件的加工工艺顺序依次排列；切削刀具由人工安装、调整；实行定时强制换刀，如果出现刀具破损、折断，可进行应急换刀。例如，单台组合机床，通用多刀半自动车床，转塔车床等。从复杂程度讲，刚性半自动化单机实现的是加工自动化的最低层次，但是投资少、见效快，适用于产品品种变化范围和生产批量都较大的制造系统。缺点是调整工作量大，加工质量较差，工人的劳动强度也大。

2. 刚性自动化单机

它是在刚性半自动化单机的基础上增加自动上、下料等辅助装置而形成的自动化机床。辅助装置包括自动工件输送、上料，下料、自动夹具、升降装置和转位装置等；切屑处理一般由刮板器和螺旋传送装置完成。这种机床实现的也是单个工艺过程的全部加工循环。这种机床往往需要定做或改装，常用于品种变化很小，但生产批量特别大的场合。主要特点是投资少、见效快，但通用性差，是大量生产最常见的加工装备。

3. 刚性自动化生产线

刚性自动化生产线，简称刚性自动线，是在多工位生产过程中，用工件输送系统将各种自动化加工设备和辅助设备按一定的顺序连接起来，在控制系统的作用下完成单个零件加工的复杂大系统。它在汽车、拖拉机、轴承等制造业中应用十分广泛。在刚性自动线上，被加工零件以一定的生产节拍，顺序通过各个工作位置，自动完成零件预定的全部加工过程和部分检测过程。因此，与刚性自动化机床（单机）相比，它的结构复杂，任务完成的工序多，所以生产效率也很高，是少品种、大量生产必不可少的加工装备。除此之外，刚性自动生产线还具有可以有效缩短生产周期，取消半成品的中间库存，缩短物料流程，减少生产面积，改善劳动条件，便于管理等优点。它的主要缺点是投资大，系统调整周期长，更换产品不方便。为了消除这些缺点，人们发展了组合机床自动线，可以大幅度缩短建线周期，更换产品后只需更换机床的某些部件即可（例如可更换主轴箱），大大缩短了系统的调整时间，降低了生产成本，并能收到较好的使用效果和经济效果。组合机床自动线主要用于箱体类零件和其他类型非回转体的钻、扩、铰、镗、攻螺纹和铣削等工序的加工。刚性自动化生产线目前正在向刚柔结合的方向发展，开始大量采用数控机床和加工中心等柔性加工设备。

图 8-1 所示为加工曲拐零件的刚性自动线总体布局图。该刚性自动线年生产曲拐零件 1700 件，毛坯是球墨铸铁件。由于工件形状不规则，没有合适的输送基面，因而采用了随行夹具安装定位，便于工件的输送。

图 8-1 所示的曲拐加工刚性自动线由 7 台组合机床和 1 个装卸工位组成。全线定位夹紧机构由 1 个泵站集中供油。工件的输送采用步伐式输送带，输送带用钢丝绳牵引式传动装置驱动。因毛坯在随行夹具上定位需要人工找正，没有采用自动上下料装置。在机床加工工位上采用压缩空气喷吹方式排除切屑，全线集中供给压缩空气。切屑运送采用链板式排屑装置，从机床中间底座下方运送切屑。

刚性自动线布局采用直线式，工件输送带贯穿各工位，工件装卸台 4 设在刚性自动线末端。随行夹具连同工件毛坯经工件提升机 5 提升，从机床上方送到刚性自动线的始端，输送过程中没有切屑撒落到机床上、输送带上和地面上。切屑运送方向与工件输送方向相反。斗式切屑提升机 1 设在自动线始端。中央控制台 6 设在自动线末端位置。

刚性自动线生产率高，但柔性较差。当加工工件变化时，需要停机、停线并对机床、夹具、刀具等工装设备进行调整或更换（如更换主轴箱、刀具、夹具等），通常调整工作量大，停产时间较长。

4. 自动化车间

自动化车间，有文献也称为刚性综合自动化系统。一般情况下，刚性自动线只能完成相同工种（如切削加工）的不同工序任务，而对于其他不同工种（如热处理、装配、检验、涂装等）的工序任务不能完成。自动化车间是指由若干条不同工种的刚性自动线组成的自动化系统，实现加工、热处理、装配、检验和试验等不同工种在相同生产节拍下的连续生产。在各条自动线之间通常设置一定容量的自动储料器（缓存器），以避免局部环节停顿造成全部自动线的停工。它常用于产品单一、批量特别大、而工序内容多的零、部件的自动化制造。这类系统的典型例子是轴承自动化车间，其由车削自动线、热处理自动线、磨削自动线和装配自动线组成。自动化车间结构复杂、投资力度大、建设周期长、更换产品困难，但生产效率极高、加工质量稳定、工人劳动强度低。

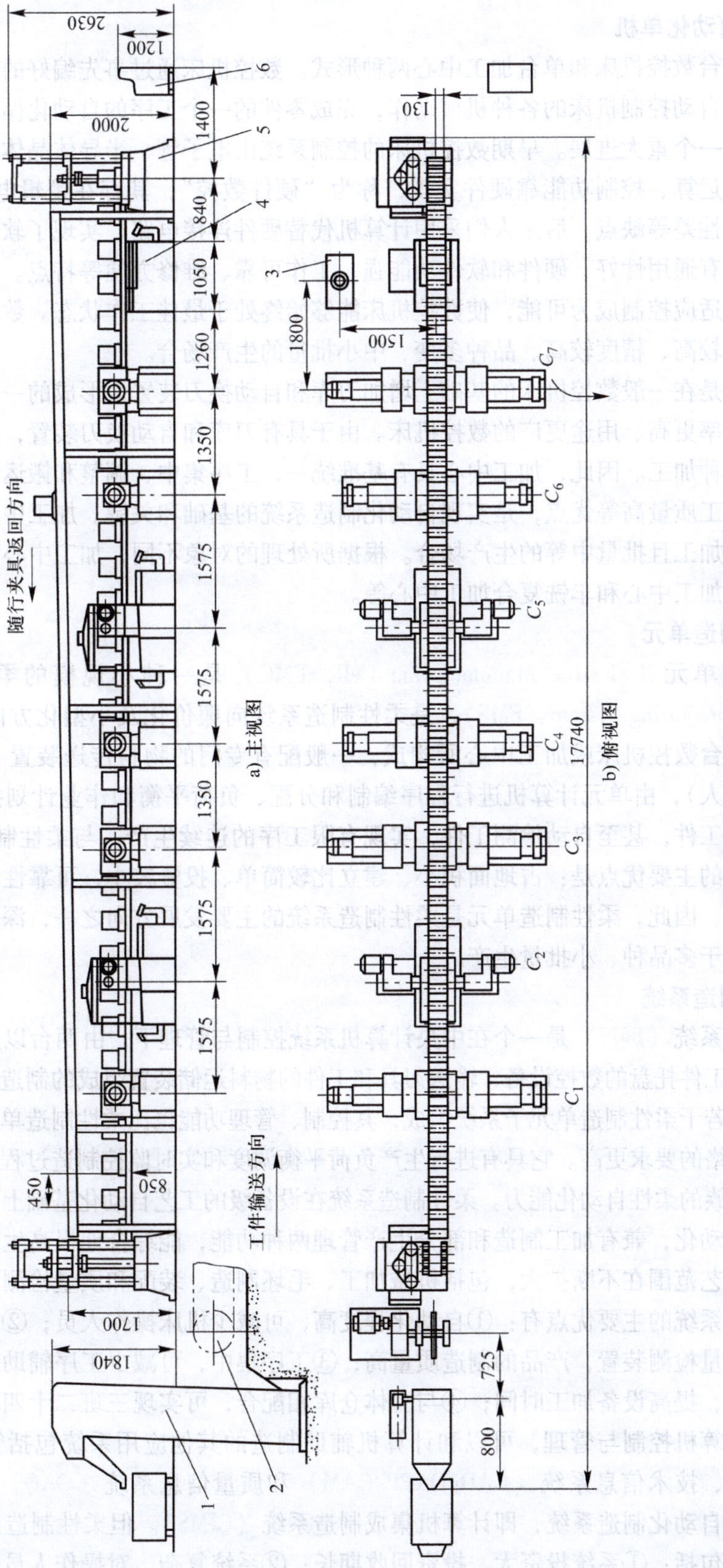

图 8-1　加工曲拐零件的刚性自动线总体布局图

1—斗式切屑提升机　2—链板式排屑装置　3—全线泵站　4—工件装卸台　5—工件提升机　6—中央控制台

5. 柔性自动化单机

它包括单台数控机床和单台加工中心两种形式。数控机床通过事先编好的数控程序，以数字量形式来自动控制机床的各种机械动作，完成零件的一个工序的自动化循环加工。它是单机自动化的一个重大进展。早期数控机床的控制系统由电子管、半导体晶体管等电子元器件组成，插补运算、控制功能靠硬件实现，称为“硬件数控”，其存在逻辑电路不易改变、体积大、可靠性差等缺点。后来人们采用计算机代替硬件连接电路，实现了软件数控，即计算机数控，具有通用性好、硬件和软件功能强、工作可靠、维修方便等特点。计算机数控也使得机床的自适应控制成为可能，使数控机床能够始终处于最佳工作状态。数控机床常用于零件复杂程度较高、精度较高、品种多变、中小批量的生产场合。

加工中心是在一般数控机床的基础上增加刀库和自动换刀装置而形成的一类可进行多种工种加工、效率更高、用途更广的数控机床。由于具有刀库和自动换刀装置，就可以在一台机床上完成多种加工。因此，加工中心具有基准统一、工序集中、调整和搬运时间少、在制品库存少、加工质量高等优点，是实现自动化制造系统的基础和关键。加工中心常用于零件复杂、多工序加工且批量中等的生产场合。根据所处理的对象不同，加工中心可分为车削加工中心、铣削加工中心和车铣复合加工中心等。

6. 柔性制造单元

柔性制造单元（Flexible Manufacturing Cell，FMC）是一种小规模的柔性制造系统（Flexible Manufacturing System，FMS），是柔性制造系统向廉价化及小型化方向发展的一种产物。它由一台数控机床或加工中心所构成，一般配有专门的物料传送装置（如托盘交换器或工业机器人），由单元计算机进行程序编制和分配、负荷平衡和作业计划控制，能在机床上自动装卸工件，甚至自动检测工件，实现有限工序的连续生产。与柔性制造系统相比，柔性制造单元的主要优点是：占地面积小、建立比较简单、投资较小、可靠性较高、使用和维护均较简单。因此，柔性制造单元是柔性制造系统的主要发展方向之一，深受各类企业的欢迎，它适用于多品种、小批量生产。

7. 柔性制造系统

柔性制造系统（FMS）是一个在中央计算机系统控制与管理下，由两台以上配有自动换刀及自动更换工件托盘的数控设备、输送刀具和工件的物料运储装置组成的制造系统。柔性制造系统通常由若干柔性制造单元子系统组成，其控制、管理功能也比柔性制造单元强，对数据管理与通信网络的要求更高。它具有进行生产负荷平衡调度和实时监控制造过程的功能，以及制造多种零件族的柔性自动化能力。柔性制造系统在设备级的工艺自动化基础上实现了物料流和信息流的自动化，兼有加工制造和部分生产管理两种功能，能综合地提高生产效益。柔性制造系统的工艺范围在不断扩大，包括机械加工、毛坯制造、装配和质量检测等。

柔性制造系统的主要优点有：①自动化程度高，可减少机床操作人员；②由于配有制造过程监控和质量检测装置，产品的制造质量高；③工序集中，可减少工序辅助时间以及工序间的流转时间，提高设备加工时间；④与立体仓库相配合，可实现三班二十四小时内连续生产；⑤多层计算机控制与管理，可以和计算机辅助制造的其他应用系统包括管理信息系统（MES、ERP）、技术信息系统（CAD/CAPP/CAM）和质量信息系统（CAQ）等进行集成，形成更高级的自动化制造系统，即计算机集成制造系统（CIMS）。但柔性制造系统也存在不少缺点，主要包括：①系统投资大，投资回收期长；②系统复杂，对操作人员和维修人员要求很高；③系统复杂，使得系统的可靠性较差，导致运行维护成本很高。

一般情况下，柔性制造系统适用于产品品种变化不大、多个零件族的中等批量生产。为了克服柔性制造系统的缺点，目前柔性制造系统正在向小型化、简约化方向发展，使得柔性制造系统和柔性制造单元之间概念比较模糊。

8. 柔性制造线

柔性制造线（Flexible Manufacturing Line，FML）由自动化加工设备、工件输送系统和控制系统等组成。柔性制造线（FML）与柔性制造系统之间的界限也很模糊，两者的重要区别是前者像刚性自动线一样，具有一定的生产节拍，工件沿一定的方向顺序传送，后者则没有一定的生产节拍，工件的传送方向也是随机性质的。可以说柔性制造线相当于专用柔性制造系统，柔性制造线是处于刚性自动线和柔性制造系统之间的制造线，对物料系统的柔性要求低于柔性制造系统，但生产效率更高。柔性制造线主要适用于品种变化不大的中批量和大批量生产，制造线上的机床主要是多轴主轴箱的换箱式和转塔式加工中心。在工件变换以后，各机床的主轴箱可自动进行更换，同时调入相应的数控程序，生产节拍也会作相应的调整。

柔性制造线的主要优点是：具有刚性自动线的绝大部分优点，当批量不很大时，生产成本比刚性自动线低得多，当品种改变时，系统所需的调整时间又比刚性自动线少得多，但建立系统的总费用却比刚性自动线高得多。有时为了节省投资，提高系统的运行效率，柔性制造线常采用刚柔结合的形式，即生产线的一部分设备采用刚性专用设备（主要是组合机床），另一部分采用换箱式或换刀式柔性加工机床。

9. 计算机集成制造系统

计算机集成制造系统（Computer Intergrated Manufacturing System，CIMS）是在自动化技术、信息技术和制造技术的基础上，通过计算机及其软件系统，将制造企业全部生产活动（从订单接收、设计和制造到产品交付等所有环节）所需的各种分散的自动化系统有机集成起来，成为适合于多品种、中小批量生产的整体高效益、高柔性的自动化制造系统。它是目前最高级别、涵盖业务范围最广的自动化制造系统，但这并不意味着计算机集成制造系统是完全自动化的制造系统，许多环节工作仍需要大量的人工参与才能完成。事实上，目前计算机集成制造系统的自动化程度甚至比柔性制造系统还要低。计算机集成制造系统强调的主要是业务活动之间信息流的集成和自动化，而不是制造过程中物流的自动化。

本章将制造自动化的侧重点放在柔性制造中的自动化物流处理技术方面，且所涉及的是狭义的制造范畴，即仅包括物料流处理的自动化和与物料流有关的信息流的自动化。关于物料流处理的自动化，以柔性制造系统（8.2 节）为重点进行介绍，而自动化制造系统的管理与控制（8.3 节）主要涉及制造系统中信息流的自动化。

8.2　柔性制造系统

上节介绍的自动化制造系统中，前四类属于刚性自动化制造系统，以刚性自动化生产线和自动化车间为代表。它们强调了加工的自动化。20 世纪 30 ~ 70 年代是其发展的鼎盛时期，以后逐步融合柔性自动化技术。而后五类属于柔性自动化制造系统，它们在自动化的基础上强调了柔性和适应性。而后四类是在数控机床和加工中心为代表的柔性自动化单机基础上发展起来的，主要是为了适应市场上多品种中小批量产品的高效生产要求。20 世纪 80 年代是它们发展的鼎盛时期。由于其要求高度自动化和柔性，系统建造投资大，制造效率不甚理想，从而逐渐向柔性和刚性相结合的方向发展，向可重构制造系统（Reconfigurable Manufacturing System，RMS）方向发展。

无论这些不同类型的自动化制造系统如何不断融合、演化和发展，都可以说现代制造系统自动化的核心和基础是柔性制造系统。因此，本节详细介绍柔性制造系统的概念、组成及工作原理。

8.2.1 柔性制造系统的基本概念、特点及适用范围

1. 柔性制造系统的定义

由于柔性制造系统还在不断发展之中，其作为一种新的制造技术的代表，不仅在零件加工而且在毛坯制造、产品装配和质量检测等领域里也得到了越来越广泛的应用，这就决定了柔性制造系统组成和机理的多样性。所以，目前对于柔性制造系统（FMS）的概念还没有统一的定义。表 8-2 给出了不同标准组织和协会对柔性制造系统的不同定义。

表 8-2　柔性制造系统的不同定义

标准制定单位	对柔性制造系统的定义
美国国家标准与技术研究院（NIST）	由一个传输系统联系起来的一些设备，传输装置把工件放在其他联结装置上送到各加工设备，使工件加工准确、迅速和自动化。中央计算机控制机床和传输系统，柔性制造系统有时可同时加工几种不同的零件
国际生产工程研究协会（CIRP）	柔性制造系统是一个自动化的生产制造系统，在最少人的干预下，能够生产任何范围的产品族，系统的柔性通常受到系统设计时所考虑的产品族的限制
美国制造工程师协会（SME）	使用计算机控制柔性工作站和集成物料运储装置来控制并完成零件族某一工序或一系列工序的一种集成制造系统
我国国家军用标准（GJB）	柔性制造系统是由数控加工设备、物料运储装置和计算机控制系统组成的自动化制造系统。它包括多个柔性制造单元，能根据制造任务或生产环境的变化迅速进行调整，适用于多品种、中小批量生产

还有一种更直观的定义是："柔性制造系统是至少由两台机床、一套物料运输系统（从装载到卸载具有高度自动化）和一套控制系统的计算机所组成的制造系统。它采用简单改变软件的方法便能制造出某些部件中的任何零件。"

综合现有各种定义可以认为：柔性制造系统是在自动化技术、信息技术和制造技术的基础上，通过计算机软件科学，把工厂生产活动中的自动化设备有机地结合起来，打破设计和制造的界限，取消图样、工艺卡片，使产品设计、加工相互结合而成的，适用于中小批量和较多品种生产的高柔性、高效率的制造系统。

柔性制造系统具有较好的柔性，但是，这并不意味着一条柔性制造系统就能生产所有类型的产品。事实上，现有的柔性制造系统都只能制造一定种类的产品。据统计，从工件形状来看，95% 的柔性制造系统用于加工箱体类或回转体类工件。从工件种类来看，很少有加工 20 种产品以上的柔性制造系统，多数系统只能加工 10 多个品种。

与刚性自动化的工序分散、固定节拍和流水线生产的特征相反，柔性自动化的特征是，供需相对集中，没有固定的生产节拍，物料非顺序输送。柔性自动化的目标是，在中小批量生产的条件下，接近大量生产方式由于刚性自动化所达到的高效率和低成本，并同时具有刚

性自动化所没有的灵活性。具体体现为，在加工、运储调度决策、控制等方面具有柔性。

2. 柔性制造系统的适应范围

柔性制造系统的适应范围很广，如图 8-2 所示，柔性制造模块、柔性制造单元、柔性制造线都属于柔性制造系统的范畴，只是它们的规模和自动化程度不同。它填补了高生产率低柔性的刚性自动线与高柔性低生产率的柔性自动化单机（即单台数控机床或加工中心）之间的空白，主要解决多品种、中小批量生产的自动化，把高柔性、高效率、高质量结合和统一起来，具有很强的生命力，是当前最有实效的生产手段，并逐步向中大批量多品种生产的自动化发展。

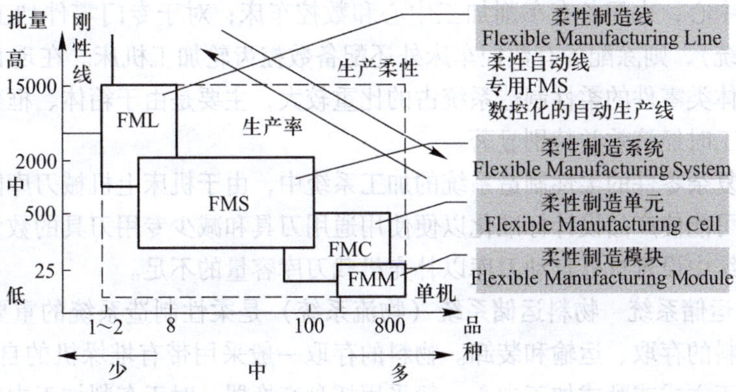

图 8-2 柔性制造系统的适应范围

8.2.2 柔性制造系统的组成及工作原理

1. 柔性制造系统的组成

如图 8-3 所示，一个柔性制造系统可以由三大部分组成，即加工系统、物料运储系统（物流系统）和管理与控制系统（信息流系统）。

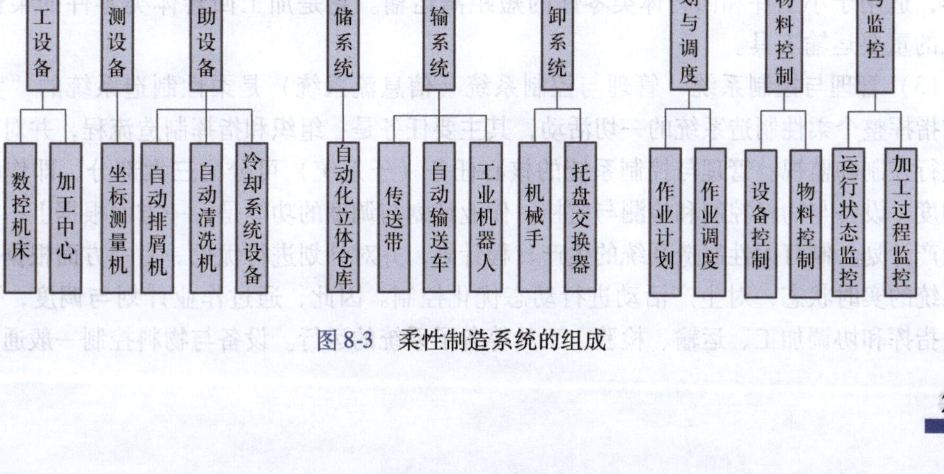

图 8-3 柔性制造系统的组成

(1) 加工系统　加工系统的功能是以任意顺序自动加工各种工件，并能自动地更换工件和刀具，增加功能后还能自动检测和清洗工件等。加工系统中设备的种类和数量取决于加工对象的要求，一般包括数控机床、加工中心及经过数控改装的机床等加工设备、检测设备（如坐标测量机）以及自动排屑机、自动清洗机和冷却系统设备等辅助设备。这些设备都是数控或程序控制设备。

就加工设备而言，对以加工箱体类零件为主的柔性制造系统配备有镗铣加工中心和数控铣床；对以加工回转体类零件为主的柔性制造系统多数配备有车削加工中心和数控车床（有时也有数控磨床）；对于能混合加工箱体类零件和回转体类零件的柔性制造系统，既配备有镗铣加工中心，也配备有车削加工中心和数控车床；对于专门零件加工（如齿轮加工的柔性制造系统），则除配备有数控车床外还配备数控齿轮加工机床。在现有的柔性制造系统中，加工箱体类零件的柔性制造系统占的比重较大，主要是由于箱体、框架类零件采用柔性制造系统加工时经济效益特别显著。

在加工较复杂零件的柔性制造系统的加工系统中，由于机床上机械刀库能提供的刀具数目有限，除尽可能使产品设计标准化以便使用通用刀具和减少专用刀具的数量外，必要时还需要在加工系统中设置机外自动刀库以补充机载刀库容量的不足。

(2) 物料运储系统　物料运储系统（物流系统）是柔性制造系统的重要组成部分，其功能是完成物料的存取、运输和装卸。物料的存取一般采用带有堆垛机的自动化立体仓库。物料的装卸对于立式或卧式加工中心一般采用托盘交换器，对于车削加工中心则采用装卸料机械手或工业机器人。从立体仓库到各工作站之间的运输可以有多种方案。常见的一种方案是采用辊道式传送带或架空单轨悬挂式输送装置作为运输工具。这类运输工具运输线路是固定的，形成直线型或环形（通常是封闭的）线路，加工设备在运输线的内侧或外侧。为了能使线路具有一定的储存功能和能变换工件的方向，常在运输线路上设置一些支线或缓冲站。环形输送系统中还有用许多随行夹具和托盘组成的连续供料系统，借助托盘上的编码器能自动识别地址以达到任意编排工件的传送顺序。这种运输方案投资较少、工作可靠，是目前广泛应用的一种。另一种方案采用自动导引小车作为运输工具。它是一种无轨小车，以蓄电池为动力，能自动导向，自动认址，可以在一定区域里按任意指定的路线行驶。自动导引小车应用电磁或光学原理进行导引，不需铺设导轨，因此它不占用车间的面积和空间，使整个系统的布局具有更大的灵活性，也使设备的开敞性好，便于监视和维修。这种运输方案的柔性最好，是柔性制造系统的物流系统的发展方向。但是投资大，技术复杂，可靠性较差。因此，目前应用上受到一定限制。第三种方案是采用工业机器人作为运输工具，适用于小工件和回转体类零件的短距离运输。它是加工回转体类零件的柔性制造系统的重要运输工具。

(3) 管理与控制系统　管理与控制系统（信息流系统）是柔性制造系统的“大脑”，由它指挥整个柔性制造系统的一切活动，其主要任务是：组织和指挥制造流程，并对制造流程进行控制和监视。管理与控制系统的核心任务（子系统）可分为三大部分，即作业计划与调度、设备与物料控制和检测与监控。作业计划与调度的功能是，一方面根据上一级下达的生产计划，制订柔性制造系统的生产日程计划，并对计划进行优化。另一方面根据柔性制造系统的实时状态，对生产活动进行动态优化控制。因此，通过作业计划与调度，可以组织、指挥和协调加工、运输、检验、工具等各子系统的运行。设备与物料控制一般通过机床数控系统（CNC 系统）完成，包括工件流控制、刀具流控制和自动化立体仓库控制。检测与监控的功能是完成在线数据自动采集和处理，对系统运行状态与加工过程进行检测和监控，并及时向作业计划与调度子系统提供工况及决策信息。

柔性制造系统的管理与控制系统一般由多级计算机系统组成，形成分层递阶控制结构。第一级为各个工艺设备的计算机数控装置（CNC），实现各设备加工过程的控制。第二级为群控计算机，负责把来自第三级计算机的生产作业计划和数控指令等信息分配给第一级中有关设备的数控装置，同时把它们的运转状况信息上报给上级计算机。第三级是柔性制造系统的主计算机（控制计算机），其功能是制订生产作业计划，实施柔性制造系统运行状态的管理及各种数据的管理。其详细结构及工作原理将在 8.3 节讨论。

2. 柔性制造系统的工作原理

柔性制造系统的工作原理框图如图 8-4 所示。管理与控制系统接到上一级计算机系统的有关生产计划信息和技术信息后，进行数据信息的处理、分配，并按照所给的程序对物流系统进行控制。物料库和夹具库根据生产零件及相应毛坯的信息，提供相应品种的毛坯，选出加工所需要的夹具；毛坯的随行夹具由运输系统送出；工业机器人或自动装卸机按照管理与控制系统的指令和工件及夹具的编码信息，自动识别和选择所装卸的工件及夹具，并将其装到相应机床上；机床的加工程序识别装置根据送来的工件及加工程序编码，选择加工所需的加工程序、刀具及切削参数，对工件进行加工；加工完毕，按照管理与控制系统输给的控制信息转换工序，并在坐标测量机或测量装置上进行检验；全部加工完毕后，由装卸及运输系统送入成品库，同时把加工质量和数量的信息送到加工监视和记录，随行夹具被送回夹具库。通过这样的控制过程，完成一个零件的制造。

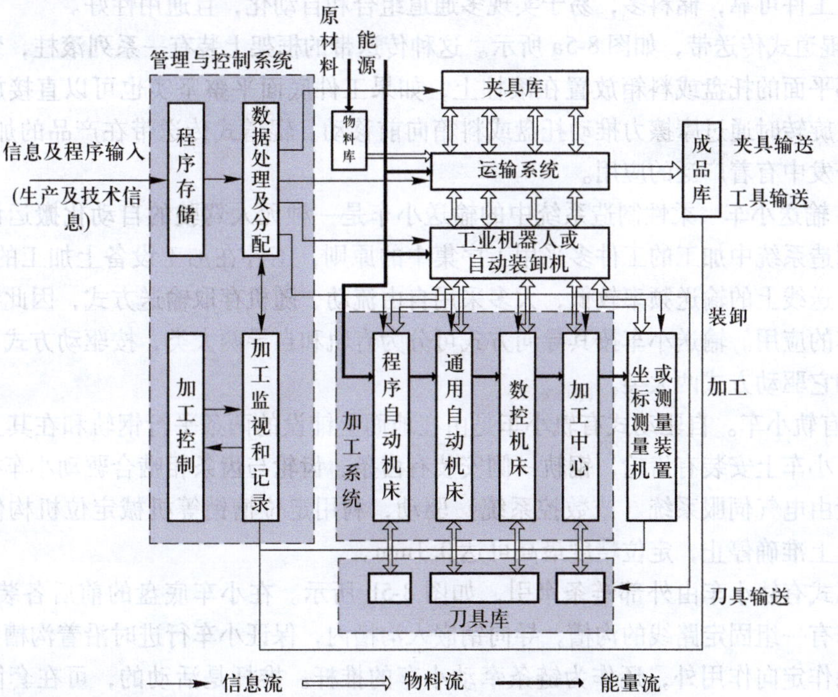

图 8-4 柔性制造系统的工作原理框图

当需要变更产品零件时，只要改变输给管理与控制系统的生产计划信息、技术信息和加工程序，整个系统即能迅速、自动地按照新要求来完成新产品的加工。计算机控制着系统中物料的循环，执行进度安排、调度和传送协调等功能。它不断收集每个工位上的统计数据和其他制造信息，以便汇总报告。

8.2.3 柔性制造系统的物流系统

在柔性制造系统中，物流系统是重要组成部分。统计资料表明，物料的传输时间占整个生产时间的80%左右，物料传输和存储费用占加工费用的30% ~40%，由此可见物流系统的自动化水平将直接影响柔性制造系统的性能。柔性制造系统中的物流系统包含的设备和装置种类繁多，其中运输设备主要有传送带、输送小车、工业机器人及机械手等，存储设备有自动化立体仓库、装卸站和缓冲站等。本节详细介绍它们的工作原理和应用场合。

1. 运输设备

（1）传送带　传送带广泛用于自动化制造系统中工件或工件托盘的输送。传送带的形式有多种，如步伐式传送带、链板履带式传送带和辊道式传送带等。

1）步伐式传送带。步伐式传送带常用在刚性自动线中，输送箱体类工件或工件托盘。步伐式传送带又分为棘爪式和摆杆式等多种形式。这种传送带可以保证终止位置准确，输送速度较高，常用的输送速度为20m/min。

2）链板履带式传送带。用带齿的链板连接而成，靠摩擦力传送工件。链板下的齿与传送链轮啮合，作单向循环运动。链板履带式传送带可以使用多条链带并列形成多通道，在其上设置分路挡板及拨料装置，可实现分料、合料、拨料、限位及返回等运动。这种传送带结构简单，工件可靠，储料多，易于实现多通道组合和自动化，且通用性好。

3）辊道式传送带，如图 8-5a 所示。这种传送带的框架上装有一系列滚柱，装有工件的带有底部平面的托盘或料箱放置在滚柱上，如果工件底面平整坚实也可以直接放置在滚柱上。滚柱旋转时通过摩擦力推动托盘或料箱向前移动。辊道式传送带在产品的加工、装配、包装、分发中有着广泛的应用。

（2）输送小车　柔性制造系统中的输送小车是一种无人驾驶的自动化搬运设备。由于在柔性制造系统中加工的工件多采用工序集中的原则，工件在加工设备上加工的时间较长，所以在输送线上的输送频率较低，大多采用自由流动、随机存取输送方式，因此特别适用于输送小车的应用。输送小车按其导向方式可分为有轨和自导两大类，按驱动方式可分为自驱动方式和它驱动方式两大类。

1）有轨小车。自驱动式有轨小车是由在地面上铺设的两条平行钢轨和在其上行走的小车组成。小车上安装有齿轮，钢轨一侧安装有齿条，齿轮与齿条相啮合驱动小车行走。小车上的齿轮由电气伺服系统（或数控系统）驱动，利用定位槽销等机械定位机构使小车在规定的位置上准确停止，定位精度最高可达0.1mm。

它驱式有轨小车由外部链条牵引，如图 8-5b 所示。在小车底盘的前后各装一导向销，地面上修有一组固定路线的沟槽，导向销嵌入沟槽内，保证小车行进时沿着沟槽移动。前面的销杆除作定向作用外，还作为链条牵动小车的推杆。推杆是活动的，可在套筒中上下滑动。链条每隔一定距离有一个推头，小车前面的推杆可灵活地插入或脱开链条的推头，由埋设在沟槽内适当地点的接近开关和限位开关控制。推杆脱开链条的推头，小车就停止。有轨小车结构坚固，能承受很大的重量，多用于以加工大件为主的柔性制造系统中工件的直线式输送。

另外，采用空架导轨（图 8-5c）和悬挂式机械手或工业机器人作为运输工具也是一种发展趋势，其主要优点是充分利用空间，适合于运送大中型工件，如汽车车架、车身、飞机零部件等。

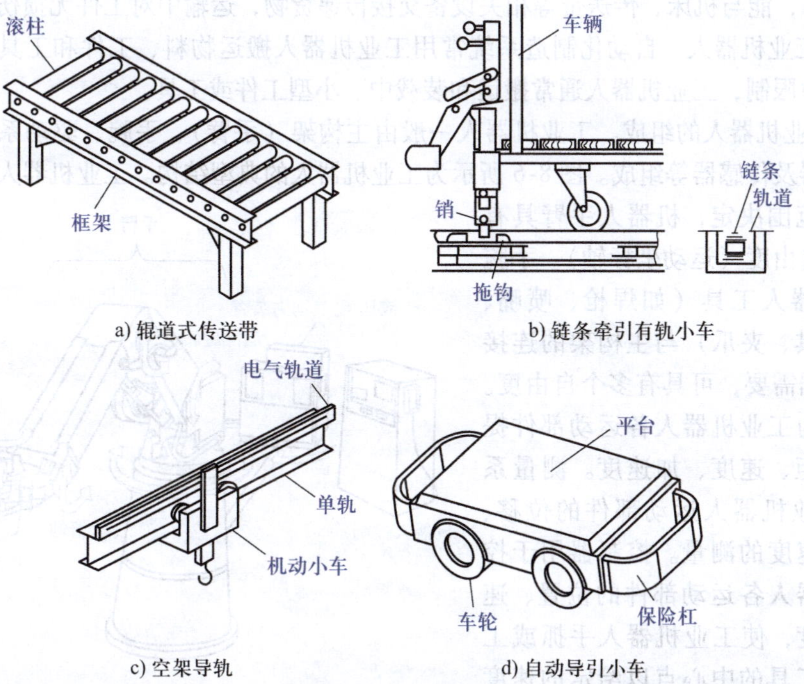

a) 辊道式传送带　b) 链条牵引有轨小车

c) 空架导轨　d) 自动导引小车

图 8-5　常用运输设备

2）自动导引小车（Automatic Guide Vehicle，AGV）。自动导引小车是一种以蓄电池为动力，装有非接触导向装置的无人驾驶自动导引运载车，其行驶线路和停靠位置是可编程的。20 世纪 70 年代以来，电子技术和计算机技术推动了自动导引小车技术的发展，如磁感应、红外线、激光导向、语言编程式的自动导引小车技术都在发展中，并在技术上已成熟，形成系列化的产品。它具有以下几个方面的优点。

① 较高的柔性。很容易改变、修正和扩充自动导引小车的移动路线。

② 实时监视和控制。控制计算机可以实时地对自动导引小车进行监视与控制。当作业计划改变时，可以很方便地重新安排小车路线或为紧急需要服务。

③ 安全可靠。自动导引小车通常由微处理器控制，能与控制器通信，防止碰撞，能低速运行，定位精度高，具有安全保护装置等。

④ 维护方便。

图 8-5d 所示为一种自动导引小车的外形。自动导引小车系统由输送小车、地下电缆和控制器三部分组成。输送小车由蓄电池提供动力，沿着埋设在地板槽内的用交变电流激磁的导向电缆行走，导向电缆铺设的路线和车间内工件的流动路线及仓库的布局相适应，自动导引小车行走的路线一般可分为直线、分支、环路或网状。

为了实现工件的自动交接，输送小车装有托盘交换装置，以便与机床或装卸站之间进行自动连接。交换装置可以是辊轮式也可以是滑动叉式。小车还装有升降对齐装置，以便消除工件交接时的高度差。

自动导引小车的行走路线是可编程的，FMS 的管理与控制系统可根据需要改变作业计划，重新安排小车的路线，具有柔性特征。自动导引小车工作安全可靠，停靠定位精度可以达到 ±3mm，能与机床、传送带等相关设备交接传递货物，运输中对工件无损伤，噪声低。

（3）工业机器人　自动化制造系统常用工业机器人搬运物料、工件和工具，由于受抓举载荷能力限制，工业机器人通常搬运和装载中、小型工件或工具。

1）工业机器人的组成。工业机器人一般由主构架（手臂）、手腕、驱动系统、测量系统、控制器及传感器等组成。图 8-6 所示为工业机器人的典型结构。工业机器人作业空间由手臂运动范围决定，机器人手臂具有至少 3 个自由度（运动坐标轴）。手腕是工业机器人工具（如焊枪、喷嘴、机加工刀具、夹爪）与主构架的连接机构，根据需要，可具有多个自由度。驱动系统为工业机器人各运动部件提供力、力矩、速度、加速度。测量系统用于工业机器人运动部件的位移、速度和加速度的测量。控制器用于控制工业机器人各运动部件的位置、速度和加速度，使工业机器人手抓或工业机器人工具的中心点以给定的速度沿着给定轨迹到达目标点。通过传感器获得搬运对象和工业机器人本身的状态信息，如工件及其单位制的识别、障碍物的识别、抓举工件的重量是否过载等。

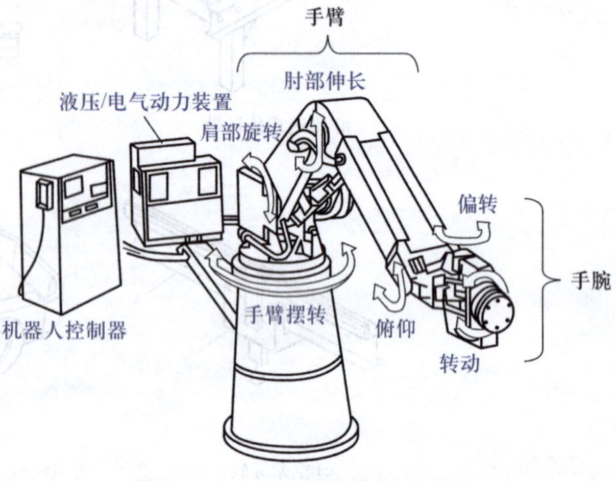

图 8-6　工业机器人的典型结构

2）工业机器人的坐标形式。工业机器人运动由主构架和手腕完成，主构架一般具有 3 个自由度，在考虑干涉问题时，为了避开空间障碍可增加自由度数。工业机器人手臂的运动由两种基本运动组成，即手臂伸缩的直线移动和连接关节处的回转运动。对于三自由度工业机器人，根据不同的运动组合，形成四种类型的机器人。

① 直角坐标型（3 个直线坐标轴）。

② 圆柱坐标型（2 个直线坐标轴和 1 个回转轴）。

③ 球坐标型（1 个直线坐标轴和 2 个回转轴）。

④ 关节型（3 个回转轴）。

图 8-7 所示为四种类型的工业机器人运动及作业范围示意。

（4）托盘交换器　托盘交换器（装置）是加工中心与工件运输设备之间的桥梁和接口，属于二级运输系统。它不仅起连接作用，还可以暂时存储工件。托盘交换器的常用形式有两种，即回转式和往复式。

1）回转式托盘交换器。回转式托盘交换器有两位和多位两种形式。多位回转式托盘交换器可以存储多个相同或不同的工件，又称为托盘库。图 8-8 所示为两位回转式托盘交换器，其

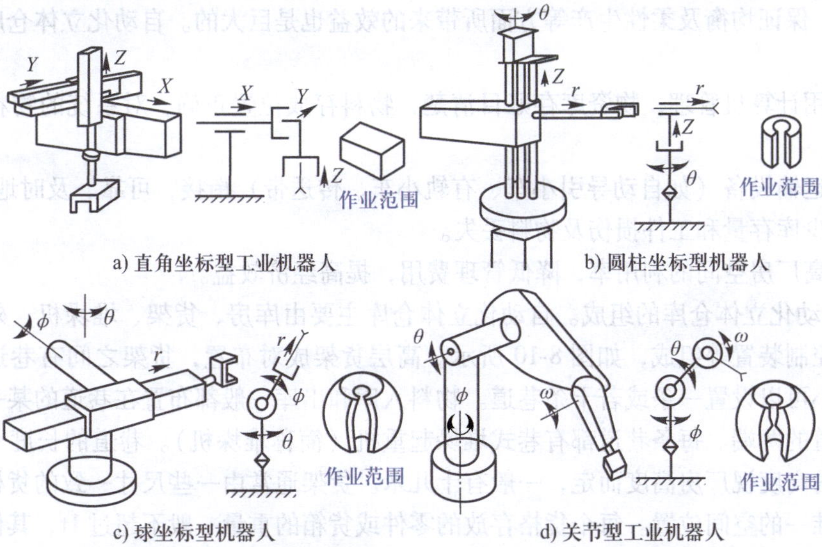

a) 直角坐标型工业机器人　b) 圆柱坐标型机器人

c) 球坐标型机器人　d) 关节型工业机器人

图 8-7　四种类型的工业机器人运动及作业范围示意

上有两条平行的导轨使托盘能够移动导向，托盘的移动和托盘工作台的回转通常由液压驱动。机床加工好一个工件后，交换器将工件托盘从机床工作台移到托盘回转工作台，然后回转180°，将装有待加工工件的托盘再送至机床工作台上，从而完成工件在加工中心与工件运输设备之间的交换。

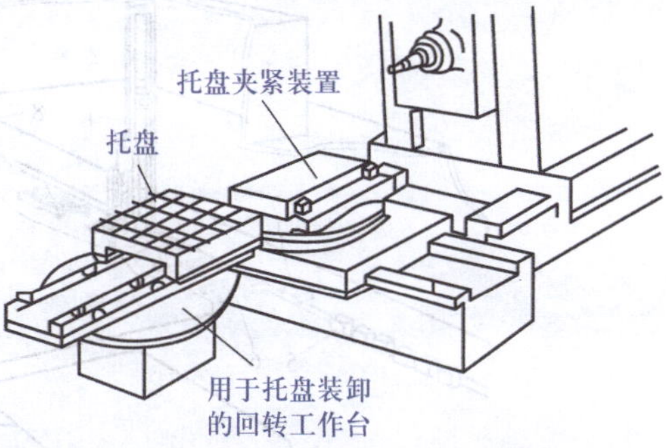

图 8-8　两位回转式托盘交换器

2）往复式托盘交换器。往复式托盘交换器的基本形式是两个位置，其布局有多种形式。图 8-9所示为六位往复式托盘交换器。机床加工好一个工件后，机床工作台移到卸载工位，将工件托盘移到托盘工作台的空位上，机床工作台再移至装载工位，将待加工的工件托盘送至机床工作台上，多位托盘起到小型中间储料库的作用，当工件运输设备出现短时故障时，不会造成机床停机，也适用于无人看管生产。

2. 存储设备

（1）自动化立体仓库　自动化立体仓库是一种采用堆垛机的先进物料仓储设备，其目的是将物料存放在正确的位置，并随时向加工系统供应物料。自动化立体仓库在柔性制造系统中占有非常重要的地位，以它为中心组成了一个毛坯、半成品、配套件或成品的物料自动存储和检索系统。在管理与控制系统的支持下，与加工、运输设备一起成为柔性制造系统的重要支柱。尽管以自动化立体仓库为中心的物料流（物流）管理自动化耗资巨大，但它在实现现

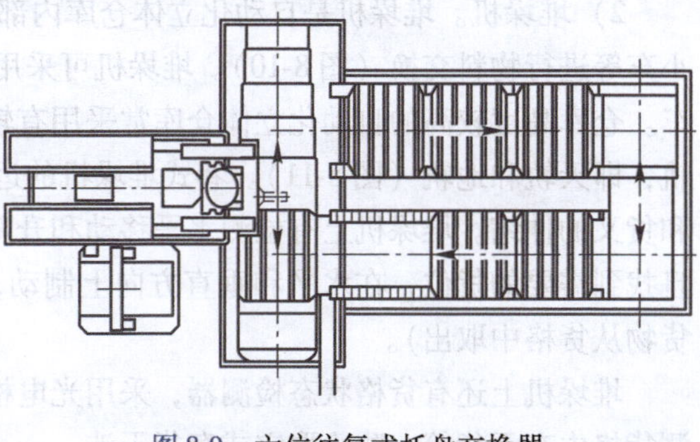

图 8-9　六位往复式托盘交换器

代化管理、保证均衡及柔性生产等方面所带来的效益也是巨大的。自动化立体仓库的主要特点有：

① 利用计算机管理，物资库存账目清楚，物料存放位置正确，对系统的物料需求响应速度快。

② 与运输设备（如自动导引小车、有轨小车、传送带）衔接，可靠、及时地供给物料。

③ 减少库存量和工件损伤及物料丢失。

④ 提高厂房空间的利用率，降低管理费用，提高经济效益。

1）自动化立体仓库的组成。自动化立体仓库主要由库房、货架、堆垛机、外围运输设备和自动控制装置等组成，如图 8-10 所示。高层货架成对布置，货架之间有巷道，根据仓库规模大小可以设置一条或若干条巷道。物料入库和出库一般都布置在巷道的某一端，也可布置在巷道的两端。每条巷道都有巷式堆垛起重机（简称堆垛机）。巷道的长度一般有几十米。货架的高度视厂房高度而定，一般有十几米。货架通常由一些尺寸一致的货格组成，每个货格有唯一的空间位置。每个货格存放的零件或货箱的重量一般不超过 1t，其体积不超过 $1m^3$。对于大型和重型零件，因提升困难而不存入自动化立体仓库内。货架的材料一般采用金属型材，货架上的托板多采用金属板，对于轻型零件也可采用木板。

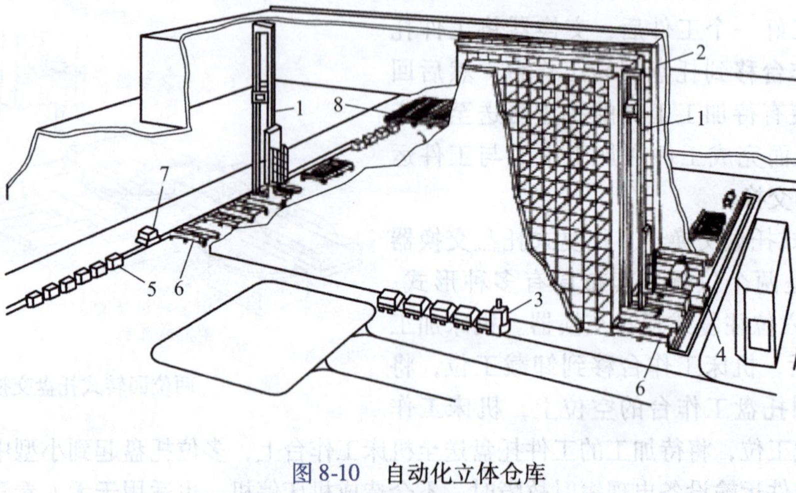

图 8-10　自动化立体仓库

1—堆垛机　2—高层货架　3—场内自动导引小车　4—场内有轨小车　5—中转货位
6—出入库传送滚道　7—场外自动导引小车　8—中转货场

2）堆垛机。堆垛机是自动化立体仓库内部的搬运设备。它在巷道口与外边的自动导引小车等进行物料交换（图 8-10）。堆垛机可采用有轨或无轨方式，其控制原理类似于输送小车。仓库高度较高的自动化立体仓库常采用有轨堆垛机。为了增加稳定性，采用两条平行导轨，即天轨和地轨（图 8-11）。巷式堆垛机的运动有沿巷道的水平移动、升降台的垂直升降和货叉的伸缩。堆垛机上有检测水平移动和升降高度的位置传感器，可辨认货物的位置，一旦找到需要的货位，在水平和垂直方向上制动，货叉将货物（货箱）自动推入货格（或将货物从货格中取出）。

堆垛机上还有货格状态检测器，采用光电检测方法，利用零件表面对光的反射作用，探测货格内有无货箱，防止取空或存货干涉。

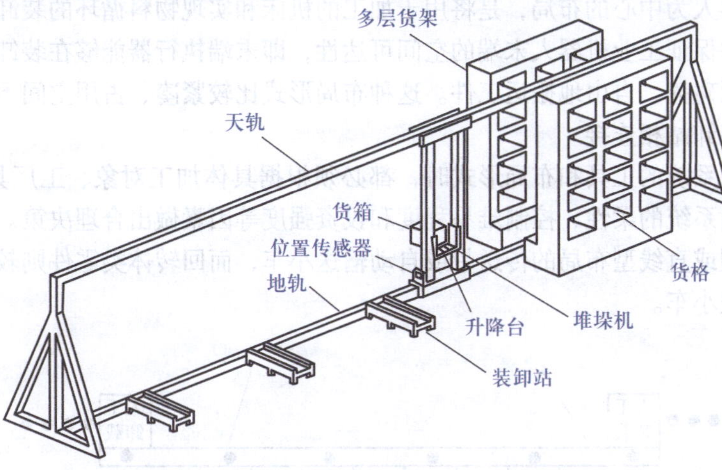

图 8-11　自动化立体仓库中的堆垛机

（2）装卸工作站　柔性制造系统中的装卸站是工件进出系统的地方。在这里，装卸工作通常采用人工操作完成。柔性制造系统如果采用托盘装夹运送工件，则工件装卸站必须有可与输送小车等托盘运输装置交换托盘的工位。工件装卸站的工位上安装有传感器，与柔性制造系统的管理与控制系统连接，指示工位上是否有托盘。工件装卸站设有工件装卸站终端，也与柔性制造系统的管理与控制系统连接，用于装卸工装卸结束的信息输入，以及要求装卸工装卸的指令输出。

（3）缓冲站　在柔性制造系统的物流系统中，除了必须设置适当的立体仓库和装卸站外，还必须设置各种形式的缓冲存储区来保证系统的柔性，这种缓冲存储区称为缓冲站或缓存站（Buffer）。因为在生产线中会出现偶然的故障，如刀具折断或机床故障，为了不致阻塞工件向其他工位的输送，输送线路中可设置若干个侧回路或多个交叉点的并行物料库以暂时存放故障工位上的工件。因此，在柔性制造系统中，建立适当的托盘缓冲站或托盘缓冲库是非常必要的。托盘缓冲站是托盘在系统中等待下一工序系统加工服务的地方。托盘缓冲站必须有可与输送小车等托盘运输装置进行托盘交换的工位，为了节省地方，可采用高架托盘缓冲区。在托盘缓冲站的每个工位上安装有传感器，可直接与柔性制造系统的管理与控制系统连接。

3. 物流系统的布局形式

自动化制造系统的物流系统的布局形式主要有直线型、环型、网状型以及以工业机器人为中心等，如图 8-12 所示。直线型布局形式主要用于直线传送，输送工具是各种形式的传送带或自动输送小车。这种系统的存储容量很小，常需要在制造系统的两端另设储料库，一般适用于小型柔性制造系统。

在环型布局形式中，机床布置在环形输送线的外侧或内侧，输送工具除各种类型的轨道传送带之外，还可以是自动输送小车或架空轨悬空式输送装置，在输送线路中还设置若干支线作为储料和改变输送线路之用，使系统具有较大的灵活性来实现随机输送。

输送柔性最大的是网状型，输送工具需用自动导引小车（AGV），但其管理与控制系统比较复杂，投资相对较大。直线型、网状型布局形式下的工件储存能力较小，一般需要设置中央仓库或具有储存功能的缓冲站及装卸站。而环型因储存能力较大，一般很少设置中央仓库。

以工业机器人为中心的布局，是将用于加工的机床和实现物料循环的装卸站布置在工业机器人周围，并保证工业机器人末端的空间可达性，即末端执行器能够在装卸站与机床、机床与机床之间无碰撞、自由地搬运工件。这种布局形式比较紧凑、占用空间不大，容易与存储能力较大的装卸站相连接。

在选择物流系统的工具和布局形式时，都必须根据具体加工对象、工厂具体环境条件、系统规模、运输系统的柔性、控制难易程度和投资强度等因素做出合理决策。例如，箱体类零件多采用环型或直线型布局的传送带或自动输送小车，而回转体类零件则较多采用工业机器人或自动输送小车。

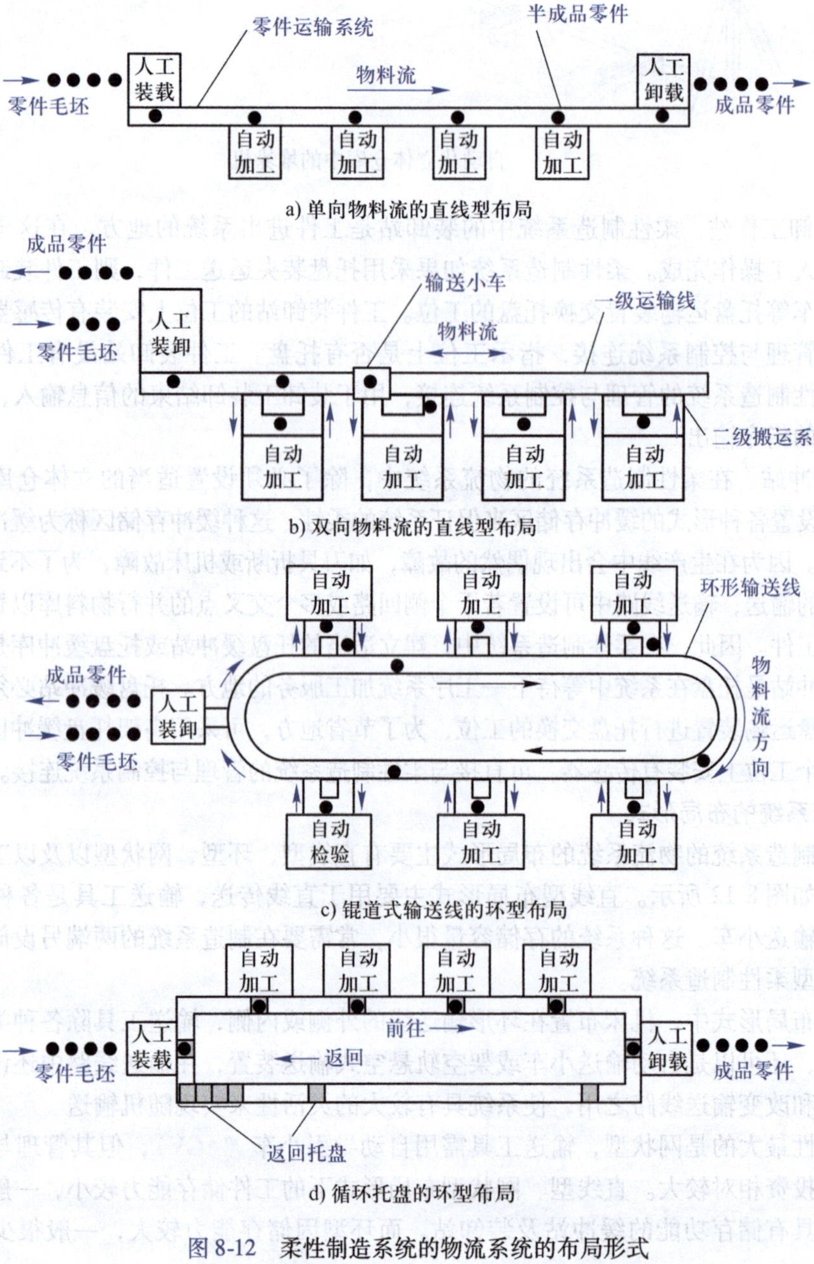

图 8-12　柔性制造系统的物流系统的布局形式

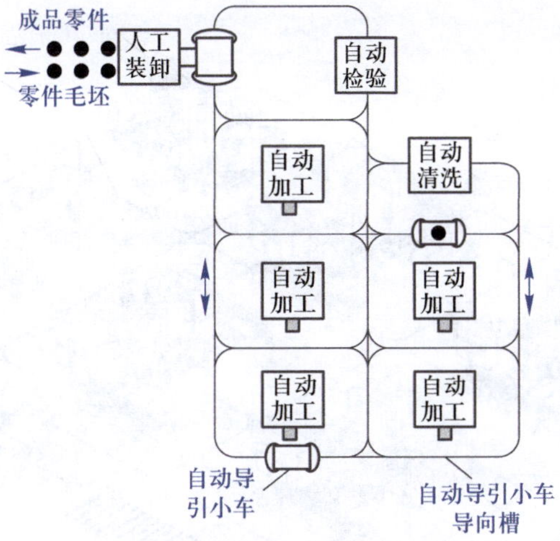

e) 基于自动导引小车的网状型布局

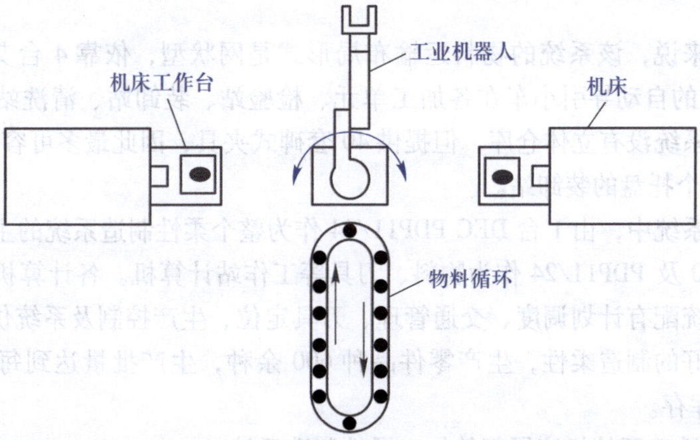

f) 以工业机器人为中心的布局

图 8-12　柔性制造系统的物流系统的布局形式（续）

8.2.4　柔性制造系统举例

1. 美国沃特宇航公司的机身零件加工柔性制造系统

图 8-13 所示为美国沃特宇航公司（Vought Aerospace）于 1984 年投入运行的用于飞机（如 B-1 轰炸机等）机身零件的柔性制造系统。该系统投资 1000 万美元，由美国辛辛纳提-米拉康公司设计建造。

在加工系统方面，加工设备有 8 台 20HC 型 4 坐标卧式加工中心，每台加工中心的加工范围是 2.5m×0.9m×0.7m，带有容量为 90 把刀的刀库。这 8 台加工中心每两台构成一个加工单元，形成 4 个加工单元，完成零件的加工任务。检验设备是 2 台意大利 DEA 公司生产的坐标测量机，用于零件的自动检验。辅助设备包括 1 台零件清洗机和 1 套自动切屑清除装置。

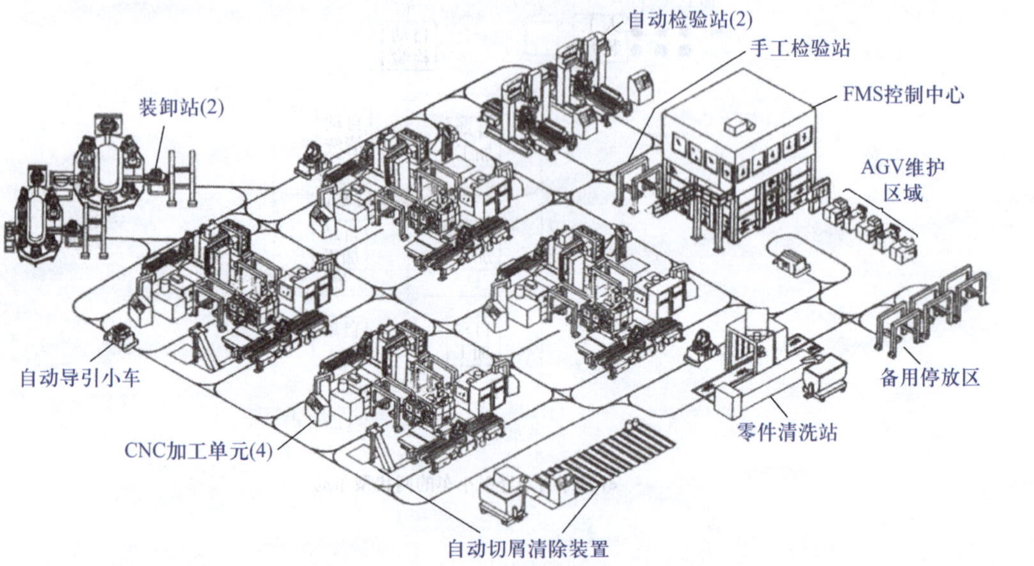

图 8-13　沃特宇航公司的用于飞机机身零件的柔性制造系统

从物流系统来说，该系统的物料运输布局形式是网状型，依靠 4 台艾通・凯维（EATON KEYWAY）的自动导引小车在各加工单元、检验站、装卸站、清洗站等之间完成零件和工夹具输送。系统没有立体仓库，但提供 40 套碑式夹具，因此最多可容纳 40 个工件。有 2 个可以容纳 10 个托盘的装卸站。

管理与控制系统中，由 1 台 DEC PDP11/44 作为整个柔性制造系统的主控机，另有若干台 DEC PDP11/70 及 PDP11/24 作为物料、刀具等工作站计算机。各计算机之间通过通信网络进行集成。系统配有计划调度、交通管理、刀具定位、生产控制及系统仿真软件。

该系统有较好的制造柔性，生产零件品种 600 余种，生产批量达到每 5 天生产 1 批共 541 件，做到无库存。

2. 日本大隈铁工所的机床零部件加工柔性制造系统

日本大隈铁工所（OKUMA）是世界著名的数控机床生产厂商之一。该所的主要产品包括多种系列的数控机床、加工中心，OSP 系列数控系统，柔性制造系统及生产线等自动化系统。图 8-14 所示为该公司针对机床零部件生产的一种典型的柔性制造系统。该系统占地 28m×11.5m，加工系统由 3 台卧式加工中心和一台清洗装置组成，物流系统由一个 20 列 4 层的托板（盘）架和一台堆垛机组成，并配有 4 个加工准备站（即工件装卸站），柔性制造系统控制器负责该系统的管理和运行监控。

该柔性制造系统能够实现约 150 种、每批 1～20 个（件）的箱壳类机床零部件的多品种小批量生产的自动化，可实现夜间无人运转生产，提高生产率。

3. 德国斯图加特大学机床与控制技术研究所（ISW）的柔性制造系统

图 8-15 所示是德国斯图加特大学机床与控制技术研究所于 1990 年建成的一个具有柔性装配功能的柔性制造系统，由两个柔性制造单元组成。图 8-15 右部是柔性加工单元，有一台 TC 500 型镗铣加工中心 10 和一台 Index GSC 85 型车削中心 8。这两台加工中心所使用的刀具可以在刀具预调站 11 上事先调整、准备。9 是坐标测量机，7 是立体仓库，14 是装卸

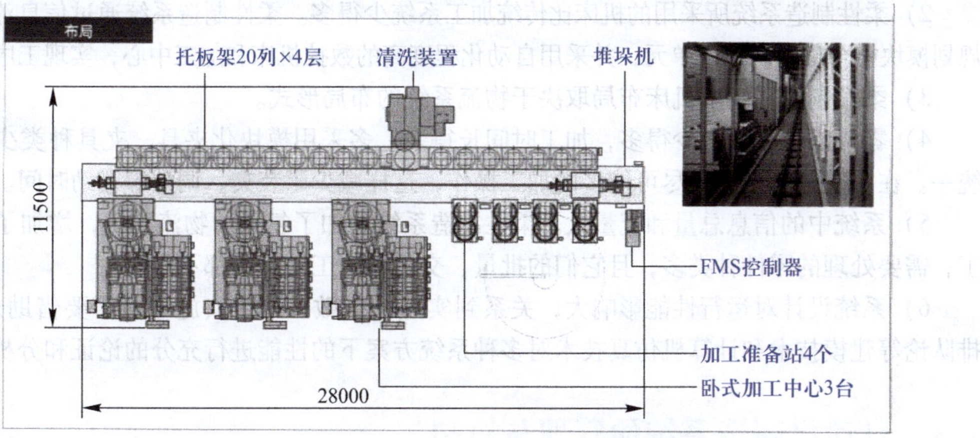

图8-14　大限铁工所的机床零部件加工柔性制造系统

站。图8-15左部是一个柔性装配单元，是为单件和小批量装配而设计的，其中有机器人控制柜1、一台装卸机器人12，三台装配机器人3、4、5，一个小件装配站13，一个手工装配工位2和托盘传送带（连接各装配站）。这两个单元之间由一个自动导引小车15作为运输工具进行物料输送。此外，整个系统配置有一个清洗站6，以便清洗加工和装配中的零部件。16是整个柔性制造系统的控制区。

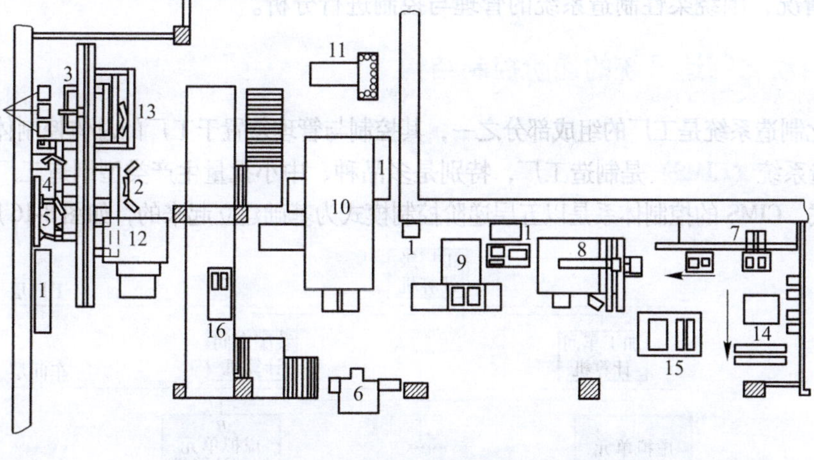

图8-15　德国斯图加特大学ISW开发的柔性制造系统

1—机器人控制柜　2—手工装配工位　3—紧固机器人　4—装配机器人　5—双臂机器人　6—清洗站
7—立体仓库　8—Index GSC 85型车削加工中心　9—坐标测量机　10—TC 500型镗铣加工中心
11—刀具预调站　12—装卸机器人　13—小件装配站
14—装卸站　15—自动导引小车　16—控制区

8.2.5　柔性制造系统的特征

与传统的制造系统相比，柔性制造系统具有以下特征。

1）机床与物流系统的自动化程度高得多，能实现长时间的无人自动连续生产，提高产品质量的一致性。

2）柔性制造系统所采用的机床比传统加工系统少得多。柔性制造系统通过信息流与系统规划模块能合理组织加工单元，并采用自动化程度高的数控机床和加工中心，实现工序集中。

3）柔性制造系统中机床布局取决于物流系统的布局形式。

4）零件的装夹次数少得多，加工时间长得多。多采用模块化夹具，夹具种类少且基准统一。在一次装夹中安排尽可能多的加工操作，这样减少了装夹、调整等辅助时间。

5）系统中的信息总量和流量大。柔性制造系统增加了复杂的物流系统，增加了混流加工，需要处理的零件种类多，且它们的批量、交货期、工艺路线都不同。

6）系统设计对运行性能影响大，关系到实施的成败。系统实施之前需要借助规划论、排队论等建模技术和计算机仿真技术对多种系统方案下的性能进行充分的论证和分析。

8.3 自动化制造系统的管理与控制

自动化制造系统中的信息流成为把系统中各个组成部分有机联系起来，保证整个系统高效运行的关键。自动化制造系统的管理与控制系统就是通过对信息流的处理和传递来控制系统的物料流，使整个系统处于有序的工作状态，并以最优方式运行。

自动化制造系统的类型很多，其管理与控制系统的构成、功能和方式差别很大。有些类型的管理与控制系统很简单，如单一产品的刚性自动线，只需各设备按一定的节拍生产即可。而有些系统的控制则复杂得多，如多品种、中小批量生产的柔性制造系统。本节主要针对后一种情况，围绕柔性制造系统的管理与控制进行分析。

8.3.1 自动化制造系统的递阶控制结构

自动化制造系统是工厂的组成部分之一，其控制与管理须置于工厂的总体控制体系内。计算机集成制造系统（CIMS）是制造工厂，特别是多品种、中小批量生产类型制造工厂实现自动化的主要形式。CIMS 的控制体系是以五层递阶控制模式为基础建立起来的，如图 8-16 所示。

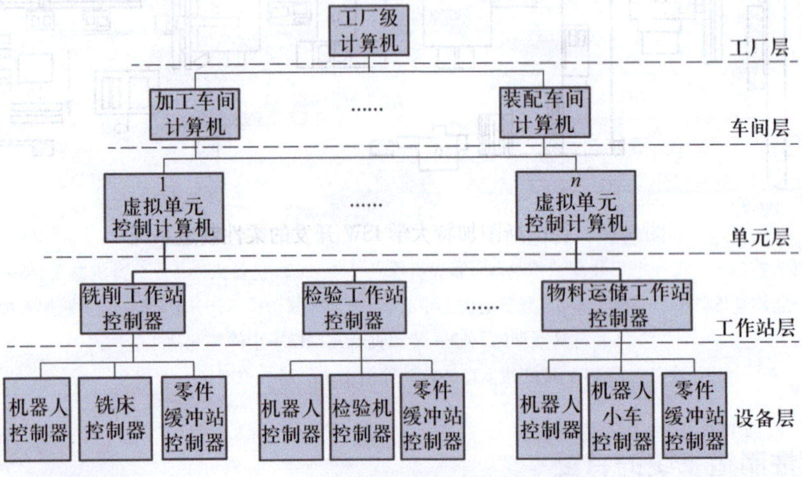

图 8-16 CIMS 的五层递阶控制结构

在 CIMS 的五层递阶控制结构中，工厂层是决策与计划层，负责整个工厂的战略决策和生产的中长期计划。车间层是管理层，实现工厂的业务管理，如生产的短期计划，资源分配等。单元层是任务分配与生产控制层，执行作业调度管理与任务分配。工作站层是设备控制层，实施对多台设备的集中运行控制。设备层是执行层，执行设备的自动运行和数据采集等功能。这种五层递阶控制结构对一般制造工厂而言是普遍适用的，但各工厂针对各自的具体情况可能会有一定的变化，如在工厂层之上再加上集团公司层等。自动化制造系统的管理与控制系统在 CIMS 五层递阶控制结构中覆盖了包括单元层、工作站层和设备层的下面三层。

典型柔性制造系统的递阶控制结构如图 8-17 所示。规模较大或较为复杂的系统可能会有多个加工工作站，也可以有检测工作站等其他工作站。一些较为简单的自动化制造系统（如 DNC）也可能有所简化，如不设刀具管理工作站，甚至在单元层下不设工作站层，而由单元控制器直接控制设备。

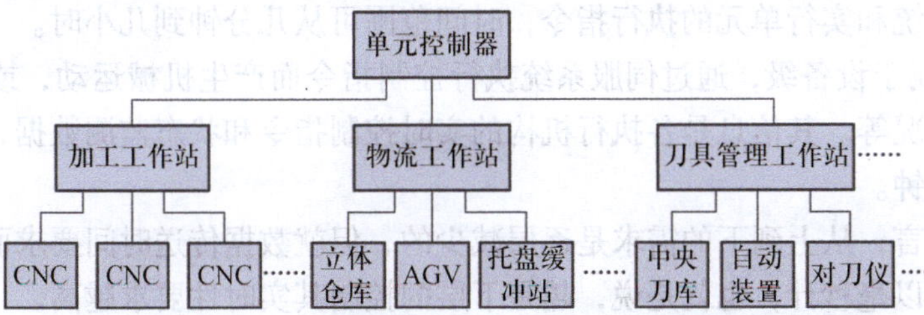

图 8-17　典型柔性制造系统的递阶控制结构

8.3.2　自动化制造系统的信息流模型及特征

1. 自动化制造系统的信息流模型

为了能使系统中的各种设备与物流系统自动协调地工作，并且有充分的柔性，迅速响应系统内外部的变化，及时调整系统的运行状态，关键就是要准确地规划与控制信息流，保证制造系统的计划、管理、控制和执行功能有条不紊地运行。根据自动化制造系统的五层递阶控制结构，通常也将它的信息网络模型划分为五层，如图 8-18 所示。

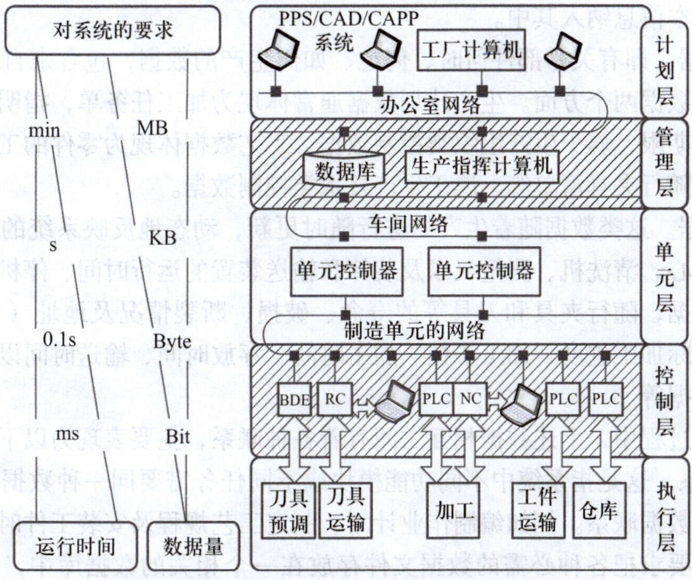

图 8-18　自动化制造系统的信息网络模型

1）计划层属于工厂级，包括产品设计、工艺设计、生产计划、库存管理等。其信息主要是企业经营战略和经营计划、产品开发等，调控的时间范围可以是几个月到几年。

2）管理层属于车间级或系统管理级，包括作业计划、工具管理、在制品及毛坯管理、工艺系统分析等。其信息主要是工作计划与管理，调控的时间范围从几周到几个月。

3）单元层属于系统控制级，负担分布式数控、运输系统与加工系统的协调、工况和机床数据采集等。其信息主要是各子系统工作的协同，调控的时间范围可从几小时到几周。单元控制器在自动化制造系统管理与控制中起到承上启下的中枢作用，通常由主控或中央计算机完成。

4）控制层属于工作站级，包括机床数控、工业机器人控制、运输和仓库控制等。其信息主要是各子系统和实行单元的执行指令，时间范围可从几分钟到几小时。

5）执行层属于设备级，通过伺服系统执行控制指令而产生机械运动，或通过传感器采集数据和监控工况等。其信息是各执行机构的实时控制指令和状态监测数据，时间范围可以从几毫秒到几分钟。

就数据量而言，从上到下的需求是逐层减少的，但就数据传送时间要求而言，是从以分钟计逐层缩短到以毫秒计，也就是说，越是下层的控制其实时性要求越高。

2. 自动化制造系统的信息流数据及特征

要实现自动化制造系统的控制与管理，首先必须了解：在制造过程中有哪些数据需要采集；这些数据怎样产生、流向何处；这些数据之间如何进行处理、交换和利用。

（1）信息流的数据内容　自动化制造系统是一个离散系统，其中包含有三种不同类型的数据，即基础数据、控制数据和状态数据。

1）基础数据。基础数据在制造系统开始运行时建立，并在运行中逐渐补充。它包括系统配置数据和物料基本数据。系统配置数据包括机床的编号、类型、位置、存储工位号和数量等。物料基本数据包括刀具几何尺寸、类型、耐用度，托盘的基本规格，相匹配的夹具类型及尺寸等。基础数据通常也称为制造资源数据，除了上述设备、工装等数据外，有的也把人员、车间等基本信息纳入其中。

2）控制数据。即有关零部件何时、何地、如何生产的数据，包含来自上级部门的生产计划数据和工艺数据两个方面。生产计划数据通常体现为加工任务单，指明了加工任务的类型、批量及完成期限，属于生产组织类控制数据。工艺数据体现为零件的工艺规程、数控程序、刀具清单、随行夹具清单等，属于生产技术类控制数据。

3）状态数据。这类数据随着生产的进行随时更新，动态地反映系统的运行状态。它包括机床、加工中心、清洗机、测量机以及装卸和输送装置的运行时间、停机时间及故障原因等的设备状态数据，随行夹具和刀具等的寿命、破损、断裂情况及地址（位置）的物料状态数据，工件实际加工进度、加工工位、加工时间、存放时间、输送时间以及成品数、废品率的工件统计数据等。

在系统运行过程中，上述数据相互之间有着各种联系，主要表现为以下三种形式。

1）数据联系。这是指系统中不同功能模块或不同任务需要同一种数据或者有相同的数据关系时而产生数据联系。例如编制作业计划、制定工艺规程及安装工件时，都需要工件的基本数据，这就要求把各种必需的数据文件存放在一个相关的数据库中，以便共享数据资源，并保证各功能模块能及时迅速地交换信息。

2）决策联系。当各个功能模块对各自问题的决策相互有影响时而产生决策联系，这不仅是数据联系，更重要的是逻辑和智能联系。例如编制作业计划时，对工件进行不同的混合分批，就会有不同的效果。利用仿真系统有助于迅速做出正确决定。

3）组织联系。系统运行的协调性对柔性制造系统来说是极其重要的。工件、刀具等物料流是在不同地点、不同时刻完成控制要求的，这种组织上的联系不仅是一种决策联系，而且具有实时动态性和灵活性，因此协调系统是否完善已成为柔性制造系统有效运行的前提。

（2）信息流的特征 从信息集成的观点来说，自动化制造系统是在计算机管理下，通过数据联系、决策联系和组织联系，把制造过程的信息流连成一个有反馈信息的调节回路，从而实现自动控制过程的优化。

自动化制造系统管理和控制的信息流程由加工作业计划、加工准备、过程控制与系统监控等功能模块组成，可用图8-19所示的功能参考模型来说明，其信息流具有明显的结构化特征和时间属性特征。

1）信息流的结构化特征。柔性制造系统的管理与控制系统一般分为计划制订与评价管理、过程协调控制及设备控制三个层次，这是一种模块化的结构，各模块在功能上和时间上既相互独立又相互联系。这样，尽管系统复杂，但对每个子模块来说，可分解成各个简单的、直观的控制程序来完成相应的控制任务，这无疑在可靠性、经济性等方面都有明显改善。

2）时间属性特征。如图8-19所示，在管理与控制系统中的信息是互相关联的，各功能模块产生的信息有赖于其他模块或系统采集的各种状态信息，特别是过程控制模块必须及时传递、实时性强，因此对信息流有很高的时间属性要求，它的计算机运行环境就应是在实时操作系统支持下并发运行。

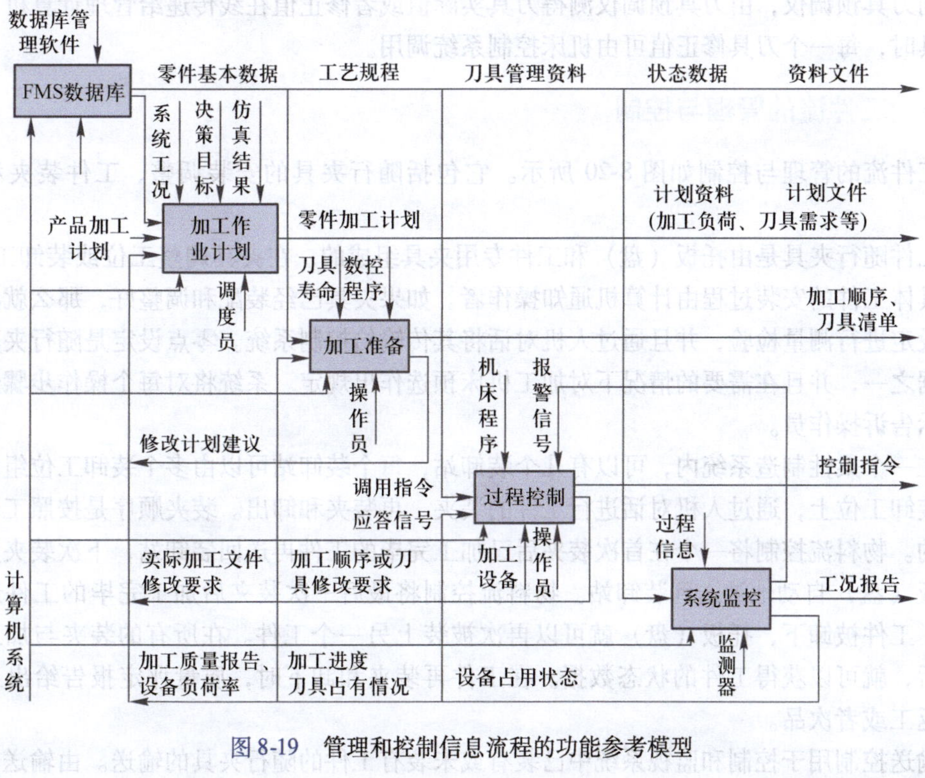

图8-19 管理和控制信息流程的功能参考模型

8.3.3 作业计划与调度管理

1. 作业计划编制与调度

作业计划编制的基本原则是在系统中尽可能减少随行夹具的情况下提高机床负荷率，并缩短加工任务的通过时间。具有最高优先权的加工任务可以首先加工。在任务安排过程中要检查所需的数控程序，随行夹具和其他基本数据是否都已存在。如果操作员确认所缺的资源能及时获得补给，则此项加工任务可被系统接纳和调度。只要在系统中有空闲的加工能力和物料，那么作业调度过程就应反复运行。在实际投放加工任务时，要再次检查机床的可用度和物料的准备情况。

2. 刀具需求计划

对于已经安排好的加工任务，要编制刀具需求计划，一般采用两种方式。

1）计划需求。从数控程序的刀具清单中得到刀具的识别号和每次调用刀具的使用时间。在刀具基本数据库中存放了所有系统中已知刀具的寿命值。由此通过数据的连接，得出了刀具的净需要量，并在屏幕上作出提示，操作者对添置刀具的可能性需作出及时的应答。计划需求一般在作业计划编好后立即进行。

2）实际需求。在加工开始之前，考虑到机床刀具的剩余寿命应对需求重新进行核算。刀具的净需求量清单和已在机床刀库中的刀具清单是以刀具装卸清单形式输出的。实际需求计划一般在加工任务开始之前进行。

3. 刀具预调

在管理计算机上可以连接一台刀具预调仪。从基本数据文件中得到的要调整刀具的理论值输到刀具预调仪，由刀具预调仪测得刀具实际值或者修正值在线传递给管理计算机。在调换刀具时，每一个刀具修正值可由机床控制系统调用。

8.3.4 工件流的管理与控制

工件流的管理与控制如图 8-20 所示。它包括随行夹具的安装调整、工件装夹和输送控制。

工件随行夹具是由托板（盘）和工件专用夹具组成的，在夹具调整工位或装卸工位上，针对具体工件的安装过程由计算机通知操作者。如果夹具已经装配和调整好，那么就必须对零点设定进行测量检验，并且通过人机对话将其传输给控制系统。零点设定是随行夹具的基本数据之一，并且在需要的情况下对加工机床预选作出规定。系统将对每个操作步骤通过屏幕显示告诉操作员。

在一个柔性制造系统内，可以有几个装卸站，每个装卸站可以由多个装卸工位组成。在这些装卸工位上，通过人机对话进行工件的装夹、再装夹和卸出。装夹顺序是按照工艺流程进行的。物料流控制将一个在首次装夹后已加工完毕的工件再送回装卸站，下次装夹所需要的托板（盘）自动地被送到装卸站。物料流控制将最后一次装夹后加工完毕的工件送到装卸站，工件被卸下，托板（盘）就可以再次被装上另一个工件。在所有的装夹与加工操作结束后，就可以获得工件的状态数据。在工件再装夹和卸下时，质量评定报告给出工件合格、返工或者次品。

输送控制用于控制和监视系统中已装有或未装有工件的随行夹具的输送。由输送命令调

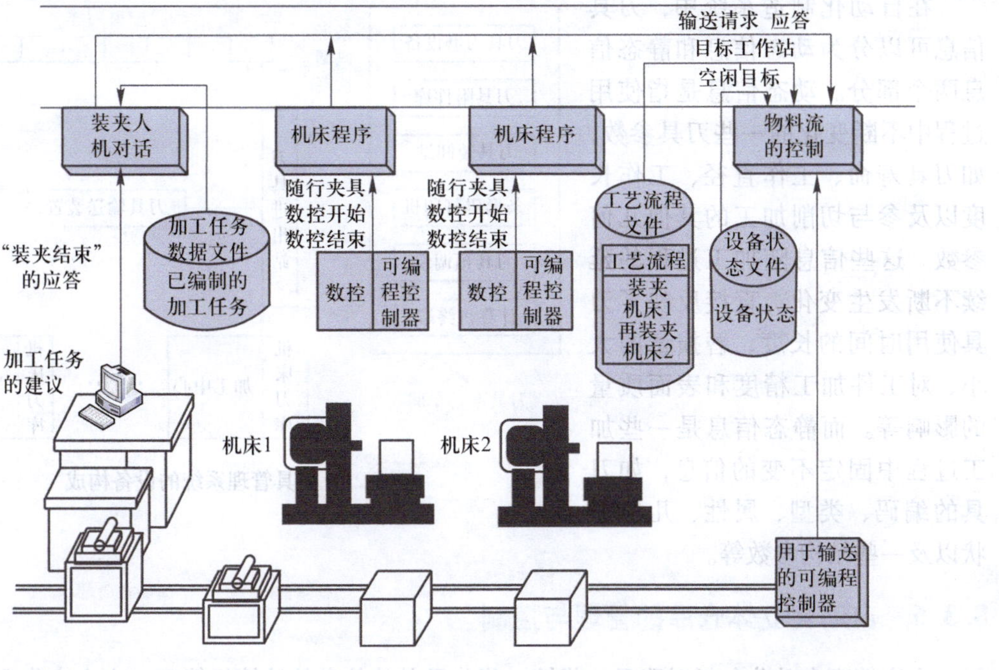

图 8-20　工件流的管理与控制

度输送步骤的进行，运输系统完成源工位与目标工位之间的物料输送。在一个加工步骤结束后，工位上的专门程序就向物料流控制提出输送请求，并按照先入先出原则由物料流控制完成输送任务。在输送过程中，物料流控制还将及时采集输送出发点和目标站、随行夹具以及工件的状态数据。

8.3.5　刀具流的管理与控制

刀具流控制是在中央刀库和机床刀库之间实现有序的刀具交换。在工件到达之前，机床程序将检查刀具情况，明确所需要的加工刀具是否已在机床刀库中，或不在机床刀库而在中央刀库中。对于不在机床刀库而在中央刀库的刀具，则需要机床刀库与中央刀库进行刀具交换，换出机床刀具中本次加工不需要的刀具。

由于柔性制造系统加工的工件种类繁多，加工工艺以及加工工序的集成度很高，系统运动时需要的刀具种类和数量是很多的，而且这些刀具频繁地在系统中各机床之间、机床到刀库之间进行交换。另外刀具磨损、破损换新造成的强制性或适应性换刀，使得刀具流的管理和刀具监控变得异常复杂。

一个典型的、具有自动刀具供给系统的刀具管理系统的设备构成如图 8-21 所示。它由刀具准备车间（室）、刀具供给系统和刀具输送装置三部分组成。刀具准备车间包括刀具附件库、条形码打印机、刀具预调仪、刀具装卸站及刀具刃磨设备等；刀具供给系统包括条形码阅读器、刀具进出站和中央刀库等；刀具输送装置包括装卸刀具的机械手、传送链和运输小车。

刀具管理系统除了刀具管理服务之外，还要作为信息源，向实时过程控制系统、生产调度系统、库存管理系统、物料采购和订货系统、刀具装配站、刀具维修站和校准站等部门提供服务。

在自动化制造系统中，刀具信息可以分为动态信息和静态信息两个部分。动态信息是指使用过程中不断变化的一些刀具参数，如刀具寿命、工作直径、工作长度以及参与切削加工的其他几何参数。这些信息随加工过程的延续不断发生变化，直接反映了刀具使用时间的长度、磨损量的大小、对工件加工精度和表面质量的影响等。而静态信息是一些加工过程中固定不变的信息，如刀具的编码、类型、属性、几何形状以及一些结构参数等。

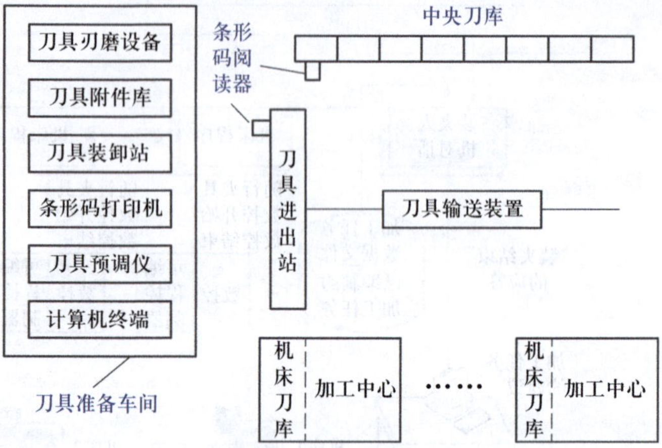

图 8-21　刀具管理系统的设备构成

8.3.6　自动化立体仓库的管理与控制

仓库管理自动化包括对账目、货箱、货位及其他信息的计算机管理。出入库作业自动化包括货箱零件的自动识别、自动认址、货格状态的自动检测以及巷式堆垛机各种动作的自动控制等。它包括物料流控制和信息流控制两大块，如图 8-22 所示。

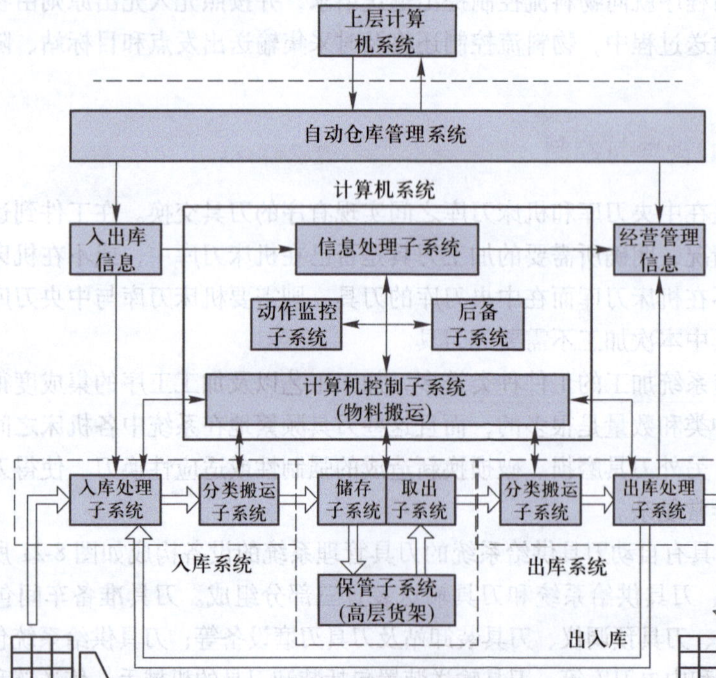

图 8-22　自动化立体仓库系统功能框图

货物的自动识别是自动化立体仓库运行的关键。货物的自动识别通常采用编码技术，对货格进行编码，或对货箱（托盘）进行编码，或同时对货格和货箱进行编码。然后在货箱（托盘）的适当部位贴上编码标记物，当货箱（托盘）通过入库传送滚道时，用相应的读出装置自动扫描编码标记物获取编码信息，并自动录入计算机。

自动化立体仓库的计算机管理包括物资管理、账目管理、货位管理及信息管理。入库时将货箱（托盘）合理分配到各个巷道作业区，出库时按“先进先出”原则，或其他排队原则。系统可定期或不定期地打印报表，并可随时查询某一零件存放在何处。当系统出现故障时，通过总控台进行运行中的动态改正及信息修正，并判断出发生故障的巷道，及时封锁发生机电故障的巷道，暂停该巷道的出入库作业。

自动化立体仓库的控制主要是对巷式堆垛机的控制。巷式堆垛机的主要工作是入库、搬库和出库。从控制计算机得到作业命令后，控制巷式堆垛机的移动位置和速度，以合理的速度接近存取目的地，进行定位存取货物。控制系统具有货叉占位报警、取箱无货报警、存货占位报警等功能。

8.3.7 加工过程监控

为了保证自动化制造系统的运行可靠性，通常采用以下过程监控措施：刀具磨损和破损的监视；工件在机床工作空间的位置测量；工件质量的控制；各组成部分功能检验及故障诊断。自动化制造系统的加工过程监控功能如图8-23所示。

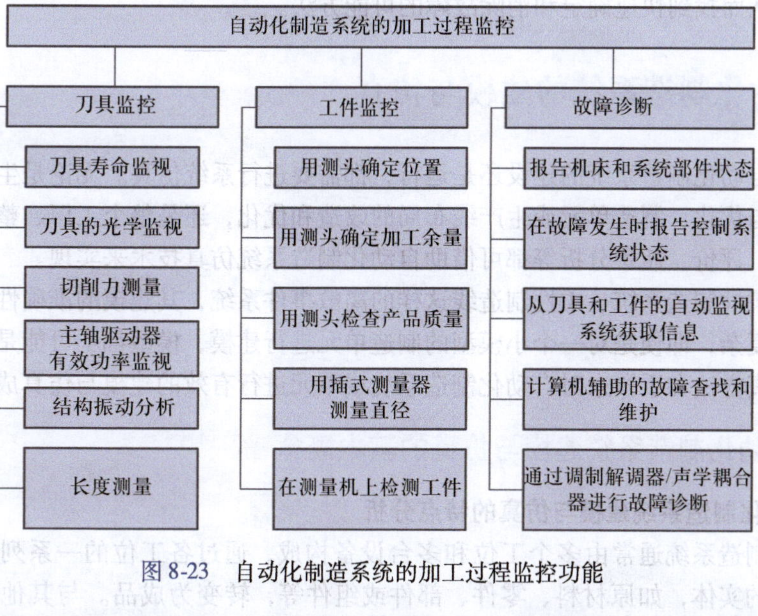

图8-23 自动化制造系统的加工过程监控功能

通过对系统各组成部分、导致停机的事件和假定的早期识别出的废品的监视，来采取相应的对策，以增加系统的有效性。

1. 刀具监控

刀具监控系统的目标是在废品可能产生前检测出刀具的破损和有缺陷的刀具，以免造成机床、工件、夹具的损坏。为此，刀具监控系统必须考虑到柔性制造技术的特殊要求。一个通用的能用于不同机床运行的监控系统是没有的，然而必须提供某些在功能上相互补充的监控系统以满足应用的需求。此外，刀具寿命监视通过CNC系统来得到刀具工作时间（可通过传感器直接或间接地检测刀具状态而得到）。

在加工过程中采用监视主轴驱动器的有效功率、加工中的切削力或者采用一些结构振动分析的方法来监视系统的工作过程。随着力测量传感器和超声传感器的应用，不仅可用于测量极限值，而且还可测量破损特征力曲线，这样便有了更可靠和更全面的破损监控功能。

2. 工件监控

工件监控系统包括工件的识别，具有零偏置的工件位置的确定以及加工过程中工件质量的检查。同期望的几何形状间的偏差可通过机床工作区域、接近系统的测量区域或测量机的测量装置来确定。

测量探针一般适用于识别工件、探测未加工零件的位置及用来核查下一步加工操作的可能，例如核对一个孔是否适用于接下来进行的螺纹加工操作。在将来，测量机将作为独立的测量单元和完全集成的测量组件而得到广泛应用。为了能够快速和正确地测量，测量机必须要连接到制造系统中，以便能及时交换信息。

3. 故障诊断

自动化制造系统中完整的加工过程监控包含有故障诊断功能，即对加工中心功能和所有系统部件进行持续监控。在这种情形中，这些智能过程的功能在系统控制单元的过程控制级进行监控，所有发生的故障均被记录入一个诊断文件中，并对此进行评估后在控制面板上报警显示。专家诊断系统将为操作人员提供不断增加的支持，对故障进行模拟研究，实现快速故障诊断，从而找到快速确定和消除故障的可能方法。

8.4 自动化制造系统的建模与仿真

不管是自动化制造系统的建设还是运行，都需要进行系统仿真。无论是生产中具体操作过程的设计与优化、制造单元或生产线布局的改造和优化，还是整个工厂、整个流水线作业计划的优化、评价、瓶颈分析等都可借助自动化制造系统仿真技术来实现。

对于像柔性制造系统、柔性制造线这样的离散事件系统，其建模的准确性及仿真结果的准确性都很复杂，即便是对一个小模型的制造单元进行建模，模型都不可能是单一的，因此采用何种仿真方法和手段来对自动化制造系统或单元进行有效的建模与仿真成为关键问题。

8.4.1 自动化制造系统建模与仿真的基本概念

1. 自动化制造系统建模与仿真的特点分析

自动化制造系统通常由多个工位和多台设备构成，通过各工位的一系列加工和操作活动，将输入的实体，如原材料、零件、部件或组件等，转变为成品。与其他类型的系统相比，自动化制造系统的建模与仿真具有以下特点。

① 各工位的加工和操作时间为定值或服从一定分布。

② 输入实体的到达时间和频率为确定值或服从一定分布。

③ 实体（如零件）加工和操作的工序路径相对固定。但是，由于冗余、并行设备的存在，实体在系统中流动的路径往往具有一定柔性。这也是采用仿真技术的一个重要原因。

④ 加工和操作的对象可能为成批的实体，也可能是单个实体。

⑤ 各工位和设备的可靠性、故障停机时间以及班次安排等对自动化制造系统性能会产生重要影响。

⑥ 物料搬运设备的布局及性能参数对自动化制造系统有很大影响。

⑦ 对高度机械化和自动化的制造系统而言，系统中的操作人员通常不是重点考虑因素，但是调度和控制规划对系统性能有显著影响。

⑧ 建模与仿真技术主要关注自动化制造系统的稳态行为和特征，即统计意义上的系统特征。

建模与仿真常用来评价系统设计方案、优化设计参数以及制定系统调度策略等，成为自动化制造系统性能持续改进的决策支持工具。其作用和效果主要体现在：

1）为新自动化制造系统或生产线的规划、设计提供技术支持，帮助工程师改进自动化制造系统的物理布局，优化物流系统，从而减少自动化制造系统的占地面积、提高自动化制造系统的运行效率。

2）用于评价员工的工作效率、加工设备的运营状况，提出合理的生产规则、决策及算法，以改进生产调度、库存管理和物流系统的效率。

3）为仓库、配送中心等物流设施的优化提供技术支持，用来控制和减少在制品数量，降低库存水平，减少库存成本，以实现准时制生产（JIT）或面向订单生产（Make To Order，MTO）。

4）仿真技术还能用来发现自动化制造系统的瓶颈工位，寻找影响自动化制造系统性能提升的约束条件，并通过去除瓶颈或消除约束来改善和提高自动化制造系统的性能。

对于自动化制造系统的短期决策问题（如车间的实时控制、调度），通常需要建立较为详细的系统模型，以保证模型与实际系统的相似度，更准确地反映系统的实际状况。对于自动化制造系统的长期决策问题，由于决策的宏观性和数据的模糊性，模型一般相对粗糙、分辨率较低，不强调与实际系统的逐一对应。

此外，对于设计中或尚不存在的系统，由于先验知识和已知数据非常有限，一般需要根据类似或已有的系统作出假设。因此，开始建模时，模型应尽可能简单。随着对系统特性了解的逐步深入，再不断地完善模型，以便更准确地反映系统实际。

2. 自动化制造系统建模与仿真的对象及建模元素

自动化制造系统类型众多，组成复杂，性能要求各异，使得自动化制造系统建模与仿真研究的对象或目标具有多样性。表 8-3 总结了常见的自动化制造系统中的对象及其建模元素。

表 8-3　常见的自动化制造系统中的对象及其建模元素

系统对象	建模元素
车间布局（Workshop Layout）	车间，面积，距离，加工设备类型及数量，物流设备及数量，成本，时间
操作人员（Operator）	人员类型，生产率，操作时间，单位时间工资，任务，班次
加工设备（Machining Device）	尺寸，功能，效率，单位时间运行费用，加工，装配，拆卸，检测，清洗，包装，停机时间分布，修复时间分布
物流系统（Logistics System）	AGV，堆垛机，输送机，存储装置，托盘，货架，叉车，小车，行车，距离，速度，停靠点，存取时间，行驶时间

（续）

系统对象	建模元素
系统维修（System Maintenance）	故障类型，故障时间分布，维修设备，维修人员，维修调度策略，维修工具，维修时间分布
产品（Product）	产品名称、类型，工艺流程及时间，数量，所需资源，物料清单（BOM）
生产调度计划（Production Schedule）	调度目标（时间、成本、效益），任务构成，设备及其参数，调度规则
生产控制计划（Production Control）	加工任务，加工设备，操作人员，任务分配，控制规则
供应链（Supply Chain）	供应商名称，等级，价格，数量，订单，交货期，交货方式
库存（Storage）	库存容量，库存成本，备件数，在制品，产品，货格数
配送销售（Marketing and Distribution）	配送中心，批发商，零售商，订单，距离，运输方式，运输时间，成本

虽然自动化制造系统的类型众多、构成复杂，但是系统建模与仿真中还是存在一些具有共性的概念或名词术语。自动化制造系统建模与仿真中的常用术语及其含义见表8-4。

表8-4　自动化制造系统建模与仿真中的常用术语及其含义

术　语	含　义
操作（Operation）	操作是指在一个工位对实体的一次作业活动。装夹、切削加工、装配、拆卸、检测等都是常见的操作。通常，操作会改变实体的物理状态或结构
工位（Workstation）	工位是完成操作的场所或区域。工位可以有一台或几台设备及相关的操作人员
设备（Equipment/Device）	对加工对象完成指定操作（如切削、装配、检测、仓储、物流等）的装备，如机床、小车等
操作人员（Operator）	自动化制造系统中用于完成一定操作或决策的工人或技术员。他们常位于某个工位，有时可完成“设备”的功能，如手工装配线上的工人可以代替机械化设备完成装配工作
工件（Workpiece）	设备、操作人员等处理的对象，如毛坯、零件、元件、子装配体等
托盘（Pallet）	用来收集、存放及运输工件的平板或箱体
主生产计划（Master Production Scheduling）	一个产品在某一个较长给定时间段的生产计划，通常为企业季度、半年或年度拟生产或销售的产品数
生产计划（Production Plan）	以主生产计划为基础，制订的针对具体产品及零部件的详细的作业安排，也称作业计划，包括加工任务单号、零件号、工件数和完工期限等内容
物料清单（Bill of Material，BOM）	物料清单也称为产品结构树。由主生产计划和物料清单可以确定零部件、原材料的采购及生产需求
路径（Path/Route）	加工对象在自动化制造系统中操作和流动的流程或运行轨迹。显然，路径定义了设备之间的关系，也影响车间布局
瓶颈（Bottleneck）	瓶颈是指自动化制造系统中利用率最高的工位或加工时间需求与可用时间的比值最高的设备。也泛指影响系统性能改善的任何约束条件或限制性因素
决策（Decision）	根据自动化制造系统的状态及资源状况，作出的有关系统运行的决定或选择。系统的决策点越多，柔性越大。自动化制造系统性能受各决策点调度策略的共同影响
规则（Rule）	为各工位、设备及其他系统资源预先定义的规定和准则。仿真时，系统将根据资源当前状况为规则覆盖范围内的问题产生合理的控制、调度或决策

（续）

术　语	含　义
初始化（Setup）	各工位、设备或其他系统资源为完成新作业所做的设备工作及所需的准备时间
作业（Job）	自动化制造系统需要完成的活动和任务，如零件加工任务、零件搬运任务等
班次（Shift）	各工位、设备、操作人员等系统资源上班的时间安排，与休息及故障停机等相对应
停机时间（Downtime）	工位或设备等因故障、维修、保养、待料等造成的停产时间，可以是仿真时钟、工位（设备）使用时间、完成加工零件数或实体类型的函数
容量、能力（Capacity）	加工、物流等设备的重要性能指标，可以表示工位一次能接受实体的数量，也可以表征设备的生产效率等
可靠度（Reliability）	一般以平均故障间隔时间（Mean Time Between Failures，MTBF）作为设备的可靠度指标
维修性（Maintainability）	一般以故障平均修复时间（Mean Time to Repair，MTTR）表示设备的维修性能
可用度（Availability）	以一个资源实际可用时间与仿真调度总时间的比值表示。显然，可用度是可靠度与维修性的函数
预防性维修（PreventiveMaintenance）	预防性维修是针对系统资源的有计划、有针对性地进行维护与修理，如润滑、清洗、保养，以保证资源的可靠度和可用度

3. 自动化制造系统建模与仿真的主要内容

根据仿真功能，可以将仿真技术在自动化制造系统中的应用归结为“设计决策”和“运行决策”两种类型。

“设计决策”关注自动化制造系统结构、参数和配置的分析、规划、设计与优化。它可以为下列问题的决策提供技术支持。

1）在生产任务一定时，自动化制造系统所需机床、设备、工具以及操作人员的类型和数量。

2）在配置给定的前提下，自动化制造系统的生产能力、生产效率和生产效益。

3）加工设备或物流系统的类型、结构和参数优化。

4）缓冲区（Buffer）及仓库容量的确定。

5）企业及车间的最佳布局。

6）生产线（装配线）的平衡分析及优化。

7）企业或车间的瓶颈工位分析与改进。

8）设备故障统计及维修对系统性能的影响。

9）优化产品销售体系，如配送中心选址、数量与规模等，降低销售成本。

“设计决策”要解决的是自动化制造系统的大问题，需要建立的仿真模型较粗略，很多时候往往借助于数学模型来求解，因此建模快但不准确。

“运行决策”关注自动化制造系统运营过程中的生产计划、调度与控制。它可以为以下问题的决策提供技术支持。

1）给定生产任务时，制订作业计划、安排作业班次。

2）制订采购计划，使采购成本最低。

3）优化车间生产控制及调度策略。

4）企业制造资源的调度，以提高资源利用率和实现效益最大化。

5）设备预防性维修周期的制订与优化。

“运行决策”要解决的是自动化制造系统的细节问题，需要建立的仿真模型尽可能详细、准确，因此建模与仿真的时间长但更准确。

8.4.2 自动化制造系统建模与仿真的基本步骤

自动化制造系统属于离散事件系统。离散事件系统是指只有当在某个离散时间点上有事件发生时，系统状态才会发生改变的系统。也就是说，系统的状态仅与离散的时间点有关，当离散的时间点上有事件发生时，系统状态才发生变化。例如，对于单台机床的加工系统，机床的状态（繁忙、空闲、停机等）只有在零件到达、零件完成、机床故障等事件发生时才会改变。

当采用数学模型研究这类离散事件系统的性能时，模型求解大致可有两类方法，即解析法（Analytical Method）和数值法（Numerical Method）。解析法采用数学演绎推理的方法求解模型。例如，采用ABC法优化库存成本、采用单纯形法求解最佳运输路线问题等。与解析法不同，数值法在一定假设和简化的基础上建立系统模型，通过运行系统模型来“观测”系统的运行状况，通过采集和处理“观测”数据来分析和评价实际系统的性能指标。显然，离散事件系统仿真求解模型的方法可归类为数值法。图8-24所示为系统试验与模型求解方法之间的关系。

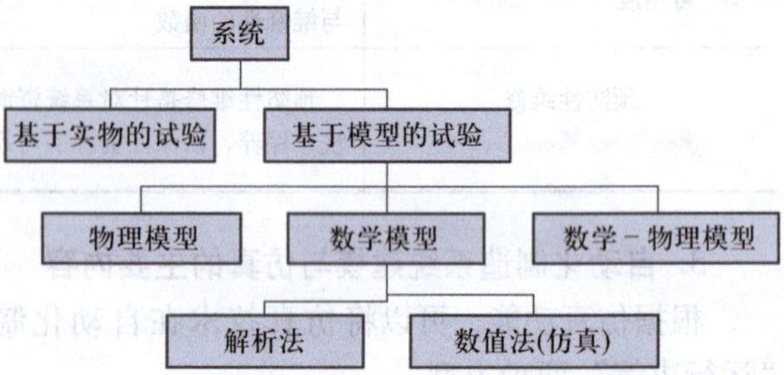

图8-24　系统试验与模型求解方法之间的关系

系统建模与仿真研究的目的是分析实际系统的性能特征。图8-25所示为系统建模与仿真应用的基本步骤，总体上可分为系统分析、数学建模、仿真建模、仿真试验、仿真结果分析以及模型确认等步骤。

1）问题描述和需求分析。建模与仿真的应用源于系统研发需求。因此，首先明确被研究系统的组成、结构、参数和功能等，划定系统的范围和运行环境，提炼出问题的主要特征和元素，以便对系统建模和仿真研究作出准确的定位和判断。

2）设定研究目标和计划。根据研究对象的不同，建模与仿真的目标包括性能最好、产量最高、成本最低、效率最高、资源消耗最小等。根据研究目标，确定拟采用的建模和仿真技术，制订建模与仿真研究计划，包括技术方案、技术路线、时间安排、成本预算、软硬件条件以及人员配置等。

3）建立系统的数学模型。为了保证所建模型符合真实系统、反映问题的本质特征和运行规律，在建立模型时要准确把握系统的结构和机理，提取关键的参数和特征，并采取正确的建模方法。按照由粗到精、逐步深入的原则，不断细化和完善系统模型。需要指出的是，数学建模时不应追求模型元素与实际系统的一一对应关系，而应通过合理的假设来简化模型，关注系统的关键元素和本质特征。此外，应以满足仿真精度为目标，避免使模型过于复杂，以降低模型和求解的难度。

4）建立仿真模型。首先确定仿真所需要统计的指标的精度要求。其次，选择仿真方法和环境，一般采用如Areha，Plant Simulation、Flexsim等仿真软件。再次，根据所收集的系统数据，确定仿真模型参数，如工件到达和加工时间、工件品种和比率、工件搬运距离和时间、设备故障时间等。最后，采用仿真软件所提供的各种构件或模块（module）建立仿真程序（模型），包括实体、资源、处理逻辑、连接路径等，并建立实体运动的逻辑。

5）模型的校核、验证及确认。系统建模和仿真的重要作用是为决策提供依据。为了减少决策失误，降低决策风险，有必要对所建数学模型和仿真模型进行校核、验证及确认，以确保系统模型与仿真逻辑及结果的正确性和有效性。实际上，模型的校核、验证及确认工作贯穿于系统建模与仿真的全过程。

6）仿真试验方案设计。为了提高系统建模与仿真的效率，在不同层面和深度上分析系统性能，有必要进行仿真试验方案的设计。仿真试验方案设计的内容包括仿真初始化长度、仿真运行的时间、仿真试验的次数以及如何根据仿真结果修正模型及参数等。

7）进行仿真试验。仿真试验是运行仿真程序、开展仿真研究的过程，也就是对所建立的仿真模型进行数值试验和求解过程。不同的仿真模型有不同的求解方法。离散事件系统的仿真模型通常是概率模型。因此，离散事件系统仿真一般为数值试验的过程，即测试当参数符合一定概率分布规律时系统的性能指标。值得指出的是，不同类型的离散事件系统具有不同的仿真方法。

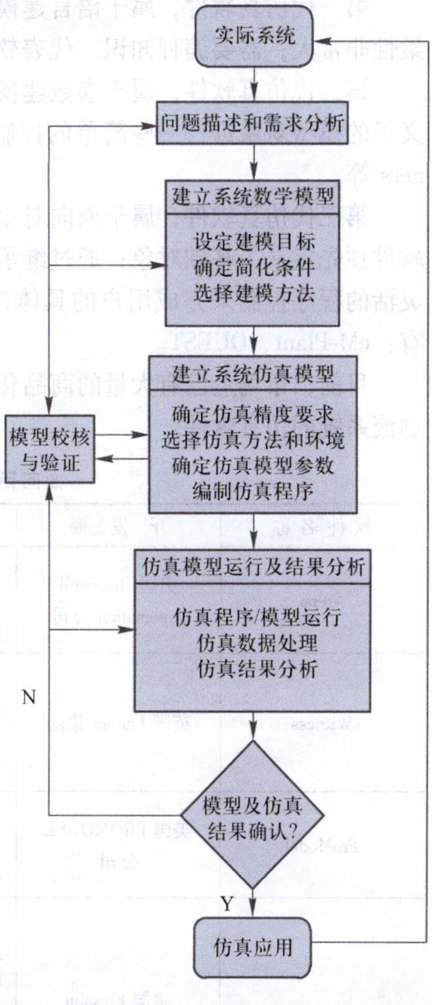

图8-25 系统建模与仿真应用的基本步骤

8）仿真数据处理及结果分析。从仿真试验中提取有价值的信息，以指导实际系统的开发，是仿真的最终目标。早期仿真软件的仿真结果多以大量数据的形式输出，需要研究人员花费大量时间整理、分析仿真数据，以便得到科学的结论。

目前，仿真软件中广泛采用图形化技术，通过图形、图表、动画等形式显示被仿真对象的各种状态，使得仿真数据更加直观、丰富和详尽，这也有利于人们对仿真结果的分析。另外，应用领域及仿真对象不同，仿真结果的数据形式和分析方法也不尽相同。

9）优化和决策。优化和决策是系统建模与仿真的目的。根据系统建模和仿真得到的数据和结论，改进和优化系统结构、参数、工艺、配置、布局及控制策略等，实现系统性能的优化，并为系统决策提供依据。

8.4.3 自动化制造系统的仿真软件介绍

1. 仿真软件的发展

仿真软件已经经历了以下三个阶段的发展。

第一代仿真软件，属于语言建模，有以下特点：其模型是一个较为概要的模型；模型的柔性非常大；需要编程知识。代表软件有SLAM、GPSS、SIMULA等。

第二代仿真软件，属于参数建模，有以下特点：是一个比较简化的模型；只能对预先定义了的模型对象进行一些简单的控制；用户控制需要用编程实现。代表软件有Arena、Witness等。

第三代仿真软件，属于面向对象建模，有以下特点：是一个非常贴近现实的对象模型；软件预先定义了基础对象；通过继承和拷贝基础对象，得到用户定义对象；通过改变属性和灵活的程序控制来完成用户的具体建模；拥有图形化的、面向对象的用户接口。代表软件有：eM-Plant、QUEST。

目前，市场上已有大量的商品化仿真软件。表8-5给出了常用的面向自动化制造系统、物流系统的仿真软件。

表8-5　面向自动化制造系统、物流系统的仿真软件

软件名称	开发商	特点	主要应用
Arena	美国Rockwell Automation公司	输入、输出数据准确；可实现可视化柔性建模；与MS Windows完全兼容且可以定制用户化的模板和面板	自动化制造、物流及服务系统建模与仿真
Witness	英国Lanner集团	具有很好的灵活性和适应性；采用交互式建模方法使得建模方便快捷；系统仿真调度具有柔性；仿真显示和仿真结果输出直观、可视；具有良好的开放性	汽车、物流、电子等制造系统仿真
ProModel	美国PROMODEL公司	提供丰富的参数化建模元素；提供多种手段定义系统的输入输出、作业流程和运行逻辑；兼容性好；优化功能强	自动化制造系统、物流系统仿真
Flexsim	美国Flexsim Software Products公司	面向对象的建模，由对象、连接和方法三部分组成；提供众多的对象类型；仿真引擎可自动运行仿真模型；可利用开放式数据库连接（ODBC）直接输入仿真数据，也可将仿真结果导入到其他应用软件（如Word、Excel）中；可直接导入3D Studio、VRML、DXF和STL图形文件	物流系统、自动化制造系统仿真
Automod	美国Brooks Automation公司	采用内置的模板技术；可快速构建仿真模型；模板中的元素具有参数化属性；具有强大的统计分析能力；动态场景的显示方式灵活	生产及物流系统规划、设计与优化
eM-Plant（Plant Simulation）	以色列Tecnomatix公司（德国SIEMENS公司）	具有层次结构化、继承性、模型的可变性和可维护性、对象性的概念；可对高度复杂的生产系统和控制策略进行仿真分析；有专用的应用目标库，可迅速而高效的建模；优化性能好	用于规划、仿真和优化制造厂、生产系统和工艺过程
Quest	法国Dassault Systemes公司	它是柔性的、面向对象的离散事件仿真工具；实时交互能力强；具有强大的图形建模、可视化功能和健壮的导入、导出功能	工艺过程流的设计、仿真和分析

2. 主流自动化制造系统仿真软件简介

（1）Arena Arena是由美国罗克韦尔自动化（Rockwell Automation）公司推出的一种集成的可视化交互系统仿真软件。该软件基于面向对象的思想和结构化的建模概念，将专用仿真语言的灵活性和仿真器的易用性很好地结合在了一起，成为广泛应用的仿真工具之一。目前，Arena广泛地应用于包括制造业、物流及供应链、服务、医疗、军事等领域的系统仿真。Arena也应用于各个层面不同情况的仿真，包括日常生产作业、各类资源的配置、业务过程的规划、系统性能和计划结果的评价、风险预测等。由于Arena层次化、模板化的开发思想，具有良好的与各种外部技术和资源的整合能力，以及与办公室资源的高度融合性，体现了仿真软件的发展趋势。

Arena软件已成为众多国际知名企业（通用汽车，福特汽车，大众汽车，标致汽车，卡特彼勒，三菱重工，空中客车，波音飞机，住友商事，西屋电气，伊莱克斯，飞利浦，惠而浦，博世，IBM，英特尔，惠普等）管理决策的重要工具。在物流系统中的主要效益有：①在生产过程中进行设备布置，实现工件加工轨迹的可视化仿真等；②在生产管理中进行生产计划、库存管理、生产控制和产品市场的预测和分析等；③在生产价值分析方面，可进行生产系统经济性、风险性分析，从而改进生产、降低成本或辅助企业投资决策；④可实现企业流程再造可视化仿真优化，实现敏捷供应链管理的可视化仿真决策等。图8-26所示为用Arena软件建立的柔性制造系统仿真模型。

（2）eM-Plant（Plant Simulation） eM-Plant是以色列Tecnomatix公司推出的采用C++实现的关于生产、物流和工程的仿真软件，后由德国西门子公司收购并改名为Plant Simulation。它是面向对象的、图形化的和集成的建模仿真工具。其模型使用面向对象技术和可自定义的目标库来创建，是一个具有良好结构的层次化仿真模型。该模型包括供应链、生产资源、控制策略、生产过程、商务过程的内容。eM-Plant可以对各种规模的工厂和生产线，包括大规模的跨国企业进行建模仿真，用于分析和优化生产布局、物流和供需链等，也可以预估资源利用率、产能和效率，以便于承接大小不同的订单与混合产品的生产订单。用户通过扩展的分析工具、统计数据和图表来评估不同的解决方案，并在生产计划的早期阶段做出迅速而可靠的决策。使用eM-Plant仿真工具可以优化产量、缓解瓶颈、减少在线加工零件。考虑到内部和外部供需链、生产资源、商业运作过程，用户可以通过仿真模型分析不同模型对产品的影响，评估不同生产线的控制策略，并验证主生产线和从生产线（Sub-lines）的同步。

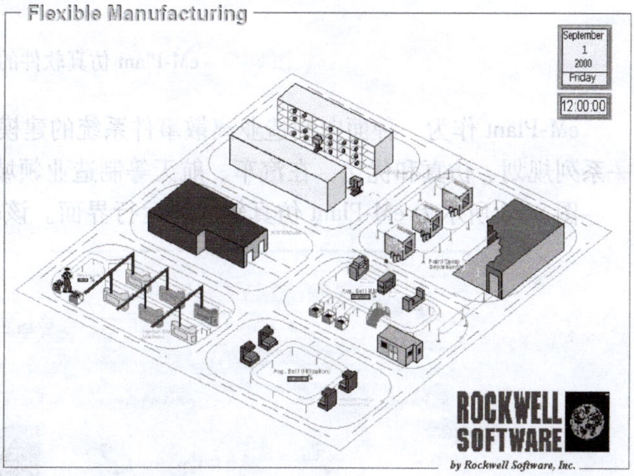

图8-26 用Arena软件建立的柔性制造系统仿真模型

eM-Plant仿真软件的应用体系如图8-27所示。从图8-27中可以看出，eM-Plant是一个集成化的系统应用环境，其核心部分是一个仿真器，仿真器中层次仿真模型是真实工厂的模拟和再现，仿真器可以接受工厂的生产数据，给出在不同仿真目标下的仿真结果，从而为仿真对象的运行和控制提供支持和建议。仿真器向上可以通过基于 Web 访问技术进行远程服务调用，并与目前主流的基于 Web 的 ERP 和 MES 系统进行数据交换。仿真器向下提供了数据采集接口，可以与生产现场的终端进行信息交互，获取生产中的实时数据，以实现在线的动态仿真。

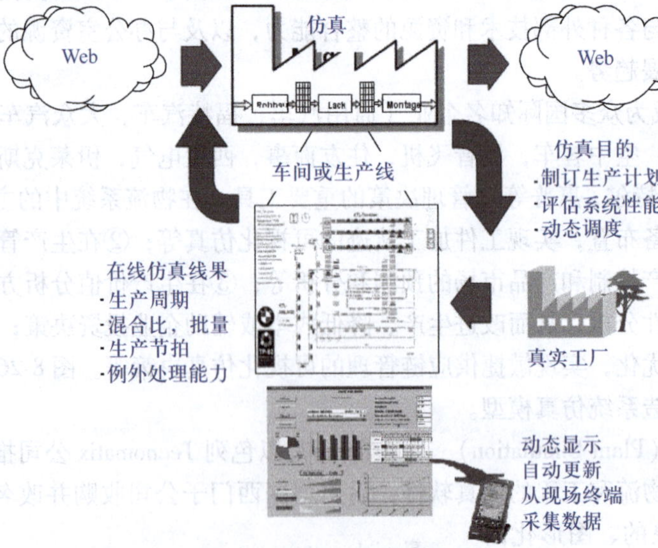

图 8-27　eM-Plant 仿真软件的应用体系

eM-Plant 作为一种面向制造业离散事件系统的建模软件，可为各种生产系统和过程提供一系列规划、仿真和优化，在汽车、航天等制造业领域有广泛应用。

图 8-28 所示为 eM-Plant 仿真软件的运行界面。该软件具有以下特点：是一种面向对象

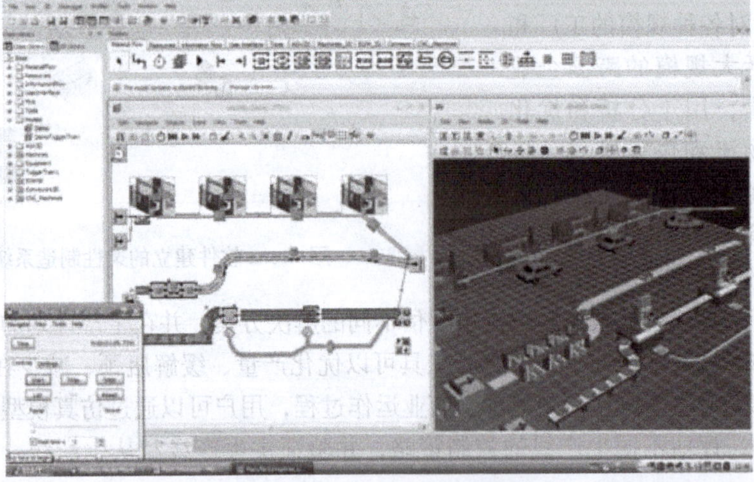

图 8-28　eM-Plant 仿真软件的运行界面

的技术；拥有建模和仿真图形化的用户环境；具有层次结构化、继承性、模型的可变性和可维护性、对象性的概念；可对高度复杂的生产系统和控制策略进行仿真分析；具有专用的应用目标库，为典型的方案进行迅速而高效的建模，使用图形和图表分析产量、资源和瓶颈；提供的分析工具包括自动瓶颈分析器、Sankey 图和 Gantt 图；三维可视化和动画；可使用遗传算法对系统参数进行自动优化；是一种支持多界面和集成能力（ODBC、SQL、Oracle、ERP、CAD 等）的开放系统结构。

在实际应用中，生产线、装配线和各种加工单元等相对要复杂得多，利用 eM-Plant 仿真软件对制造业中较为典型的柔性制造系统加工单元演示系统进行建模仿真，尽管对系统作了简化，但从对仿真结果所进行的分析，还是可以提出一些解决瓶颈等问题的建议和方法。

（3）Quest　Quest 是法国 Dassault Systemes 公司推出的用于对生产工艺流程的准确性与生产效率进行仿真和分析的三维数字化工厂仿真环境。它是柔性的、面向对象的离散事件仿真工具，其实时交互能力使得用户能够在运行时随时更改模型变量和获取模型参数。事实上，在面向制造的仿真语言中，Quest、Arena 和 Witness 都能较好地用于制造系统仿真建模，但由于 Quest 强大的可视化和健壮的导入、导出功能，使其成为对生产工艺流程仿真和分析的工程与管理首选解决方案。它是基于离散事件仿真的理论框架，提供以物料的输送、处理和存储为线索的仿真环境，包含机床、缓冲区、处理工艺、故障率、维修、操作者、路径和物料出口等快速建模的素材元素，可以辅助工程人员在全三维环境下进行工艺过程流的设计、仿真和分析 。图 8-29 所示为用 Quest 仿真软件建立的某加工工段的仿真模型。

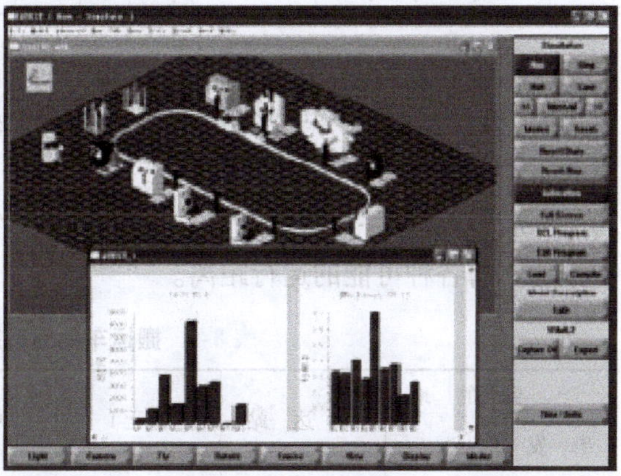

图 8-29　用 Quest 仿真软件建立的某加工工段的仿真模型

（4）Witness　Witness 是英国 Lanner 集团集数十年经验开发的流程仿真平台，广泛应用于生产和流程系统运营管理与优化、流程改进、工厂物流模拟与规划、供应链建模与优化等。Witness 是目前国际上领先的面向企业流程的建模仿真平台，其可视化建模与仿真优化技术广泛应用于汽车制造、港口物流、钢铁制造、电子制造、空港规划设计等行业。

8.4.4　柔性制造系统建模与仿真实例分析

本节以某小型柔性制造系统为例，在分析该系统组成与布局、加工零件及工艺流程的基础上，基于 Arena 软件建立系统的仿真模型，并分析仿真试验结果。

1. 系统的组成与仿真目标

某柔性制造系统车间的组成与布局如图 8-30 所示，有四个加工单元（Cell），加工单元 1、2、4 分别只有一台机床，加工单元 3 有一新一旧两

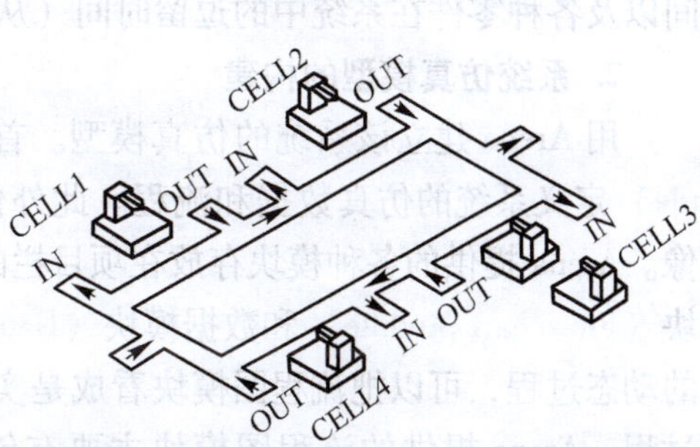

图 8-30　某柔性制造系统车间的组成与布局

台机床（新机床的加工时间为旧机床的80%，即对于同样的加工对象，新机床所需加工时间更短些）。该柔性制造系统加工三种零件（1，2，3），它们的工艺路线各不相同，加工时间（单位为min）服从三角分布，具体数据（加工单元3的加工时间为旧机床的时间）见表8-6。例如，零件1的工艺路线有4个工序：首先在加工单元1的机床上按照三角分布TRIA（6，8，10）进行加工，之后在加工单元2的机床上按照三角分布TRIA（5，8，10）加工，接下来在加工单元3的机床上按照三角分布TRIA（15，20，25）加工，最后在加工单元4的机床上按照三角分布TRIA（8，12，16）进行加工。

表8-6 零件的工艺路线及加工时间 （单位：min）

零件	加工单元/时间	加工单元/时间	加工单元/时间	加工单元/时间	加工单元/时间
1	1/(6, 8, 10)	2/(5, 8, 10)	3/(15, 20, 25)	4/(8, 12, 16)	
2	1/(11, 13, 15)	2/(4, 6, 8)	4/(15, 18, 21)	2/(6, 9, 12)	3/(27, 33, 39)
3	2/(7, 9, 11)	1/(7, 10, 13)	3/(18, 23, 28)		

三种零件随机混合在一起到达系统，到达时间间隔服从均值为13min的指数分布。零件类型1、2、3的比率分别为26%、48%和26%。所有零件从左边到达并进入系统，从右边离开，在系统中以顺时针方向运送。该系统由两辆搬运车完成零件运送，顺时针行进，速度50ft/min，每辆车一次只能搬运一个零件，零件装卸时间均为0.25min。表8-7给出了在系统中搬运车的各种可能的运行距离。

表8-7 搬运车的运行距离（包括空车行驶） （单位：m）

出发地 \ 目的地	到达站	单元1	单元2	单元3	单元4	离开站
到达站		37	74			
单元1	155		45	92	129	
单元2	118	139		55	147	
单元3	71	92	129		45	155
单元4	34	55	92	139		118
离开站	100	121	158	37	74	

建模与仿真的目的是统计该柔性制造系统的资源（各台机床）利用率、队长与排队时间以及各种零件在系统中的逗留时间（从进入到离开）。

2. 系统仿真模型的构建

用Arena建立该系统的仿真模型。首先利用Arena软件提供的基本构件即模块（Module）定义系统的仿真数据和流程。此外使用CAD图形或其他图形加入仿真动画元素的图像。Arena提供的各种模块存放在项目栏的各种面板里，基本上可以分为两大类：流程图模块（Flowchart Module）和数据模块（Data Module）。流程图模块在仿真模型中用于描述系统的动态过程，可以把流程图模块看成是实体（本例中是零件）流经的节点或者模型起止的过程。Arena提供的流程图模块主要有创建（Create）、清除（Dispose）、处理（Process）、决策（Decide）、赋值（Assign）、记录（Record）、路径（Route）、站（Station）等，采用不同颜色的长方块来表示。数据模块定义各种元素（如实体、资源、队列等）的属性，同样也可以创建整个仿真模型所用的各种变量和表达式。Arena 提供的数据模块主要有实体（Entity）、队列（Queue）、资源（Resource）、变量（Variable）、表达式（Expression）、调度（Schedule）、集合（Set）、序列（Sequence）、搬运车（Transporter）、传送带（Conveyor）、距离（Distance）等，在面板里表现为像小电子表格形状的图标。实体不会流经数据模块，同时数据模块也不能拖进模型窗口中，实际上数据模块是隐藏在"场景"——系统逻辑的背后，用于定义不同的数值、表达式和条件，即定义仿真模型的数据结构。

对于本例的小型柔性制造系统，其仿真模型的构建主要包括以下内容。

（1）采用数据模块定义系统的数据结构

1）采用序列（Sequence）模块，定义表 8-6 中三种零件的工艺路线，零件在不同工序上的加工时间在其中的工步（Step）中赋值。

2）为了采用不同于序列模块定义加工时间的方法，可采用表达式（Expression）模块定义加工单元 1 处的三种零件的不同加工时间。

3）采用变量（Variable）模块，定义加工单元 3 处不同机床的加工时间比例因子。

4）采用搬运车（Transporter）模块定义系统中所需的搬运车，包括搬运车的名称、数量（本例为 2）、速度（50ft/min）、距离集、初始位置等信息。其中距离集表示搬运车在不同起止站之间的各种距离，采用 Distance 模块定义，具体数据见表 8-7。值得注意的是，要定义所有的运货路径（11 种）与空车前往装货地点的所有可能路径（14 种），总共 25 种。

5）采用集合（Set）模块定义各个对象：用资源（Resource）集合定义加工单元 3 处的两台机床，即 Cell 3 New 和 Cell 3 Old；实体类型（Entity Type）集合命名为 Entity Types，包括 Part 1，Part 2 和 Part 3 三个集合成员，表示该系统中的三种零件类型；实体图形（Entity Picture）集合命名为 Part Pictures，包括 Picture. Part1， Picture. Part 2， Picture. Part 3，用来表示仿真动画时用不同的图形显示三种零件。

（2）采用流程图模块定义系统的运行逻辑　本例中运行逻辑涉及的流程图模块为创建、处理、清除、站、路径、赋值。图 8-31 所示为该系统仿真模型的逻辑结构，其主要建模过程如下：

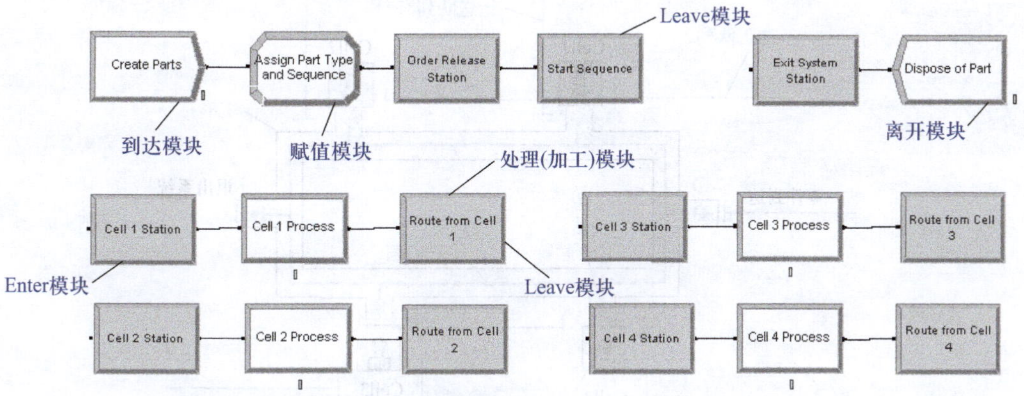

图 8-31　小型柔性制造系统仿真模型的逻辑结构

1）由于三种不同零件按统一模式（服从指数分布）混合一起到达，故只用一个创建（Create）模块建立零件到达系统的动作，其模块名称为"Create Parts"，并通过赋值（Assign）模块设置零件属性名（用 Part Index 区分零件种类）、零件比率值（用表达式 DISC (0.26，1，0.74，2，1.0，3）确定三种零件的混合比26%、48%、26%，以及三种零件的不同的工艺路线数据。注意工艺路线信息已在数据模块定义，这里只需赋值引用即可。

2）采用四个处理模块分别建立四个加工单元的加工逻辑，包括名称、动作、资源、加工时间分布及参数等信息。这四个模块的名称分别为 Cell 1 Process、Cell 2 Process、Cell 3 Process、Cell 4 Process（图 8-31）。由于加工单元 3 有两台不同的设备，因此该单元资源设置不同于其他 3 个加工单元，且资源的处理时间（Delay）的表达式不同。

3）用清除（Dispose）模块建立零件加工完毕后离开系统的逻辑，其模块名称为“Dispose of Part”，不用设置其他参数。

4）用工位或站（Station）模块描述系统中各种加工发生以及零件停留的地点（特定区域/场所）。在本例中，零件到达、加工、离开的地点均可看作站，共有 6 个站。站间的运送是将零件从一个站送到下一个站，运送方式有多种，包括连接（Connect）、路径（Route）、搬运车（Transporter）和传送带（Conveyor）等方式。本例中采用的是搬运车（Transporter）运送方式。

5）用 Leave 模块和 Enter 模块建立零件在不同站之间的运送逻辑，在零件离开某站之时用 Leave 模块请求搬运车，而在零件进入某站之时用 Enter 模块释放搬运车。具体方法是，在 Leave 模块选择请求搬运车（Request Transporter），填入搬运车的名称，选择某种请求规则（Request Rule）（如最短距离、轮流、随机等规则），并填入相应的装载时间。每个 Leave 模块完成以下四个活动：分配搬运车、把空闲的搬运车移动到请求运送的零件处、产生装载延时、把零件运送到目标站。本例中，共有 5 个 Leave 模块，均采用最短距离规则，装载时间为 0.25min。值得指出，零件加工完毕请求到运送工具后，在等运送工具时也需要在一个相应的队列排队，即运送队列。本模型共有 5 个运送队列（图 8-32 所示的仿真模型动画部分）。与 Leave 模块相反，在 Enter 模块选择释放搬运车（Free Transporter），也需要填入搬运车的名称和相应的卸载时间。Enter 模块也完成多个活动，即定义站点，产生卸载延时和释放运送工具。

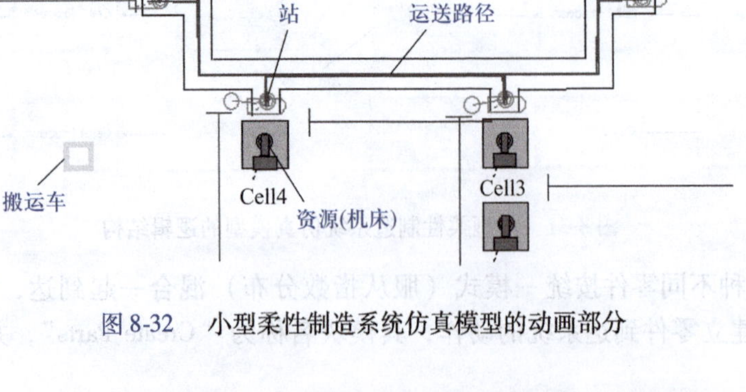

图 8-32　小型柔性制造系统仿真模型的动画部分

(3) 采用图形和符号定义仿真模型的动画部分 为了增强仿真效果，还需要对模型中的背景及布局、实体、站、队列、资源、运送工具、运送路径等进行图形化和符号化，建立模型的动画部分，它是仿真模型的一个重要组成部分。图8-32所示为该系统仿真模型的动画部分，其主要建模过程及内容如下：

1）将AutoCAD的图形文件（DXF格式）引入动画背景，作为系统的车间布局图。

2）将各模块的动画部分（站、队列、资源）移至适当的位置，其中队列长度可以改变以适应排队零件数目的多少。

3）通过绘图工具定义三种零件的图形，并把所绘制的图形与数据模块中已定义的集合中的零件类型名称（Part 1，Part 2，Part 3）和实体图形名称对应起来，以便仿真运行时直观形象地显示不同零件在系统中的流转状况。本例中采用带颜色并标有数字的圆圈表示不同的零件。

4）通过绘图工具定义每个处理模块中所用资源（即加工单元中的机床）的图形。

5）类似于实体和资源，也可以定义搬运车的图形。

3. 小型柔性制造系统仿真结果分析

在建立上述仿真模型后，首先要对它进行校核、验证及确认，以确保系统模型、仿真逻辑及结果的正确性和有效性。然后通过设置仿真运行条件，包括仿真重复次数、仿真运行时间及单位等，就可以对该系统进行仿真试验，并得到统计结果。

在本例中，仿真重复次数为10次、仿真运行时间是32h（1920min）。图8-33所示为系统仿真运行到1059min时一个动画画面。从图8-33中可以看出，在该时刻，有一个零件2刚刚到达系统正在等待搬运车，一个零件1正在路径上被搬运车搬运，一个零件2已运送到加工单元1即将进入该加工单元的加工队列。加工单元1的机床上有一个零件2正在加工，加工队列中有三个零件且正在等待加工的是零件3，运送队列中有一个零件1（已加工完毕的）等待搬运车将它运送到下一工序。加工单元2的机床上有一个零件3正在加工。加工单元3的新、旧机床上分别有一个零件3和零件2正在加工。加工单元4有一个零件2正在加工，加工队列中有两个零件，一个零件2和一个零件1。

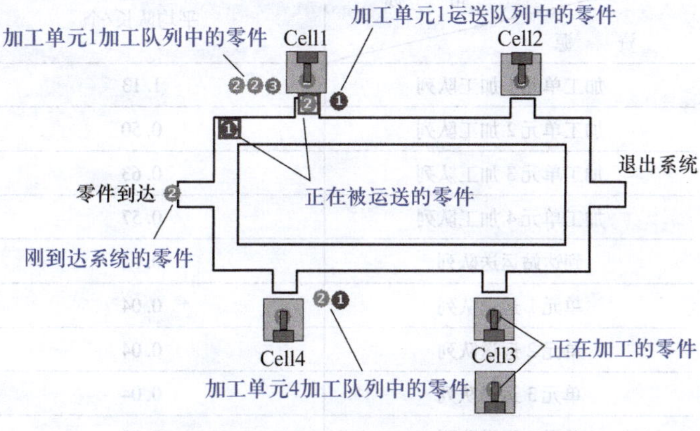

图8-33 小型柔性制造系统仿真时的动画画面

仿真模拟相当于仿真对象32h工作的运行结束，得到的结果见表8-8、表8-9和表8-10。从表8-8中可以看出，加工单元1和加工单元2的机床加工的零件数目较多，加工单元3由于有两台机床，因此每台机床加工零件数只有60多件，而加工单元4加工零件数最少，这是因为第3类零件不用在该加工单元的机床上加工（表8-6）。每台机床的利用率均在70%以上，表明该柔性制造系统的资源利用率较高且工作负荷较均衡。从表8-9中可以看出，加工单元1和加工单元4处的零件排队等待时间较其他加工单元的要长很多，与仿真过程中所观察到的动画结果（图 8-33）是基本吻合的。分析表 8-10 中的各类零件的性能指标，前三项指标即进入、离开和在制的零件数目比较准确地反映了三种零件的比率（26%，48%，26%）。零件 2 的加工、等待、运送和总的逗留时间都是最长的，这是因为该类零件的工艺路线最长，共有 5 个工序（表 8-6）。三类零件的等待时间都不少，与其加工时间差别不大，占用逗留时间的比重较高，主要是由于三类零件在加工单元 1 和加工单元 4 处需要较长的排队时间。综合以上分析，可以考虑在加工单元 1 增加一台机床，从而减少各类零件的等待时间，达到缩短生产周期，提高生产率的目标。读者可以改进原有仿真模型，并重新运行得到新的统计结果。

表 8-8　资源的利用率

资源 \ 指标	加工零件数	利用率
加工单元 1 机床	131	0.73
加工单元 2 机床	185	0.74
加工单元 3 新机床	67	0.76
加工单元 3 旧机床	61	0.80
加工单元 4 机床	93	0.75

表 8-9　队列的队长与排队时间

资源 \ 指标	平均队长/个	平均排队时间/min
加工单元 1 加工队列	1.13	16.4
加工单元 2 加工队列	0.50	5.2
加工单元 3 加工队列	0.63	9.5
加工单元 4 加工队列	0.57	11.7
到达站运送队列	0.05	0.72
单元 1 运送队列	0.04	0.63
单元 2 运送队列	0.04	0.39
单元 3 运送队列	0.04	0.58
单元 4 运送队列	0.02	0.47

表 8-10　零件在系统中的性能指标

零件 \ 指标	进入系统数目/个	离开系统数目/个	在制品数目/个	加工时间/min	等待时间/min	运送时间/min	逗留时间/min
零件 1	39	38	2.0	47.9	48.4	6.0	102.3
零件 2	56	53	4.2	77.8	59.3	10.6	147.7
零件 3	37	36	1.8	42.1	44.1	9.2	95.4

习　题

1. 试述自动化制造系统的类型及特点。
2. 试论述柔性制造系统的组成及各部分的作用。
3. 柔性制造系统中物料运输和存储设备主要有哪些？试述它们的工作原理和应用场合。
4. 试述自动化制造系统的管理与控制系统的主要任务。
5. 试述自动化制造系统的管理与控制系统的分层递阶控制结构及工作原理。
6. 试给出自动化制造系统的信息流模型并说明各个层次的信息内容及特点。
7. 试分别说明自动化制造系统的基础数据、控制数据和状态数据的内容。
8. 试述自动化制造系统中作业计划与调度管理的主要职能及工作原理。
9. 试述自动化制造系统中工件流和刀具流管理与控制的基本原理。
10. 试述自动化制造系统中自动化仓库管理与控制的主要职能及工作原理。
11. 试述自动化制造系统中加工过程监控的主要功能。
12. 自动化制造系统的建模与仿真有哪些特点？其作用和效果主要体现在哪些方面？
13. 试总结自动化制造系统建模与仿真的主要对象及建模元素。
14. 试述自动化制造系统建模与仿真的基本过程。
15. 试结合某主流仿真软件，以某小型柔性制造系统或某流水生产线为实例，建立其仿真模型并运行，并分析仿真结果。

第9章 产品全生命周期管理

9.1 产品全生命周期管理的基本概念和发展过程

产品全生命周期的概念源于经济管理领域中对产品市场战略的研究。可以按照某一种产品在市场中的演化过程对产品全生命周期各阶段进行划分，分为推广、成长、成熟和衰亡等阶段。

20世纪80年代，随着并行工程的提出，关于全生命周期概念的研究开始从经济领域扩展到工程领域，产品全生命周期的范围也从市场阶段扩展到研制阶段，覆盖了需求分析、产品设计、制造加工、产品销售、运行维护及回收处理六个阶段。

随着产品全生命周期概念研究的深入，对于产品全生命周期数据的集成、共享、存储、交换和传递问题的认识也相应地得到发展，从而形成了产品全生命周期管理的概念，并发展出了一系列相关技术，形成了一套完整的理论方法。从20世纪90年代至今，产品全生命周期管理技术已成为全球制造业关注的焦点。

9.1.1 产品全生命周期管理的基本概念

由于不同行业和企业的需求和特点不同，因此产品全生命周期管理的具体含义和实施内容也有所不同。从数据的角度来看，产品全生命周期管理包含了完整的产品定义信息；从技术的角度来看，产品全生命周期管理结合了一整套技术和最佳实践方法，包括产品数据管理、协同产品商务、仿真、企业应用集成、零部件供应管理等；从业务的角度来看，产品全生命周期管理沟通了产品供应链上所有的OEM、转包商、外协厂商、合作伙伴以及用户，能够开拓潜在业务并且整合先进的技术和方法，高效地将新产品推向市场。从发展趋势的角度来看，产品全生命周期管理正在迅速地从一种竞争优势转变为竞争必需品，成为企业信息化的必由之路。到目前为止，产品全生命周期管理的定义还没有完全统一，主要有以下三个方面原因。

1）产品生命周期管理本身的复杂性。产品生命周期管理本身就是一个多元化、多层次、多功能的综合体，涉及广泛的活动。

2）产品生命周期管理是个新兴事物，其内涵和外延不很确切，而且随着社会、经济和科学技术的发展处于不断发展之中。

3）出于不同的研究或使用目的，不同的研究应用单位从各自角度出发，对“产品全生命周期管理”做出不同的理解与解释。

下面给出几个典型的产品全生命周期管理的定义。

CIM Data将产品全生命周期管理定义为“一种战略性的商业方法，它应用一组一致的业务解决方案来支持企业产品从概念到消亡整个生命周期的所有信息。产品全生命周期管理集成了人、过程和信息，是企业的产品信息管理的主干。”

西门子公司认为，“产品全生命周期管理是一种以产品为核心的商业战略。它应用一系列商业解决方案协同地支持产品信息的生成、管理、分发和使用，地域上横跨整个企业和供应链，时间上覆盖从产品的概念设计到产品报废的全生命周期”。

西门子公司将产品全生命周期管理定义为一种由信息推动的集成战略，可以用来加快成功产品的创新和上市速度。这项战略是构建在对一个与产品相关的知识、数据和流程的知识库进行共享的基础之上的。作为一种商业战略，产品全生命周期管理使分布式企业可以像一个公司一样在其产品全生命周期的每个阶段对产品进行创新、开发、支持和淘汰。这项战略荟萃了最佳实践经验和值得吸取的教训，可以累积丰富的、有价值的知识资本，以供重复使用。

在由北京航空航天大学、浙江大学以及国内七家产品全生命周期管理软件公司参与开展的产品全生命周期管理系统关键技术研究中，认为：“产品全生命周期管理是一种在系统思想指导下，利用计算机技术、管理技术、自动化技术和现代制造技术等对产品全生命周期内与产品相关数据、过程、资源和环境等进行管理的理论。通过实施产品全生命周期管理，企业各部门的员工、最终用户和合作伙伴等可以高效地协同工作，使最终产品能够达到综合最优”。

该定义从“思想”层面定义了产品全生命周期管理技术的目的、意义和范围，主要含义如下：

① 产品全生命周期管理是一种哲理，而实现产品全生命周期管理哲理的人机系统即为产品全生命周期管理（PLM）系统或称产品全生命周期管理。

② 依据行业、企业和产品的不同，产品全生命周期所包含的阶段可以不固定。

③ 产品全生命周期管理所管理的对象不仅仅局限于产品设计信息，还包括与设计相关的过程（如制造过程、使用过程、更改过程等）、资源（如设备、人员等）和环境（如安全生产环境、环境污染等）。

④ 实现产品全生命周期管理的主要手段是集成，根据需要，既可以是基于统一产品数据模型的紧密集成，也可以是通过文件、接口等方式实现的松散集成。

⑤ 产品全生命周期管理的优化目标之一是广义优化，即综合考虑产品的需求分析、设计、制造、使用、维护和回收等全生命周期内的成本、效率、质量和服务等的优化。

⑥ 实施产品全生命周期管理的另一个目标是达到产品全生命周期内信息、过程和资源的协同。

⑦ 产品全生命周期管理的实施没有固定模式，需要根据企业的实际情况分别加以处理。

⑧ 为了有效地开发和实施产品全生命周期管理系统，必须建立完整的支持信息共享、交换、通信和集成的规范与标准。

9.1.2　产品全生命周期阶段划分

产品全生命周期可以划分为不同阶段，不同阶段之间是相互关联的，从而组成连续的完整过程。产品全生命周期流程模型如图 9-1 所示。

由图 9-1 可见，产品全生命周期主要包括需求分析、产品设计、制造加工、产品销售、运行维护和回收处理六个阶段。每个阶段都定义了与产品活动相关的数据信息，因此在产品全生命周期任意一点上可以获取与产品相关的大量信息，这些信息构成了产品某一时刻的完整视图。这些连续的视图又能进一步形成反映产品全生命周期过程的动画。通过全生命周期动画中的静态信息能够将产品动态的变化过程和这些过程的细节甚至是过程发生的原因都清晰地表达出来。

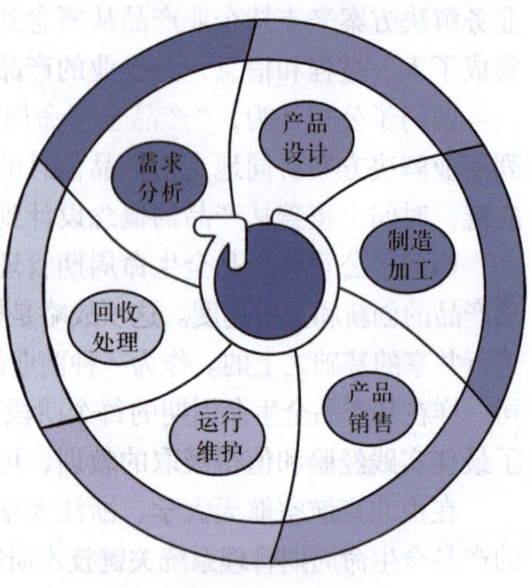

图 9-1　产品全生命周期流程模型

1）需求分析。需求分析是产品全生命周期管理的开始阶段，这也是任何产品开发的初始步骤。分析产品必须实现的功能、产品必须满足的需求，这些需求被映射成设计规范。在某些情况下，需求信息可以间接地从销售或决定用户购买特定功能产品的企业职能部门中得到。

2）产品设计。产品设计阶段主要是根据产品的需求分析结果，设计出适应市场需要、性能和功能满足要求的产品，并对产品是否具有竞争性进行分析。

例如，在产品设计阶段要重视质量成本分析。一般而言质量成本由两部分构成，一部分为缺陷成本，另一部分为控制成本。众所周知，一种产品的成本在它的设计阶段就决定了80%左右。因此，在设计产品时就要充分考虑到由于产品质量未达到规定的标准而发生的各种损失，努力降低由于质量损失而导致发生的成本，要将质量成本和产品全生命周期成本结合起来考虑。在追求产品全生命周期研究开发阶段的成本最小化的同时，充分考虑到质量成本，寻求二者的最佳结合点。在保证可以接受的质量成本的前提下，努力降低研究开发阶段的成本。

3）制造加工。当产品完全确定之后，制造加工的首要任务就是要决定怎样制造出产品，即制造信息的生成过程。然后就是根据制造信息的指挥控制，完成各种物质的改变，最终形成产品。制造加工主要划分为以下四个过程：

① 技术准备过程。工艺设计、工艺装备的设计与制造、标准化工作、定额工作、调整劳动组织和设备的平面布置、原材料与协作件的准备等。

② 基本生产过程。与构成产品直接有关的生产活动，包括毛坯制造、零部件制造和整机装配。

③ 辅助生产过程。为了保证基本生产而进行的生产活动，包括动力工具的生产，设备维修以及维修用备件的生产等。

④ 生产服务过程。主要是为了生产过程中物料、信息和能量的流动所做的工作，如供应、运输、仓库等管理活动。

在产品生产制造过程中，往往仍会有一些涉及到设计的问题，如需要对设计进行重新的更改以满足制造的要求。同时，制造和生产人员也需要对产品计划和工艺清单不断地修改和完善，以便能够使用最少的资源制造出产品。因此，在这四个过程之外，设计和制造还需要多次的循环，才能最终完善产品的设计和制造，达到产品定型的要求。

4）产品销售。对于产品全生命周期管理系统，产品销售是验证产品价值的最直接手段。不同时期的产品，采用的销售手段不同。初创阶段的产品可以比较多地投入广告宣传费用，同时对宣传媒体的选择也是很重要的；成熟期的产品，由于其已建立了一定的声誉和在市场中占有一定的份额，可以适当减少宣传费用的投入；衰退期的产品，要注重短期收益，对每一笔支出要考虑成本与收益原则来决定是否采取投入。

在产品的销售阶段，用户对个性化服务的要求越来越高。对于质量和功能比较接近的产品，通过个性化的外观设计是有利于提高销售的。此外，企业还可以通过设计多种的外观对产品进行试销，对比成本收益之后选择比较合适的外观设计。现代市场经济条件下的营销手段不断地推陈出新，有的企业甚至在产品还没有生产之前就开始投入大量的宣传费，以引导消费者的消费理念。因此，企业应该选择合适的销售策略来提高产品的销售成果。

5）运行维护。随着全球经济的发展，用户开始关注产品的维护、保养、维修等售后服务内容，产品的竞争策略已经转移到如何提供更好的售后服务方面。运行维护是产品全生命周期的重要组成部分。在维护阶段，应对为了提高用户满意度而支出的大量维护成本进行有效管理，在提高产品质量的基础上降低维护费用支出。利用产品全生命周期管理系统平台数据共享的特点建立有效的信息反馈机制，及时将运行阶段的情况和故障反馈到设计阶段，不仅保证用户需求能够得到及时满足，而且提高了产品的改进和更新速度。

6）回收处理。产品全生命周期的最后阶段是回收处理。在提倡环保、强调可持续发展的今天，认真考虑产品全生命周期内回收和报废处理问题变得越来越重要。

9.2 产品全生命周期管理信息

企业的生产对象是产品，企业的经营活动以产品为核心。也就是说，企业以产品为本而立足、生存和发展。因此，研究产品信息数据的构成及其数据之间的交换与共享是企业信息资源管理的核心内容之一。

9.2.1 产品全生命周期信息的构成

产品全生命周期管理强调的是以流程为中心，用过程协同驱动的方式使产品在整个全生命周期数据协同。作为协同的载体，产品全生命周期管理的产品数据不仅仅包括与产品本身相关的数据信息，而且涵盖产品全生命周期数据信息，具体包括用户需求信息、产品在各个全生命周期阶段内的数据信息、工艺信息、制造信息、销售服务信息，以及产品涉及的过程信息和环境信息等。它们种类繁多、格式复杂，且动态多变。

根据数据信息在企业中所起的不同作用，可将产品数据信息归纳为以下一些内容。

（1）技术文档　包括各种技术合同、设计任务书、设计规范、需求分析、可行性论证报告和产品设计说明书等文件。

（2）工程设计与仿真分析数据　包括产品设计与工程分析过程中所产生的各种文件、模型和数据，如二维图样、三维模型、产品图形、测试报告、计算说明文档、验收标准、NC加工代码、各种设计过程的规范和标准等。

（3）工艺数据　工艺数据是指CAPP系统在工艺设计过程中所使用和产生的相关数据，包括静态工艺数据与动态工艺数据两种类型。静态工艺数据主要包括企业的工艺设计手册上已经规范化的标准工艺数据以及标准工艺规程等；动态工艺数据主要包括在进行工艺决策过程中所需的规则。其中工艺知识主要分为选择性规则和决策性规则两大类。

（4）生产管理数据　生产中的管理数据可分为两类：一类是基础数据，这类数据比较稳定；另一类是动态数据，这些数据有一定的时间性，且相对比较独立，不受其他数据是否存在的影响。

(5) 维修服务文档　包括常用备件清单、维修记录和使用手册等说明文件。

(6) 其他专用文件　如电子行业的电气原理图或布线图、印制电路板图和零件插件图等。

在企业的产品全生命周期中，产品要流经企业的各个部门，因此也可以根据业务过程处理的部门来划分产品全生命周期数据的类型，可划分为设计部门数据、工艺部门数据、计划管理部门数据和生产加工部门数据四大类。

在设计部门中，设计规范、标准、技术文件等属于在设计过程中基本保持不变的静态文档；而零部件的三维模型、二维图样、技术文件、分析结果、产品构型数据、测试报告等，在设计过程中经常更新或产生变化，因而属于动态文档。

在工艺部门中，静态工艺信息包括标准化的工艺数据、工艺规程；动态工艺信息主要包括零部件在生产工艺规划过程、装配工艺规划过程中所产生的文档，如工艺卡、工序卡、工步文件、刀位文件、装配文件和测试报告等。

在计划管理部门中，以企业所拥有的原材料、设备及人员的生产能力、标准的生产工艺和工时定额、产品结构等数据为基础数据，形成的生产计划、库存台账、合同、成本等为派生数据。它产生的信息主要表现为各种报表文件，具有动态属性。

在生产加工部门中，产生的数据信息大多数属于动态信息，如 NC 加工代码文件、设备状态信息等。

在制造企业中，这些数据是在产品全生命周期中由不同的应用系统产生的，存储在不同的地点，归属不同的部门管理，具有不同的动、静态特征，不同的人员具有不同的使用权限。如何管好这些数据，实现信息共享，已成为很多企业日益关心的问题。

9.2.2　产品全生命周期信息数据的交换与共享

制造企业的产品设计与制造活动，实际上是对产品全生命周期不同阶段各种信息的描述、交换和处理的过程。

在整个产品全生命周期中，制造企业的不同部门在不同的应用领域使用了各种计算机应用系统，这些系统产生了大量的技术数据和商务信息。产品全生命周期中应用到的计算机系统包括：产品研发领域的 CAX（CAD，CAE，CAM，CAPP），产品数据管理（Product Data Management，PDM）系统；生产制造领域的制造执行系统（Manufacturing Execution System，MES）、柔性制造单元（Flexible Management Cell，FMC）、计算机辅助质量管理（Computer Aided Quality，CAQ）、计算机辅助检测（Computer Aided Test，CAT）等；企业管理领域的管理信息系统（Management Information System，MIS）、办公自动化（Office Automation，OA）、企业资源计划（Enterprise Resource Planning，ERP）系统；企业商务领域的供应商关系管理（Supplier Relationship Management，SRM）、用户关系管理（Customer Relationship Management，CRM）、电子商务（Electronic Business，EB）等系统。

然而，由于这些信息系统所涉及的只是制造信息的不同子集，各系统之间存在数据表达各异、内容冗余混乱等诸多问题，导致制造信息在各应用系统间很难进行自动传递和交换。

解决上述问题的方法就是信息集成。制造过程的信息集成能够使制造信息在不同的信息系统之间顺利地传递与共享，减少数据冗余，保证制造过程中信息的一致性、完整性与准确性，提高信息使用的效率，从而使产品制造过程的运行更加有效。因此，信息系统间的集成是企业信息化发展过程中的必然选择。

根据信息交换方式和共享程度的不同，集成方案主要有以下三种：

1）通过专用数据接口实现集成。应用系统间数据共享的最直接方法就是使用专用接口。通过专用接口进行信息集成，应用系统不仅可以传递系统间待集成的信息，也可以实现系统间的互操作。因此，该集成方式是集成程度较深、比较密切的集成方式，如图 9-2 所示。

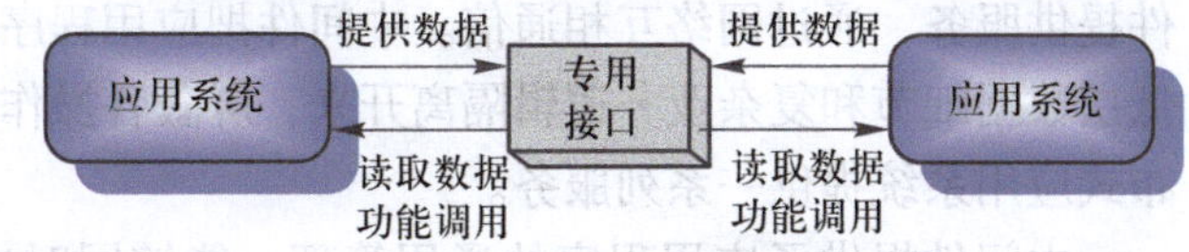

图 9-2　专用接口集成示意

通过定义专门的数据标准来进行特定系统软件间的数据交换，这种方法原理简单，转换程序易于实现，由于不同应用系统的数据结构不同，因此要在各个不同的系统间分别实现，即以“点对点”方式进行，这种方式不具有通用性，信息集成程度也较低。同时，当一个系统的数据结构发生变化时，必须将接口程序进行修改，数据的安全性和维护性差，只适用于小范围内、简单的、为特定类别零件单独开发的 CAD/CAPP/CAM 集成系统。

2）通过标准接口格式文件实现集成。基于标准接口格式的信息集成是根据统一的数据标准建立接口的集成方式。集成的接口是按照标准规范建立的，通过标准接口，不同的应用系统可以实现相互之间的信息交互，如图 9-3 所示。目前，应用比较广泛的标准接口格式文件包括 STEP、初始图形交换规范（IGES）、ISA95 以及 OAGIS。对于标准未能覆盖的信息内容，也常常会根据需求定制相应的数据模型与标准接口。

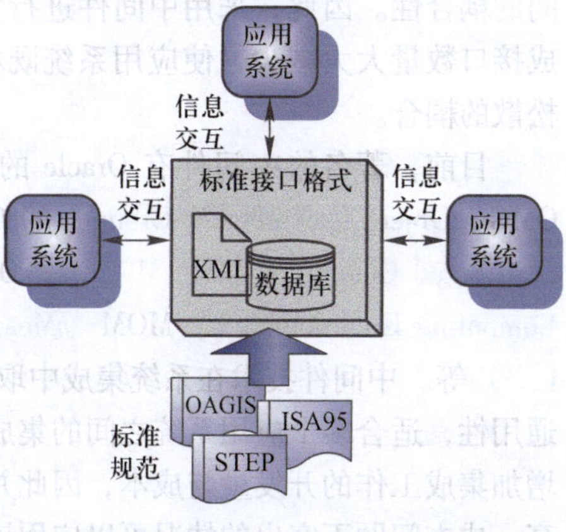

图 9-3　基于标准接口格式的集成

共享数据库与 XML 文件是两种常见的标准接口格式的载体。应用系统只需要访问或解析共享数据库或 XML 文件，就可以传递并获得待集成信息。基于标准接口格式的信息集成，避免了开发单独的集成接口，开发工作量减少许多，使不同应用系统可以使用同一数据源，保证了各应用系统之间数据的一致性。然而，利用标准接口格式的集成方式是比较松散的集成方法，不能实现不同系统之间的功能调用与互操作。该方式具有低开发量、低成本及易于保证数据一致性的特点。

IGES 规范及 STEP 标准在本书第 3 章 3.7 节有所介绍，下面仅对 OAGIS 和 ISA95 进行介绍。

① OAGIS。开放应用程序组集成规范（Open Applications Group Integration Specification，OAGIS）是基于 XML 技术的电子商务和应用集成规范。OAGIS 主要描述了制造、生产、库存、采购等过程中可能进行的集成，并针对这些过程的集成定义了 60 多个相应的集成场景。OAGIS 以业务对象文档（Business Object Documents，BOD）的形式提供了对业务信息的定义，是系统之间集成交互的基本形式。产品制造、生产、采购、销售等应用系统按照 OAGIS 标准和 XML 文件格式的定义，就可以根据统一的标准共享信息，实现信息集成。

② ISA95。ISA95 是企业与控制系统集成标准，着重分析和诠释了企业中车间级的生产

管理与执行的相关过程。它定义了各企业系统与控制系统集成的模型，完整地描述了生产安排计划、生产执行、生产管理、库存、维护等阶段中的功能、信息、业务过程的内容和相互关系，提供了企业活动和控制活动的统一接口和数据结构。

3）利用中间件的集成技术。中间件（Middleware）属于系统服务软件，向各种应用软件提供服务，通过网络互相通信。中间件把应用程序所要完成的功能与系统所依附软件的较低层数据细节和复杂业务逻辑隔离开来，屏蔽各操作系统、网络和数据库的低层细节，为分布式应用系统提供一系列服务。

中间件提供了应用程序的通用管理，能够同时向所有应用系统传递信息。采用中间件体系进行互联和集成需要一个中间件支撑平台，中间件可以看作一种特殊的集成平台，应用系统分别与中间件进行信息交互，就可以实现相互之间的信息集成，如图 9-4 所示。基于中间件进行系统集成，只要保证中间件的接口定义不变，无论哪个系统的后台数据库结构发生了变化，都不会影响系统间的集成结果，这有效地降低了系统间的耦合性。因此，采用中间件进行集成，可以使集成接口数量大大减少，使应用系统既相互独立又保持松散的耦合。

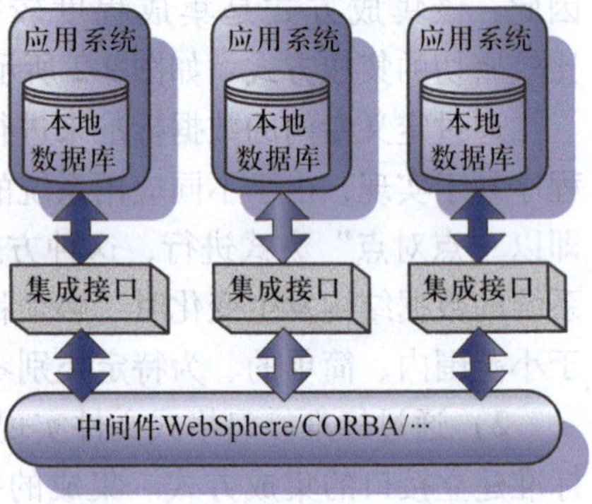

图 9-4　利用中间件的信息集成

目前，著名的中间件有 Oracle 的融合中间件，IBM 的 WebSphere，BEA 的 WebLogic，OMG（Object Management Group）的 CORBA，微软的 COM/DCOM（Common Object Model/Distributed Common Object Model），OSF（Open Software Foundation）的 DCE（Distributed Computing Environment），MOM（Message-Oriented Middleware）和 RPC（Remote Procedure Call）等。中间件技术在系统集成中取得了广泛的应用。利用中间件的集成技术具有较强的通用性，适合多个应用系统之间的集成。然而，该集成方法需要有中间件软件支持，必然会增加集成工作的开发量与成本，因此并不适用于少量系统的信息集成。在对集成性能要求较高、成本问题不突出的情况可以应用该集成方式。

9.3　产品全生命周期管理系统

产品全生命周期管理系统是对产品全生命周期数据和流程进行管理的软件系统。产品全生命周期管理系统可以包括企业从设计直至销售服务的全面的计算机软件系统。产品全生命周期管理系统可以使企业建立全面、详细和直观的数字化产品信息，并及早综合相关参与者，从而尽早发现和解决关键问题。

9.3.1　产品全生命周期管理系统框架

产品全生命周期管理系统不仅适用于单个产品的全生命周期数据管理，也适用于产品复杂性较高、零件数量大、产品系列化程度较高、借用及嵌套关系复杂，以及产品开发过程中计算机应用水平较高的行业和企业。根据产品全生命周期管理系统应遵守的通用性原则、可扩展性原则和模块化原则，产品全生命周期管理系统的框架模型如图 9-5 所示。该框架模型共分为六层，即基础支撑层、应用系统层、集成模型层、功能层、实施理念层和用户层，并且通过集成工具、应用接口和 Web 协议与企业的其他系统进行集成。下面将分别讲述它们的作用。

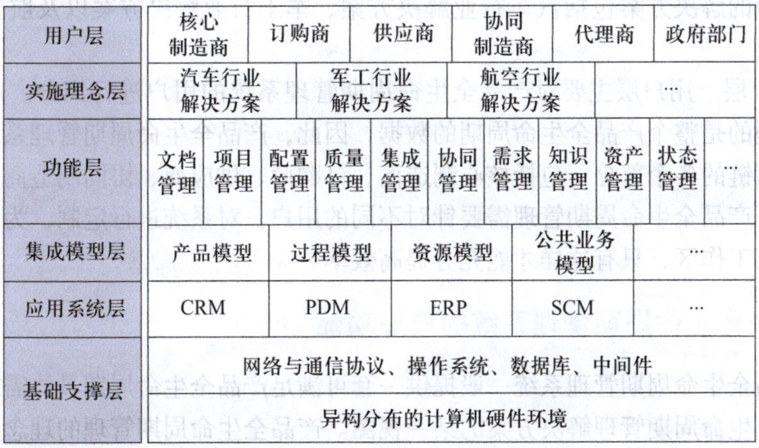

图 9-5　产品全生命周期管理系统的框架模型示意图

（1）基础支撑层　基础支撑层主要指异构分布的计算机硬件环境、操作系统、网络与通信协议、数据库等。其中，数据库存储各种需求数据、配置数据、质量管理数据、项目管理数据、产品数据、过程数据以及相关的资源数据、系统数据字典、企业的知识库等，覆盖了产品全生命周期内产生的各类数据，是基础支撑层的核心。由于企业数据库具有数据量大、性能要求高等特点，因此，底层数据库几乎都集中选用 Oracle、SQL Server、Sybase 等大型数据库。基础支撑层可以在原有 PDM 系统数据库基础上进行结构扩展并充实其中内容，为产品全生命周期管理集成平台提供数据存储支持。此外，根据产品全生命周期管理系统的应用特点，不应是单机使用形式，而是整个企业的、多个部门的综合应用。因此，支持 TCP/IP、IIOP、NetBIOS 和 HTTP 等局域网和广域网标准成为必须条件。

（2）应用系统层　应用系统层主要包括作为产品全生命周期管理架构基础的各种企业管理信息系统，包括 CRM、PDM、ERP、SCM 等，产品全生命周期管理通过集成上述系统来管理产品全生命周期的各种信息产生、发展、转换以及共享。

（3）集成模型层　在没有做到统一产品全生命周期信息建模的条件下，集成模型层利用封装技术统一集成产品全生命周期中的各种数据模型，包括支持全生命周期管理相关的各种信息模型。产品全生命周期管理信息不再局限于产品的开发信息，而是考虑到产品开发和经营过程中的一切相关要素，如产品信息、过程、人员、项目、资源等。产品信息、BOM、人员、资源等要素都是由不同系统在不同阶段产生和进行管理的，具有各自的特征属性和操作方法。通过封装技术，产品全生命周期管理系统并不直接管理这些数据，而是通过统一定义的、跨越各个应用系统的集成模型来维护产品全生命周期中各种数据的一致性。集成模型层包括产品模型、过程模型、资源模型以及公共业务模型等。

（4）功能层　功能层包括产品全生命周期管理系统通过集成底层的各类管理信息系统的功能，提供给企业用户的、覆盖产品全生命周期的各种功能，包括文档管理、项目管理、配置管理、质量管理、集成管理、协同管理、需求管理、知识管理、资产管理以及状态管理等。

(5) 实施理念层　不同行业和企业对产品全生命周期管理系统有不同的需求，例如军工制造行业以型号项目计划管理为核心，机械行业侧重于图样和文档管理功能等。实施理念层根据不同企业或行业的特点进行各个功能模块的重组，以便高效地实施产品全生命周期管理系统。典型的解决方案包括汽车行业解决方案、军工行业解决方案以及航空行业解决方案等。

(6) 用户层　用户层主要对产品全生命周期管理系统的用户进行细分。产品全生命周期管理所管理的是整个产品全生命周期的数据，因此，产品全生命周期管理系统的用户将会来自产品价值链的各个部分，包括核心制造商、订购商、供应商、协同制造商、代理商以及政府部门等。产品全生命周期管理需要针对不同的用户，对系统进行定制，为不同的用户设立不同的个人工作区，只有这样才能充分提高效率。

9.3.2　产品全生命周期管理系统的核心功能

一个产品全生命周期管理系统一般提供一套可满足产品全生命周期具体需求的功能，它代表了产品全生命周期管理解决方案的某一视图。产品全生命周期管理的理念是倡导科学管理和技术的密切结合，虽然各种产品全生命周期管理系统的功能不尽相同，但数据管理、过程管理、项目管理、权限管理及系统集成应作为其五个核心功能。

(1) 数据管理　产品全生命周期管理系统包含的数据多，数据形式具有多样化。有效的数据管理方法是实现不同集成系统之间数据共享和交互的主要手段。对产品信息以及其他业务数据的管理是产品全生命周期管理系统的主要任务之一。产品全生命周期管理系统的数据管理主要分为业务对象和数据对象的分类与组织。

在产品全生命周期管理系统中，产品信息是对产品的形式化表达的描述方法之一。不同形式的文档也是产品信息的组成部分，此处的文档可以是任何形式的计算机文件或纸质文件。为了对与产品有关的全生命周期信息进行描述，可以将其分为业务对象和数据对象。业务对象和数据对象能够有效地保证数据的安全性和数据的质量，产品全生命周期管理系统采用这种特殊的数据保存方法，充分地考虑到用户的各种需求及其在某个项目组或项目中的角色。

(2) 过程管理　过程管理的主要任务是对整个产品形成过程进行有序的控制，使该过程在任何时候都可追溯。为了有效地进行过程管理，首先应该确定过程的结构，其中包括所有与此过程相关的活动。过程结构描述了各个活动在逻辑上的先后顺序，每一个活动都对应一项功能，每一项功能需要具体的执行者，产品全生命周期管理系统中的过程管理可以对分布在不同地点的员工和资源进行统一管理。

(3) 项目管理　项目管理是为开发和制造某个产品或提供某项服务所组成的组织所实施的管理活动。产品全生命周期管理系统中的项目管理包括进度管理和任务管理。为了有效地实现项目的管理，通常将项目分解为一系列任务，上级任务又能分解成下级任务，从而形成了一个任务树，任务树中的每一项任务对应了一个执行该任务的过程，过程中包括了时间上相互有关的各种活动。每一项活动对应了相应的项目小组，该项目小组使用指定的软硬件工具执行这一活动。

为了对项目和过程和进展情况进行控制，项目管理人员需要随时了解任务的状态和活动的状态。任务的状态可以有：空闲、正在工作、部分完成、结束；活动的状态有：未执行、正在执行、封锁、结束。在利用产品全生命周期管理系统进行项目管理和过程管理时，可采用不同的颜色表示不同的任务状态和活动状态，这样，项目管理人员就可以直观地了解项目和过程的进展情况，并可及时对项目过程进行必要的干预。

（4）权限管理　在产品全生命周期管理系统中，访问权限的设置和严格管理对产品全生命周期管理系统的正常运行具有十分重要的作用，必须对所有的系统用户按其所承担的任务或角色分别进行权限管理。权限管理主要包含四部分内容：用户与用户组之间的权限管理、角色和项目的权限管理、权限管理的规则及权限检验过程。按照用户角色的不同规定不同的访问权限，例如，哪些用户可以生成、编辑、复制哪些数据和文档或者只能进行简单的浏览等。

（5）系统集成　系统集成是将各种不同应用系统，如 CAX、制造执行系统 MES、企业资源规划系统 ERP、维修维护系统 MRO 及供应链管理 SCM 系统等，集成为一个有机整体，这也是产品全生命周期管理系统的核心任务之一。只有在与不同应用系统紧密集成的基础上，产品全生命周期管理系统才可以实时地对应用系统中的产品全生命周期数据进行管理。

9.3.3　产品全生命周期管理的关键技术

（1）产品全生命周期信息建模技术　产品全生命周期管理平台需要定义和管理产品全生命周期中不同阶段的产品数据、相关过程和资源，以及这些数据之间的关系。因此，最好的办法是建立一个统一的产品信息模型，用来存储全生命周期所有阶段的产品、过程和资源的相关知识。该模型应是一个统一的、开放的对象模型，连接产品全生命周期不同阶段的数据、过程、软硬件系统的组织等企业资源，确保全生命周期中产品定义、过程和资源的一致性。

（2）产品数据管理技术　产品数据管理是管理产品全生命周期所发生的各种活动，即管理产品的各种数据信息。在产品全生命周期管理系统中的产品数据管理可以大致分成文档管理、数据集成管理、产品结构管理三类。

文档管理作为产品全生命周期管理的基础管理手段，应该能够支持各种录入、修改、查询等功能，并且允许用户迅速地访问企业的各种产品信息。由于产品全生命周期管理系统使用数据库管理工程数据文档，所以保证了数据的一致性，提高了数据处理能力和安全可靠性。在管理功能上，实现了文档分类、版本管理、视图管理、状态管理以及文档分析等功能。

数据集成管理是为了使不同的应用系统之间能够共享信息以及对应用系统所产生的数据进行统一的管理。集成管理通常包括与 CAD 集成、与 PDM 集成、与 ERP 集成以及与 CAX 系统的集成等。

产品全生命周期管理系统的数据建模和集成管理以电子仓库为底层支持，以材料清单 BOM 为组织核心，将定义最终产品的所有工程数据和文档联系起来，以实现对产品数据的有效组织、控制和管理。其主要功能包括产品族管理、产品结构管理、事物特性管理、零件库管理等。

（3）产品信息集成技术　为了使不同的应用系统之间能够共享信息以及对应用系统所产生的数据进行统一管理，必须将外部应用系统封装到产品全生命周期管理系统之中，并可在产品全生命周期管理环境下运行。产品全生命周期管理系统的关键集成技术包括 PLM/CAD 集成、PLM/ERP 集成以及 PLM/CAX 的集成等。

PLM/CAD 的集成可以采取两种方式。一种方式是 CAD 系统与产品全生命周期管理用户端分别作为独立的过程在两个窗口中运行。这种情况下，CAD 系统可以提供一个调用产品全生命周期管理系统的图标，该图标对应于产品全生命周期管理用户端。在进行通信时，一个系统通过会话方式发出指令，另一个系统则处于等待状态。采用这种集成方式，产品全生命周期管理用户端与 CAD 系统分别作为独立的系统运行。当 CAD 系统或产品全生命周期管理系统版本升级时，只需要更新接口即可；另一种方式是产品全生命周期管理用户端被集成在 CAD 系统内，就像是 CAD 系统的一个固定组成部分。在这种情况下，产品全生命周期管理用户端并不是在自己的窗口中运行，而是作为 CAD 系统用户界面的一个元素。这种方式的缺点是接口开发和维护成本较高。因为必须将产品全生命周期管理用户端嵌入不同 CAD 系统的用户界面，所以在版本升级时可能会出现一些问题而且成本也比较高。

PLM/ERP 集成的主要任务是将用于进行产品数据管理的技术信息系统与用于进行企业资源计划管理的管理信息系统集成起来，把产品开发和产品制造的各个子过程融合成为一个整体。在产品全生命周期管理系统中，产品数据随着开发设计过程的进展不断完善，具有高度的动态性；而 ERP 系统则主要利用这些产品数据进行生产过程的管理与控制。PLM 系统与其他 CAX 系统集成时只要在产品全生命周期管理系统中注册 CAX 文档，通过产品全生命周期管理系统加载、浏览、编辑 CAX 文档。

9.3.4 产品全生命周期管理带来的效益

产品全生命周期管理系统在企业的广泛应用，可以使企业的设计能力提高到一个新水平。首先，提高了设计质量，按照用户要求进行新产品方案设计，采用产品全生命周期管理过程控制平台，规范了产品数据的变更过程，确保数据的一致性和准确性，大大减少了因错误数据导致的反复。其次，基于产品全生命周期管理平台，工程师能很快借鉴以前的设计经验完成新产品的开发，极大地提高了设计效率，缩短新产品开发周期，产品品种更新快，更能适应用户的不同需求。同时，对市场变化反应的灵敏度提高，产品质量和售后服务质量也得到提高。

产品全生命周期管理正迅速地成为企业战略实施的关键，并帮助企业保持竞争优势，协助企业以创新的方式来应对不断变化的全球市场环境，最终使企业最大限度地获利并实现自己的使命。

对于制造企业，特别是机械制造行业的企业而言，产品的竞争能力是企业竞争能力的主要组成因素。从产品全生命周期管理的发展历史上看，对企业竞争能力的不断深入认识，促进了产品全生命周期管理的不断发展，同时产品全生命周期管理系统本身的不断完善，也更加深入和全面地促进企业竞争能力的提升。

此外，对于任何一个企业而言，其制定竞争能力的策略，应该与企业的现状和发展战略相匹配。企业的不同发展阶段或是不同类型的企业，对竞争能力的侧重也不同，因此对产品全生命周期管理的模块实施和使用也有所不同。

对于刚进入市场的企业和大多数生产日用消耗品的企业而言，竞争能力主要体现在获取最大化的产品利润，这就要求在实施产品全生命周期管理中提高生产力，实现利润最大化。

对于在市场中相对稳定的企业，如家电类行业的一些企业而言，竞争能力不仅体现在产品的利润，更重要的是其产品在市场中的份额。因此，通过产品全生命周期管理中的产品开发过程管理，可以优化其产品开发的流程，加速其系列产品和新产品的上市时间，从而迅速地在市场份额的争夺中获得有利地位。

对于大型复杂产品的制造行业企业，如汽车制造企业和航空航天制造企业而言，除了考虑到产品的利润和市场的份额外，还考虑如何进行产品的创新以及国际间的合作，共同扩大市场规模。产品全生命周期管理系统的实施，能够提供一种有效的解决方案，支持异地协调合作与产品创新，提高企业竞争力。

习　题

1. 产品全生命周期的概念是什么？
2. 产品信息的构成有哪些？
3. 产品数据集成的方式有哪些？
4. 产品全生命周期管理系统的基本功能包括哪些？
5. 产品全生命周期分为几个阶段？

参考文献

[1] 王先逵．计算机辅助制造 [M]. 2 版．北京：清华大学出版社，2008.
[2] 宁汝新，赵汝嘉．CAD/CAM 技术 [M]. 2 版．北京：机械工业出版社，2005.
[3] 杨海成．数字化设计制造技术基础 [M]. 西安：西北工业大学出版社，2007.
[4] 吴伟仁．军工制造业数字化（修订版）[M]. 北京：原子能出版社，2007.
[5] 杜裴，唐晓青，等．计算机辅助制造 [M]. 北京：北京航空航天大学出版社，1995.
[6] 姚英学，蔡颖．计算机辅助设计与制造 [M]. 北京：高等教育出版社，2002.
[7] 殷国富，杨随先．计算机辅助设计与制造技术 [M]. 武汉：华中科技大学出版社，2008.
[8] 唐荣锡．计算机辅助飞机制造 [M]. 北京：航空工业出版社，1993.
[9] 唐荣锡．CAD/CAM 技术 [M]. 北京：北京航空航天大学出版社，1994.
[10] 唐荣锡，汪嘉业，彭群生，等．计算机图形学教程（修订版）[M]. 北京：科学出版社，2008.
[11] 童秉枢，李学志，吴志军，等．机械 CAD 技术基础 [M]. 2 版．北京：清华大学出版社，2003.
[12] 朱心雄．自由曲线曲面造型技术 [M]. 北京：科学出版社，2000.
[13] 吉贝·德芒热，让皮尔·哺热．曲线与曲面的数学 [M]. 王向东，译．北京：商务印书馆，2000.
[14] 范玉青．现代飞机制造技术 [M]. 北京：北京航空航天大学出版社，2001.
[15] Farid Amirouche. 计算机辅助设计与制造 [M]. 2 版．崔洪斌，郭彦书，译．北京：清华大学出版社，2006.
[16] 王成恩，郝永平，舒启林．产品生命周期建模与管理 [M]. 北京：科学出版社，2004.
[17] 邵新宇，蔡力钢．现代 CAPP 技术与应用 [M]. 北京：机械工业出版社，2004.
[18] 赵良才．计算机辅助工艺设计——CAPP 系统设计 [M]. 北京：机械工业出版社，2005.
[19] 许香穗，蔡建国．成组技术 [M]. 2 版．北京：机械工业出版社，2003.
[20] Kunwoo Lee, Principles of CAD/CAM/CAE Systems [M]. Boston：Addison Wesley，1999.
[21] McMahon C A，Browne J. CADCAM：Principles，Practice and Manufacturing Management [M]. 2nd ed. Boston：Addison Wesley Longman，1998.
[22] Chang T C，Wysk R A，Wang H P. Computer-Aided Manufacturing [M]. 2nd ed. London：Prentice-Hall，1998.
[23] 金涤尘，宋放之．现代模具制造技术 [M]. 北京：机械工业出版社，2001.
[24] 中国就业培训技术指导中心．加工中心操作工（高级）[M]. 2 版．北京：中国劳动社会保障出版社，2008.
[25] 宋放之．数控铣工（中级）[M]. 北京：中国劳动社会保障出版社．2008.
[26] Mikell P Groover，Automation. Production Systems，and Computer-Integrated Manufacturing [M]. 2th Ed. 北京：清华大学出版社，2002.
[27] 张根保．自动化制造系统 [M]. 2 版．北京：机械工业出版社，2005.
[28] 马履中，周建忠．机器人与柔性制造系统 [M]. 北京：化学工业出版社，2007.
[29] 苏春．制造系统建模与仿真 [M]. 北京：机械工业出版社，2008.
[30] W David Kelton，Randall P Sadowski，David T Sturrock. 仿真使用 Arena 软件 [M]. 周泓，等译．北京：机械工业出版社，2006.
[31] 李广云，李宗春．工业测量系统原理与应用 [M]. 北京：测绘出版社，2011.
[32] 海克斯康测量技术（青岛）有限公司．实用坐标测量技术 [M]. 北京：化学工业出版社，2008.
[33] 迈克尔·格里夫斯．产品生命周期管理 [M]. 褚学宁，译．北京：中国财政经济出版社，2007.

[34] 祁国宁，J·萧塔纳，等．图解产品数据管理［M］．北京：机械工业出版社，2005.
[35] 刘文安．产品开发过程中的信息集成方法与技术研究［D］．北京：北京航空航天大学机械工程及自动化学院，2004.
[36] 张毅柱．制造过程中的信息建模与集成方法研究［D］．北京：北京航空航天大学，2009.
[37] 李国庆．基于 ACIS/HOOPS 的三轴数控加工仿真和精度验证技术研究与实现［D］．北京：北京航空航天大学机械工程及自动化学院，2011.
[38] 郇极．开放式数控系统的数字伺服接口和通讯协议［J］．中国机械工程，1998，9（5）：20-22.
[39] 郇极，尹旭峰．基于数字伺服现场总线技术的开放式数控系统［J］．中国机械工程，1999，10（10）：1132-1134.
[40] 周秋忠，范玉青．MBD 技术在飞机制造中的应用［J］．航空维修与工程，2008（03）：55-57.
[41] 舒启林，王成恩．产品全生命周期信息模型研究［J］．计算机集成制造系统，2005，11（8）：1051-1056.